无公害 绿色 有机食品
生产规范指南

朝阳市农村经济委员会
朝阳县农村经济局 组编
朝阳市绿色食品发展中心

中国农业科学技术出版社

图书在版编目（CIP）数据

无公害　绿色　有机食品生产规范指南／朝阳市农村经济委员会，朝阳县农村经济局，朝阳市绿色食品发展中心组编．—北京：中国农业科学技术出版社，2016.6

ISBN 978－7－5116－2609－7

Ⅰ．①无…　Ⅱ．①朝…②朝…③朝…　Ⅲ．绿色食品－生产技术－指南　Ⅳ．①TS2－62

中国版本图书馆CIP数据核字（2016）第106589号

责任编辑　褚　怡　崔改泵
责任校对　贾海霞

出 版 者　中国农业科学技术出版社
北京市中关村南大街12号　邮编：100081
电　　话　（010）82109704（发行部）　（010）82109194（编辑室）
（010）82109703（读者服务部）
传　　真　（010）82106650
网　　址　http://www.castp.cn
经 销 者　各地新华书店
印 刷 者　北京昌联印刷有限公司
开　　本　889mm×1 194mm　1/16
印　　张　22.25
字　　数　643千字
版　　次　2016年6月第1版　2016年6月第1次印刷
定　　价　100.00元

推进标准生产

加强品牌创建

保障食品安全

周景华

发展三品事业，

保障舌尖上的安全

孙中华

2016.1.20

《无公害　绿色　有机食品生产规范指南》

编　委　会

序　一

无公害农产品、绿色食品及有机食品是我国重要的优质农产品公共品牌，是新时期农产品质量安全管理和农业标准化工作的重要内容。发展无公害、绿色、有机食品，是践行“创新、协调、绿色、开放、共享”五大发展理念的有效途径，是推动农业供给侧结构性改革、实现农业提质增效的重要举措，是我国经济发展步入新常态和全面建设小康社会决胜阶段后，党和人民群众对农产品质量安全提出的新要求。

无公害农产品立足安全管控，在强化产地认定的基础上，充分发挥产地准出功能；绿色食品突出安全优质和全产业链优势，引领优质优价；有机农产品彰显生态安全特点，因地制宜，满足公众追求生态、环保的消费需求。三者均倡导绿色、减量和清洁化生产，推行标准化生产和规范化管理，将农产品质量安全源头控制和全程监管落实到农产品生产、加工、贮运全过程。为便于生产者掌握无公害、绿色、有机食品的生产和管理技术，各级农业部门、生产单位依据其认证制度和质量安全技术要求的不同，制定了一系列的产品生产操作规程，形成了较为完善的标准体系。

标准的生命力与价值在于推广和应用，为了使生产者能够更好地掌握无公害、绿色、有机食品的生产操作规程，便于管理机构开展认证与管理工作，朝阳市农村经济委员会、朝阳县农村经济局通过多年的实践与探索，将国家现行的无公害、绿色、有机食品标准与朝阳地区农业生产实际相结合自行编制了简便易行的生产操作规程，并汇编成册，共计 153 项。这些操作规程，将安全与优质相结合，将管理标准与技术标准相结合，充分体现了标准的先进性与实用性、科学性与可操作性。本书是目前比较全面的优质农产品生产技术操作规程汇编，覆盖了粮油、蔬菜、水果、食用菌及其加工产品等生产领域，对于指导和发展辽西地区优质农产品认证、打造优质品牌、提高农产品质量安全水平具有重大意义。

农产品质量安全工作任重道远，发展“三品一标”方兴未艾。希望广大从事无公害、绿色、有机食品工作的同志和热爱“三品一标”农产品事业的有识之士，积极参与标准和规程的推广工作，让标准和规程在广大生产者中生根、开花、结果。为满足人民群众对优质品牌农产品的需求做出更大的贡献。

辽宁省农委农产品质量安全监管局局长

2016 年 6 月

序　二

朝阳县是辽宁省传统农业大县，全县现有耕地面积140万亩，气候和土地条件非常适宜发展农业生产。长期以来，全县农业种植结构以玉米、杂粮和蔬菜作物为主，尤其玉米每年播种面积达到90万亩以上，占全县年播种面积65%以上。全县种植结构单一，粮食比重过高，是朝阳县种植业的特点。进入21世纪以来，随着社会的不断进步，人民收入水平的提高，对食品安全意识越来越高。无公害食品、绿色食品、有机食品即农业“三品”，正是顺应时代发展要求，成为朝阳县充分利用当地条件，调机构、补短板转型升级，实现农业稳定增收的重要选择。几年来，朝阳县农业“三品”生产从无到有，由小到大，全县无公害食品企业27家，产品66个，生产面积127.5万亩；绿色食品企业8家，产品12个，生产面积30.14万亩；有机食品企业1家，产品8个，生产面积2.0万亩。随着全县农业“三品”规模的发展，农户对科学技术的需求越来越强。这次朝阳县绿色食品发展中心组织县内专业技术人员和有实践经验的大户，编写了《无公害　绿色　有机食品生产规范指南》一书，填补了朝阳县没有自己的实用教材的空白。本书既可作为全县从事农业“三品”的技术人员指导生产参考，也可作为生产者、广大农户生产学习教材。希望编者继续收集、不断充实先进技术，随时补充教材，及时更新内容。也希望此书为促进农业经济的健康发展发挥重要作用。

朝阳县农村经济局局长

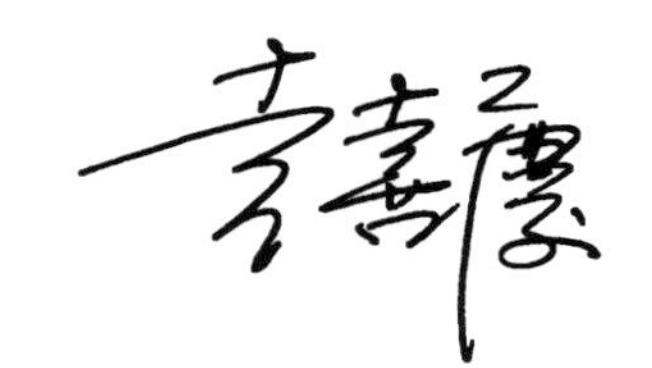

前　言

随着社会的进步和居民收入的增长，人们的生产和生活方式也在不断革新。目前，健康、安全、环保的消费观已成为民众的生活新理念，崇尚自然、返璞归真的生存观也是智者的精神新追求，为适应新的消费需求应运而生的“无公害食品、绿色食品、有机食品”的“三品产业”已勃然兴起。但近年屡发的毒奶粉、毒大米、毒木耳、地沟油、福尔马林白菜、瘦肉精猪肉、膨大剂果菜、避孕药速肥黄鳝等食品安全案件，却让消费者长期紧绷的“食已难安”的这根神经无法松弛，同时，更严重地影响了我国农业的可持续发展。

民以食为天，食以安为先。为加强农产品质量安全管理，党和国家已相继采取了一系列重大举措。2001年农业部在全国范围内启动实施了“无公害食品行动计划”；2005年农业部发布《关于发展无公害农产品、绿色食品、有机农产品的意见》，确立了无公害农产品、绿色食品、有机农产品“三位一体，整体推进”的发展思路；2006年，我国颁布了第一部农产品质量安全管理专门法律《中华人民共和国农产品质量安全法》，这也成为了我国农产品质量安全发展史上的重要里程碑，我国从此进入了对农产品产、加、销全过程实施依法监管的新阶段；2009年6月1日实施的《中华人民共和国食品安全法》，进一步完善了我国食品安全法律制度，对进一步加强农产品质量安全工作，保障人民群众身体健康、生命安全以及社会稳定发展具有重大意义。

为指导生产、提高质量、推动监管、确保安全，我们组织编写了《无公害　绿色　有机食品生产规范指南》一书。本书对农产品质量安全及相关概念、农产品质量安全生产技术、有关农产品安全质量认证等方面进行了详尽介绍，也明确地阐述了无公害食品、绿色食品、有机食品的有关知识及生产技术和管理工作。本书在编纂过程中，力求做到知识性与实用性相结合，以期达到普及“三品”生产知识、传播绿色发展理念、促进“绿色”产业开发之目的。本书还收录了“三品”认证的申报要求、程序和资料清单等，希望对农事企业、合作社申报“无公害食品、绿色食品、有机食品”能起到一定的指导作用。由于时间仓促，水平有限，本书难免存有纰漏亦或不足之处，敬请批评指正。

编　者

2015 年 12 月

目　　录

第一章　无公害食品、绿色食品、有机食品概述

第一节　“三品一标”概述

无公害农产品——解决基本安全问题；常规农业生产方式的标准化生产，标准的普及；拨乱反正。

绿色食品——低化学投入生产方式的终端产品。相当于 CAC 标准。证明商标，两端监测，过程控制。

有机食品——拒绝化学投入品，依靠农业自身循环的生产体系。遵循国际通用认证，出口与高端消费为主。

地理标志登记——原产地概念，历史的，人文的。有较长时间积累的地域品牌。

一、无公害食品概述

无公害食品：指长期食用不会对人体健康产生危害的食品，包括绿色食品、有机食品、无公害农产品，简称“三品”，即所有安全食品的总称。它涵盖了所有农业初级产品及其加工品，包括粮油、蔬菜、水果、畜产品、水产品、食用林产品及其加工产品等。

（一）标志图案涵义

标志图案由麦穗、对勾和无公害农产品字样组成（图 1－1），麦穗代表农产品，对勾表示合格，橙色寓意成熟和丰收，绿色象征环保和安全。

图 1－1　无公害农产品标志

无公害农产品标志具有权威性、证明性和可追溯性。

（二）无公害农产品概念

无公害农产品必须依法按照相应的标准和规程进行生产和经营，是指产地环境、生产过程和产品质量符合国家有关标准（规范）要求，经认证合格获得认证证书并允许使用无公害农产品标志的未经加工的或初加工的食用农产品，即无公害农产品。生产包括产地环境认定和产品认证，关键是生产过程的无害化控制。属于政府强制行为。

（三）无公害规程（标准）体系

环境质量（大气、水、土壤）标准。

生产（操作）技术规程。

产品质量标准（污染物质含量）。

包装标准。

贮藏运输标准。

二、绿色食品概述

（一）绿色食品标志内涵

绿色食品标志由特定的图形来表示（图 1－2）。绿色食品标志图形由三部分构成：上方的太阳、下方的叶片和中间的蓓蕾。标志图形为正圆形，意为保护、安全。整个图形描绘了一幅明媚阳光照耀下的和谐生机，告诉人们绿色食品是出自纯净、良好生态环境的安全、无污染食品，能给人们带来蓬勃的生命力。绿色食品标志还提醒人们要保护环境和防止污染，通过改善人与环境的关系，创造自然界新的和谐。

图 1－2　绿色食品标志

（二）标志使用说明

绿色食品标志、文字和使用标志的企业信息码，组成整体的绿色食品标志系列图形。该系列图形应严格按规范设计，出现在产品包装（标签）的醒目位置，通常置于最上方，和整个包装（标签）保持一定的比例关系，不得透叠其他色彩图形。企业信息码应以该企业获得的标志许可使用证书为准，其后附“经中国绿色食品发展中心许可使用绿色食品标志”的说明，并须与标志图形出现在同一视野。

绿色食品标志矢量图供标志使用单位、广告设计和制作单位等使用。详细使用方法参见中国绿色食品发展中心《中国绿色食品商标标志设计使用规范手册》。任何未经中国绿色食品发展中心许可使用绿色食品的企业、个人和产品不得擅自使用该标签。

绿色食品：是指产自优良生态环境、按照绿色食品标准生产、实行全程质量控制并获得绿色食品标志使用权的安全、优质食用农产品及相关产品。

绿色食品标准：应用科学技术原理，结合绿色食品生产实践，借鉴国内外相关标准所制定的，在绿色食品生产中必须遵守，在绿色食品质量认证时必须依据的技术性文件。

绿色食品是遵循可持续发展原则，按照特定生产方式生产，经专门机构认定、许可使用绿色食品标志商标的无污染的安全、优质、营养类食品。按照是否有化学合成物质的投入，分为 A 级绿色食品和 AA 级绿色食品。

A 级绿色食品以有机生产方式为基础，适当保留了常规生产方式，在生产过程中限量使用限定的化学合成物质，并积极采用生物学技术和物理方法，保证最终产品质量达到标准，是典型的可持续发展农业产品。

AA 级绿色食品是完全按有机生产方式生产，在生产过程中完全不用或基本不用化学合成肥料、农药、食品添加剂等有害于环境和身体健康的物质，而且通过使用有机肥、种植绿肥、作物轮作、生物防治病虫害、生物或物理措施除草等技术，培肥土壤，控制病虫害，保证最终产品质量达到标准。AA 级绿色食品等同于有机食品。

（三）绿色食品分类

按产品级别分，包括初级产品、初加工产品、深加工产品；按产品类别分，包括农林产品及其加工品、畜禽类、水产类、饮品类和其他产品。

（四）申报材料清单

申请人向所在市绿办提出认证申请时，应提交以下文件，每份文件一式 3 份，一份市绿办留存，一份省绿办留存，一份报国家中心。

1.《绿色食品标志使用申请书》

2.《企业及生产情况调查表》

3. 保证执行绿色食品标准和规范的声明

4. 生产操作规程（种植规程、养殖规程、加工规程）

5. 企业或法人对“基地 + 农户”的质量控制体系（包括合同、基地图、基地和农户清单、管理制度、培训制度）

6. 产品执行标准

7. 产品注册商标文本（复印件）

8. 企业或法人营业执照（复印件）

9. 企业或法人质量管理手册

10. 预包装食品标签设计样张（含绿色食品标志的）（非预包装食品不必提供）

11. 生产记录（能反映生产过程及投入品使用情况）

12. 环境质量监测报告

13. 产品检验报告

14. 要求提供的其他材料（通过体系认证的，附证书复印件）

绿色食品认证有效期为三年，三年期满后可申请续展，通过认证审核后方可继续使用绿色食品标志。

三、有机食品概述

（一）有机食品的概念

有机食品（Organic Food）是国际通称，这里所说的“有机”并不是化学上的概念，而是指采取一种有机的耕作和加工方式，按照这种方式生产和加工，产品符合国际或国家有机食品要求和标准，并通过了国家认可的认证机构认证的农副产品及其加工品（图 1－3），称为有机食品。

（二）有机食品生产的特点

有机食品是通过不施用人工合成的化学物质为手段，利用一系列可持续发展的农业技术，减少生产过程对环境和产品的污染，并在生产中建立人与自然和谐的生态系统，以促进生物多样性和资源的可持续利用。

有机农业生产是在生产中不使用人工合成的肥料、农药、生长调节剂和畜禽饲料添加剂等物质，不采用基因工程获得的生物及其产物为手段，遵循自然规律和生态学原理，采取一系列可持续发展的农业技术，协调种植业和养殖业的关系，促进生态平衡、物种的多样性和资源的可持续利用。有机食品来自于有机农业生产体系，根据有机农业生产要求和相应的标准生产加工的，并通过

图1－3 有机食品标志

合法的有机食品认证机构认证的一切农副产品，包括粮食、蔬菜、水果、乳制品、畜禽产品、水产品、蜂产品和调料等。

（三）有机食品在不同国家的称谓不同

有机食品在不同的语言中有不同的名称，国外最普遍的叫法是Organic Food，在其他语种中也有称生态食品、自然食品等。联合国粮农组织和世界卫生组织（FAO、WHO）的食品法典委员会（CODEX）将这类称谓各异但内涵实质基本相同的食品统称为“Organic Food”，中文译为“有机食品”。

第二节 无公害食品、绿色食品、有机食品的区别

（一）“三品”的相同点

三者同属于农产品质量安全范畴，都是农产品质量认证体系的组成部分；是可持续发展农业的产物，要求产地环境无污染，实现从土地到餐桌的全程质量控制，按标准组织生产并采取认证的方式，其本身都具备安全性，其生产技术都有利于保护生态环境；有利于我国农业结构的战略性调整，也是应对“入世”、发展外向型农业的共同需要；都拒绝转基因食品。

（二）“三品”的不同点

1. 法规标准不同

无公害农产品要求产品基地安全，部分指标等同于国内普通食品标准，部分指标略高于国内普通食品标准。其产品标准、环境标准和生产资料使用准则为强制性国家行业标准，生产操作规程为推荐性国家行业标准，无公害食品注重产品的安全质量，其标准要求不是很高。

绿色食品追求环境良好、食品安全、优质、营养，现阶段执行国家推荐性农业行业标准。环境质量、生产技术、产品质量、包装标签贮运四大标准，构成了绿色食品标准体系框架的主体。

有机食品强调生产过程的自然与回归，以国际有机农业运动联盟和各国政府推荐性标准并存。标准涉及生产加工、贮运技术等方面，没有环境和产品的质量标准。

2. 生产过程中投入品控制不同

无公害农产品在生产中限量使用化学肥料和农药，提倡使用有机肥；在绿色食品生产中是限量、定向的使用化学投入品；在有机食品生产中拒绝使用化学投入品。

3. 组织和运行方式不同

无公害农产品认证的运行机制为“政府推动、政府管理认证”的模式。其认证分为产地认定和产品认证两个环节。绿色食品创建了“以技术标准为基础，以产品认证为形式，以商标管理为手段”的开发管理模式，实行“政府推动，企业运作，部门服务”的运行机制。有机食品完全采用“市场运作”方式开展认证工作。

AA级共选出51种（类）入选的农药和植物保护产品清单，其中包括植物和动物来源、微生物来源、生物化学产物、矿物来源及其他来源。

（三）AA级和A级绿色食品生产均允许使用的农药和其他植保产品清单

按下表执行。

表　AA级和A级绿色食品生产均允许使用的农药和其他植保产品清单

类别	组分名称	备　注
Ⅰ. 植物和动物来源	楝素（苦楝、印楝等提取物，如印楝素等）	杀虫
	天然除虫菊素（除虫菊科植物提取液）	杀虫
	苦参碱及氧化苦参碱（苦参等提取物）	杀虫
	蛇床子素（蛇床子提取物）	杀虫、杀菌
	小檗碱（黄连、黄柏等提取物）	杀菌
	大黄素甲醚（大黄、虎杖等提取物）	杀菌
	乙蒜素（大蒜提取物）	杀菌
	苦皮藤素（苦皮藤提取物）	杀虫
	藜芦碱（百合科藜芦属和喷嚏草属植物提取物）	杀虫
	桉油精（桉树叶提取物）	杀虫
	植物油（如薄荷油、松树油、香菜油、八角茴香油）	杀虫、杀螨、杀真菌、抑制发芽
	寡聚糖（甲壳素）	杀菌、植物生长调节
	天然诱集和杀线虫剂（如万寿菊、孔雀草、芥子油）	杀线虫
	天然酸（如食醋、木醋和竹醋等）	杀菌
	菇类蛋白多糖（菇类提取物）	杀菌
	水解蛋白质	引诱
	蜂蜡	保护嫁接和修剪伤口
	明胶	杀虫
	具有驱避作用的植物提取物（大蒜、薄荷、辣椒、花椒、薰衣草、柴胡、艾草的提取物）	驱避
	害虫天敌（如寄生蜂、瓢虫、草蛉等）	控制虫害
Ⅱ. 微生物来源	真菌及真菌提取物（白僵菌、轮枝菌、木霉菌、耳霉菌、淡紫拟青霉、金龟子绿僵菌、寡雄腐霉菌等）	杀虫、杀菌、杀线虫
	细菌及细菌提取物（苏云金芽孢杆菌、枯草芽孢杆菌、蜡质芽孢杆菌、地衣芽孢杆菌、多黏类芽孢杆菌、荧光假单孢杆菌、短稳杆菌等）	杀虫、杀菌
	病毒及病毒提取物（核型多角体病毒、质型多角体病毒、颗粒体病毒等）	杀虫
	多杀霉素、乙基多杀菌素	杀虫
	春雷霉素、多抗霉素、井冈霉素、（硫酸）链霉素、嘧啶核苷类抗菌素、宁南霉素、申嗪霉素和中生菌素	杀菌
	S－诱抗素	植物生长调节

（续表）

类别	组分名称	备 注
Ⅲ. 生物化学产物	氨基寡糖素、低聚糖素、香菇多糖	防病
	几丁聚糖	防病、植物生长调节
	苄氨基嘌呤、超敏蛋白、赤霉酸、羟烯腺嘌呤、三十烷醇、乙烯利、吲哚丁酸、吲哚乙酸、芸苔素内酯	植物生长调节
Ⅳ. 矿物来源	石硫合剂	杀菌、杀虫、杀螨
	铜盐（如波尔多液、氢氧化铜等）	杀菌，每年铜使用量不能超过6kg/hm^2
	氢氧化钙（石灰水）	杀菌、杀虫
	硫黄	杀菌、杀螨、驱避
	高锰酸钾	杀菌，仅用于果树
	碳酸氢钾	杀菌
	矿物油	杀虫、杀螨、杀菌
	氯化钙	仅用于治疗缺钙症
	硅藻土	杀虫
	黏土（如斑脱土、珍珠岩、蛭石、沸石等）	杀虫
	硅酸盐（硅酸钠、石英）	驱避
	硫酸铁（3价铁离子）	杀软体动物
Ⅴ. 其他	氢氧化钙	杀菌
	二氧化碳	杀虫，用于贮存设施
	过氧化物类和含氯类消毒剂（如过氧乙酸、二氧化氯、二氯异氰尿酸钠、三氯异氰尿酸等）	杀菌，用于土壤和培养基质消毒
	乙醇	杀菌
	海盐和盐水	杀菌，仅用于种子（如稻谷等）处理
	软皂（钾肥皂）	杀虫
	乙烯	催熟等
	石英砂	杀菌、杀螨、驱避
	昆虫性外激素	引诱，仅用于诱捕器和散发皿内
	磷酸氢二铵	引诱，只限用于诱捕器中使用

注1：该清单每年都可能根据新的评估结果发布修改单
注2：国家新禁用的农药自动从该清单中删除

（四）2A级绿色食品生产允许使用的其他农药清单

当表1－1所列农药和其他植保产品不能满足有害生物防治需要时，A级绿色食品生产还可按照农药产品标签或GB/T 8321的规定使用下列农药。

1. 杀虫剂

（1）S－氰戊菊酯 esfenvalerate	（5）丙溴磷 profenofos
（2）吡丙醚 pyriproxifen	（6）除虫脲 diflubenzuron
（3）吡虫啉 imidacloprid	（7）啶虫脒 acetamiprid
（4）吡蚜酮 pymetrozine	（8）毒死蜱 chlorpyrifos

(9) 氟虫脲　flufenoxuron	(19) 氯氟氰菊酯　cyhalothrin
(10) 氟啶虫酰胺　flonicamid	(20) 氯菊酯　permethrin
(11) 氟铃脲　hexaflumuron	(21) 氯氰菊酯　cypermethrin
(12) 高效氯氰菊酯　beta - cypermethrin	(22) 灭蝇胺　cyromazine
(13) 甲氨基阿维菌素苯甲酸盐　emamectinbenzoate	(23) 灭幼脲　chlorbenzuron
(14) 甲氰菊酯　fenpropathrin	(24) 噻虫啉　thiacloprid
(15) 抗蚜威　pirimicarb	(25) 噻虫嗪　thiamethoxam
(16) 联苯菊酯　bifenthrin	(26) 噻嗪酮　buprofezin
(17) 螺虫乙酯　spirotetramat	(27) 辛硫磷　phoxim
(18) 氯虫苯甲酰胺　chlorantraniliprole	(28) 茚虫威　indoxacard

2. 杀螨剂

(1) 苯丁锡　fenbutatinoxide	(5) 噻螨酮　hexythiazox
(2) 喹螨醚　fenazaquin	(6) 四螨嗪　clofentezine
(3) 联苯肼酯　bifenazate	(7) 乙螨唑　etoxazole
(4) 螺螨酯　spirodiclofen	(8) 唑螨酯　fenpyroximate

3. 杀软体动物剂

四聚乙醛　metaldehyde

4. 杀菌剂

(1) 吡唑醚菌酯　pyraclostrobin	(21) 腈苯唑　fenbuconazole
(2) 丙环唑　propiconazol	(22) 腈菌唑　myclobutanil
(3) 代森联　metriam	(23) 精甲霜灵　metalaxyl - M
(4) 代森锰锌　mancozeb	(24) 克菌丹　captan
(5) 代森锌　zineb	(25) 醚菌酯　kresoxim - methyl
(6) 啶酰菌胺　boscalid	(26) 嘧菌酯　azoxystrobin
(7) 啶氧菌酯　picoxystrobin	(27) 嘧霉胺　pyrimethanil
(8) 多菌灵　carbendazim	(28) 氰霜唑　cyazofamid
(9) 噁霉灵　hymexazol	(29) 噻菌灵　thiabendazole
(10) 噁霜灵　oxadixyl	(30) 三乙膦酸铝　fosetyl - aluminium
(11) 粉唑醇　flutriafol	(31) 三唑醇　triadimenol
(12) 氟吡菌胺　fluopicolide	(32) 三唑酮　triadimefon
(13) 氟啶胺　fluazinam	(33) 双炔酰菌胺　mandipropamid
(14) 氟环唑　epoxiconazole	(34) 霜霉威　propamocarb
(15) 氟菌唑　triflumizole	(35) 霜脲氰　cymoxanil
(16) 腐霉利　procymidone	(36) 萎锈灵　carboxin
(17) 咯菌腈　fludioxonil	(37) 戊唑醇　tebuconazole
(18) 甲基立枯磷　tolclofos - methyl	(38) 烯酰吗啉　dimethomorph
(19) 甲基硫菌灵　thiophanate - methyl	(39) 异菌脲　iprodione
(20) 甲霜灵　metalaxyl	(40) 抑霉唑　imazalil

5. 熏蒸剂

（1）棉隆 dazomet	（2）威百亩 metam－sodium

6. 除草剂

（1）2甲4氯 MCPA	（23）麦草畏 dicamba
（2）氨氯吡啶酸 picloram	（24）咪唑喹啉酸 imazaquin
（3）丙炔氟草胺 flumioxazin	（25）灭草松 bentazone
（4）草铵膦 glufosinate－ammonium	（26）氰氟草酯 cyhalofopbutyl
（5）草甘膦 glyphosate	（27）炔草酯 clodinafop－propargyl
（6）敌草隆 diuron	（28）乳氟禾草灵 lactofen
（7）噁草酮 oxadiazon	（29）噻吩磺隆 thifensulfuron－methyl
（8）二甲戊灵 pendimethalin	（30）双氟磺草胺 florasulam
（9）二氯吡啶酸 clopyralid	（31）甜菜安 desmedipham
（10）二氯喹啉酸 quinclorac	（32）甜菜宁 phenmedipham
（11）氟唑磺隆 flucarbazone－sodium	（33）西玛津 simazine
（12）禾草丹 thiobencarb	（34）烯草酮 clethodim
（13）禾草敌 molinate	（35）烯禾啶 sethoxydim
（14）禾草灵 diclofop－methyl	（36）硝磺草酮 mesotrione
（15）环嗪酮 hexazinone	（37）野麦畏 tri－allate
（16）磺草酮 sulcotrione	（38）乙草胺 acetochlor
（17）甲草胺 alachlor	（39）乙氧氟草醚 oxyfluorfen
（18）精吡氟禾草灵 fluazifop－P	（40）异丙甲草胺 metolachlor
（19）精喹禾灵 quizalofop－P	（41）异丙隆 isoproturon
（20）绿麦隆 chlortoluron	（42）莠灭净 ametryn
（21）氯氟吡氧乙酸（异辛酸） fluroxypyr	（43）唑草酮 carfentrazone－ethyl
（22）氯氟吡氧乙酸异辛酯 fluroxypyr－mepthyl	（44）仲丁灵 butralin

7. 植物生长调节剂

（1）2，4－滴 （2，4－D）（只允许作为植物生长调节剂使用）	（4）氯吡脲 forchlorfenuron
（2）矮壮素 chlormequat	（5）萘乙酸 1－naphthalaceticacid
（3）多效唑 paclobutrazol	（6）噻苯隆 thidiazuron
	（7）烯效唑 uniconazole

注1：该清单每年都可能根据新的评估结果发布修改单；

注2：国家新禁用的农药自动从该清单中删除。

第二章　农业标准化认证规程

第一节　无公害农产品认证

一、申请要求

★申请条件
★申报材料
★申报程序
★装订要求

(一) 申请要求——申请条件

1. 申请人

具有一定组织能力和责任追溯能力的单位（农事企业、农民专业合作组织）。

2. 产地

产地环境符合无公害农产品产地环境的标准要求（县域环评合格区域内）；
区域范围明确；
具备一定的生产规模。

3. 生产管理

生产过程符合无公害农产品生产技术的标准要求；
有相应的专业技术和管理人员（经培训合格的内检员）；
有完善的质量控制措施，并有完整的生产记录档案。

4. 产品

55 类无公害农产品检测目录；
产品在实施认证目录范围内（农业部和国家认监委联合公告）；
产品符合无公害农产品质量安全标准要求。

(二) 申请要求——申报材料

1. 首次申请需提供的材料

(1)《无公害农产品产地认定与产品认证申请和审查报告》(2014 年版)。

(2) 国家法律法规规定申请人必须具备的资质证明文件复印件（营业执照、食品卫生许可证、动物防疫合格证等)。

(3)《无公害农产品内检员证书》复印件。

(4) 无公害农产品生产质量控制措施（内容包括组织管理、投入品管理、卫生防疫、产品检测、产地保护等)。

(5) 最近生产周期农业投入品（农药、兽药、渔药等）使用记录复印件。

(6)《产品检验报告》原件或复印件加盖检测机构印章（由农业部农产品质量安全中心选定的产品检测机构出具)。

(7)《无公害农产品认证现场检查报告》原件（由负责现场检查的工作机构出具)。

（8）无公害农产品认证信息登录表（电子版）。

（9）其他要求提交的有关材料。农民专业合作经济组织及“公司＋农户”形式申报的需要提供与合作农户签署的含有产品质量安全管理措施的合作协议和农户名册，包括农户名单、地址、种植或养殖规模、品种等。

（10）其他材料（加工委托协议书、土地证明等）。

2. 申请要求—续展认证—复查换证

（1）续展认证。

①《无公害农产品产地认定与产品认证申请书》；

②《无公害农产品内检员证书》；

③无公害农产品生产操作规程；

④最近生产周期使用农药的生产记录（复印件）；

⑤符合规定要求的《产品检验报告》；

⑥《无公害农产品产地认定证书》；

⑦已获证产品的《无公害农产品证书》。

（2）正常复查换证。

①《申请书》；

②《无公害农产品内检员证书》；

③最近生产周期使用农药的生产记录；

④符合规定要求的《产品检验报告》或省工作机构依据有关规定开展复查换证时，根据现场检查情况出具合格的《现场检查报告》；

⑤原《无公害农产品产地认定证书》（复印件）；

⑥原《无公害农产品认证证书》（复印件）。

（3）便捷式换证。

①《无公害农产品复查换证信息登录表》；

②《无公害农产品内检员证书》；

③《无公害农产品产地认定与产品认证复查换证申请和审查报告》；

④现场检查报告；

⑤不使用无公害农产品标识的证明材料。

（三）申请要求——申报程序

申请人：

——县级工作机构

——市级工作机构

——省级工作机构

——部直分中心—部中心

（四）申请要求——装订要求

（1）申报材料统一采用 A4 型纸填写、打印。

（2）申请人提交材料装订统一以《无公害农产品产地认定与产品认证申请书申请人提交的材料和工作机构的认证报告、现场检查报告分别独立装订。

（3）申请书的封面作为申报材料的封面。

二、审查要求

★材料审查

★现场检查
★认证报告

（一）审查要求——材料审查

1. 重点审查
◇申请书
◇申请人资质
◇质量控制措施
◇生产操作规程
◇农药使用记录
◇种植与收购协议
◇产品检验报告
2. 合格材料标准
※申报材料——齐全性、完整性
※填写内容——真实性、前后一致性
※申报过程——规范性（按规定程序申报）
※申请信息——符合性
※生产操作规程——可操作性（符合生产实际）
※产品质量安全控制措施——可行性
※生产记录档案——有效性、完整性
3. 检验报告——合法性
※审查意见——客观性

（二）审查要求——现场检查

1. 职责分工
◎农业部农产品质量安全中心统筹规划和管理
◎部直分中心现场检查细则制定和现场核查
◎省级工作机构现场检查的组织和安排
◎地县两级工作机构现场检查的实施工作
2. 检查要求

◎无公害农产品现场检查执行《无公害农产品认证现场检查规范（修订稿）》（农质安发〔2012〕15号）。

◎无公害农产品首次申报和复查换证的，都要进行现场检查。要求在作物生长季内实施。

◎对首次认证的产品，检查员完成现场检查的同时现场对产品抽样、封样、填写抽样单；对复查换证产品，结合企业年检时完成。

3. 检查内容
◎申请主体资质及能力
◎产地环境及设施条件
◎质量控制措施及生产操作规程的建立实施
◎农药、肥料使用及管理
◎生产过程记录及存档
◎标志使用情况（对复查换证申请人）
4. 检查方法

◎采取核对、审阅、查看、座谈等方式开展，必要时可采用照相或复制相关文件资料等措施，收集相关证据材料。

◎对公司加农户以及农民专业合作组织等申请主体开展现场检查时，应当同时对其所带农户生产情况进行抽查。受检农户应从农户名册中随机抽取，抽取农户数量按农户总数开算术平方根取整数确定，最多不超过 10 户。

5. 检查人员

现场检查实行检查组组长负责制。组长由市级工作机构人员担任，检查组一般由 2 ~ 3 人组成，其中至少有 1 人应具备部中心注册的检查员资质。

6. 检查程序

首次会议——查阅资料——实地检查——现场评定——末次会议

7. 现场检查

检查结论与判定：

◇现场检查结论分为通过、限期整改和不通过。

◇检查评定项目全部合格的判定为通过；有 1 项以上（含）一般项目不合格的判定为限期整改；超过 30%（含）一般项目不合格或 1 项以上（含）关键项目不合格的判定为不通过。

申请主体有下列情形之一的，不予通过：

（1）拒绝或者不配合检查人员履行职责的。

（2）提供虚假或者隐瞒重要事实文件、资料的。

（3）其他干扰现场检查正常进行的。

8. 认证报告

◆认证报告是各级工作机构和检查员对申报产品审查结果的具体表达，也是审查过程的具体记录；

◆各级工作机构填写认证报告应反映出各自的工作职责和要求；

◆现场检查结果和文审是形成认证报告的重要依据；

◆审查意见应客观、公正、具体、明确、翔实。

三、复查换证

◆复查换证意义

◆复查换证条件

◆复查换证的审查要求

（一）复查换证——意义

◇扩大无公害农产品总量规模的有力抓手

◇提升产业发展水平的有效举措

◇便捷式复查换证是提高换证效率的有效方式

（二）复查换证——条件

◇证书有效期内产品质量稳定、从未出现过质量安全事故的获证无公害农产品（其他产品可按正常复查换证申报）。

◇依据：

（1）本年度部中心或省级、市级各类农产品质量安全监督抽检和例行监测结果。

（2）部中心、省中心安排的无公害农产品抽检以及省中心每年度安排的复查换证叶类菜产品抽检结果。

（三）复查换证——审查要求

◇核对——当前信息与原始信息是否一致

◇变更——发生变化需要提交相关说明和证明

变更内容	产品名称	注册商标	申报主体（申请人）	通讯地址	批准产量	生产基地
提交材料	产品检验报告（复印件）	商标注册证书（复印件）	新、旧营业执照（复印件）	营业执照（复印件）或其他有效证明文件	无公害农产品产地认定证书（复印件）及单产水平的有效证明文件	无公害农产品产地认定证书（复印件）
不适用范围	申请与非申请产品间的更换	已受理未注册完成的	不同主体间的变更		非该认定产地所生产的产品产量	基地的迁移，不同基地间的更换

以下情况不予换证：

（1）生产者、生产过程、产地等发生变化。

（2）未在证书有效期截止日前90d内提出申请。

四、证书内容变更

提交材料：

（1）无公害农产品证书内容变更申请表。

（2）无公害农产品证书（原件）（图2－1）。

（3）与申请变更内容对应的其他材料。

五、执行标准及检测数量

（一）产品质量监管

产地环境标准

标准号	标准名称
NY 5010—2002	无公害食品　蔬菜产地环境条件
NY 5294—2004	无公害食品　设施蔬菜产地环境条件
NY 5087—2002	无公害食品　鲜食葡萄产地环境条件
NY 5104—2002	无公害食品　草莓产地环境条件
NY 5107—2002	无公害食品　猕猴桃产地环境条件
NY 5110—2002	无公害食品　西瓜产地环境条件
NY 5181—2002	无公害食品　哈蜜瓜产地环境条件
NY 5023—2002	无公害食品　热带水果产地环境条件
NY 5116—2002	无公害食品　水稻产地环境条件
NY 5120—2002	无公害食品　饮用菊花产地环境条件
NY 5123—2002	无公害食品　窨茶用茉莉花产地环境条件
NY 5020—2001	无公害食品　茶叶产地环境条件
NY 5331—2006	无公害食品　水生蔬菜产地环境条件
NY 5332—2006	无公害食品　大田作物产地环境条件
NY 5013—2006	无公害食品　林果类产品产地环境条件

无公害农产品证书

经农业部农产品质量安全中心审定，该获证单位生产的产品符合无公害农产品相关标准要求，准予在产品或产品包装标识上使用无公害农产品标志，特颁此证。

获证单位：新民市福德水稻种植专业合作社
通讯地址：新民市兴隆镇弓匠堡子村
产地地址：新民市兴隆镇邱家村、周家村
产品名称：大米
批准产量：840吨
证书编号：WGH-12-16501
有效期限：2013.01.01-2015.12.31

签发人：

2012年12月24日

图 2－1　无公害农产品证书

1. 执行标准及检测数量——产地标准

产地环境条件应符合农业部发布实施的无公害食品产地环境标准。

2. 执行标准及检测数量——检测数量

同一产地、同一生长周期、适用同一无公害食品标准生产的多种产品采用按照申报产品数量开算术平方根（四舍五入取整）的方法确定。

3. 产品质量监管——企业年检

★年检对象：

按照本年度无公害农产品年检计划，对无公害蔬菜、水果企业及本年度到期复查换证企业100%年检。

★年检内容：

重点检查获证单位产地环境、生产操作、投入品使用、档案记录、产品检测、包装标识、标志使用等相关制度落实情况。

★年检要求：

根据年检产品生长季节，合理安排年检时间，如实完成无公害农产品现场检查情况表，对年检不合格企业及时上报省中心，做出撤销产地证书、产品证书的决定。

对于复查换证企业，除填写无公害农产品现场检查情况表外，及时完成现场检查报告（是复查换证申报材料之一）。

4. 产品质量监管——产品抽检

★抽检对象：

按照 2013 年度无公害农产品抽检计划，省中心安排 100 个无公害蔬菜、水果抽检。

复查换证产品中叶菜类进行抽检。

★抽检项目：

根据近年来辽宁省频繁检出超标的农药，参考无公害农产品检查项目，确定检测参数。

★抽检要求：

请市级工作机构尽可能将无公害农产品列入部中心、农业行政主管部门的例行抽检、风险抽检、监督抽检中，做好数据统计，扩大抽检比例和覆盖范围，抽检率力争达到 20%。

★结果处理：

- 产品抽检不合格单位可于收到结果五日提出复检要求。
- 各地无公害农产品抽检结果应当及时报送省中心，其中不合格产品应当附检测报告。
- 部中心对不合格产品作出暂停或撤销证书的处理。

5. 产品质量监管——产品公告

★公告目的：

通过公告，一是使消费者有知情权；二是便于社会监督；三是宣传品牌、提升品牌影响力。

★公告内容：

20××年度全省“三品一标”认证与登记名录。

本年度无公害农产品取消数量以及绿色食品、有机食品取消名录。

（二）标志监管

1. 标志图案监管及依据

无公害农产品标志具有权威性、证明性和可追溯性。

《中华人民共和国农产品质量安全法》；

《中华人民共和国认证认可条例》；

《农产品包装和标识管理办法》；

《无公害农产品标志管理办法》；

《无公害农产品认证程序》；

《无公害农产品质量与标志监督管理规范》等。

2. 产品质量监管——退出机制

严格执行退出机制，对在企业年检、产品抽检、市场监察中不符合“三品一标”相关规定的，及时上报主管部门，请示撤销，并在报纸上进行公告。

3. 提高标志使用率

对拟申请无公害农产品企业及复查换证企业加强标志使用宣传，力争申报产品 100% 购标。

- 获得证书的单位和个人，应当在证书规定的产品质上或者其包装上加贴标志，用以证明该产品符合无公害农产品标准。
- 标志只能在标志外包装标签上注明的指定产品上使用，任何未按指定产品上使用标志的，造成查询错误由使用者自行承担。
- 标志不得超范围和逾期使用，不得买卖和转让。

- 应当建立标志使用的管理制度，对标志的使用情况如实记录，登记造册并存档。

★鼓励督促指导企业购标。

4. 标志使用

（1）证书管理——产地证书（图 2－2）。

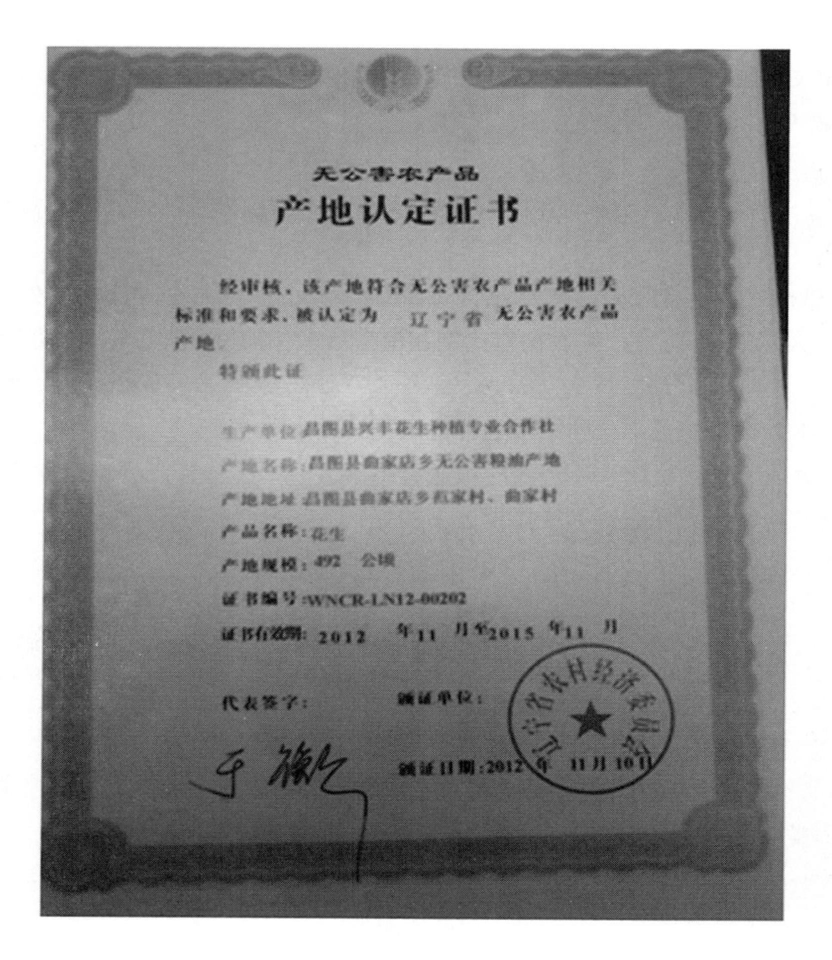
无公害农产品

产地认定证书

经审核，该产地符合无公害农产品产地相关标准和要求，被认定为　辽宁省　无公害农产品产地

特颁此证

生产单位：昌图县兴丰花生种植专业合作社

产地名称：昌图县曲家店乡无公害粮油产地

产地地址：昌图县曲家店乡药家村、曲家村

产品名称：花生

产地规模：492　公顷

证书编号：WNCR-LN12-00202

证书有效期：2012　年 11　月至 2015　年 11　月

代表签字：　　颁证单位：

颁证日期：2012　年　11 月 10 日

图 2－2　无公害农产品产地认定证书

★产地证书有效期：3 年。

★期满前 90d 进行复查换证

★与产品证书同步

（2）产品证书。

★产品证书有效期：3 年。

★期满前 90d 进行复查换证。

获得无公害农产品产地认定证书的单位或个人有下列情形之一的，由省农业主管部门或工作机构予以警告，并责令限期改正；逾期未改正的，撤销其无公害农产品产地认定证书，并予以公告：

（1）无公害农产品产地被污染或者产地环境达不到标准要求的。

（2）无公害农产品产地农业投入品的使用不符合无公害农产品相关标准要求的。

（3）擅自扩大无公害农产品产地范围的。

5. 标志监管——标志查询

（1）手机短信查询：

短信查询号码为 1066958878。

发送的手机会收到以下回复信息：

您所查询的是××公司（企业）

生产的××牌××产品，已通过农业部农产品质量安全中心的无公害农产品认证，是全国统一的无公害农产品标志。

（2）互联网查询。

登陆 http：//www. aqsc. gov. cn，在防伪标志查询框内输入产品数码，确认无误后按“查询”键，即可得到查询结果（图 2－3）。

图 2－3　认证无公害农产品的网上查询

6. 标志监管——市场监察

※以超市、批发市场等销售场所为重点，检查“三品一标”用标情况和不规范用标行为。

※依法处理不规范用标行为。

冒用无公害农产品标志：

——报送当地农业行政主管部门依法查处。

无公害农产品标志印制不规范以及伪造、变造无公害农产品标志的行为：

——限期整改。

扩大标志使用范围、转让、买卖无公害农产品标志，情节严重的伪造、变造无公害农产品标志行为：

——撤销证书。

六、检查员基本职责与行为准则

（一）检查员基本职责

（1）开展无公害农产品产地认定、产品认证的文件审查和现场检查工作。

（2）开展无公害农产品产地环境、生产过程、产品质量及标志使用的监督管理工作。

（3）承担无公害农产品相关业务培训的授课任务。

（二）检查员行为准则

（1）遵纪守法、敬业诚信、客观公正。

（2）严格按照注册专业范围开展审查和检查工作。

（3）不向委托方或受检方隐瞒任何可能影响公正判断的利益和人际关系。

（4）除非委托方或受检方书面授权或有法律要求，不向他人披露任何有关审查、检查的信息。

（5）不接受受检方及其有利益关系的团体或个人任何形式的好处。

（6）维护无公害农产品及其工作机构的声誉，如有违背本准则行为时，应配合有关机构的调查和质询。

（7）接受部中心、分中心和省级无公害农产品工作机构的监督。

附件：

无公害农产品标识征订说明及使用规定

全国统一的无公害农产品防伪标识（以下简称“标识”）是加施于通过无公害农产品认证的产品或产品包装上的证明性标记。该标识的使用是政府对无公害农产品质量的保证和对生产者、经营者及消费者合法权益的维护，是国家有关部门对无公害农产品进行有效监督和管理的重要手段。

一、标识征订

（一）标识申订要求

1. 通过无公害农产品认证的单位和个人，方有资格申订使用标识。

2. 凡适宜使用无公害农产品标识的产品，申请人应在其申请的产品通过认证评审并在《中国农产品质量安全网》公告后6个月内完成标识申订工作，超过6个月的，视为自动放弃产品认证。

3. 现阶段，稻谷、小麦、大豆、加工原料用玉米及甜菜；生鲜牛乳、生猪、活牛、活羊、活禽；非包装上市的活鱼、活虾、鲜海参及贝类等14类暂不适宜使用标识的产品，且在“无公害农产品认证信息登录表”备注栏标注“不用标”的，可以不申订使用标识。

（二）标识的申订步骤

第一步：选定标识种类和规格

对照标识样标和《无公害农产品标识种类规格明细表》（表1），为每一个认证产品分别选定适合的标识种类和规格，并计算申订标识的数量及汇款金额。

第二步：银行汇款

通过银行向农业部农产品质量安全中心汇款订标时，一定要在汇款附言中注明申订单位名称及汇款用途（即：××单位无公害标识），以免造成征订表和标识款无法核对。

第三步：填写征订表

逐项填写《无公害农产品标识征订表》（表2）。征订表可复印，也可从《中国农产品质量安全网》（网址 www. aqsc. gov. cn）首页下载。填写完成的征订表需加盖单位公章。

第四步：发送传真或电子邮件

将标识征订表与银行汇款凭证复印件同时传真或发邮件至农业部农产品质量安全中心。以邮件形式发送的会收到邮箱的自动回复，以传真形式发送的请电话确认。两种方式选择其一，请勿重复发送。

银行汇款凭证字迹不清的，请将汇款账户名称、汇款日期、汇款金额、标识征订单位名称及联系人、联系方式在凭证复印件的空白处重新书写，需保证字迹工整清晰。

第五步：网上查询信息

在将标识征订表和银行汇款凭证复印件同时提交农业部农产品质量安全中心后，请在2周后在《中国农产品质量安全网》查询标识征订款到账情况、标识印制安排、无公害农产品证书发放、企业发票开具及邮寄情况，标识征订款确认到账20个工作日后可查询标识运输情况。查询网址：中国农产品质量安全网→无公害农产品标识征订→无公害农产品标识申订进展情况查询（http://www. aqsc. agri. gov. cn/wghncp/bszd/201306/t20130621_ 111878. htm）。

（三）标识生产及发货

1. 农业部农产品质量安全中心在确认企业款到后即安排标识印制，一般款到20个工作日即会为企业邮寄所订标识。

2. 农业部农产品质量安全中心将为企业开具发票，并随标识一并寄送。请收到标识后仔细查找包装箱内的发票，以免遗失。

二、联系方式

（一）银行开户信息

开户名称：农业部农产品质量安全中心

开户银行：中国农业银行北京北下关支行

银行账号：11－050601040009940

联 行 号：39841

（二）联系方式

联系单位：农业部农产品质量安全中心监督处

联系电话：（010）62133119，（010）62191439（电话受理时间：上午8：30～11：30、下午13：30～16：30，国家法定节假日休息）

联系地址：北京市海淀区学院南路59号

传　　真：010－62191445（24小时自动接收）

邮箱：wghbszd@126.com

三、标识使用与监督

（一）无公害农产品证书有效期为三年。使用无公害农产品标识的单位和个人，应在无公害农产品证书规定的产品范围和有效期内使用，不得超范围和逾期使用，不得买卖和转让标识。

（二）标识使用者应建立标识使用管理制度，对标识的使用情况如实记录，登记造册并存档，存期三年，以备后查。

（三）标识的使用需接受县级以上人民政府农业行政主管部门、质量技术监督部门以及无公害农产品工作机构和农业部农产品质量安全中心的监督、管理和检查。对不按规定使用标识的单位和个人，农业部农产品质量安全中心将暂停或撤销其无公害农产品证书及标识使用权。

（四）任何伪造、变造、盗用、冒用、买卖和转让标识的单位和个人，按照国家有关法律法规的规定予以行政处罚，构成犯罪的，依法追究其刑事责任。

四、标识的防伪及查询

标识除采用传统静态防伪技术外，还具有防伪数码查询功能的动态防伪技术。刮开标识的表面涂层或揭开标识的揭露层，可以看到16位防伪数码，通过手机或计算机输入16位防伪数码查询，不但能辨别标识的真伪，而且能了解到使用该标识的单位、产品、品牌及认证单位的相关信息。在无公害农产品证书的有效期内均可查询。查询方式有如下两种。

（一）短信查询

中国移动、中国联通、中国电信用户，可将16位防伪数码以短信形式从左至右依次输入手机，发送到1066958878，3秒钟左右，手机会收到以下回复信息：

您所查询的是××公司（企业）生产的××牌××产品，已通过农业部农产品质量安全中心无公害农产品认证，是全国统一的无公害农产品标识。

（二）互联网查询

点击《中国农产品质量安全网》（网址www.aqsc.gov.cn）的“防伪查询”栏目，在防伪码填写框内输入16位防伪数码，确认无误后按“查询”键，即可迅速得到查询结果。

注：请申订单位在收到标识后进行防伪数码抽样查询，如有问题，请及时与农业部农产品质量安全中心联系。

农业部农产品质量安全中心

2014年3月

表 1　无公害农产品标识种类规格明细表

标识种类	规格	尺寸（mm）	单价（元）	起订量（万枚）	标识特点
纸质刮开式标识	1 号	19×25	0.02	8	加贴在产品或产品包装上。具有提示并指导消费者查询产品真伪的功能，且印有“农业部农产品质量安全中心”字样
	2 号	24×32	0.035	4	
	3 号	36×48	0.055	2	
锁扣刮开式标识	套	吊牌 20×30 扣带 2×150	0.055	1	锁扣在鲜活类产品上。具有提示并指导消费者查询产品真伪的功能，且印有“农业部农产品质量安全中心”字样
捆扎带标识	米	1 000×12	0.22	2 400 米	捆扎在产品上。具有提示并指导消费者查询产品真伪的功能，且印有“农业部农产品质量安全中心”字样
纸质揭开式标识	1 号	10（直径）	0.008	22	加贴在产品或产品包装上。不具备提示并指导消费者查询的功能，无“农业部农产品质量安全中心”字样。但通过揭开标识后看到的 16 位防伪数码，仍可查询产品真伪
	2 号	15（直径）	0.011	11	
	3 号	20（直径）	0.02	7	
	4 号	30（直径）	0.038	3	
	5 号	60（直径）	0.15	0.7	
塑质揭开式标识	2 号	15（直径）	0.011	11	
	3 号	20（直径）	0.02	7	
	4 号	30（直径）	0.038	3	
	5 号	60（直径）	0.15	0.7	

表 2　无公害农产品标识征订表

<table>
<tr><td rowspan="4">申订单位情况</td><td colspan="3">单位名称</td><td colspan="6"></td></tr>
<tr><td colspan="3">用标产品名称</td><td colspan="6"></td></tr>
<tr><td colspan="3">产品证书编号
（首次认证不用填写）</td><td colspan="2"></td><td colspan="4" rowspan="2">首次认证□　整体认证□
扩项认证□　复查换证□</td></tr>
<tr><td colspan="3">年产量</td><td colspan="2"></td></tr>
<tr><td rowspan="2">标识种类</td><td rowspan="2">规格</td><td rowspan="2">尺寸（mm）</td><td rowspan="2">单价（元/枚）</td><td rowspan="2">最低起订量（万枚）</td><td rowspan="2">订标数量（万枚）</td><td colspan="2">粘贴附着物</td><td rowspan="2">包装规格</td><td rowspan="2">标识金额（元）</td></tr>
<tr><td>产品</td><td>包装</td></tr>
<tr><td rowspan="3">纸质刮开式标识</td><td>1 号</td><td>19×25</td><td>0.02</td><td>8</td><td></td><td></td><td></td><td></td><td></td></tr>
<tr><td>2 号</td><td>24×32</td><td>0.035</td><td>4</td><td></td><td></td><td></td><td></td><td></td></tr>
<tr><td>3 号</td><td>36×48</td><td>0.055</td><td>2</td><td></td><td></td><td></td><td></td><td></td></tr>
<tr><td>锁扣刮开式标识</td><td>套</td><td>吊牌 20×30
扣带 2×150</td><td>0.055</td><td>1</td><td></td><td></td><td></td><td></td><td></td></tr>
<tr><td>捆扎带标识</td><td>米</td><td>1 000×12</td><td>0.22</td><td>2 400 米</td><td></td><td></td><td></td><td></td><td></td></tr>
<tr><td rowspan="5">纸质揭开式标识</td><td>1 号</td><td>10（直径）</td><td>0.008</td><td>22</td><td></td><td></td><td></td><td></td><td></td></tr>
<tr><td>2 号</td><td>15（直径）</td><td>0.011</td><td>11</td><td></td><td></td><td></td><td></td><td></td></tr>
<tr><td>3 号</td><td>20（直径）</td><td>0.02</td><td>7</td><td></td><td></td><td></td><td></td><td></td></tr>
<tr><td>4 号</td><td>30（直径）</td><td>0.038</td><td>3</td><td></td><td></td><td></td><td></td><td></td></tr>
<tr><td>5 号</td><td>60（直径）</td><td>0.15</td><td>0.7</td><td></td><td></td><td></td><td></td><td></td></tr>
</table>

（续表）

申订单位情况	单位名称								
	用标产品名称								
	产品证书编号（首次认证不用填写）				首次认证□　整体认证□ 扩项认证□　复查换证□				
	年产量								
塑质揭开式标识	2号	15（直径）	0.011	11					
	3号	20（直径）	0.02	7					
	4号	30（直径）	0.038	3					
	5号	60（直径）	0.15	0.7					
合计金额(需邮寄的按标识款合计×1.04计)									
汇款账户开户名称									
发票开具单位名称									
标识收货方	名　称								
	地址				邮编				
	收货人		电话		传真				
	手机		E－mail						
重要提示：请务必在汇款附言中注明申订单位名称及汇款用途（即：××单位无公害标识）									

邮寄方式：自提□　邮寄□　　　　填表日期：　　　年　　月　　日

填表人姓名及电话：　　　　　　　　申订单位（盖章）

《无公害农产品标识征订表》填表说明

通过无公害农产品认证评审的单位和个人，方有资格申订使用无公害农产品标识（以下简称“标识”)。申订标识需填写《无公害农产品标识征订表》。一个产品需填写一份《征订表》，《征订表》可复印。填写时需字迹工整，内容详尽。

一、“申订单位情况”栏的填写：内容须与申请材料中的相关内容一致。认证情况分首次认证、整体认证、扩项认证、复查换证等四种类型，在相应项的方框内划“√”即可。首次认证不需填写产品证书编号。

二、标识种类及规格的选择：标识有纸质刮开式标识、锁扣刮开式标识、捆扎带标识、纸质揭开式标识和塑质揭开式标识等五种类型（见样标)，可根据使用产品的不同选择适合的标识种类和规格。

三、“订标数量”栏的填写：根据用标产品的产量（或数量）及包装规格，计算申订使用标识的数量。为了尽量降低企业使用标识的综合成本，不同种类、规格的标识设置有不同数量的起订量，每次申订量不能少于最低起订量。标识在证书有效期内可根据需要多次申订。

四、“粘贴附着物”栏的填写：标识粘贴于产品上的，在“产品”栏划“√”；标识粘贴于产品包装上的，在“包装”栏划“√”；产品及包装上均粘贴标识的，在“产品”和“包装”栏均划“√”。

五、“包装规格”栏的填写：标识粘贴于产品包装上的，须注明其产品的包装规格。如：××kg/箱、××g/袋、××g/盒、××g/包等。

六、“标识金额”栏的填写：“单价”乘以“数量”为此种规格尺寸的“标识金额”。

七、“合计金额”栏的填写：“合计金额”为“标识金额”与托运费之和，托运费按“标识金额”的4%计。需要托运标识的，“合计金额”计算方法为“标识金额”×1.04。自行提取标识的，不需支付托运费。

八、“汇款账户开户名称”的填写：填写汇出款账户的开户名称，需与汇款凭证所填写的开户名称一致。发票开具单位名称需填写标识征订款开发票的单位抬头。汇款时请在附言注明标识申订单位及汇款用途（即：××单位无公害标识）。

无公害认证查询操作流程

1. 打开“中国农产品质量安全网”。

2. 网页右侧“产品查询”一栏中，点击“无公害农产品产品查询”。

3. 查询获证产品：点击“无公害农产品获证产品目录动态查询”然后再点击“申报年份”确定年份、点击“省份”确定省份、点击“行业”确定“种植业”、点击“申请人全称”确定企业名称、点击“查询”；如查询全省不点击“申请人全称”直接点击“查询”即可。

4. 查询认证产品：点击“通过认证审核须征订标识产品目录动态查询”，点击“申报年份”确定年份、“行业”确定“种植业”、点击“省份”确定省份、点击“申请人全称”确定企业名称、点击“查询”。如查询全省不点击“申请人全称”直接点击“查询”即可。

第二节　绿色食品农产品认证

一、绿色食品认证

绿色食品是指产自优良生态环境、按照绿色食品标准生产、实行全程质量控制并获得绿色食品标志使用权的安全、优质食用农产品及相关产品。

绿色食品产品包装编号应用示例如图 2－4 所示。

组合一

绿色食品
GreenFood
GFXXXXXXXXXXXX

组合二

GFXXXXXXXXXXXX

企业信息码含义：

GF　XXXXXX　XX　XXXX

绿色食品英文 GREEN FOOD 缩写　地区代码　获证年份　企业序号

图 2－4　绿色食品标志使用示例

矢量标志使用说明：绿色食品标志、文字和使用标志的企业信息码，组成整体的绿色食品标志系列图形。该系列图形应严格按规范设计，出现在产品包装（标签）的醒目位置，通常置于最上方，和整个包装（标签）保持一定的比例关系，不得透叠其他色彩图形。企业信息码应以该企业获得的标志许可使用证书为准，其后附“经中国绿色食品发展中心许可使用绿色食品标志”的说明，并须与标志图形出现在同一视野。

绿色食品标志矢量图供标志使用单位、广告设计和制作单位等使用。详细使用方法参见中国绿色食品发展中心《中国绿色食品商标标志设计使用规范手册》。任何未经中国绿色食品发展中心许可使用绿色食品的企业、个人和产品不得擅自使用该标签。

图 2－4 组合一为绿色食品标志在包装上与编号的组合。

图 2－4 组合二适用于正方形，长方形类的包装标签。

企业信息码的编码形式为 GF××××××××××××。GF 是绿色食品英文“Green Food”第一个字母的缩写组合，后面为 12 位阿拉伯数字，其中 1～6 位为地区代码（按行政区划编制到县级），7～8 位为企业获证年份，9～12 位为当年获证企业序号。

绿色食品按产品级别分，包括初级产品、初加工产品、深加工产品；按产品类别分，包括农林产品及其加工品、畜禽类、水产类、饮品类和其他产品。

无论用农家有机肥和不施用化肥的植物产品，只有经专门机构认定，许可使用绿色食品标志商标的食品才是绿色食品。

绿色食品认证有效期为 3 年，3 年期满后可申请续展，通过认证审核后方可继续使用绿色食品标志。

二、绿色食品标准

绿色食品标准是由农业部发布的推荐性农业行业标准（NY/T），是绿色食品生产企业必须遵照执行的标准。绿色食品标准以全程质量控制为核心，由 6 个部分构成。

（一）绿色食品产地环境质量标准

制定这项标准的目的，一是强调绿色食品必须产自良好的生态环境地域，以保证绿色食品最终产品的无污染（污染是指自然环境中混入了对人类或其他生物有害的物质，其数量或程度达到或超出环境承载力，从而改变环境正常状态的现象。具体包括：水污染、大气污染、噪声污染、放射性污染、重金属污染等）、安全性；二是促进对绿色食品产地环境的保护和改善。绿色食品产地环境质量标准规定了产地的空气质量标准、农田灌溉水质标准、渔业水质标准、畜禽养殖用水标准和土壤环境质量标准的各项指标以及浓度限值、监测和评价方法。提出了绿色食品产地土壤肥力分级和土壤质量综合评价方法。

（二）绿色食品生产技术标准

绿色食品生产技术标准是绿色食品标准体系的核心，它包括绿色食品生产资料使用准则和绿色食品生产技术操作规程两个部分。绿色食品生产资料使用准则是对生产绿色食品过程中物质投入的一个原则性规定，它包括生产绿色食品的农药、肥料、食品添加剂、饲料添加剂、兽药和水产养殖药的使用准则，对允许、限制和禁止使用的生产资料及其使用方法、使用剂量等做出了明确规定。绿色食品生产技术操作规程是以上述准则为依据，按作为种类、畜牧种类和不同农业区域的生产特性分别制定的，用于指导绿色食品生产活动，规范绿色食品生产技术的技术规定，包括农产品种植、畜禽饲养、水产养殖等技术操作规程。

（三）绿色食品产品标准

此项标准是衡量绿色食品最终产品质量的指标尺度。其卫生品质要求高于国家现行标准，主要表现在对农药残留和重金属的检测项目种类多、指标严。而且，使用的主要原料必须是来自绿色食品产地的、按绿色食品生产技术操作规程生产出来的产品。

（四）绿色食品包装标签标准

此项标准规定了进行绿色食品产品包装时应遵循的原则，包装材料选用的范围、种类，包装上的标识内容等。要求产品包装从原料、产品制造、使用、回收和废弃的整个过程都应有利于食品安全和环境保护，包括包装材料的安全、牢固性，节省资源、能源，减少或避免废弃物产生，易回收循环利用，可降解等具体要求和内容。绿色食品产品标签，除要求符合国家《食品标签通用标准》外，还要求符合《中国绿色食品商标标志设计使用规范手册》规定。

（五）绿色食品贮藏、运输标准

此项标准对绿色食品贮运的条件、方法、时间做出规定。以保证绿色食品在贮运过程中不遭受污染、不改变品质，并有利于环保、节能。

（六）绿色食品其他相关标准

包括“绿色食品生产资料”认定标准、“绿色食品生产基地”认定标准等。

1. 申请人及申请认证产品条件

（1）申请人必须是企业法人、社会团体、民间组织。政府和行政机构等不可作为绿色食品的申请人。同时，还要求申请人具备以下条件。

①具备绿色食品生产的环境条件和技术条件。

②生产具备一定规模，具有较完善的质量管理体系和较强的抗风险能力。

③加工企业须生产经营 1 年以上方可受理申请。

④有下列情况之一者，不能作为申请人：

a. 与中心和省绿办有经济或其他利益关系的；

b. 可能引致消费者对产品来源产生误解或不信任的，如批发市场、粮库等；

c. 纯属商业经营的企业（如百货大楼、超市等）。

（2）申请认证产品条件。

①按国家商标类别划分的第 5、29、30、31、32、33 类中的大多数产品均可申请认证。

②以“食”或“健”字登记的新开发产品可以申请认证。

③经卫生部公告既是药品也是食品的产品可以申请认证。

④暂不受理油炸方便面、叶菜类酱菜（盐渍品）、火腿肠及作用机理不甚清楚的产品（如减肥茶）的申请。

⑤绿色食品拒绝转基因技术。由转基因原料生产（饲养）加工的任何产品均不受理。

2. 申报材料清单

申请人向所在市绿办提出认证申请时，应提交以下文件，每份文件一式三份。

（1）《绿色食品标志使用申请书》和《种植产品调查表》（下载地址：中国绿色食品网http：//www. agri. cn/HYV20/lssp/xzq/）。

（2）营业执照复印件。

（3）商标注册证复印件（有必要的应提供续展证明、商标转让证明、商标使用许可证明等。如果申请产品无商标，不需要提供）。

（4）质量控制规范（包括基地组织机构设置、人员分工，投入品供应、管理，种植过程管理，产品收后管理，仓储运输管理等）。（需要申请人盖章）。

（5）种植规程。（需申请人盖章）。

（6）基地行政区划图、基地位置图和地块分布图。

（7）基地清单（包括乡镇、村数、农户数量、种植品种、种植面积、预计产量等信息）。（需申请人盖章）。

（8）农户清单（包括农户姓名、种植品种、种植面积、预计产量），对于农户数50户以下的申请人要求提供全部农户清单；对于50户以上的，要求申请人建立内控组织（内控组织不超过20个），即基地内部分块管理，并提供所有内控组织负责人的姓名及其负责地块的种植品种、农户数量、种植面积及预计产量。（需申请人盖章）。

（9）有效期3年以上的种植产品订购合同或协议。

（10）若申请人自有基地，应提供相关证明材料，如土地流转合同、土地承包合同或产权证、林权证、国有农场所有权证书等。

（11）生产记录（能反映生产过程及投入品使用情况）。

（12）预包装食品标签设计样张（含绿色食品标志的）（非预包装食品不必提供）。

（13）环境质量监测报告。

（14）产品检验报告。

3. 绿色食品标志管理

为了与一般的普通食品相区别，绿色食品实行标志管理。

绿色食品标志商标作为特定的产品质量证明商标，已由中国绿色食品发展中心在国家工商行政管理局注册，从而使绿色食品标志商标专用权受《中华人民共和国商标法》保护，这样既有利于约束和规范企业的经济行为，又有利于保护广大消费者的利益。

4. 绿色食品标志使用管理

绿色食品实施商标使用许可制度，使用有效期为3年。在有效使用期内，绿色食品管理机构每年对用标企业实施年检，组织绿色食品产品质量定点检测机构对产品质量进行抽检，并进行综合考核评定，合格者继续许可使用绿色食品标志，不合格者限期整改或取消绿色食品标志使用权。

中国绿色食品网 http：//www. agri. cn/HYV20/lssp/xzq/。

5. 市场监管

加强对用标产品的监督检查，配合工商和技术监督等部门清理、整顿和规范绿色食品市场，打击假冒绿色食品，纠正企业不规范用标行为，维护绿色食品生产经营者和消费者合法权益。

6. 产品公告

定期在指定的国家级新闻媒体和官方网站上公告新认证的和被取消的绿色食品产品。

7. 社会监督

绿色食品管理机构和企业自觉接受新闻媒体和社会各界的监督，做到公正、公平、公开。

附件：

绿色食品标志许可审查程序

第一章　总　则

第一条　为规范绿色食品标志许可审查工作，根据《绿色食品标志管理办法》，制定本程序。

第二条　中国绿色食品发展中心（以下简称中心）负责绿色食品标志使用申请的审查、核准工作。

第三条　省级农业行政主管部门所属绿色食品工作机构（以下简称省级工作机构）负责本行政区域绿色食品标志使用申请的受理、初审、现场检查工作。地（市）、县级农业行政主管部门所属相关工作机构可受省级工作机构委托承担上述工作。

第四条　绿色食品检测机构（以下简称检测机构）负责绿色食品产地环境、产品检测和评价工作。

第二章　标志许可的申请

第五条　申请人应当具备下列资质条件：

（一）能够独立承担民事责任。如企业法人、农民专业合作社、个人独资企业、合伙企业、家庭农场等，国有农场、国有林场和兵团团场等生产单位。

（二）具有稳定的生产基地。

（三）具有绿色食品生产的环境条件和生产技术。

（四）具有完善的质量管理体系，并至少稳定运行一年。

（五）具有与生产规模相适应的生产技术人员和质量控制人员。

（六）申请前三年内无质量安全事故和不良诚信记录。

（七）与绿色食品工作机构或检测机构不存在利益关系。

第六条　申请使用绿色食品标志的产品，应当符合《中华人民共和国食品安全法》和《中华人民共和国农产品质量安全法》等法律法规规定，在国家工商总局商标局核定的范围内，并具备下列条件：

（一）产品或产品原料产地环境符合绿色食品产地环境质量标准。

（二）农药、肥料、饲料、兽药等投入品使用符合绿色食品投入品使用准则。

（三）产品质量符合绿色食品产品质量标准。

（四）包装贮运符合绿色食品包装贮运标准。

第七条　申请人至少在产品收获、屠宰或捕捞前三个月，向所在省级工作机构提出申请，完成网上在线申报并提交下列文件：

（一）《绿色食品标志使用申请书》及《调查表》。

（二）资质证明材料，如《营业执照》《全国工业产品生产许可证》《动物防疫条件合格证》《商标注册证》等证明文件复印件。

（三）质量控制规范。

（四）生产技术规程。

（五）基地图、加工厂平面图、基地清单、农户清单等。

（六）合同、协议，购销发票，生产、加工记录。

（七）含有绿色食品标志的包装标签或设计样张（非预包装食品不必提供）。

（八）应提交的其他材料。

第三章　初次申请审查

第八条　省级工作机构应当自收到第七条规定的申请材料之日起十个工作日内完成材料审查。符合要求的，予以受理，向申请人发出《绿色食品申请受理通知书》，执行第九条；不符合要求的，不予受理，书面通知申请人本生产周期不再受理其申请，并告知理由。

第九条　省级工作机构应当根据申请产品类别，组织至少两名具有相应资质的检查员组成检查组，提前告知申请人并向其发出《绿色食品现场检查通知书》，明确现场检查计划。在产品及产品原料生产期内，完成现场检查。

第十条　现场检查要求

（一）申请人应当根据现场检查计划做好安排。检查期间，要求主要负责人、绿色食品生产负责人、内检员或生产管理人员、技术人员等在岗，开放场所设施设备，备好文件记录等资料。

（二）检查员在检查过程中应当收集好相关信息，作好文字、影像、图片等信息记录。

第十一条　现场检查程序

（一）召开首次会议：由检查组长主持，明确检查目的、内容和要求，申请人主要负责人、绿色食品生产负责人、技术人员和内检员等参加。

（二）实地检查：检查组应当对申请产品的生产环境、生产过程、包装贮运、环境保护等环节逐一进行实地检查。

（三）查阅文件、记录：核实申请人全程质量控制能力及有效性，如质量控制规范、生产技术规程、合同、协议、基地图、加工厂平面图、基地清单、记录等。

（四）随机访问：在查阅资料及实地检查过程中随机访问生产人员、技术人员及管理人员，收集第一手资料。

（五）召开总结会：检查组与申请人沟通现场检查情况并交换现场检查意见。

第十二条　现场检查完成后，检查组应当在十个工作日内向省级工作机构提交《绿色食品现场检查报告》。省级工作机构依据《绿色食品现场检查报告》向申请人发出《绿色食品现场检查意见通知书》，现场检查合格的，执行第十三条；不合格的，通知申请人本生产周期不再受理其申请，告知理由并退回申请。

第十三条　产地环境、产品检测和评价

（一）申请人按照《绿色食品现场检查意见通知书》的要求委托检测机构对产地环境、产品进行检测和评价。

（二）检测机构接受申请人委托后，应当分别依据《绿色食品产地环境调查、监测与评价规范》（NY/T 1054）和《绿色食品产品抽样准则》（NY/T 896）及时安排现场抽样，并自环境抽样之日起三十个工作日内、产品抽样之日起二十个工作日内完成检测工作，出具《环境质量监测报告》和《产品检验报告》，提交省级工作机构和申请人。

（三）申请人如能提供近一年内绿色食品检测机构或国家级、部级检测机构出具的《环境质量监测报告》，且符合绿色食品产地环境检测项目和质量要求的，可免做环境检测。

经检查组调查确认产地环境质量符合《绿色食品产地环境质量》（NY/T 391）和《绿色食品产地环境调查、监测与评价规范》（NY/T 1054）中免测条件的，省级工作机构可做出免做环境检测的决定。

第十四条　省级工作机构应当自收到《绿色食品现场检查报告》、《环境质量监测报告》和《产品检验报告》之日起二十个工作日内完成初审。初审合格的，将相关材料报送中心，同时完成网上报送；不合格的，通知申请人本生产周期不再受理其申请，并告知理由。

第十五条　中心应当自收到省级工作机构报送的完备申请材料之日起三十个工作日内完成书面审查，提出审查意见，并通过省级工作机构向申请人发出《绿色食品审查意见通知书》。

（一）需要补充材料的，申请人应在《绿色食品审查意见通知书》规定时限内补充相关材料，逾期视为自动放弃申请。

（二）需要现场核查的，由中心委派检查组再次进行检查核实。

（三）审查合格的，中心在二十个工作日内组织召开绿色食品专家评审会，并形成专家评审意见。

第十六条　中心根据专家评审意见，在五个工作日内做出是否颁证的决定，并通过省级工作机构通知申请人。同意颁证的，进入绿色食品标志使用证书（以下简称证书）颁发程序；不同意颁证的，告知理由。

第四章　续展申请审查

第十七条　绿色食品标志使用证书有效期三年。证书有效期满，需要继续使用绿色食品标志的，标志使用人应当在有效期满三个月前向省级工作机构提出续展申请，同时完成网上在线申报。

第十八条　标志使用人逾期未提出续展申请，或者续展未通过的，不得继续使用绿色食品标志。

第十九条　标志使用人应当向所在省级工作机构提交下列文件：

（一）第七条第（一）、第（二）、第（五）、第（六）、第（七）款规定的材料。

（二）上一用标周期绿色食品原料使用凭证。

（三）上一用标周期绿色食品证书复印件。

（四）《产品检验报告》（标志使用人如能提供上一用标周期第三年的有效年度抽检报告，经确认符合相关要求的，省级工作机构可做出该产品免做产品检测的决定）。

（五）《环境质量监测报告》（产地环境未发生改变的，申请人可提出申请，省级工作机构可视具体情况做出是否做环境检测和评价的决定）。

第二十条　省级工作机构收到第十九条规定的申请材料后，应当在四十个工作日内完成材料审查、现场检查和续展初审，初审合格的，应当在证书有效期满二十五个工作日前将续展申请材料报送中心，同时完成网上报送。逾期未能报送中心的，不予续展。

第二十一条　中心收到省级工作机构报送的完备的续展申请材料之日起十个工作日内完成书面审查。审查合格的，准予续展，同意颁证；不合格的，不予续展，并告知理由。

第二十二条　省级工作机构承担续展书面审查工作的，按《省级绿色食品工作机构续展审核工作实施办法》执行。

第二十三条　因不可抗力不能在有效期内进行续展检查的，省级工作机构应在证书有效期内向中心提出书面申请，说明原因。经中心确认，续展检查应在有效期后三个月内实施。

第五章　境外申请审查

第二十四条　注册地址在境外的申请人，应直接向中心提出申请。

第二十五条　注册地址在境内，其原料基地和加工场所在境外的申请人，可向所在行政区域的省级工作机构提出申请，亦可直接向中心提出申请。

第二十六条 申请材料符合要求的，中心与申请人签订《绿色食品境外检查合同》，直接委派检查员进行现场检查，组织环境调查和产品抽样。

环境由国际认可的检测机构进行检测或提供背景值，产品由检测机构进行检测。

第二十七条 初审及后续工作由中心负责。

第六章 申诉处理

第二十八条 申请人如对受理、现场检查、初审、审查等意见结果或颁证决定有异议，应于收到书面通知后十个工作日内向中心提出书面申诉并提交相关证据。

第二十九条 申诉的受理、调查和处置

（一）中心成立申诉处理工作组，负责申诉的受理。

（二）申诉处理工作组负责对申诉进行调查、取证及核实。调查方式可包括召集会议、听取双方陈述、现场调查、调取书面文件等。

（三）申诉处理工作组在调查、取证、核实后，提出处理意见，并通知申诉方。

申诉方如对处理意见有异议，可向上级主管部门申诉或投诉。

第七章 附 则

第三十条 本程序由中心负责解释。

第三十一条 本程序自2014年6月1日起施行。原《绿色食品认证程序（试行)》、原《绿色食品续展认证程序》、原《绿色食品境外认证程序》同时废止。

绿色食品现场检查通知书

________________：

你单位提交的申请材料（初次申请□　续展申请□）审查合格，按照《绿色食品标志管理办法》的相关规定，计划于____年____月____日至____年____月____日对你单位实施现场检查，现通知如下：

1. 检查目的

检查申请产品（或原料）产地环境、生产过程、投入品使用、包装、贮藏运输及质量管理体系等与绿色食品相关标准及规定的符合性。

2. 检查依据

□《食品安全法》《农产品质量安全法》《绿色食品标志管理办法》等国家相关法律法规

□NY/T 391　绿色食品产地环境质量

□NY/T 1054　绿色食品产地环境调查、监测与评价规范

□NY/T 393　绿色食品农药使用准则

□NY/T 394　绿色食品肥料使用准则

□NY/T 471　绿色食品畜禽饲料及饲料添加剂使用准则

□NY/T 472　绿色食品兽药使用准则

□NY/T 473　绿色食品动物卫生准则

□NY/T 1892　绿色食品畜禽饲养防疫准则

□NY/T 755　绿色食品渔药使用准则

□NY/T 1891　绿色食品海洋捕捞水产品生产管理规范

□NY/T 392　绿色食品食品添加剂使用准则

□NY/T 658　绿色食品包装通用准则

□NY/T 1056　绿色食品贮藏运输准则

□绿色食品有关规定

3. 检查内容

□产地环境质量，包括环境质量状况及周边污染源情况等

□种植、养殖、加工过程及包装、贮藏运输等与申请材料的符合性

□种植产品农药、肥料等投入品的使用情况，包括购买记录、使用记录等

□食用菌基质组成及农药等投入品的使用情况，包括购买记录、使用记录等

□畜禽产品饲料及饲料添加剂、疫苗、兽药等投入品的使用情况，包括购买记录、使用记录等

□水产品养殖过程的投入品使用情况，包括渔业饲料及饲料添加剂、渔药、藻类肥料等购买记录、使用记录等

□蜂产品饲料、兽药、消毒剂等投入品使用情况，包括购买记录、使用记录等

□加工产品原料、食品添加剂的使用情况，包括购买记录、使用记录等

□质量管理体系和生产管理制度落实情况

□绿色食品标志使用情况

4. 检查组

	姓名	性别	注册专业/级别	联系方式
组长				
组员				
组员				

5. 现场检查安排

检查组将依据《绿色食品标志许可审查程序》安排首次会议、实地检查、随机访问、查阅文件（记录）和总结会，请你单位主要负责人、绿色食品生产管理负责人、内检员等陪同检查。

6. 保密

检查组承诺在现场检查过程及结束之后，除国家法律法规要求外，未经申请人书面许可，不得以任何形式向第三方透露申请人要求保密的信息。

检查员（签字）：

联系人：　　　　　　　　　　联系电话：

省级工作机构（盖章）

年　　月　　日

7. 申请人确认回执

如你单位对上述事项无异议，请签字盖章确认；如有异议，请及时与我办联系。

联系人：　　　　　　　　　　联系电话：

负责人（签字）：

申请人（盖章）

年　　月　　日

注：1. 该通知书一式三份，中心、省级工作机构和申请人各一份。

2. 检查组组员可根据情况增删。

绿色食品申报产品有关情况填报说明

一、产品年产值（单位：万元）

产品年产值＝申报产量×当年产品平均出厂价格

二、产品国内年销售额（单位：万元）

申报产品上年度国内销售额

三、产品出口量、出口额（单位：吨、万美元）

申报产品上个年度的出口量、出口额

四、种养殖面积（单位：万亩）

（一）初级产品

（1）种植业产品：直接填报种植面积（食用菌不需填报）。

（2）畜禽产品：牛、羊肉产品既要填报放牧草场面积，又要填报主要饲料原料（如玉米、小麦、大豆等）的种植面积。猪肉、禽肉与禽蛋类产品只填报饲料主要原料种植面积。

（3）水产品（包括淡水、海水产品）：填报水面养殖面积。

（二）加工产品

主要原料是绿色食品产品的，不需要填报种养殖面积；主要原料来自全国绿色食品标准化原料生产基地或申报单位自建基地的，需要填报种养殖面积。

1. 需要填报主要原料（或饲料）种养殖面积的加工产品

（1）农林类加工产品：小麦粉、大米、大米加工品、玉米加工品、大豆加工品、食用植物油、机制糖、杂粮加工品、冷冻保鲜蔬菜、蔬菜加工品、果类加工品、山野菜加工品、其他农林加工产品。

（2）畜禽类加工产品：蛋制品、液体乳、乳制品、蜂产品。

（3）水产类加工产品：淡水加工品、海水加工品。

（4）饮料类产品：果蔬汁及其饮料、固体饮料（果汁粉、咖啡粉）、其他饮料（含乳饮料及植物蛋白饮料、茶饮料及其他软饮料）、精制茶、其他茶（如代用茶）、白酒、啤酒、葡萄酒、其他酒类（黄酒、果酒、米酒等）。

（5）其他加工产品：方便主食品（米制品、面制品、非油炸方便面、方便粥）、糕点（焙烤食品、膨化食品、其他糕点）、果脯蜜饯、淀粉、调味品（味精、酱油、食醋、料酒、复合调味料、酱腌菜、辛香料、调味酱）、食盐（海盐、湖盐）。

2. 不需要填报主要原料（或饲料）种养殖面积的加工产品

（1）农林类加工产品：食用菌加工品。

（2）畜禽类加工产品：肉食加工品（包括生制品、熟制品、畜禽副产品加工品、肉禽类罐头、其他肉食加工品）。

（3）饮料类产品：瓶（罐）装饮用水、碳酸饮料、固体饮料（乳精、其他固体饮料）、冰冻饮品、其他酒类（露酒）。

（4）其他加工产品：方便主食品（包括速冻食品、其他方便主食品）、糖果（包括糖果、巧克力、果冻等）、食盐（包括井矿盐、其他盐）、调味品（包括水产调味品、其他调味品、发酵制品）、食品添加剂。

绿色食品现场检查规范

一、检查员的作用

1. 接受绿色食品工作机构指派现场核实、搜集申报主体的所有信息和不符合绿色食品标准的证据；

2. 对申报主体的生产活动与绿色食品标准的符合性进行全面评估；

3. 对申报主体的管理体系进行追踪、核实、评审；

4. 公正客观地对申报主体的绿色食品生产、绿色食品管理和产品质量作出确切的评估；

5. 客观地报告检查情况；

6. 公证地提出标志许可建议。

二、检查员的职责

1. 核实

(1) 调查表或申请书反映的情况是否准确。如果材料不全，应补充所缺资料，同时注明补充的日期；作出修改之处应说明修改的信息经过申报企业同意。

(2) 申请标志许可的产品是否包含在调查表或申请书内。

(3) 生产基地以及加工厂的管理历史状况。

(4) 跟踪体系或文档记录是否完整（该体系应包括投入物质、绿色食品生产或加工过程等记录）。

(5) 生产过程（包括所使用的投入物质）是否符合标准。

(6) 上年度检查员提出改进要求的实施情况。

2. 检查

(1) 通过与生产经营管理者交谈，观察（如看、闻等）实地情况，以及审核文档记录等方式收集申报主体的信息。

(2) 观察了解绿色食品生产区域边界和生产加工区外的潜在污染源。

(3) 检查所有的相关内容，如作物或牲畜或加工厂、贮藏场所、设备、记录、肥力管理、投入物质以及原料和辅料等。

(4) 按绿色食品工作机构要求在检查期间完成现场检查文件。

(5) 根据需要完成所需的签字。

(6) 作好检查笔记。

(7) 拍摄检查地现场照片。

3. 评估

(1) 申报主体遵守绿色食品标准的能力。

(2) 申报主体对绿色食品标准的理解和在管理中的执行情况。

(3) 保持绿色食品完整性的关键控制点。包括：

①绿色食品食品产地周围的生态条件、环境及生产条件。

②栽培、养殖、采集等生产管理。

③肥料、农药、饲料、兽药、疫苗等投入物的管理。

④病虫草害控制，畜禽、水产品的疾病控制。

⑤畜禽、水产品的饲养生产管理。

⑥加工厂及其管理。

⑦包装、贮藏、运输和销售及其管理。

⑧污染的危险性。

⑨追踪体系和实样检测是否符合绿色食品标准。

(4) 跟踪审核记录体系并进行个案分析。通过生产、加工以及标准的实施情况，进一步判断申报企业对绿色食品产品质量的跟踪控制能力。

(5) 绿色食品标准总体实施情况，并具体指出绿色食品管理中存在的不足之处。

4. 联系

(1) 在检查前、检查期间和检查结束后与工作机构保持密切的联系，回答申报主体的有关问题，解决检查中没有预见的问题。

(2) 是否需要补充其他材料，提供其他的信息。

(3) 递交简明清晰、完整的检查报告。

(4) 用快捷的方式按时递交报告。

(5) 对申报主体理解绿色食品标准、管理承诺以及绿色食品质量跟踪审核等进行全面观察和评估。

(6) 存在问题所参照的标准。

(7) 提供完整的材料以及相关附件。

(8) 可建议再次实施检查或采样检测，但必须要有确凿的证据来支持所提建议的必要性。

5. 客观公正

(1) 认真听取申报主体反映的情况。不要告诉申报主体应该做什么。

(2) 可以在报告中解释所了解的申报主体的观点。

(3) 未经申报主体同意，不要在报告中将申报主体的一些观点或陈述作为事实。

(4) 检查结束前需与申报主体一起确认检查时所了解的情况和存在的问题。

6. 专业化

(1) 检查员必需具备的专业知识。

(2) 了解实施检查的类型。

(3) 了解当地的农业生产实践、气候和文化。

(4) 阅读调查表，整理检查所需的材料。

(5) 严格守时。

(6) 携带检查所需工具和材料。

(7) 每天不要安排太多检查。

7. 检查员必须保守机密

(1) 检查员必须与中心签署承诺书。

(2) 保守检查过程中的机密。

8. 检查员必须保持公正

与申报主体不得有利益冲突关系，特别是在经济方面。

三、现场检查工作程序和方法

(一) 目的

(1) 对申请标志许可材料中填报内容进行实地验证。

(2) 获取第一手信息，为标志许可评审提供充足依据。

(3) 通过现场检查，帮助申请人完善全程质量控制体系，提高企业生产管理水平。

(二) 现场检查安排

1. 时间选择

应选在生产环节（作物生长期、产品加工时间段）进行检查。

2. 省级工作机构委派、人数

针对不同企业类型，选派相应专业的检查员。

(1) 初级农产品（种植业）企业。

2名或2名以上种植业检查员，必要时配备技术专家。

(2) 养殖业企业。

养殖业检查员和种植业检查员及加工业检查员；

对购买绿色食品饲料原料，养殖业检查员、加工业检查员。

(3) 加工企业。

对于全部购买绿色食品原料加工企业，只需加工业检查员；

自有种植基地的加工企业，加工业检查员和种植业检查员；

畜禽、水产加工类企业，加工业检查员、养殖业检查员、种植业检查员。

（三）现场检查前准备

1. 仔细阅读申报材料，熟悉相关标准及技术资料

2. 收集与申请人标志许可相关信息

3. 提出疑问

4. 仔细阅读《绿色食品现场检查通知书》

5. 检查员之间信息沟通

（四）工作程序

首次会议—产地环境调查—实地检查—随机访问—查阅文件、记录—总结会。

1. 首次会议

(1) 要求。

申请人、主要负责人、绿色食品生产负责人、技术人员和内检员参加，并填写《会议签到表》。

(2) 检查组介绍情况。

现场检查目的、程序、要求等。

(3) 申请人介绍基本情况。

①企业基本概况；

②申请标志许可产品的概况（产品、原料、产地、管理）；

③申请绿色食品标志许可的原因；

④绿色食品生产的规划；

⑤产地所在区域的环境情况；

⑥生产中投入品使用情况；

⑦区别管理体系；

⑧质量追踪体系的建立等。

(4) 申请人提供有关资料和记录。

①产地地块分布图；

②产地负责人和农户清单；

③绿色食品组织机构图、基地管理制度等文件；

④与产品质量相关的记录资料：

生产及其管理记录；

原料及成品出入库记录；

购买生产资料及使用记录；

交售记录、卫生管理记录、培训记录等。

(5) 检查员提出问题。

①核定标志许可产品的名称、生产规模（面积、产量）；

②产地环境质量监测（背景值）情况；

③历史上施肥、灌溉、土壤利用变迁，病虫害（疫病）发生和防治；

④申请材料以及与申请标志许可产品相关的疑问；

⑤申请标志许可产品质量检验情况；

⑥根据检查需要，由检查员提出并与企业商定实地检查安排。

2. 产地环境调查

检查员依据《绿色食品产地环境调查、监测与评价导则》（NY/T 1054）的要求，对申请人的产地环境进行调查并作出书面评价。

对申请人的产地环境情况与申报材料的一致性进行核实。

调查产地环境影响因素，对产地环境的现状进行风险评估。

3. 实地检查

(1) 对象。种植地块、养殖场所、加工车间、库房等。

(2) 内容。检查组按现场检查项目应对申请产品的生产环境、生产过程、包装贮运、环境保护各环节逐一进行现场检查。

(3) 方法。看、问、查阅相结合，根据作物（动物）生长情况、天敌等来确定投入品使用情况寻找证据（投入品包装物等）。

检查库房等。

(4) 基地数、地块数、农户数的确定，对“公司＋基地＋农户”申请企业，检查员采用取整的方法。(n代表样本数)，确定检查数。

假设某申请企业，基地分布在5个基地村，每个基地村37个地块和65户农户。

——每个基地都应检查；

——每个基地检查地块数确定：n，取整数为6；

——访问农户数确定：n，取整数为8。

综上所述，对每个基地村随机抽取6块地块、8户农户进行访问。

4. 随机访问

检查过程中随机对生产、技术及管理人员进行访谈。

(1) 目的。了解生产及管理的第一手资料。

(2) 对象。农户、生产人员、管理人员或技术人员。

(3) 内容。对绿色食品了解程度；对申请人了解程度；种子来源、投入品来原及使用情况、申请人对基地管理情况、种植规程发放情况、原料收购情况、仓储情况等。

5. 查阅文件、记录

(1) 目的。了解企业全程质量控制体系及确保绿色食品产品质量的能力；核实企业生产和管理的执行情况及控制的有效性。

(2) 内容。

①种植产品。

查阅的文件：营业执照等资质文件；基地管理制度；合同（协议）；基地示意图；基地清单；农户档案；绿色食品组织机构；生产管理制度等。

查阅的记录：生产及管理记录（田间生产记录）；生产资料购买及使用记录；产品或产品原料

出入库记录；卫生管理制度；培训记录；交售记录等。

②畜禽、渔业产品。

查阅的文件：养殖基地图、营业执照、定点屠宰标志许可证；防疫合格证等国家强制性资质文件；养殖管理制度；饲料原料购销合同（协议）；疫病防治管理制度等。

查阅的记录：饲料加工、使用记录；预混料购买、使用记录；苗种购买或自繁记录；兽药等投入品使用记录；养殖、屠宰记录；卫生防疫记录；销售记录、培训记录；有害物质（死亡体、粪便）处理记录；有害生物防治记录；出栏记录；销售记录、培训记录等。

③加工产品。

查阅的文件：营业执照、QS证等国家强制性资质文件；加工管理制度；原料购销合同（协议）；加工厂平面图；平行生产管理制度等。

查阅的记录：生产加工记录；人员、设备消毒记录；原料、添加剂购买、使用记录；有害生物防治记录；产品检验记录；贮运记录；销售记录、培训记录等。

6. 总结会

（1）检查组内部沟通。在完成现场检查后，检查组应召开内部沟通会，对现场检查情况进行汇总和评价，得出现场检查结论，结论分三种：

- 现场检查合格：所有检查项目合格；
- 需要整改：少数非关键项目不足；
- 现场检查不合格：关键项目不合格或较多非关键项目不足。

（2）与申请企业代表沟通。在总结会之前，与申请企业代表沟通。

（3）总结会。要求受检方主要负责人及各生产管理部门负责人参加。

内容：

①检查员宣布现场检查情况和检查结论，提出纠正措施、绿色食品标志使用规范要求及获证后应接受的监督管理方面的要求。

②受检方可以对检查情况提出异议，进行解释和说明。

③对有争议的事实，可以核实。

④确认《现场检查发现问题汇总表》。

（五）现场检查要求

（1）申请人根据现场检查计划做好人员安排，检查期间，相关人员要求在岗，有关记录档案随时查阅。

（2）检查员在工作中严谨、科学、谦逊，与申请人平等交流。

（3）检查员在检查和谈话中收集信息，作好必要的记录，对检查环节进行拍照并附于《绿色食品现场检查报告》中，照片造假、由企业代写报告等造假行为按照不通过处理。

（4）各环节都应检查到位，不能流于形式。

四、种植业现场检查要点

作物种植检查：

*产地环境

*种子和种苗的选择

*土肥管理

*作物栽培

*病虫害防治

*草害防治

*污染控制

＊水土保持和生物多样性保护

＊生产资料仓库

＊农户调查

1. 产地环境

——绿色食品生产应选择生态环境良好、无污染的地区，远离工矿区和公 铁路干线，避开污染源。

——应在绿色食品和常规生产区域之间设置有效的缓冲带或物理屏障，以 止绿色食品生产基地受到污染。

——建立生物栖息地，保护基因多样性、物种多样性和生态系统多样性， 维持生态平衡。

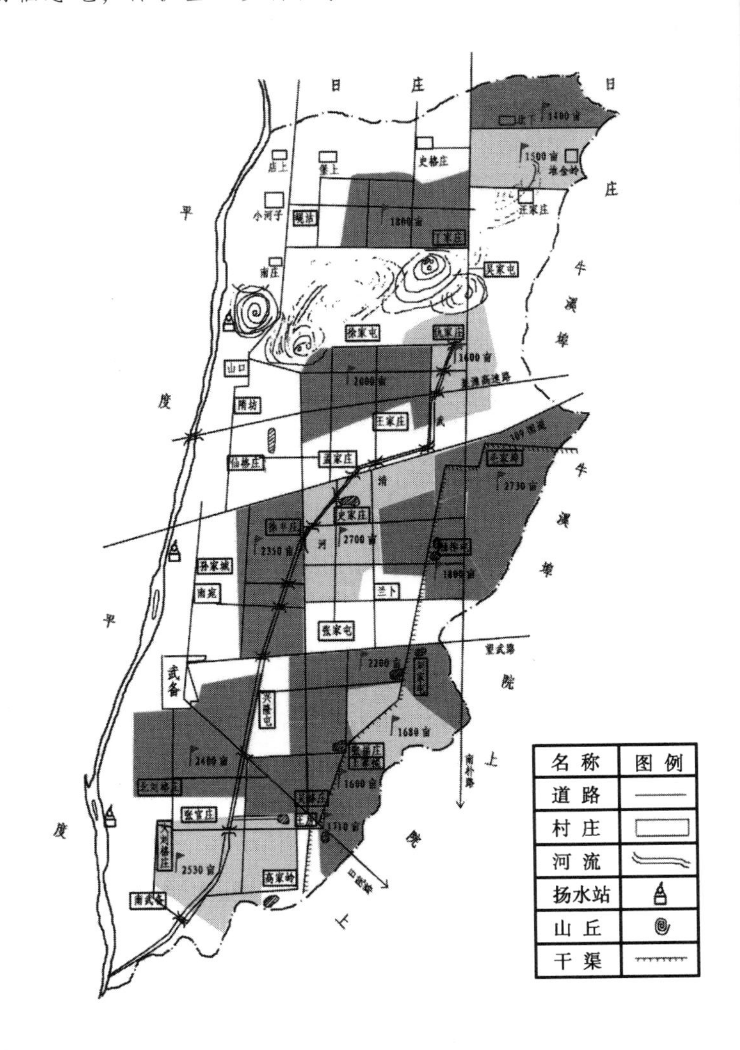

地块分布图：

——应保证基地具有可持续生产能力，不对环境或周边其他生物产生污染。

产地环境：

a. 产地的地形地貌；

b. 是否与基地图及地块分布图上的方位、面积一致；

c. 作物栽培规模、长势；

d. 观察保护措施（与常规种植的隔离状况，周围的植被，周边种植情况， 物多样性等）。

2. 种子和种苗的选择

品种/面积；

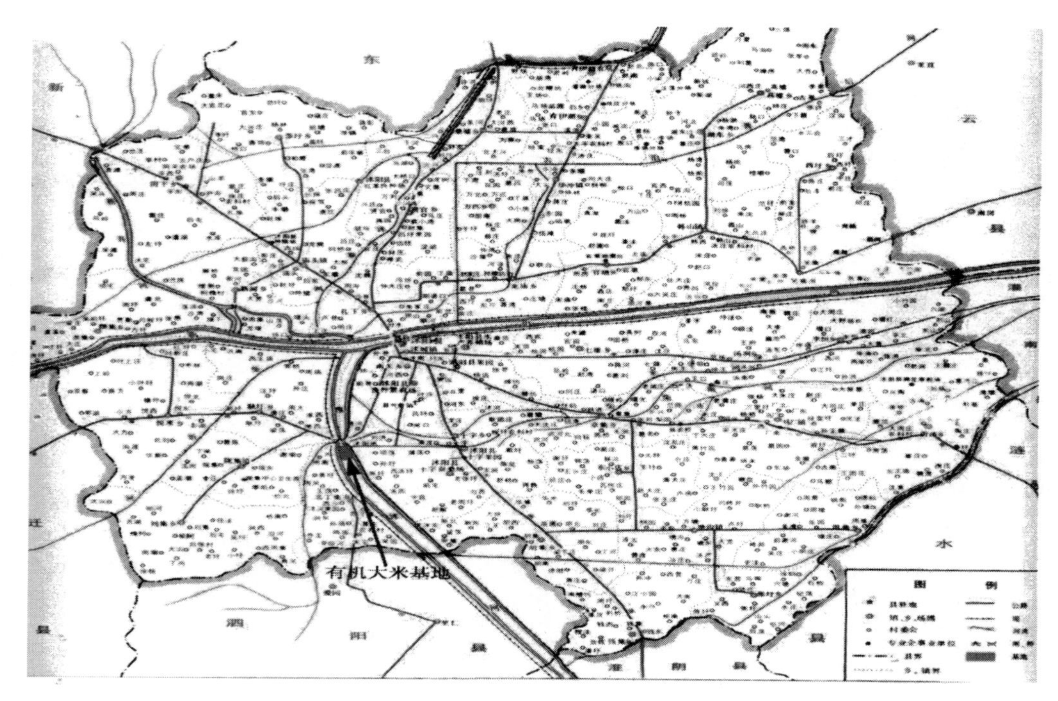

种子直播，种子来源；

无性苗移植，无性苗来源；

嫁接用的砧木、实生苗、扦插苗、种苗来源；

是否包衣，包衣剂；

是否在农业部转基因目录内。

3. 作物栽培

*地块内作物的长势情况；

*生产者制订的轮作、间、套作计划；

*地块内作物轮、间、套作情况；

*除施用肥料外，生产者所采用的其他保持和恢复土壤肥力的措施；

*作物轮作在维持或改善土壤的有机质、肥力、氮含量、生物活性以及土壤健康及结构的同时，是否能减少土壤养分的损失；

*作物轮作计划是否在保持作物多样性的同时，充分考虑病、虫、草害的影响。

肥料使用原则：

持续发展原则。绿色食品生产中所使用的肥料应对环境无不良影响，有利于保护生态环境，保持或提高土壤肥力及土壤生物活性。

安全优质原则。绿色食品生产中应使用安全、优质的肥料产品，生产安全、优质的绿色食品。肥料的使用应对作物（营养、味道、品质和植物抗性）不产生不良后果。

化肥减控原则。在保障植物营养有效供给的基础上减少化肥用量，兼顾元素之间的比例平衡，无机氮素用量不得高于当季作物需求量的一半。

有机为主原则。绿色食品生产过程中肥料种类的选取应以农家肥料、有机肥料、微生物肥料为主，化学肥料为辅。

肥料使用准则：

——土壤条件（土壤类型、特点、肥力状况）。

——是否种植绿肥或其他豆科作物作为土壤肥力恢复的方式。

——施用肥料的种类；来源、质量、使用方法及施用量，是否符合 NY/T 394 的要求，尤其是有机氮、无机氮的比例。

——产地外购的物质，如矿质肥料、商品绿色肥、商品微生物肥料等是否施用；来源；成分；使用方法、施用量和施用时间。

——外购肥料清单、发票。

——作物长势是否与施肥情况相符。

4. 土壤管理和培肥

——土壤条件（土壤类型、特点、肥力状况）。

——是否种植绿肥或其他豆科作物作为土壤肥力恢复的方式。

——施用肥料的种类；来源、质量、使用方法及施用量，是否符合 NY/T 394 的要求，尤其是有机氮、无机氮的比例。

——产地外购的物质，如矿质肥料、商品绿色肥、商品微生物肥料等是否施用；来源；成分；使用方法、施用量和施用时间。

——外购肥料清单、发票。

——作物长势是否与施肥情况相符。

农药使用准则 NY/T 393（修订）：

绿色食品生产中有害生物的防治应遵循以下原则：

（1）以保持和优化农业生态系统为基础：建立有利于各类天敌繁衍和不利于病虫草害孳生的环境条件，提高生物多样性，维持农业生态系统的平衡；

（2）优先采用农业措施：如抗病虫品种、种子种苗检疫、培育壮苗、加强栽培管理、中耕除草、耕翻晒垡、清洁田园、轮作倒茬、间作套种等；

（3）尽量利用物理和生物措施：如用灯光、色彩诱杀害虫，机械捕捉害虫，释放害虫天敌，机械或人工除草等；

（4）必要时合理使用低风险农药：如没有足够有效的农业、物理和生物措施，在确保人员、产品和环境安全的前提下按照第五、第六章的规定，配合使用低风险的农药。

5. 病虫害防治

——当地常见的作物害虫；和生产者讨论当地常见害虫的发生规律。

——害虫的防治方案、防治时间和效果。

——使用农药是否在 NY/T 393 清单中；用法用量是否合理。

——检查喷洒设备（新/使用过，清洁状况和气味等），是否同时也用于平行生产。

——观察使用过生物杀虫剂的地块和作物长势情况。

——是否建立了完善的卫生管理措施以消除病原体、害虫的栖息地。

6. 产地病害控制

当地常见的作物病害；和生产者讨论当地常见病害的发生规律。

基地主要的病害是什么？

用于防治病害的措施。

病害产生时用什么产品/方法；是否符合 NY/T 393 的规定。

是否有使用土壤杀菌措施；如果有，请描述。

是否使用限用/禁用的产品，特别是杀菌剂。

7. 草害防治

* 地块内杂草种类、长势情况；
* 现在所采取的杂草控制措施及其效果；
* 施用除草剂的种类；

＊杂草长势情况是否与所采取的控制措施一致。

8. 污染控制

＊绿色食品地块灌溉用水的来源及灌溉方式；

＊当地常见的灌溉水的污染物及污染控制措施；

＊绿色食品地块与常规地块的排灌系统之间是否有有效的隔离措施；

＊常规农业系统中的设备在用于绿色食品生产前，是否得到了充分的清洗；

＊用过的水排到周围环境中时是否会造成新的污染；

＊生产者所使用的保护性的建筑覆盖物、塑料薄膜、防虫网的材质。使用后是否从土壤中清除；

＊是否有飞机防病、虫、草作业；

＊产地重金属污染情况。

9. 水土保持和生物多样性保护

＊产地是否存在水土流失、土壤沙化、盐碱化、过量或不合理使用水资源等现象？若存在，生产者都采取了哪些有效可行的措施？

＊产地生态环境及生物多样性。生产者所采取的保护产地生态环境和生物多样性的措施。

＊作物秸秆的利用情况。

10. 生产资料仓库

＊仓库的卫生管理情况。

＊仓库内是否储存了绿色食品生产禁用物品？若存在，需要了解这些物质是否会对绿色食品食品生产允许使用的生产资料造成污染以及这些物质的来源、使用情况。

＊仓库内是否有虫、鼠进入？生产者所采取防治虫害、鼠害的措施。

11. 生产者调查

＊农户对绿色食品食品生产知识和技术的了解和掌握情况；

＊往年地块内投入品的使用情况；

＊种子或种苗情况；

＊灌溉用水情况；

＊施肥情况；

＊病虫害防治情况；

＊草害控制情况；

＊作物收获；

＊作物轮作计划；

＊产地周边污染情况及采取的防治措施；

＊水土流失情况及采取的防治措施；

＊平行生产情况。

12. 收获、贮存、运输

＊收获的方法。

＊防止绿色食品产品在收获时受到污染的措施。

＊若生产者存在平行生产，混杂使用的运输工具在装载绿色食品产品前是否已清洗干净。

＊绿色食品产品在运输途中是否有足够的保护措施。

＊绿色食品产品仓库内的卫生管理情况。

＊贮藏绿色食品产品的方法。

＊贮藏的绿色食品产品的标示。

＊绿色食品产品仓库内有无有害生物、有害物质残留？是否在7天内 经任何禁用物质处理过？

13. 包装、标志

＊生产者所使用的材料是否符合国家卫生要求和相关规定？是否清洁？

＊生产者是否使用了可重复、可回收和可生物降解的包装材料？

＊生产者是否使用了接触过禁用物质的包装物或容器？

＊是否设计了包含拟使用的绿色食品标志的包装？

＊是否建立了绿色食品标志使用记录档案？

14. 危险性评估

（1）禁用物质的使用。检查可能使用的禁用物质的来源，遗留包装物，植 作物或其他植物上的症兆、土壤的气味、生物多样性、相邻地块的操作和投入物使用情况、施用 方式、缓冲区的设置情况、水质监测情况来评估风险大小。

（2）地块所处的位置。根据申请地块所处的位置来评估地块可能存在的风 情况。

（3）平行生产。若存在平行生产，则需仔细检查设备和使用方式、设备的 洗情况、收获、储藏、包装环节和产品标识，查看管理制度和记录，向工人了解绿色食品生产专 知识培训情况等方式来进行风险评估。

15. 取样

（1）在最能反映问题的区域集中取样，取样后立即封装、贴上标签并妥善 存，以防样品受到污染。

（2）取样说明应包括可疑的症候、记录的检查（农药标签、进货记录、农 发票、收获和销售记录）、会见的关键人物（施用者、种植者、农民）、样品的数量、类型、地块 、范围大小、相邻地块的作物、证据的位置。

现场检查照片要求：

在作物生长期进行检查。

至少一张照片体现出检查地点名称。

照片中标注出检查员；检查过程［应包括现场检查要求的首次会议、实地 查（根据企业类型不同增加环节）、随机访问、查阅文件（记录）、总结会5个步骤］。

工作照片不要摆拍，人物完全相同，场景不同。

五、加工现场检查要点

（1）对照设备分布图和工艺流程图，确定自己所处的位置。流程图也帮助你了解加工过程中使用哪些设备。建议从原材料的进厂开始检查，例如：

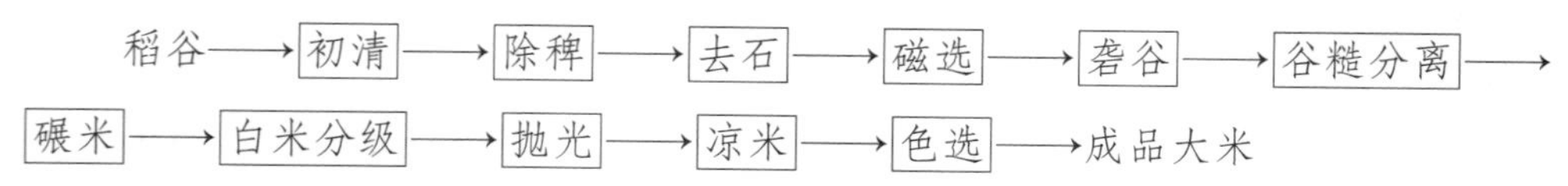

（2）检查的区域。

a. 原料收购场地。

b. 原料储存场地。

c. 加工区如果有多条生产线，每条生产线均要检查。

d. 加工过程的储存场地和储存设备。

e. 所有运输或运输机、水槽、泵、管道、风机等设备。

f. 产品包装区，收集绿色食品包装和标签的样本。

g. 产品仓库，对绿色食品和常规产品是否有隔离措施、是否有借用仓库 进行检查。

h. 质量评审室/实验室。

i. 加工厂的周围了解周边环境、卫生、有害物质的控制情况，建筑物墙 有洞和裂缝。

j. 废弃物处理系统。绿色废弃物如何处理？废弃物处理系统是否有卫生

k. 整个工厂的设施条件。

l. 加工厂生产人员的卫生、健康状况。

（3）生产经营运行情况。

现场检查应确保在加工企业生产期进行，对生产的各个环节进行检查， 加工企业质量管理和执行绿色食品标准规定的能力。

1）原料储存环节：原料储存地应有必要的设备设施和防虫防鼠措施以 料储存要求。储存场所应有原料出入库记录，做到原料可追溯。生产绿色食品用主辅原料应 书一致，有明显识别标志和追溯记录。

2）生产环节：生产环节要重点检查投入品使用种类和使用量是否符合 准和绿色食品要求，产出率是否合理，原辅料采购量是否满足申请产品产量需求。食品添加 是否符合国家标准。应注意发现存在的或潜在的食品安全风险。

3）包装环节：应检查包装材料来源、材质是否符合国家标准；核实绿 产品预包装食品标签是否规范设计并使用绿色食品标志，产品名称、商标名称、生产商名称 申请书或上一用标周期绿色食品证书（续展）相一致。

4）仓储环节：检查仓储环节有无必要的设施设备（如冷库），有无防鼠 卫生措施。绿色食品产品摆放是否有明显识别标志，有无追溯记录。如仓储过程中使用药物， 判断药物种类和使用量是否符合基本的国家标准。

5）运输环节：检查运输环节有无必要的设备（如冷链），运输过程中绿 产品是否可以做到可区分可追溯。

（4）检查时寻找控制点（CCP）。

1）寻找“控制点”，判断产品是否会被其他产品污染。加工厂应制订管 避免产品受到污染。如制订质量管理制度、建立卫生制度、清洁制度、质量报告等。

2）加工厂建筑。包括地面、墙壁、窗户的结构和卫生状况，清洁方式和 。

3）加工厂设备。加工设备的类型所采用制造材料、燃料形式、炉灶区与 区是否有隔离措施，燃料是否会污染产品。

4）加工厂的卫生。是否每个地方都干净？清洁程序？如何清洁？多长 谁负责？用了什么产品？设备如何清洗？是否有清洗记录。

5）有害物控制。使用什么方式控制虫害，如诱捕、杀虫剂、驱赶设备。 有异常的气味？这种类型加工厂主要有害物质是什么？在常规产品加工中这些有害物质是如 的？是否使用禁用物质，产品的名称、使用时间以及间隔期等应了解。同时应观察有害物质 迹象，如有害物的粪便、昆虫尸体等，是否有有害物控制记录？如果有，检查杀虫剂使用的 和产品生产的日期，以确定无污染的发生。

6）检查质量控制管理和实验室以及存放的样品，提供质量控制记录的副

（5）文件和记录。

1）生产操作文件和记录。依据工艺流程，主要生产环节应有生产操作规程（包括原辅料、添加剂等投入品要求和加工温度、加工时间等物理参数），对应环节应有生产记录（对主要投入品/产出品及参数进行记录）。

2）质量控制文件和记录。加工企业应有必要的质量控制文件和相应的记录，以便对质量进行控制，对产品等物流进行追溯。在加工企业存在平行生产和委托加工的情况时，应提供区别管理和委托加工等质量控制文件和记录。

3）原辅料文件（购销合同、协议）和记录（发票）。应对投入的主辅原料购销合同、协议和发票、收据原件进行检查，确认文件和记录真实性有效性，购买数量应满足绿色食品申报产品需求量，购买质量达到绿色食品要求。

现场检查报告基本原则：

*内容应完整、详实、准确无遗漏；

*评价应客观、公正、有依据；

*交被检查方签字确认；

*不符合项应由检查组成员关闭；

*检查现场所取得的资料、记录、照片等文件作为报告的附件一同提交；

*报告应由检查组长编写、检查组成员签字，并交被检查方签字确认。

绿色食品申报材料清单

种植产品申请材料清单

1. 《绿色食品标志使用申请书》和《种植产品调查表》(下载网址 . agri. cn/HYV20/lssp/xzq/)

2. 营业执照复印件

3. 商标注册证复印件(有必要的应提供续展证明、商标转让证明、商 许可证明等。如果申请产品无商标,不需要提供)

4. 质量控制规范(包括基地组织机构设置、人员分工,投入品供应、 种植过程管理,产品收后管理,仓储运输管理等)。需要申请人盖章

5. 种植规程,需申请人盖章

6. 基地行政区划图、基地位置图和地块分布图

7. 基地清单(包括乡镇、村数、农户数、种植品种、种植面积、预计产 信息)。需申请人盖章

8. 农户清单(包括农户姓名、种植品种、种植面积、预计产量),对于 数50户以下的申请人要求提供全部农户清单;对于50户以上的,要求申请人建立内控组织 控组织不超过20个),即基地内部分块管理,并提供所有内控组织负责人的姓名及其负责地块 植品种、农户数、种植面积及预计产量。需申请人盖章

9. 有效期3年以上的种植产品订购合同或协议

10. 若申请人自有基地,应提供相关证明材料,如土地流转合同、土地 同或产权证、林权证、国有农场所有权证书等

11. 生产记录(能反映生产过程及投入品使用情况)

12. 预包装食品标签设计样张(含绿色食品标志的)(非预包装食品不必

13. 环境质量监测报告

14. 产品检验报告

畜禽产品申请材料清单

1. 《绿色食品标志使用申请书》和《畜禽产品调查表》(下载网址 agri. cn/HYV20/lssp/xzq/)

2. 营业执照复印件

3. 商标注册证复印件(包括续展证明、商标转让证明、商标使用许可证 。如果申请产品无商标,不需要提供。)

4. 动物防疫条件合格证

5. 屠宰许可证(涉及屠宰的申请人需提供)

6. 野生动物驯养许可证(经营野生动物养殖的申请人需提供)

7. 养殖基地行政区划图、基地位置图、养殖场所布局平面图

8. 对于天然放牧的,应提供基地清单(序号、乡镇、村数、农户数、 品种、养殖规模、

草场面积等）。需申请人盖章；农户清单，需要相关行政村或乡镇盖章，对于农户数50户以下的申请人要求提供全部农户清单；对于50户以上的，要求申请人建立内控组织（内控组织不超过20个）及其管理制度，并提供所有内控组织负责人的姓名及其负责地块的养殖品种、农户数、养殖规模及年出栏量（产量）。需申请人盖章

9. 质量控制规范（包括基地组织机构设置、人员分工，投入品管理，养殖过程管理，畜禽屠宰、生鲜乳收集、禽蛋收集等管理，仓储运输管理等），需申请人和制定单位盖章

10. 申请人提供与养殖单位签订的有效期至少3年的畜禽产品收购合同或协议

11. 养殖规程，需申请人盖章

12. 养殖记录（能反映养殖过程及投入品使用情况）

13. 预包装食品标签设计样张（含绿色食品标志的）（非预包装食品不必提供）

14. 环境质量监测报告

15. 产品检验报告

16. 天然放牧牛羊产品申报绿色食品需按《关于牛、羊产品申报绿色食品相关要求的通知》要求提供相关文件

加工产品申请材料清单

1.《绿色食品标志使用申请书》和《加工产品调查表》(下载网址 www. agri. cn/HYV20/lssp/xzq/)

2. 营业执照复印件

3. 商标注册证复印件（有必要的应提供续展证明、商标转让证明、商标使用许可证明等。如果申请产品无商标，不需要提供）

4. QS证书、食盐定点生产许可证、屠宰许可证、饲料生产许可证、采矿许可证、取水许可证、野生采集产品许可证等其他国家强制要求办理的资质证书复印件（适用时）

5. 工厂所在地行政区划图（市、县或乡的行政图，标明加工厂位置）

6. 加工厂区平面布局图（包括厂区各建筑物、设备和周围土地利用情况）

7. 加工厂所使用证明文件（如为委托加工，提供委托加工合同书、被委托方营业执照和QS证书，加工方提供详细区别管理制度）

8. 质量管理手册

（1）绿色食品生产、加工、经营者的简介；

（2）绿色食品生产、加工、经营者的管理方针和目标；

（3）管理组织机构图及其相关岗位的责任和权限；

（4）可追溯体系（视情况）；

（5）内部检查体系；

（6）文件和记录管理体系。

9. 生产加工管理规程，需申请人盖章

（1）加工规程，技术参数；

（2）产品的包装材料、方法和储藏、运输环节规程；

（3）污水、废弃物的处理规程；

（4）防止绿色食品与非绿色食品交叉污染的规程（存在平行生产的企业须提交）；

（5）运输工具、机械设备及仓储设施的维护、清洁规程；

（6）加工厂卫生管理与有害生物控制规程；

（7）生产批次号的管理规程。

10. 配料固定来源和购销证明

(1) 对于购买绿色食品原料标准化生产基地原料的申请人需提供基地证 印件、购销合同和发票复印件(视情况);

(2) 对于购买绿色食品产品或其副产品的申请人需提供有效期内的证书 件、购销合同和发票复印件;

(3) 对于购买未获得绿色食品认证、原料含量在2%~10%的原料(于等于5%)的,申请人需提供购销合同和发票复印件,绿色食品检测机构出具的符合绿色食 的检测报告;

(4) 对于购买未获得绿色食品认证、原料含量小于2%的原料(食盐小)的申请人需提供固定来源的证明文件。

11. 生产加工记录(能反映产品生产过程和投入品使用情况)

12. 预包装食品标签设计样张(含绿色食品标志的)(非预包装食品不)

13. 加工水监测报告

14. 产品检验报告

15. 如原料按照绿色食品标准种植生产,应提供种植业清单中相关材料

水产品申请材料清单

1.《绿色食品标志使用申请书》及《水产品调查表》(下载网 . agri. cn/HYV20/lssp/xzq/)

2. 营业执照复印件

3. 商标注册证复印件(有必要的应提供续展证明、商标转让证明、商 许可证明等。如果申请产品无商标,不需要提供)

4. 水域滩涂养殖使用证复印件、特种鱼类养殖许可证复印件

5. 外购苗种,应提供供方苗种生产许可证复印件,购买合同及发票复印

6. 自繁自育苗种,应提供苗种繁育规程

7. 外购饲料或饲料原料,应提供绿色食品生产资料证书复印件(或绿 证书复印件)、购买合同及批次发票复印件

8. 自制饲料,应提供饲料加工规程(含饲料原料种植规程、饲料加工规

9. 养殖规程

10. 捕捞、运输规程

11. 产品加工、储藏规程(初级加工产品适用)

12. 基地来源证明材料(自有基地,应提供土地流转合同;专业合作社 供合作社社员名单、合作社章程,需申请人盖章;委托养殖,应提供委托养殖协议)

13. 养殖区域分布图(养殖区域所处位置图);养殖区域图(养殖区域 大小、边界、养殖品种及周边临近区域利用情况等)

14. 基地清单(序号、养殖方式"湖泊、池塘、海水网箱、江河围栏 养殖模式(单养、混养)、养殖品种、养殖面积、产量,需要涉及乡镇盖章),申请人需盖章

15. 质量控制规范(包括申请人组织机构设置情况,投入品使用,生产 管理,质量内控措施等)

16. 生产记录(能反映产品生产过程和投入品使用情况)

17. 饲料、渔药等投入品包装标签

18. 预包装食品标签设计样张（含绿色食品标志的）（非预包装食品不必提供）

19. 渔业用水监测报告和底泥监测报告（远洋捕捞的不必提供），使用加工水的还需提供加工水监测报告

20. 产品检验报告

21. 涉及饲料原料按照绿色食品标准种植生产的，应提供相关材料

食用菌申请材料清单

1.《绿色食品标志使用申请书》和《食用菌调查表》（下载网址 www.agri.cn/HYV20/lssp/xzq/）

2. 营业执照复印件

3. 商标注册证复印件（有必要的应提供续展证明、商标转让证明、商标使用许可证明等。如果申请产品无商标，不需要提供）

4. QS 证书（干品一般需要提供）

5. 质量控制规范（包括基地组织机构设置、人员分工，投入品供应、管理，种植过程管理，产品收后管理，仓储运输管理等），需要申请人盖章

6. 种植规程，需申请人盖章

7. 基地行政区划图、基地位置图和地块分布图

8. 基地清单（包括乡镇、村数、农户数、种植品种、种植面积、预计产量等信息），需申请人盖章

9. 农户清单（包括农户姓名、种植品种、种植面积、预计产量），对于农户数 50 户以下的申请人要求提供全部农户清单；对于 50 户以上的，要求申请人建立内控组织（内控组织不超过 20 个），即基地内部分块管理，并提供所有内控组织负责人的姓名及其负责地块的种植品种、农户数、种植面积及预计产量。需申请人盖章

10. 有效期 3 年以上的种植产品订购合同或协议

11. 若申请人自有基地，应提供相关证明材料，如土地流转合同、土地承包合同或产权证、林权证、国有农场所有权证书等

12. 生产记录（能反映种植过程及投入品使用情况）

13. 预包装食品标签设计样张（含绿色食品标志的）（非预包装食品不必提供）

14. 部分品种基质需提供第三方出具的非转基因证明材料，如使用豆粕、棉籽粕等做基质

15. 环境质量监测报告（包括基质、灌溉水、加工水）

16. 产品检验报告

蜂产品申请材料清单

1.《绿色食品标志使用申请书》和《蜂产品调查表》（下载网址 www.agri.cn/HYV20/lssp/xzq/）

2. 营业执照复印件

3. 商标注册证复印件（有必要的应提供续展证明、商标转让证明、商标使用许可证明等。如果申请产品无商标，不需要提供）

4. 全国工业产品生产许可证复印件

5. 蜜源植物基地行政区划图、基地位置图、基地地块分布图（人工栽 物的）

6. 蜜源植物基地清单（序号、乡镇、村数、农户数、种植品种、种植 需要涉及乡镇盖章（人工栽培蜜源植物的）

7. 某村农户清单样本（序号、农户姓名、种植品种、种植面积），需 盖章（蜜源植物人工种植的）

8. 蜜源植物基地管理制度（包括基地组织机构设置、人员分工，投 、管理，种植过程管理，产品收后管理，仓储运输管理等），需要申请人和制定单位盖章 培蜜源植物的）

9. 申请人与农户或乡镇签订的3年蜜源植物种植合同或协议，需双方 字（人工栽培蜜源植物的）

10. 若申请人自有基地，应提供相关证明材料，如土地流转合同、土 同或产权证、林权证、国有农场所有权证书等（人工栽培蜜源植物的）

11. 各蜂场行政区划图和基地地块分布图

12. 蜂场清单（蜂场名称、地址、农户数、预计产量等）

13. 申请人与蜂场签订的蜂产品采购合同

14. 质量控制规范（包括基地组织机构设置、人员分工，投入品管理， 程管理，产品收集、仓储运输等管理）

15. 蜜源植物种植规程（人工栽培蜜源植物的需提供）

16. 蜜蜂养殖规程

17. 蜂产品加工规程

18. 生产记录（包括种植记录、养殖记录和加工记录）能反映产品 和投入品使用情况）

19. 预包装食品标签设计样张（含绿色食品标志的）（非预包装食品不

20. 环境质量监测报告（种植基地土壤、灌溉水、蜜蜂饮用水、加工

21. 产品检验报告

绿色食品审查程序及规范

一、《绿色食品标志许可审查程序》

二、《绿色食品标志使用申请书》

三、《调查表》及其产品申报清单

四、绿色食品标志许可审查规范

特点：

1. 将《绿色食品认证程序》《绿色食品续展认证程序》《绿色食品境外认证程序》等整合成一个程序。

2. 增加了申诉处理部分，进一步完善了程序。

3. 《调查表》分专业填写，表格项目设计体现了绿色食品生产的特点。

4. 初次申请与续展使用同一套《申请书》和《调查表》。

5. 无需提供《环境监测任务通知书》《环境监测情况表》《环境质量现状调查报告》及《产地环境调查人员明细表表》《产品检测情况表》《申请认证基本情况调查表》《省绿办认证情况表》等表格。

6. 强调了在线申请和内检员的重要性。

绿色食品标志许可审查程序：

☆制定依据

《绿色食品标志管理办法》。经2012年6月13日农业部第7次常务会议审议通过，2012年7月30日中华人民共和国农业部令2012年第6号公布。

☆适用范围

1. 绿色食品申请人

2. 绿色食品工作机构

3. 绿色食品检测机构

绿色食品管理机构与检测机构工作职责：

(1) 中国绿色食品发展中心负责绿色食品标志使用申请的审查、核

(2) 省级工作机构负责本行政区域绿色食品标志使用申请的受理、现场检查工作；地(市)、县级相关工作机构协助省级工作机构完成上述工作。

(3) 绿色食品检测机构负责绿色食品产地环境和产品检测工作。

申请人条件：

(1) 能够独立承担民事责任。其资质应为企业法人、农民专业合作独资企业、合伙企业、个体工商户、家庭农场等，以及其他国有农场、国有林场和兵团团单位。

(2) 具有稳定的生产基地。

(3) 具有绿色食品生产的环境条件和生产技术。

(4) 具有完善的质量管理体系，并至少稳定运行1年。

(5) 具有与生产规模相适应的生产技术人员和质量控制人员。

(6) 申请前3年内无质量安全事故和不良诚信记录。

(7) 与绿色食品工作机构或检测机构不存在利益冲突。

前提：

(1)《中华人民共和国食品安全法》。

(2)《中华人民共和国农产品质量安全法》。

(3) 在国家工商总局商标局核定的范围内（国际商标类别分类的、5、29、30、31、32、33类143个品种）。

具备条件：

(1) 环境符合绿色食品产地环境质量标准。

(2) 投入品使用符合绿色食品投入品使用准则。

(3) 产品质量符合绿色食品产品质量标准。

(4) 包装贮运符合绿色食品包装贮运标准。

☆标志许可的申请

申请时间：产品收获、屠宰或捕捞前3个月

申请方式：

(1) 书面申请。

(2) 在线申请。

提交材料：

(1)《绿色食品标志使用申请书》及《调查表》。

(2) 资质证明材料。

(3) 质量控制规范。

(4) 生产技术规程。

(5) 基地图、加工厂平面图、基地清单、农户清单等。

(6) 合同（协议），购销发票，生产、加工记录。

(7) 含有拟使用绿色食品标志的包装标签或其设计样张（非预包装食品不必提供）。

(8) 绿色食品发展中心规定提交的其他证明材料。

初次申请审查：

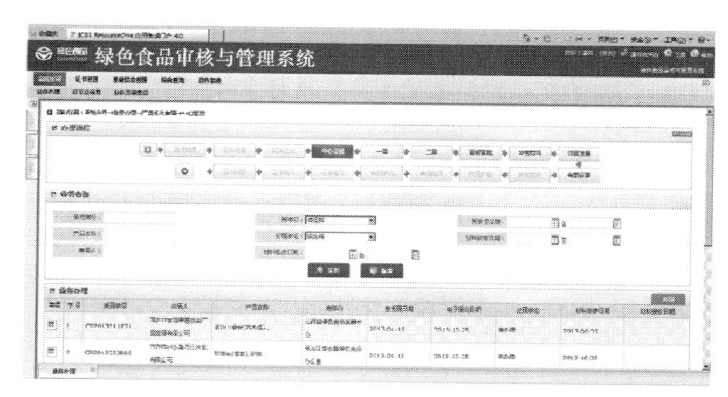

(1) 受理。省级工作机构自收到上述申请材料之日起 10 个工作日内完成材料审查。符合要求的，予以受理，向申请人发出《绿色食品申请受理通知书》（农绿认〔2014〕9 号文附件 1）；不符合要求的，不予受理，书面通知申请人本生产周期不再受理其申请，并告知理由。

(2) 现场检查。省级工作机构根据申请产品类别，组织至少 2 名具有相应资质的检查员组成检查组，与申请人沟通并向其发出《绿色食品现场检查通知书》（农绿认〔2014〕9 号文附件 2），明确现场检查计划。在产品及产品原料生产期内，完成现场检查。

(3) 现场检查程序。首次会议—实地检查—查阅文件、记录—随机访问—总结会

实地检查首末次会议、农户访谈和查阅资

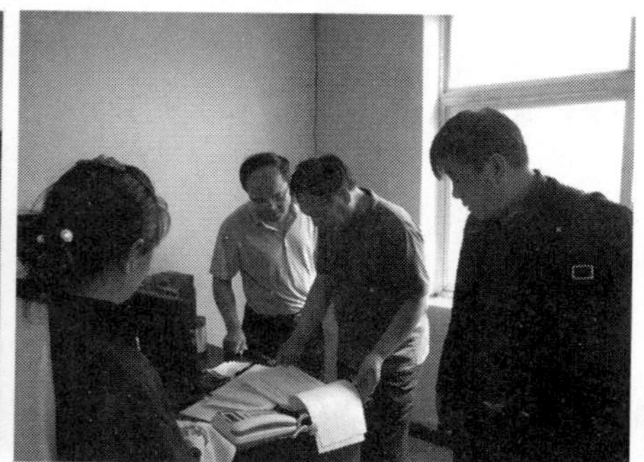

(4) 现场检查要求。

①申请人根据现场检查计划做好人员安排，检查期间，要求人 所设施设备开放待查、文件记录等资料备好待阅。

②检查员在检查过程中收集相关信息，做好文字、影像、图片等

(5) 现场检查完成后，检查组应当在10个工作日内向省级工作 《绿色食品现场检查报告》（目前用原来的《绿色食品现场检查项目及评估报告》）、《环境 调查报告》（初次申请）或《绿色食品续展认证现场检查评估表》。

省级工作机构依据《绿色食品现场检查报告》向申请人发出《绿 场检查意见通知书》（农绿认〔2014〕9号文附件3），现场检查合格的，安排环境和产品 格的，通知申请人本生产周期不再受理其申请。

环境和产品检测：

申请人按照《绿色食品现场检查意见通知书》的要求，委托检 地环境、产品进行检测。

检测机构接受申请人委托后，应当分别依据《绿色食品产地 监测与评价导则》（NY/T 1054）和《绿色食品产品抽样准则》（NY/T 896）及时安排 并自环境抽样之日起30个工作日内、产品抽样之日起20个工作日内完成检测工作， 质量监测报告》和《产品检验报告》，提交省级工作机构和申请人。

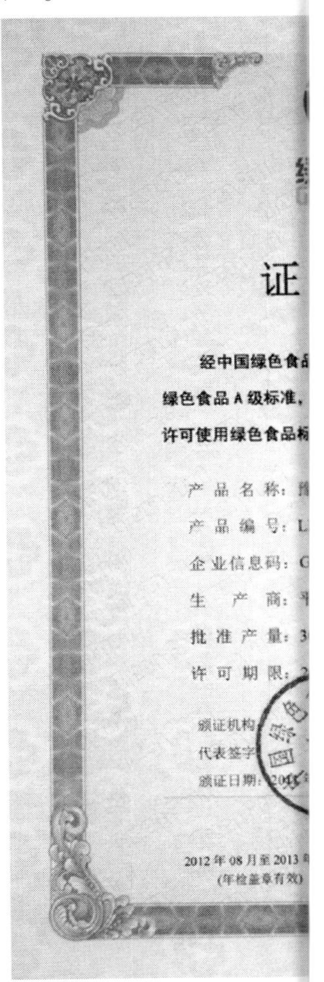

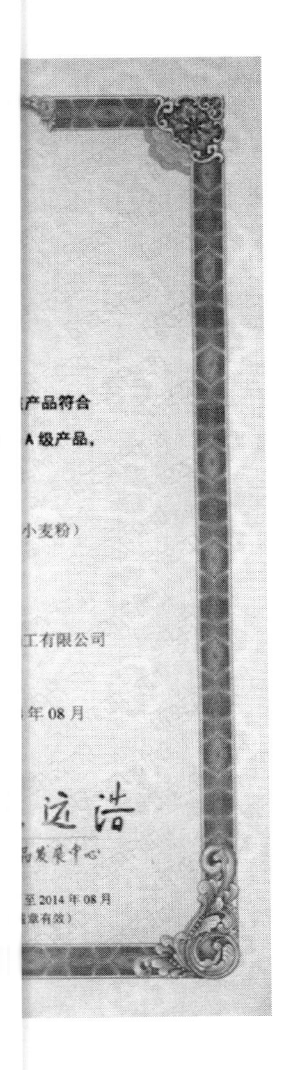

环境免测情况：

(1) 申请人如已提供了近1年内绿色食品检测机构或国家级、部级检测机构出具的《环境质量监测报告》，且符合绿色食品产地环境检测项目和质量要求的，可免做环境抽样检测。

(2) 如经检查组调查确认产地环境质量符合《绿色食品产地环境质量》（NY/T 391）和《绿色食品产地环境调查、监测与评价导则》（NY/T 1054）中免测条件的，可免做相应环境检测。

初审：

省级工作机构自收到《绿色食品现场检查报告》《产品检验报告》和《环境质量监测报告》之日起20个工作日内完成初审。初审合格的【涉及（农绿认〔2014〕9号文附件4）：《绿色食品省级工作机构初审报告》】，将相关材料报送中心，同时完成“绿色食品审核与管理系统”网上报送。初审不合格的，通知申请人本生产周期不再受理其申请，并告知理由。

审查：

中心应当自收到省级工作机构报送的完备的申请材料之日起30个工作日内完成书面审查，提出审查意见，并通过省级工作机构向申请人发送《绿色食品审查意见通知书》。

审查意见：

(1) 需要进一步补充材料的，申请人应在规定时间内完成相关材料的补充工作，逾期视为自动放弃申请。

(2) 需要现场核查的，由中心委派检查组再次进行检查核实。

(3) 中心提出“合格”或“不合格”的审查意见。

专家评审：

中心在20个工作日内组织召开绿色食品专家评审会，并形成专家评审意见，并通过省级工作机构向申请人发送《绿色食品专家评审意见通知单》。

颁证决定：

中心根据专家评审意见，在5个工作日内做出是否颁证的决定，并通过省级工作机构通知申请人。同意颁证的，进入证书颁发程序；不同意颁证的，书面告知理由。

续展申请审查

申请：绿色食品标志使用证书有效期3年。证书有效期满，需要继续使用绿色食品标志的，标志使用人应当在有效期满前3个月向省级工作机构书面提出续展申请，同时需完成网上在线申报。

标志使用人逾期未提出续展申请，或者申请续展未获通过的，不得继续使用绿色食品标志；再行申请时，执行“初次申请审查”程序。

提交材料：

(1) 同《程序》中第七条第（一）、第（二）、第（五）、第（六）、第（七）款规定的材料。

(2) 上一用标周期购买绿色食品原料使用凭证。

(3) 上一用标周期绿色食品证书复印件。

(4) 产品检验报告（用标周期第3年）。

(5)《环境质量监测报告》，省级工作机构做出是否免测决定。

环境监测和产品检验情况：

标志使用人如已提供上一用标周期第三年（旧程序是3年内）的有效年度抽检报告，经确认符合相关要求的，省级工作机构可做出该产品免做产品检测的决定（旧程序抽一免五同类系列产品）。

《新程序》不涉及同一种植基地和同一养殖基地情况。

省级工作机构初审：

省级工作机构收到上述申请材料后，应当在40个工作日内完成材料审查、现场检查和续展初审。在证书有效期满25个工作日前材料报送中心。网上未录入的，纸质材料暂不予受理！

中心审查：

收到省级工作机构报送的完备的纸质续展申请材料之日起10个工作日内完成书面审查。审查意见为“合格”的，准予续展，同意颁证。审查意见为“不合格”的，不予续展，并书面告知理由。

续展下放：

由省级工作机构承担续展书面审查工作的，执行《省级绿色食品工作机构续展审核工作实施办法》。

新增：

因不可抗拒力的原因，不能在有效期内进行续展检查时，省级工作机构应在证书有效期内向中心提出书面申请，说明原因。经中心确认，续展检查可在有效期后的3个月内实施，但不得超过3

个月。

境外申请审查

提交申请：

(1) 注册地址在境外的申请人，可直接向中心提交申请文件。

(2) 注册地址在境内，其原料基地或加工基地在境外的申请人， 政区域的省级工作机构提交申请文件，亦可直接向中心提交申请文件。

申请材料符合要求的，中心与申请人签订《绿色食品境外检查 接委派检查员进行现场检查，组织环境和产品抽样。

产品由绿色食品检测机构进行检测，环境由国际认可的检测机 或提供背景值。

初审及后续工作由中心负责。

申诉处理

申请人如对受理、现场检查、初审、审查等意见结果或颁证决 应于收到上述意见决定通知后10个工作日内向中心提出申诉。申诉方需提交书面申请并 理意见提出异议的理由，同时应尽可能提交相关证据。

申诉的受理、调查和处置：

(1) 中心组成申诉处理工作组，负责申诉的受理。

(2) 申诉处理工作组负责对申诉进行调查、取证及核实。

(3) 申诉处理工作组在调查、取证、核实后，提交书面处理意 通知申诉方。

(4) 申诉方如对最终处理有异议，可向上级主管机构进行申诉

省级工作机构报送材料清单：

(1)《绿色食品申请受理通知书》。

(2)《绿色食品现场检查通知书》。

(3)《绿色食品现场检查意见通知书》。

(4)《绿色食品现场检查报告》(附《会议签到表》、《现场检 汇总表》和现场检查照片)。

(5)《绿色食品省级工作机构初审报告》。

(6)《产品检验报告》(附《绿色食品产品抽样单》)。

(7)《环境质量监测报告》。

绿色食品标志使用申请书

特点：

1. 初次申请与续展共用（农绿认〔2014〕9号文附件5）

2. 增加了内检员签字

3. 增加了统计信息，方便“绿色食品审核与管理系统”信息录

《调查表》及其产品申报清单

1.《种植产品调查表》及其产品申报清单

2.《畜禽产品调查表》及其产品申报清单

3.《加工产品调查表》及其产品申报清单

4.《水产品调查表》及其产品申报清单

5.《食用菌调查表》及其产品申报清单

6.《蜂产品调查表》及其产品申报清单

上述材料均在（农绿认〔2014〕9号文附件6）中。

适用范围

※《种植产品调查表》：适用于收获后，不添加任何配料和添加剂，只进行清洁、脱粒、干燥、分选等简单物理处理过程的产品（或原料）。如原粮、新鲜果蔬、饲料原料等。

※《畜禽产品调查表》：适用于畜禽养殖、生鲜乳及禽蛋收集等。涉及饲料原料种植的和加工的，还应填写《种植产品调查表》和《加工产品调查表》。

※《加工产品调查表》：适用于按照绿色食品标准生产的原料收获或外购入库后，进行的加工、包装、贮藏和运输的全过程，包括食品和饲料。如米面及其制品、肉食加工品、乳制品、酒类、全价饲料和预混料等。涉及原料种植的，还应填写《种植产品调查表》。

※《水产品调查表》：适用于鲜活水产品及捕捞、收获后未添加任何配料的冷冻、干燥等简单物理加工的水产品。加工过程中，使用了其他配料或加工工艺复杂的腌熏、罐头、鱼糜等产品，还需填写《加工产品调查表》。

※《食用菌调查表》：适用于食用菌鲜品或干品。

※《蜂产品调查表》：适用于涉及蜜蜂养殖的相关产品。人工栽培蜜源植物种植情况还需填写《种植产品调查表》，蜂产品加工还需填写《加工产品调查表》。

绿色食品标志许可审查规范

基本概念：

本规范所指的审查，是指符合资质的检查员依据绿色食品技术标准和有关规定对绿色食品申请人提交的申请材料、产地环境质量证明、产品质量证明、检查员文件等实施审核检查的过程。

总体要求：

所有表格应用钢笔、签字笔正楷如实填写，或用A4纸打印，字迹整洁、术语规范、印章清晰，并加盖骑缝章。所有表格栏目不得空缺，如不涉及本项目，应在表格相应栏目内注明“无”；如表格栏目空间不够，可附页，但附页必须加盖公章。

审查内容及要求：

※申请人条件

（1）申请人应符合《绿色食品标志许可审查程序》中规定。

（2）申请人应为在国家工商行政管理部门登记取得《营业执照》的企业法人、农民专业合作社、个人独资企业、合伙企业和个体工商户、家庭农场等，以及其他国有农场、国有林场和兵团团场等生产单位。

（3）集团公司下属分公司、全军农副业生产基地申请绿色食品标志应符合中心相关规定。

申请产品条件：

（1）应为《绿色食品产品标准适用目录》涵盖范围内产品。

（2）应为国家工商总局批准绿色食品证明商标中涵盖的产品类别。

（3）申请产品应为卫生部公告可以作为食品的产品。

（4）申请产品受理范畴不包括油炸方便面、火腿肠、纯净水、　　　　　　　品（>130°）、油炸薯制品、作用机理不甚清楚的产品、与转基因有关的产品。

（5）其他中心规定不予受理的产品。

审查内容及要求：

※资质证明材料

（1）营业执照复印件。

（2）QS证书复印件。

（3）商标注册证（无商标不必提供）。

（4）屠宰许可证。

（5）采矿许可证（食盐、矿泉水）。

（6）取水许可证、食盐定点生产许可证。

（7）野生采集许可证或文件。

（8）野生动物训养证、特种水产养殖许可证。

（9）动物防疫条件许可证。

（10）其他资质证明材料。

※种植产品审查

（1）按《种植产品申报清单》提供材料。

（2）《种植产品调查表》审查。

（3）种植规程审查（规程不符合相关准则，判定不合格）。

（4）质量控制规范（包括基地组织机构设置、人员分工，投入　　　　　　管理，种植过程管理，产品收后管理，仓储运输管理等）。

（5）原料订购合同、协议。

（6）生产记录审查。

畜禽产品审查：

（1）按《畜禽产品申报清单》提供材料。

（2）《畜禽产品调查表》审查。

（3）畜禽规程审查（规程不符合相关准则，判定不合格）。

（4）质量控制规范（包括基地组织机构设置、人员分工，投入　　　　　　殖过程管理，畜禽屠宰、生鲜乳收集、禽蛋收集等管理，仓储运输管理等，需要申请人　　　　　　盖章）。

（5）原料订购合同（协议）、发票等。

（6）养殖记录审查。

注：牛羊申报参照《关于牛、羊产品申报绿色食品相关要求的

审查内容及要求：

※预包装食品标签设计样张

（1）产品名称。

（2）商标。

（3）企业名称。

（4）配料。

（5）绿色食品标志设计情况。

（6）产品执行标准。（NY/T 751 绿色食品食用植物油）

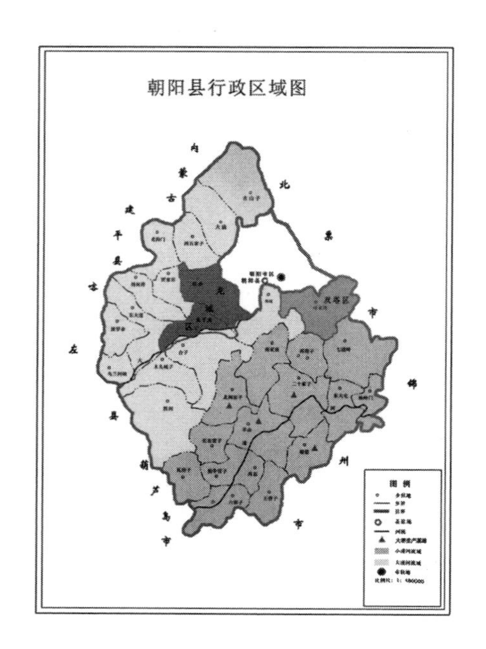

根德乡区位图

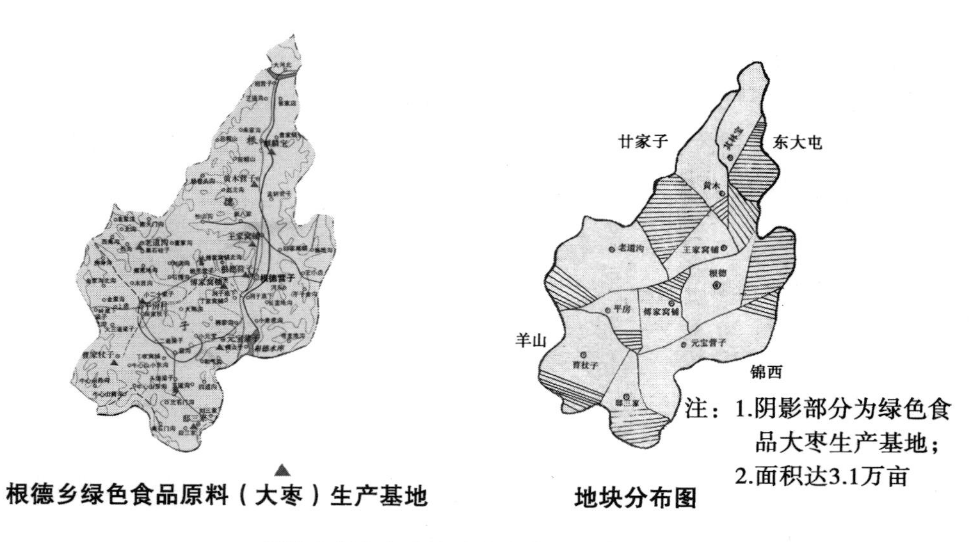

根德乡绿色食品大枣生产基地示意图

※补充材料

（1）应针对审查意见，逐条进行答复，若有必要，应另附说明或材料。

（2）应在规定的时限内提交，逾期未提交的，应视为自动放弃申请。

（3）应有申请人及相关单位盖章。

（4）补充内容应完整，审查意见涉及操作规程和制度文件的，提交补充材料时应提供完整的规程和制度文件等。

注：检查员务必审查把关。

关于印发《绿色食品标志许可审 　 乍规范》和《绿色食品现场检查工作规 　 通知

农绿认〔2014〕24号

各省级绿色食品工作机构：

为进一步规范绿色食品标志许可审查和现场检查工作，保证审 　 斗学性、公正性和有效性，提高现场检查工作质量和效率，规避标志许可审查风险，依据 　 品标志管理办法》（农业部令2012第6号）等法律法规，制定了《绿色食品标志许可审 　 》《绿色食品现场检查工作规范》和相关配套文件。现印发给你们，请遵照执行。

《关于标注酒龄黄酒申请绿色食品认证的补充规定》（中绿认 　 56号）、《关于水产饲料生产企业申请绿色食品推荐生产资料及水产品生产企业申报绿色 　 规定的通知》（中绿认〔2006〕67号）、《绿色食品检查员工作手册》、《关于绿色食品申报 　 产企业使用标准化基地原料有关规定的通知》（中绿认〔2007〕185号）、《关于绿色食品 　 食用盐使用规定的通知》（中绿认〔2007〕194号）、《关于油炸食品认证及棕榈油质量 　 规定的通知》（中绿认〔2008〕153号）、《关于集团公司下属分公司申请绿色食品认证有 　 知》（中绿认〔2008〕236号）、《关于对申请绿色食品认证的畜禽水产品及其加工制品 　 胺的通知》（中绿认〔2008〕361号）、《关于防范和控制绿色食品食用菌产品中违法 　 剂的通知》（中绿认〔2009〕26号）、《绿色食品续展审核规范》（中绿认〔2009〕64 　 于绿色食品加工产品原料的有关规定》（中绿认〔2010〕102号）、《绿色食品申请人资质 　 定》（中绿认〔2010〕103号）、《关于进一步规范认证审核工作的若干规定》（中绿认〔 　 号）、《关于绿色食品预包装食品标签标志执行标准有关事项的通知》（中绿认〔2012〕 　 14项规定同时废止。

特此通知。

农业部绿色食品管理办公室　中国绿色 　 展中心

2014年12月26日

附件：1.《绿色食品标志许可审查工作规范》

2.《绿色食品现场检查工作规范》

详见：中国绿色食品发展中心 www.greenfood.agri.cn. 资料— 　 栏中许可审查。

《绿色食品标志许可审查工作规范》

第一章　总　则

第一条　为规范绿色食品标志使用许可申请审查工作，保证审查工作的科学性、公正性和有效性，根据《绿色食品标志管理办法》、绿色食品标准和其他相关规定，制定本规范。

第二条　本规范所称审查是指经中国绿色食品发展中心（以下简称“中心”）核准注册且具有相应专业资质的绿色食品检查员，对申请人材料、环境和产品质量证明材料、绿色食品现场检查报告、省级绿色食品工作机构（以下简称“省级工作机构”）相关材料等实施审核的过程。

第三条　省级工作机构负责对申请人材料、环境和产品质量证明材料、绿色食品现场检查报告的初审，中心负责对省级工作机构初审结果及提交相关材料的综合审查，并对审查工作统一管理。

第四条　审查工作应当客观、公正，实行签字负责制。

第二章　申请材料构成

第五条　申请材料由申请人材料、环境和产品质量证明材料、绿色食品现场检查报告和省级工作机构相关材料构成。

第六条　申请人材料

（一）申请人按《绿色食品标志许可审查程序》第七条和第十九条要求提交，其中上一用标周期绿色食品证书需加盖年检章。

（二）有平行生产的，应提供绿色食品区别管理制度，包括生产、储运、文件记录、人员培训等；有委托加工的，还应提供有效的委托加工合同（协议）和被委托方的相关资质证明材料。

（三）中心要求提交的其他材料。

第七条　环境和产品质量证明材料

（一）环境质量监测报告；

（二）产品检验报告；

（三）产品抽样单。

其中（一）和（二）应提供原件，环境免测依据的监测报告可提供复印件。

第八条　省级工作机构相关材料

（一）《绿色食品申请受理通知书》；

（二）《绿色食品现场检查通知书》；

（三）《绿色食品现场检查意见通知书》；

（四）《绿色食品现场检查报告》、检查照片和《会议签到表》；

（五）《现场检查发现问题汇总表》；

（六）《绿色食品省级工作机构初审报告》；

（七）中心要求提交的其他材料。

第九条　申请材料应齐全完整、统一规范，并按第六条、第七条和第八条的顺序编制成册。

第三章　申请人材料审查

第十条　资质审查

（一）申请人应为在国家工商行政管理部门登记取得营业执 人、农民专业合作社、个人独资企业、合伙企业、家庭农场等，国有农场、国有林场和 生产单位。

（二）具有稳定的生产基地。

（三）具有绿色食品生产的环境条件和生产技术。

（四）具有完善的质量管理体系，并至少稳定运行一年。

（五）具有与生产规模相适应的生产技术人员和质量控制人员

（六）申请前三年内无质量安全事故和不良诚信记录。

（七）与绿色食品工作机构或检测机构不存在利益关系。

（八）“集团公司＋分公司”可作为申请人，分公司不可独立 。

（九）全军农副业生产基地申请绿色食品应按中心相关规定执

（十）申请产品应为现行《绿色食品产品标准适用目录》范 但产品本身或产品配料成分属于卫生部发布的“可用于保健食品的物品名单”中的 已获卫生部批复可作为普通食品管理的产品除外），需取得国家相关保健食品或新 审批许可后方可进行申报。

（十一）其他要求

1. 续展申请人应完全履行《绿色食品标志商标使用许可合同 务；

2. 无稳定原料生产基地（不包括购买全国绿色食品原料标准 地原料或绿色食品及其副产品的申请人），且实行委托加工的，不得作为申请人。

第十一条　资质证明材料审查

（一）营业执照复印件

1. 申请人应与企业名称一致；

2. 经营范围应涵盖申请产品类别。

（二）商标注册证

1. 申请人应与商标注册人或其法人代表一致，若不一致，应 使用权证明材料（商标变更证明、商标使用许可证明、商标转让协议等）；

2. 核定商品使用类别应涵盖申请产品；

3. 应在有效期内；

4. 应提供正式商标注册证，在受理期、公告期的按无商标处

5. 未注册商标的无需提供相关注册材料。

（三）全国工业产品生产许可证（QS 证）

1. 在 QS 证取证目录范围内产品，应提供生产许可证及其副页

2. 申请人应与被许可人或其申请产品生产方一致；

3. 许可生产产品范围应涵盖申请产品；

4. 应在有效期内。

（四）动物防疫条件合格证

1. 按照农业部《动物防疫条件审查办法》应取得动物防疫条 ，应提供该证书；

2. 申请人应与证书中单位名称或申请人养殖场所名称一致；

3. 经营范围应涵盖申请产品。

（五）屠宰许可证

1. 需提供屠宰许可证的产品，应提供该证书；

2. 申请人应与证书中企业名称或其申请产品屠宰加工方一致；

3. 应在有效期内。

（六）采矿（取水）许可证

1. 矿泉水、矿盐等矿产资源产品申请人应提供该证书；

2. 申请人应与采矿权人或其采矿单位一致；

3. 生产规模应能满足产品申请产量需要；

4. 应在有效期内。

（七）其他资质证明材料

1. 食盐定点生产企业证书：申请人应与证书中单位名称一致，生产品种应涵盖申请产品，证书应在有效期内。

2. 野生动物驯养（繁育）许可证：属野生动物养殖产品的，应提供该证书且应在有效期内。

3. 特种水产养殖许可证：属特种水产养殖产品的，应提供该证书且应在有效期内。

4. 野生采集证明材料：属野生采集产品的，应提供证明材料。

5. 其他需提供的资质证明材料，应符合国家相关要求。

第十二条　《绿色食品标志使用申请书》（以下简称申请书）审查

（一）应符合其填写说明要求。

（二）封面应明确初次申请和续展申请。

（三）保证声明应有法定代表人签字和申请人盖章，并填写日期；已有中心注册内检员的申请人，应有内检员签字。

（四）表一是否准确填写相关信息，并明确龙头企业级别。

（五）续展申请人应填写首次获证时间。

（六）申请人简介应包括申请人注册时间、注册资本、生产规模、员工组成、发展状况及经营产品等情况。

（七）产品名称应符合国家现行标准或规章要求。

（八）商标应与商标注册证一致。若有图形、英文或拼音等，应按“文字＋拼音＋图形”或“文字＋英文”等形式填写；若一个产品同一包装标签中使用多个商标，商标之间应用顿号隔开。

（九）年产量单位应为吨。

（十）是否有包装，包装规格应符合实际预包装情况。

（十一）续展产品名称、商标、产量等发生变化的，应在表二备注栏说明。

（十二）申请产品原料来源于绿色食品或全国绿色食品原料标准化生产基地的，应如实填写表三，否则杠划。

（十三）表四内容应按申请产品分别填写；绿色食品包装印刷数量应按包装规格如实填写。

第十三条　《种植产品调查表》审查

（一）应符合其填表说明要求。

（二）该表用于不添加任何配料和添加剂，只进行清洁、脱粒、干燥、分选等简单物理处理过程的产品（或原料）。如原粮、新鲜果蔬、饲料原料等。来源于全国绿色食品原料标准化生产基地的产品，无需填写该表。

（三）种植产品基本情况审查

1. 名称应填写种植产品或产品原料、饲料原料作物名称；

2. 面积、年产量应按不同作物分别填写，且符合实际；

3. 基地位置应具体到乡（镇）、村，5 个以上的可另附基地清

（四）产地环境基本情况

1. 对于产地分散、环境差异较大的，应分别描述；

2. 需描述的，应做具体文字说明；

3. 审查填写内容是否符合 NY/T 391 和 NY/T 1054 标准要求

（五）栽培措施及土壤处理

1. 措施及处理方式不同的，应分别填写。

2. 涉及土壤消毒的，应填写消毒剂名称、使用方法、用量及 等；涉及土壤改良的，应描述具体措施，如深翻、晒土、使用土壤改良剂等。

3. 土壤培肥处理应填写肥料原料名称、年用量，并详细描述 理方式。

4. 审查是否符合 NY/T 393 和 NY/T 394 标准要求。

（六）种子（种苗）处理

1. 种子（种苗）来源应详细填写来源方式及单位；

2. 种子（种苗）处理应填写具体措施，涉及药剂使用的应说 称和用量；

3. 播种（育苗）时间应根据实际情况填写，有多茬次的应分

4. 审查是否符合 NY/T 393 标准要求。

（七）病虫草害农业防治措施

1. 应详细描述防治措施；

2. 有间、套作的，应同时填写其病虫草害农业防治措施。

（八）肥料使用情况

1. 产品名称应填写作物名称，使用情况应按作物分别填写；

2. 氮磷钾不涉及项可杠划；

3. 当地同种作物习惯施用无机氮种类及用量应符合实际情况

4. 审查是否符合 NY/T 394 标准要求。

（九）病虫草害防治农药使用情况

1. 产品名称应填写作物名称，使用情况应按作物分别填写；

2. 农药名称应填写"商品名（通用名）"，例如一遍净（吡 配农药应明确每种成分的名称，如克露（代森锰锌·霜脲氰）；

3. 登记证号应为农药包装标签上的农药登记证号，且应与中 息网上查询结果一致；

4. 剂型规格应按相应农药的包装标签填写，如 50% 乳油， 性粉剂，200g/L 水剂，3.6% 颗粒剂、8 000IU/mg（BT）等；

5. 防治对象应填写具体病虫草害名称；

6. 使用方法应按农药实际使用情况填写，如喷雾、拌种、 、熏蒸、涂抹、种子包衣等；

7. 每次用量应符合农药包装标签标识的制剂用药量；

8. 使用时间应符合农药包装标签标识的安全间隔期要求；

9. 有间作或套作的，应同时填写其病虫草害农药使用情况；

10. 审查填写内容是否符合 NY/T 393 标准要求。

（十）灌溉情况

1. 属天然降水的在是否灌溉栏标注；

2. 其他灌溉方式应按实际情况填写。

（十一）收获后处理

1. 收获时间应具体到日期，有多茬次或多批次采收的，应按茬口或批次填写收获时间；

2. 收获后清洁、挑选、干燥、保鲜等预处理措施应简要描述处理方法，包括工艺流程图，器具、清洁剂、保鲜剂等使用情况等；

3. 包装材料应描述包装材料具体材质，包装方式应填写袋装、罐装、瓶装等；

4. 防虫、防鼠、防潮应填写具体措施，有药剂使用的，应说明具体成分；

5. 如何防止绿色食品与非绿色食品混淆，应填写具体措施；

6. 审查填写内容是否符合 NY/T 658 和 NY/T 393 标准要求。

（十二）废弃物处理及环境保护措施

应按实际情况填写，包括投入品包装袋、残次品处理情况，基地周边环境保护情况等，应符合国家相关标准要求。

第十四条　《畜禽产品调查表》审查

（一）应按填表说明填写。

（二）本表适用于畜禽养殖、生鲜乳及禽蛋收集等。

（三）应按不同畜禽名称分别填写。

（四）养殖场基本情况

1. 养殖面积应按实际情况填写；

2. 基地位置应填写养殖场或牧场位置，具体到乡（镇）、村，5 个以上的可另附基地清单；

3. 对于养殖场分散、环境差异较大的，应分别描述；

4. 审查填写内容是否符合 NY/T 473 和 NY/T 1892 标准要求；

5. 对于养殖场不在无规定疫病区的，审查是否有针对当地易发的流行性疾病制定相关防疫和扑灭净化制度。

（五）养殖场基础设施

1. 应按实际情况填写，需描述内容做具体文字说明；

2. 审查填写内容是否符合 NY/T 473 和 NY/T 1892 标准要求。

（六）养殖场管理措施

1. 应按实际情况填写，需描述内容做具体文字说明；

2. 养殖场消毒应填写具体措施，有药剂使用的，应说明使用药剂名称及使用时间；

3. 审查填写内容是否符合 NY/T 472 标准要求。

（七）畜禽饲料及饲料添加剂使用情况

1. 应按畜禽名称分别填写；

2. 养殖规模应填写存栏量，并说明单位，如头、只、羽等；

3. 品种名称应具体到种，如长白猪、荷斯坦奶牛、乌骨鸡等；

4. 种畜禽来源应填写种苗来源，如自繁或外购来源单位；

5. 年出栏量及产量应填写畜禽年出栏量（头/只/羽），蛋禽、奶牛等应填写蛋、奶的产量（吨）；

6. 养殖周期应填写畜禽从入栏到出栏（或淘汰）的时间；

7. 饲料及饲料添加剂应填写所有成分，如豆粕、青贮玉米、预混料或微量元素（如矿物质、维生素）等；

8. 用量及比例应符合动物不同生长阶段营养需求；

9. 来源应填写饲料生产单位或基地名称或自给；

10. 审查饲料使用情况是否符合 NY/T 471 标准要求。

（八）畜禽疫苗及兽药使用情况

1. 应按畜禽名称分别填写；

2. 兽药名称栏应填写商品名（通用名）；

3. 用途应填写具体防治的疾病名称；

4. 使用方法应填写肌注、口服等；

5. 审查填写内容是否符合 NY/T 472 标准要求。

（九）饲料加工及贮存情况

1. 防虫、防鼠、防潮应填写具体措施，有药剂使用的，应让　　　剂名称；

2. 如何防止绿色食品与非绿色食品混淆栏应填写具体措施；

3. 审查填写内容是否符合 NY/T 393 标准要求。

（十）畜禽、禽蛋、生鲜乳收集

1. 清洗、消毒应具体填写方法，涉及药剂使用的，应说明使　　　称、用量等；

2. 存在平行生产的，应说明区分管理措施；

3. 审查填写内容是否符合 NY/T 472 标准要求。

（十一）资源综合利用和废弃物处理

应按实际情况填写，并符合国家相关标准要求。

第十五条　《加工产品调查表》审查

（一）应符合其填表说明要求。

（二）该表用于以植物、动物、食用菌、矿物资源、微生物　　　进行加工、包装、贮藏和运输的产品，如米面及其制品、食用植物油、肉食加工品、乳　　　类、畜禽配合饲料和预混料等。

（三）加工产品基本情况

1. 产品名称应与申请书一致，饲料加工也应填写该表；

2. 商标、年产量应与申请书一致；

3. 包装规格栏应填写所有已使用绿色食品标志的包装；

4. 续展涉及产品名称、商标、产量变化的，应在备注栏说明

（四）加工厂环境基本情况

1. 对于有多处加工场所的，应分别描述；

2. 需描述内容应做具体文字说明；

3. 审查填写内容是否符合 NY/T 391 和 NY/T 1054 标准要求

（五）加工产品配料情况

1. 应按申请产品名称分别填写，产品名称、年产量应与申请

2. 主辅料使用情况表应填写产品加工过程中所有投入原料使

3. 添加剂使用情况中名称应填写具体成分名称，如柠檬酸　　　钾等，不得以“防腐剂”等名称代替，应明确添加剂用途。

4. 原料及添加剂比例总计应为 100%。

5. 有加工助剂的，应填写加工助剂的有效成分、年用量和用

6. 来源应填写原料生产单位或基地名称。

7. 加工水使用情况和主辅料预处理情况应根据生产情况如实

8. 加工产品配料应符合食品级要求。

9. 符合绿色食品要求的原料（包括绿色食品、绿色食品加　　　制产品、产地环境质量符合 NY/T 391 标准要求，按照绿色食品标准生产和管理而获得的　　　色食品原料标准化生产基

地生产的原料及绿色食品生产资料）应不少于90%，其他原料且比例在2%～10%的，应有固定来源和省级或省级以上检测机构出具的产品检验报告（产品检验应依据《绿色食品标准适用目录》执行，如产品标准不在目录范围内，应按照国家标准、行业标准和地方标准的顺序依次选用）；原料比例<2%的，年用量1吨（含）以上的，应提供原料订购合同和购买凭证；年用量1吨以下的，应提供原料购买凭证。

10. 使用食盐的，使用比例<5%的，应提供合同、协议或发票等购买凭证；≥5%的，还应提供具有法定资质机构出具的符合NY/T 1040标准要求的产品检验报告。

11. 同一种原料不应同时来自获得绿色食品标志的产品和未获得标志的产品。

12. 对于标注酒龄黄酒，还应符合以下要求：

（1）产品名称相同，标注酒龄不同的，应按酒龄分别申请；

（2）标注酒龄相同，产品名称不同的，应按产品名称分别申请；

（3）标注酒龄基酒的比例不得低于70%，且该基酒应为绿色食品。

13. 审查填写内容是否符合NY/T 392和NY/T 471标准要求。

（六）加工产品配料统计表

1. 合计年用量应包括所有配料，不同产品的相同配料合计填写；

2. 应对添加剂级别进行勾选。

（七）产品加工情况

1. 加工工艺不同的产品应分别填写加工工艺流程；

2. 处理方法、提取工艺使用溶剂和浓缩方法应同时反映所有加工产品的使用情况。

（八）包装、贮藏、运输

1. 应根据实际情况填写；

2. 审查是否符合NY/T 658和NY/T 1056标准要求。

（九）平行加工

1. 应按实际情况填写；

2. 对避免交叉污染的措施进行勾选或描述。

（十）设备清洗、维护及有害生物防治

1. 应按实际情况填写；

2. 涉及药剂使用的，应说明具体成分；

3. 审查填写内容是否符合NY/T 393标准要求。

（十一）污水、废弃物处理情况及环境保护措施应按实际情况填写，且符合国家相关标准要求。

第十六条　《水产品调查表》审查

（一）应按填表说明填写。

（二）该表适用于鲜活水产品及捕捞、收获后未添加任何配料的冷冻、干燥等简单物理加工的水产品。加工过程中，使用了其他配料或加工工艺复杂的腌熏、罐头、鱼糜等产品，需填写《加工产品调查表》。

（三）水产品基本情况应按不同养殖方式填写相关内容。

（四）产地环境基本情况

1. 对于产地分散、环境差异较大的，应分别描述；

2. 需描述内容应做具体文字说明；

3. 审查填写内容是否符合NY/T 391和NY/T 1054标准要求。

（五）苗种情况

1. 品种名称应填写鲤鱼、鳙鱼等产品名称；

2. 苗种来源应对外购和自育进行勾选，并说明来源单位；
3. 消毒应填写具体方法，涉及药剂使用的，应说明药剂名
4. 审查填写内容是否符合 NY/T 755 标准要求。

（六）饵料（肥料）使用情况

1. 饵料配方不同的应分别填写；
2. 应按生产实际选填相关内容；
3. 审查饵料构成是否符合 NY/T 2112 标准要求；
4. 海带、螺旋藻等藻类养殖应填写肥料使用情况；
5. 审查肥料使用是否符合 NY/T 394 标准要求。

（七）常见疾病防治

1. 应按产品名称分别填写；
2. 审查药物使用是否符合 NY/T 755 标准要求。

（八）水质改良情况

1. 涉及水质改良的应填写该表；
2. 审查药物使用是否符合 NY/T 755 标准要求。

（九）捕捞、运输

1. 养殖周期应填写投苗到捕捞的时间；
2. 如何保证存活率应填写具体措施，涉及药物使用的，应 称；
3. 审查药物使用是否符合 NY/T 755 标准要求。

（十）初加工、包装、储藏

1. 应按实际情况填写；
2. 审查填写内容是否符合 NY/T 755 和 NY/T 658 标准要求

（十一）废弃物处理及环境保护措施应按实际情况填写，并 相关标准要求。

第十七条　《食用菌调查表》审查

（一）应按填表说明填写。

（二）该表适用食用菌鲜品和干品。压缩食用菌、食用菌罐头 填写《加工产品调查表》。

（三）产品基本情况

1. 产品名称应填写原料种类，如金针菇、香菇等；
2. 基地位置应具体乡（镇）、村，5 个以上的，可另附基地

（四）产地环境基本情况

1. 对于产地分散、环境差异较大的，应分别描述；
2. 需描述内容应做具体文字说明；
3. 审查填写内容是否符合 NY/T 391 和 NY/T 1054 标准要

（五）基质组成情况

1. 应按产品名称分别填写，不涉及基质的不填写该表；
2. 成分组成应符合生产实际，来源应填写原料供应单位。

（六）菌种处理

1. 应按产品名称分别填写；
2. 接种时间应填写本年度每批次接种时间；
3. 菌种如“自繁”应详细描述菌种逐级扩大培养的方法和

（七）污染控制管理

1. 基质消毒、菇房消毒应填写具体措施，有药剂使用的， 药剂名称及使用时间等；

2. 栽培用水来源应按实际生产情况填写；

3. 其他潜在污染源及污染物处理方法应对食用菌生产及产品无害，如感染菌袋、废弃菌袋等；

4. 审查填写内容是否符合 NY/T 393 标准要求。

（八）病虫害防治措施

1. 产品名称应填写原料种类，农药防治应按产品名称分别填写；

2. 农药防治情况审查要求同《种植产品调查表》。

（九）用水情况应按实际情况填写。

（十）采后处理

1. 收获后清洁、挑选、干燥、保鲜等预处理措施应简要描述处理方法，包括工艺流程图，器具、清洁剂、保鲜剂等使用情况等；

2. 包装材料应描述包装材料具体材质，包装方式应填写袋装、罐装、瓶装等；

3. 审查填写内容是否符合 NY/T 658 和 NY/T 393 标准要求。

（十一）食用菌初加工

1. 加工工艺不同的产品应分别填写工艺流程；

2. 成品名应与申请书一致；

3. 原料量、出成率、成品量应符合实际生产情况；

4. 审查生产过程中是否使用漂白剂、增白剂、荧光剂等非法添加物质。

（十二）废弃物处理及环境保护措施

应按实际情况填写，并符合国家相关标准要求。

第十八条　《蜂产品调查表》审查

（一）应按填表说明填写；

（二）该表适用于涉及蜜蜂养殖的相关产品，加工环节需填写《加工产品调查表》；

（三）蜂产品基本情况。

1. 名称应填写花粉、蜂王浆、蜂蜜等；

2. 基地位置应填写蜜源地名称，5 个以上的可另附基地清单。

（四）产地环境基本情况

1. 对于蜜源地分散、环境差异较大的，应分别描述；

2. 需描述的，应做具体文字说明；

3. 审查填写内容是否符合 NY/T 391 和 NY/T 1054 标准要求。

（五）蜜源植物

1. 应按蜜源植物分别填写；

2. 病虫草害防治应填写防治方法，涉及农药使用的，应填写使用的农药通用名、用量、使用时间、防治对象和安全间隔期等内容；

3. 审查填写内容是否符合 NY/T 393 标准要求。

（六）蜂场

1. 应按申请产品对生产产品种类进行勾选；

2. 蜜源地规模应填写蜜源地总面积；

3. 巢础来源及材质应按实际情况填写；

4. 蜂箱及设备如何消毒应填写消毒方法、消毒剂名称、用量、消毒时间等；

5. 蜜蜂饮用水来源应填写露水、江河水、生活饮用水等；

6. 涉及转场饲养的，应描述具体的转场时间、转场方法等；

7. 审查填写内容是否符合 NY/T 393 和 NY/T 472 标准要求。

（七）饲喂

1. 饲料名称应填写所有饲料及饲料添加剂使用情况；

2. 来源应填写自留或饲料生产单位名称；

3. 审查饲料使用是否符合 NY/T 471 标准要求。

（八）蜜蜂常见疾病防治

1. 应按实际情况填写；

2. 审查填写内容是否符合 NY/T 472 标准要求。

（九）蜂场消毒

1. 应按实际情况填写；

2. 审查填写内容是否符合 NY/T 472 标准要求。

（十）采收情况

1. 有多次采收的，应填写所有采收时间；

2. 有平行生产的，应具体描述区分管理措施。

（十一）储存及运输情况

应按实际情况填写。

（十二）废弃物处理及环境保护措施

应按实际情况填写，符合国家相关标准要求。

第十九条　生产技术规程审查

生产技术规程包括种植规程（涵盖食用菌种植规程）、养殖 括畜禽、水产品和蜜蜂等养殖规程）和加工规程。各项规程应依据绿色食品相关标准准 地实际情况制定，并具有科学性、可操作性和实用性的特点。技术规程应由申请人负责 盖申请人公章。

（一）种植规程

1. 应包括立地条件、品种与茬口（包括耕作方式）、育苗 种植密度、田间肥水管理、病虫草鼠害的发生及防治、收获（包括亩产量）、原粮存储（ 防潮和防鼠措施）、收后预处理、平行生产及废弃物处理等内容。

2. 肥料使用情况应包括施用肥料名称、类别、使用方法、 全年用量等；涉及食用菌基质的，应说明基质组成情况、基质消毒情况等。

3. 病虫草鼠害发生及防治应说明当地常见病虫草鼠害发 体措施（包括农业措施、物理、化学和生物防治措施）。涉及化学防治的，应说明使用 防治对象、使用方法和使用时间。

4. 审查农药、肥料等投入品使用是否符合 NY/T 393 和 NY 准要求。

（二）养殖规程

1. 主要包括养殖环境，品种选择、繁育，不同生长阶段饲 包括饲料及饲料添加剂使用、防疫及疾病防治等）；

2. 饲料及饲料添加剂使用应包括不同生长阶段饲料及饲料 情况、用量；

3. 药物使用应说明使用药物名称、用量、用途、用法、使 药期等；

4. 审查投入品使用是否符合 NY/T 471、NY/T 472、NY/T T 755、NY/T 1892、NY/T 2112。

（三）加工规程

1. 应描述主辅料来源、验收、储存及预处理方法等。

2. 应明确主辅料组成及比例，食品添加剂品种、来源、用 量、使用方式等。

3. 应描述加工工艺及主要技术参数，如温度、湿度、时间 用量、杀菌方法、添加剂使用情况等；主要设备及清洗方法；产品包装、仓储及成品检验制度。

4. 涉及仓储产品或原料应说明其防虫、防鼠、防潮等措施。

5. 审查投入品使用是否符合 GB 2760、NY/T 392、NY/T 393 标准要求。

第二十条　原料订购凭证

（一）合同（协议）的总体要求

1. 应真实、有效，不得涂改或伪造。

2. 应清晰、完整并确保双方（或多方）签字、盖章清晰。

3. 应包括绿色食品相关技术要求、法律责任等内容。

4. 原料及其生产规模（产量或面积）应满足申请产品生产需要。

5. 应确保至少三年的有效期。

（二）原料供应为“自有基地”的

1. 应提供自有基地证明材料，如土地流转（承包）合同、产权证、林权证、滩涂证、国有农场所有权证书等。

2. 若土地承包合同中发包方为非产权人，应提供产权人土地来源证明。

3. 发包方为合作社的，应提供社员清单，包括姓名、面积、品种、产量等内容。

（三）原料供应为“公司+基地+农户”形式的

1. 应提供公司与农场、村或农户等签订的合同（协议）样本（样本数以签订的合同数开平方计）。

2. 应提供基地清单和农户（社员）清单。

（1）基地清单应包括乡（镇）、村数、农户数、品种、面积（或规模）、预计产量等信息。

（2）农户清单应包括农户姓名、面积（或规模）、品种、预计产量等；对于农户数 50 户（含 50 户）以下的申请人要求提供全部农户清单；对于 50 户以上的，要求申请人建立内控组织（内控组织不超过 20 个），即基地内部分块管理，并提供所有内控组织负责人的姓名及其负责地块的品种、农户数、面积（或规模）及预计产量。

（四）原料供应为“外购绿色食品或其副产品”的

1. 应提供申请人与绿色食品生产企业签订的合同（协议）以及 1 年内的原料购销发票复印件 2 张。

（1）合同（协议）、购销发票中产品应与绿色食品证书中批准产品相符。

（2）购销发票中收付款双方应与合同（协议）中一致。

2. 若申请人与经销商签订合同（协议），还应提供经销商销售绿色食品原料的证明材料，包括合同（协议）、发票或绿色食品生产企业提供的销售证明等。

3. 提供真实有效的绿色食品证书复印件。

4. 审查绿色食品原料是否供给其他单位，现有原料产量能否满足申请产品的生产需要。

（五）原料供应为“外购全国绿色食品原料标准化生产基地”的原料

1. 应提供真实有效的基地证书复印件。

2. 提供申请人与基地范围内产业化经营单位或合作社等生产主体签订的原料供应合同及相应票据。

3. 基地办应提供相应材料，证明购买原料来自全国绿色食品原料标准化生产基地，确认签订的原料供应合同真实有效。

4. 申请人无需提供《种植产品调查表》、种植规程、基地管理制度、基地图等材料。

第二十一条　基地图

（一）基地图应清晰反映基地所在行政区划（具体到县级）、基地位置（具体到乡镇村）和地块分布。

（二）加工产品还应提供加工厂平面图，养殖产品还应提 平面图。

第二十二条　质量控制规范

（一）应由申请人负责人签发或加盖申请人公章。

（二）非加工产品应提供加盖申请人公章的基地管理制度 基地组织机构设置、人员分工；投入品供应、管理；种植（养殖）过程管理；产品收后 储运输管理等相关内容。

（三）加工产品应提供《质量管理手册》，内容应包括：

1. 绿色食品生产、加工、经营者的简介。

2. 绿色食品生产、加工、经营者的管理方针和目标。

3. 管理组织机构图及其相关岗位的责任和权限。

4. 可追溯体系、内部检查体系、文件和记录管理体系。

第二十三条　预包装食品标签或设计样

（一）应符合《食品标识管理规定》、《食品安全国家标 品标签通则》（GB 7718）、《食品安全国家标准预包装食品营养标签通则》（GB 28050） 。

（二）标签上生产商名称、产品名称、商标、产品配方等 请材料一致。

（三）标签上绿色食品标志设计样应符合《中国绿色食品 设计使用规范手册》要求，且应标示企业信息码。

（四）申请人可在标签上标示产品执行的绿色食品标准， 执行的其他标准。

（五）非预包装食品不需提供产品包装标签。

第二十四条　环境质量证明材料审查

（一）《环境质量监测报告》的检测项目应与《绿色食品 见通知书》一致。

（二）若申请人提供了近1年内（以省级工作机构受理时 绿色食品检测机构（以下简称检测机构）或国家级、部级检测机构出具的《环境质量监 件或复印件，且符合绿色食品产地环境检测项目和质量要求的，可免做环境抽样检测。

（三）涉及牛羊草原放牧的，其草原土壤免做环境抽样检

（四）《环境质量监测报告》应符合以下要求：

1. 报告封面应有监测单位盖章、CMA专用章，并加盖骑

2. 报告第一页检测结论应表述为“××××××（申请人 请的××区域（基地位置）××万亩（基地面积）×××（产品名称）产地环境质量符 ）NY/T 391标准要求，适宜（不适宜）发展绿色食品”，并加盖检测专用章，且有批准 制表人员签名。

3. 报告内容至少应包括采样地点名称（明确到行政村 要求、检测结果、单项判定（P_i）和综合评价（$P_{综}$）。

4. 土壤监测结果应明确采样深度（cm），土壤肥力检测 级别划分，但不作为判定产地环境质量合格与否的依据。

（五）审查检测项目和结果是否符合NY/T 391标准要求

第二十五条　产品质量证明材料审查

（一）产品抽样应符合NY/T 896标准要求。

（二）《产品抽样单》应填写完整，不涉及项目应杠划， 单位（检测机构）与被抽样单位（申请人）签字、盖章。

（三）《产品检验报告》应符合以下要求：

1. 报告封面受检产品、受检单位应与申请产品、申请人 检测机构盖章、CMA专用章，并加盖骑缝章。

2. 报告第1页检验相关信息应与申请产品一致，检测依据应符合产品执行的绿色食品标准，应有检测机构盖章，并有批准、审查、制表人员签名。

3. 检测项目应在备案认可范围内。

4. 检测结论应符合《农业部产品质量监督检验测试机构审查认可评审细则》条文释义第八十一条规定，备注栏不得填写“仅对来样负责”等描述。

5. 分包检测应符合国家相关规定。

6. 报告至少应包括序号、检验项目、计量单位、标准要求、检出限、检测结果、单项判定、检验结论。

（四）续展申请人提供上一用标周期第三年度的全项抽检报告，可作为其同类系列产品的质量证明材料；非全项抽检报告，可作为该产品的质量证明材料。

（五）审查检测项目和结果是否符合相关绿色食品产品标准。

（六）同类分割肉产品只需提供一份检测机构出具的全项产品检验报告。

第四章　省级工作机构材料和现场检查报告审查

第二十六条　省级工作机构材料审查

（一）《绿色食品申请受理通知书》

1. 应明确材料审查意见；

2. 审查意见不合格的或需要补充的应用“不符合……”“未规定……”“未提供……”等方式表达，不应用“请提供……”“请补充……”“应……”等方式表达；

3. 应有省级工作机构盖章。

（二）《绿色食品现场检查通知书》

1. 应明确初次申请或续展申请；

2. 应明确检查依据和检查内容等相关信息；

3. 填写内容、签字、盖章应完整。

（三）《绿色食品现场检查意见通知书》

1. 应明确现场检查意见；

2. 现场检查合格的，应说明环境检测项目，如灌溉水、土壤等；

不合格的，应说明原因；

3. 填写内容、签字、盖章应完整。

（四）《绿色食品现场检查报告》

1. 报告内容应详实；

2. 检查日期应在产品生产季节；

3. 检查应由至少2名具有相关专业的检查员实施；

4. 填写内容、签字、盖章应完整；

5. 审查填写内容是否符合绿色食品相关标准要求。

（五）《现场检查发现问题汇总表》

1. 发现问题描述应客观说明检查中存在的问题；

2. 依据应明确具体标准条款，如NY/T 393中第5.5款，使用了附录A以外的农药；

3. 涉及整改的，申请人应附整改报告，检查组应就其整改落实情况填写意见；

4. 填写内容、签字、盖章应完整。

（六）会议签到表

1. 应根据参会情况对首次会议和总结会进行勾选；

2. 检查员、签到日期应与《绿色食品现场检查报告》一致

3. 填写内容、签字应完整。

（七）现场检查照片

1. 应反映检查员工作，体现申请人名称，标注检查地点和 检查员应与检查报告一致；

2. 应清晰反映首次会议、实地检查、随机访问、查阅文件 、总结会，并覆盖申请产品生产、加工、仓储等关键环节；

3. 应提供5寸照片，并在A4纸上按检查顺序打印或粘贴

（八）《绿色食品省级工作机构初审报告》

1. 初审报告应由省级工作机构主要负责人授权的检查员完 ，现场检查人员不能参与同一申请的初审；

2. 应明确初次申请或续展申请；

3. 续展申请人、产品名称、商标和产量发生变化的应填写 栏；

4. 申请书、调查表和现场检查报告产量不一致的，以最小 ；

5. 表二应对相关内容的“有/无/不涉及”进行说明，对 性”进行判断，并对需说明的加以备注；

6. 应由省级工作机构主要负责人或分管领导签字，并加盖 ；

7. 检查员意见应表述为：经审查，××××（申请人）申 ××（申请产品）等产品，其产地环境、生产过程、产品质量符合绿色食品相关标准要求 料完备有效；

8. 省级工作机构初审意见应表述为：初审合格，同意报送 意续展。

第二十七条 补充材料审查

1. 应针对审查意见，在规定的时限内逐条书面答复，逾期 ，视为自动放弃申请；因客观原因不能按期提交续展补充材料的，应在有效期后3个月内

2. 应有申请人或相关部门盖章。

3. 应由省级工作机构审核，并签字确认。

第二十八条 省级工作机构承担续展书面审查工作的，中 机抽取10%的综合审核材料进行监督抽查。

第五章 评 判

第二十九条 不通过情况

有下列情况之一的，审查不予通过：

（一）申请材料任一部分造假的，如伪造合同、发票、证 检查报告及照片等。

（二）产地环境质量不符合标准要求的：

1. 环境质量监测报告检测数据不符合NY/T 391标准要求 论不合格；

2. 产地环境发生变化的，不符合绿色食品产地环境质量要

（三）投入品使用不符合标准要求的：

1. 使用转基因技术及其产物的。

2. 食品添加剂使用不符合标准要求的：

（1）使用非法添加物质；

（2）使用量、使用范围不符合GB 2760标准要求；

（3）添加 NY/T 392 中不应使用的食品添加剂。

3. 农药使用不符合标准要求的：

（1）使用不符合国家相关法律法规的，并未获得国家农药登记许可；

（2）使用 NY/T 393 附录以外的农药；

（3）使用量超过农药登记用量的；

（4）安全间隔期不符合要求的。

4. 肥料使用不符合标准要求的：

（1）使用添加有稀土元素的肥料；

（2）使用成分不明确、含有安全隐患成分的肥料；

（3）使用未经发酵腐熟的人畜粪尿；

（4）使用生活垃圾、污泥和含有害物质的工业垃圾；

（5）使用的无机氮素用量超过当地同种作物习惯施用量一半；

（6）使用的肥料不符合国家法律法规要求。

5. 畜禽饲料及饲料添加剂使用不符合标准要求的：

（1）饲料原料不全是通过认定的绿色食品，或来源于绿色食品标准化生产基地的产品，或经绿色食品工作机构认定或按照绿色食品生产方式生产、达到绿色食品标准的自建基地生产的产品；

（2）使用以哺乳类动物为原料的动物性饲料产品（不包括乳及乳制品）饲喂反刍动物；

（3）使用同源动物源性饲料的原则；

（4）使用工业合成的油脂；

（5）使用畜禽粪便；

（6）使用任何药物饲料添加剂；

（7）饲料添加剂品种不是《饲料添加剂品种目录》中所列的饲料添加剂和允许进口的饲料添加剂品种，或不是农业部公布批准使用的饲料添加剂品种；

（8）使用 NY/T 471 附录 A 中所列的饲料添加剂品种；

（9）饲料贮存中使用化学合成药物毒害虫鼠。

6. 兽药使用不符合标准要求的：

（1）使用国家规定的其他禁止在畜禽养殖过程中使用的药物；

（2）使用 NY/T 472 附录 A 中的药物，产蛋期和泌乳期使用附录 B 中的兽药；

（3）使用药物饲料添加剂；

（4）使用酚类消毒剂，产蛋期使用酚类和醛类消毒剂；

（5）使用抗菌药物、抗寄生虫药、激素或其他生长促进剂促进畜禽生长；

（6）使用剂量超过登记用量。

7. 渔药使用不符合标准要求的：

（1）使用中华人民共和国农业部公告第 176 号、193 号、235 号、560 号和 1519 号公告中规定的渔药；

（2）使用药物饲料添加剂；

（3）使用抗菌药物、激素或其他生长促进剂促进水产动物生长；

（4）预防用药使用 NY/T 755 附录 A 以外的药物；

（5）治疗用药使用 NY/T 755 附录 B 以外的药物；

（6）使用剂量超过登记用量。

8. 渔业饲料及饲料添加剂使用不符合标准要求的：

（1）饲料原料不全是通过认定的绿色食品，或全国绿色食品原料标准化生产基地的产品，或经中国绿色食品发展中心认定、按照绿色食品生产方式生产、达 品标准的自建基地生产的产品；

(2) 使用工业合成的油脂和回收油；

(3) 使用畜禽粪便；

(4) 使用制药工业副产品；

(5) 饲料如经发酵处理，所使用的微生物制剂不是《饲料 种目录》中所规定的品种或不是农业部公布批准使用的新饲料添加剂品种；

(6) 饲料添加剂品种不是《饲料添加剂品种目录》中所列 加剂和允许进口的饲料添加剂品种，或不是农业部公布批准使用的饲料添加剂品种；

(7) 使用 NY/T 2112 附录 A 中所列的饲料添加剂品种；

(8) 使用药物饲料添加剂；

(9) 使用激素；

(10) 饲料贮存过程使用化学合成药物毒害虫鼠。

（四）产品质量不符合标准要求的、产品检验报告检测数 品标准要求或检测结论不合格。

（五）其他不符合国家法律法规标准等相关要求的情况。

第三十条　需要补充材料的

有下列情况之一的，需进一步补充材料：

（一）申请材料不齐全、填写内容不完整。

（二）申请材料不符合逻辑

1. 产品名称、申请人名称前后不符；

2. 合同（协议）、发票上相关内容前后不符；

3. 产品或原料的产量不符合生产实际；

4. 加工工艺与申请产品标称工艺不符；

5. 绿色食品原料购买量超过证书批准产量；

6. 现场检查时间与照片中反映时间不符。

（三）资质证明、合同（协议）等超过有效期限。

（四）环境质量监测报告、产品检验报告不符合要求的。

（五）其他需要补充材料的情况。

第三十一条　需要现场核查的

投入品使用情况不明确、生产经营组织模式不满足绿色食 理需要。

第三十二条　审查合格的

无不合格项，材料完备。

第六章　附　则

第三十三条　本规范由中心负责解释。

第三十四条　本规范自 2015 年 1 月 1 日起施行。相关规 废止。

《绿色食品现场检查工作规范》

第一章　总　　则

第一条　为规范绿色食品现场检查工作，提高现场检查质量和效率，依据《绿色食品标志管理办法》和绿色食品相关法律法规要求，制定本规范。

第二条　本规范所称现场检查是指经中国绿色食品发展中心（以下简称中心）核准注册且具有相应专业资质的绿色食品检查员（以下简称检查员）依据绿色食品技术标准和有关法规对绿色食品申请人提交的申请材料、产地环境质量、产品质量等实施核实、检查、调查、风险分析和评估并撰写检查报告的过程。

第三条　本规范适用于检查员开展境内外绿色食品现场检查工作。

第二章　现场检查程序

第四条　检查前的准备

（一）委派检查员。省级绿色食品工作机构（以下简称省级工作机构）根据申请产品类别，委派至少2名具有相应资质的检查员组成检查组，必要时可配备相应领域的技术专家。境外现场检查由中心直接委派检查员。

（二）确定现场检查时间。检查时间应安排在申请产品的生产、加工期间（如从种子萌发到产品收获的时间段，从母体妊娠到屠宰加工的时间段，从原料到产品包装的时间段）的高风险时段进行，不在生产、加工期间的现场检查为无效检查。现场检查应覆盖所有申请产品，因生产季等原因未能覆盖的，应在未覆盖产品的生产季节内实施补充检查。

（三）确定现场检查计划。检查组审阅申请人的申请材料，根据省级工作机构派发的《绿色食品现场检查通知书》确定检查的要点，检查组长对检查工作内容进行分配。

（四）通知申请人。在现场检查日期3个工作日前将《绿色食品现场检查通知书》发送给申请人，请申请人做好各项准备，配合现场检查工作，并签字确认。

（五）备齐资料和物品。包括相关绿色食品标准规定、国家有关法律法规等文件，检查报告、签到表、现场检查意见汇总表、相机等。

第五条　工作程序

现场检查包括首次会议、实地检查（包括环境调查）、查阅文件（记录）、随机访问和总结会等5个环节，其中查阅文件（记录）、随机访问两个环节贯穿现场检查的始终。

（一）首次会议

首次会议由检查组长主持，申请人、主要负责人、绿色食品生产负责人、各生产管理部门负责人、技术人员和内检员参加。检查组向申请人明确检查目的、依据、内容、检查场所及时间安排等，并就检查计划与申请人进一步沟通，参会人员填写会议签到表，并且向申请人作出保密承诺。

1. 对于初次申请人，请申请人确定作为向导和见证作用的陪同人员，确认检查所需要的资源。检查组需听取申请人关于申请产品及其产地环境、生产管理等有关情况的介绍，检查员对疑点问题与申请人进行沟通。

2. 对于续展申请人，检查组还应核实前次现场检查或年度检查中发现问题的整改落实情况。

（二）实地检查

在申请人生产现场对照检查依据调查并评估产地环境状 色食品生产、收获、加工、包装、仓储和运输等全过程及其场所和产品情况，核实保证绿 产过程的技术措施和管理措施，收集相关技术文件和管理体系文件；核查投入物的使用情 相关证据和资料，进行风险评估。

1. 产地环境调查

省级绿色食品工作机构应依据《绿色食品产地环境调查、 价规范》（NY/T 1054）标准要求，采用资料核查、座谈会、问卷调查、实地考察等多 织实施环境质量现状调查。检查员可结合现场检查对申请人的产地环境进行调查并作出书 调查内容应包括：

（1）产地是否位于生态环境良好、无污染的地区，是否 区和公路铁路干线，避开污染源。

（2）在绿色食品和常规生产区域之间是否设置有效的缓 屏障，以防止绿色食品生产基地受到污染。

（3）是否建立生物栖息地，保护基因多样性、物种多 系统多样性，以维持生态平衡。

（4）调查产品产地所在区域的自然环境概况；土壤类型 、牧场、食用菌基质、渔业养殖底泥）；植被及生物多样性；自然灾害；农业生产方式； 品使用情况（特别是产地是否施用过垃圾多元肥、稀土肥料、重金属制剂、污泥等，是 外来有机肥）；产地客土情况；水源的水质和水量、灌溉条件；周边道路及隔离设施；工 分布和污染物排放；生态环境保护措施包括废弃物处理、农业自然资源合理利用；生态农 农业、清洁生产、节能减排等情况。

根据调查及掌握的资料情况，分析产地环境质量现状、发 区域污染控制措施，兼顾产地自然环境、社会经济及工农业生产对产地环境质量的影 于绿色食品发展适宜性的评价。

2. 申请材料核查：提供给检查组的材料是否完整、真实； 、产品产量；种植、养殖、加工的场所及其位置、面积；作物种植、动物养殖、绿色食品 艺和方法是否与申请材料相一致；管理体系文件是否能有效运行并保持最新版本；是否符 律法规。

3. 检查范围：农田、养殖场、生产车间、库房等场所； 的污染物，生产地的生态环境及周边环境情况；作物病、虫、草害防治管理和动物疾病 管理；投入品的使用情况（包括品种、用量、方法、使用时间等）和贮藏地点；产品的 获、加工、包装、贮藏、运输和销售方式。根据需要检查的基地数（以村为单位）、地块 然分布的区域划分）和农户数，采用n取整的方法（n代表样本数）确定抽样数量，随机 和调查。

（三）随机访问

通过对农户、生产人员、技术人员等进行访问，核实申请 程中绿色食品相关技术标准的落实情况及申请材料与生产实际的符合性。

（四）查阅文件、记录

通过查阅文件了解申请人全程质量控制措施及确保绿色 量的能力；通过查阅记录，核实申请人生产和管理的执行情况及控制的有效性。

1. 查阅文件：基地（农户）管理制度、合同（协议）、生 度、生产操作规程、质量管理手册、土地所有权证明、基地图、申请人资质证明、国家强 理的相关证书等。

2. 查阅记录：生产及其管理记录、生产资料购买及使用记 库记录、运输记录、销售记录、卫生管理记录、有害生物防治记录、内部监督检查记录、 等。

3. 查阅其他资料：生产资料及投入品标签和购买发票、产品预包装（如涉及）、绿色食品原料标准化生产基地证明材料、绿色食品证书复印件等。

（五）风险性评估

有以下因素之一，需要进行风险评估：

1. 有禁用物质使用迹象的，检查可能使用的禁用物质的来源，遗留包装物，记录，随机访谈了解到的相关情况；

2. 产地周边有污染源的，根据绿色食品生产区域所处位置，确认是否受到周边污染源的影响；

3. 存在平行生产的，查看区别管理制度的建立和运行情况，检查农田、养殖场、生产车间、库房等场所的相关记录。

（六）总结会

检查组通过内部沟通形成现场检查意见后，组织召开总结会，参会人员填写会议签到表。检查组长向申请人通报现场检查意见及事实依据。申请人可对现场检查意见进行解释和说明，对有争议的，双方可进一步核实。检查组填写《现场检查发现问题汇总表》，并由申请人确认。

（七）检查组对上述每个环节进行拍照（影像资料），将照片、会议签到表和《现场检查发现问题汇总表》附于《绿色食品现场检查报告》中。

第六条 工作要求

（一）申请人要根据现场检查计划做好人员安排，现场检查期间，主要负责人、绿色食品生产负责人、技术人员、内检员、库管人员要在岗，各相关记录、档案随时备查阅。

（二）检查员在现场检查工作中应保持严谨、科学、谦逊的态度，仔细倾听申请人的讲述，与申请人平等交流。

（三）检查员要在检查中收集信息，作好记录和必要资料的收集，记录要有现场检查双方的签字确认，并进行拍照、复印和实物取证，照片应体现申请人名称，标明检查日期，检查组成员在现场。

（四）对于现场检查中发现的问题，申请人应在规定的期限内予以整改，由于客观原因（如农时、季节、生产设备改造等）在短期内不能完成整改的，申请人应对整改完成的时限作出承诺，检查组在申请人承诺时限内对整改落实情况进行验证，并将验证结果附于现场检查材料中。

第七条 现场检查报告

现场检查完成后，检查组应当在10个工作日内向省级工作机构提交《绿色食品现场检查报告》（以下简称“报告”），报告应公正、客观和全面，真实反映现场检查情况。会议签到表、现场检查照片、现场检查发现问题汇总表、现场检查过程中收集的其他材料一并提交。

第三章 现场检查要点

第八条 种植产品现场检查

（一）产地环境质量调查

1. 检查种植区（大田、蔬菜露地、设施、野生采集）是否位于生态环境良好、无污染的地区；是否远离城区、工矿区和公路铁路干线，避开工业污染源、生活垃圾场、医院、工厂等污染源。

2. 检查绿色食品和常规种植区域之间是否设置了有效的缓冲带或物理屏障，缓冲带内作物的种植情况。

3. 申请人是否采取了有效防止污染的措施。

4. 种植区是否具有可持续生产能力，生产废弃物是否对环境或周边其他生物产生污染。

5. 调查种植区的土地利用情况、耕作方式（旱田/水田/果园/水旱轮作）、农业种植结构、生物多样性，了解当地自然灾害种类，生态环境保护措施等。

6. 检查灌溉用水（如涉及）来源，是否存在污染源或› 。

（二）种子、种苗来源与处理

1. 核查种子、种苗品种、来源，查看外购种子、种苗是 的购买发票或收据，是否有非转基因证明。

2. 核查种子、种苗的预处理方法，使用物质是否符合 农药使用准则》（NY/T 393）标准。

3. 多年生作物嫁接用的砧木、实生苗、扦插苗（无性 有明确的来源，预处理方法和使用物质是否符合《绿色食品农药使用准则》（NY/T 393）

（三）作物栽培

1. 查看种植区内作物的长势情况。

2. 检查轮作、间作、套作计划是否符合实际生产情况。

3. 了解轮作计划是否保持作物多样性；是否在维持或改 机质、肥力、氮素含量、生物活性及土壤结构、健康的同时，能减少土壤养分的损失；是 轮作作物间病、虫、草害的相互影响。

（四）土壤管理和培肥

1. 了解土壤肥力恢复的方式（秸秆还田、种植绿肥和农 用等）。

2. 核查肥料的种类、来源、无机氮使用量等是否符合 肥料使用准则》（NY/T 394）标准要求。

（1）检查商品有机肥、商品微生物肥料来源、成分、使 施用量和施用时间，是否有正规的购买发票或收据等凭证。

（2）检查有机—无机复混肥、无机肥料、土壤调理剂等 成分、使用方法、施用量和施用时间，是否有正规的购买发票或收据等凭证。

（3）确认当地同种作物习惯施用无机氮肥种类及用量， 当季的无机氮素使用量。

3. 检查农家肥料原料（有机质）的处理、贮藏及使用 和地下水造成污染。

（五）病虫草害防治

1. 调查当地常见病虫草害的发生规律、危害程度及防治

2. 核查病虫草害防治的方式、方法和措施是否符合《绿 药使用准则》（NY/T 393）标准要求。

（1）检查申请种植产品当季发生病虫草害的农业、物理 治措施及效果。

（2）检查种植区地块及周边、生资库房、记录档案，核 药的种类、使用方法、用量、使用时间、安全间隔期等。

（六）收获及采后处理

1. 了解收获的方法、工具。

2. 检查绿色食品在收获时采取何种措施防止污染。

3. 了解采后产品质量检验方法及检测指标。

4. 涉及投入品使用的，核查使用投入品是否应符 食品食品添加剂使用准则》（NY/T 392）、《绿色食品农药使用准则》（NY/T 393）及 全国家标准食品添加剂使用标准》（GB 2760）标准要求。

5. 涉及清洗的，了解加工用水来源。

（七）包装、标识与贮藏运输

1. 核查包装及标识是否符合《绿色食品包装通用准则》 658）标准要求。

（1）核查使用的包装材料是否可重复使用或回收利用，包装废弃物是否可降解。

（2）检查包装标识是否符合 GB 7718、NY/T 658，绿色食品标志是否符合《中国绿色食品商标标志设计使用规范手册》的要求。

（3）对于续展申请人，还应检查绿色食品标志使用情况。

2. 核查贮藏运输是否符合《绿色食品贮藏运输准则》（NY/T 1056）标准要求。

（1）检查绿色食品是否设置专用库房或存放区并保持洁净卫生；是否根据种植产品特点、贮存原则及要求，选用合适的贮存技术和方法；贮存方法是否引起污染。

（2）检查贮藏场所内是否存在有害生物、有害物质的残留。

（3）检查贮藏设施是否具有防虫、防鼠、防鸟的功能，或采取何种措施防虫、防鼠、防潮、防鸟。涉及药剂使用的，是否符合《绿色食品农药使用准则》NY/T 393 标准要求。

（4）核查绿色食品可降解食品包装与非降解食品包装是否分开贮存与运输；不应与农药、化肥及其他化学制品等一起运输。

（5）检查运输绿色食品的工具，并了解运输管理情况。

（八）质量控制体系

1. 是否有绿色食品生产负责人和企业内检员。

2. 查看企业质量控制规范、种植技术规程、产品质量保障措施等技术性文件的制定与执行情况。

3. 检查相关标准和技术规范是否上墙，产地是否有明显的绿色食品标识。

4. 检查申请人是否有统一规范的、内容全面的生产记录，是否建立了全程可追溯系统。

5. 检查记录是否有专人保管并保存 3 年以上。

6. 存在平行生产的，是否建立区分管理全程质量控制系统。包括防止绿色食品与常规食品在生产、收获、贮藏、运输等环节混淆的措施或制度；绿色食品与常规食品的各环节记录等。

（九）风险性评估

1. 评估各生产环节是否建立有效合理的生产技术规程，操作人员是否了解规程并准确执行。

2. 评估整体质量控制情况，是否存在平行生产，质量管理体系是否稳定。

3. 评估农药、肥料等投入品使用是否符合绿色食品标准要求。

4. 评估作物生产全过程是否会对周边环境造成污染。

（十）其他

1. 核对申请产品信息

（1）核对申请材料上的申请人名称、产品名称与包装上的是否一致。

（2）核对预包装标签上的商标与商标注册证上的是否一致。

（3）核实生产规模是否能满足产品申请需要。

2. 对于续展申请人，还应核查其上一用标周期绿色食品投入品合同是否有效执行。

第九条　畜禽产品现场检查

（一）产地环境

1. 核查基地（放牧基地、养殖场所）是否位于生态环境良好、无污染的地区；是否远离医院、工矿区和公路铁路干线。

2. 核查养殖基地/畜舍位置、基地分布情况、基地面积、养殖规模等与申请材料是否一致。

3. 核查放牧基地载畜（禽）量是否超过基地植被承受力（或是否过度放牧）；放养基地是否具有可持续生产能力（是否需要休牧，休牧期长短）；是否对周边生态环境有不可逆的影响。

4. 核查畜禽圈舍使用的建筑材料和生产设备是否对人或畜禽有害。

5. 核查畜禽圈舍内是否有绿色食品禁用物质。

（二）畜禽来源（含种用及商品畜禽）

1. 外购畜禽

（1）核查畜禽来源；查看供应方资质证明，购买发票或

（2）外购畜禽如作为种用畜禽，应了解其引入日龄，引 防治、饲料使用等情况。

（3）核查是否外购畜禽短期育肥。

2. 自繁自育

（1）采取自然繁殖方式的。查看系谱档案；如为杂交， 品种来源及杂交方式。

（2）采用同期发情、超数排卵的，核查是否使用禁用激 保证整齐度。

（3）采取人工或辅助性繁殖方式的，了解冷冻精液、种 源，操作人员资质等。

（三）饲养管理

1. 饲料管理（包括原料及添加剂）。

（1）全部使用外购饲料的。

①核查各饲料原料及饲料添加剂的来源、比例、年用量 是否100%为绿色食品。

②查看购买协议期限是否涵盖一个用标周期、购买量是 足生产需求量。

③查看绿色食品证书、绿色生资证书、绿色食品原料标 证书（原件）。

④查看饲料包装标签：名称、主要成分、生产企业等信

（2）自制饲料（含外购及自制皆有）的。

①自种的绿色食品原料，核查其农药与肥料使用是否符 品标准要求、其种植量能否满足需求量。

②查看购买协议，协议期限是否涵盖一个用标周期。核 是否能够满足生产需求量。

③查看绿色食品证书、绿色生资证书、绿色食品原料标 证书（原件）。

④查看饲料包装标签：名称、主要成分、生产企业等信

⑤核查是否使用同源动物源性饲料、畜禽粪便等作为饲

⑥核查饲料添加剂成分是否含有绿色食品禁用添加剂。

⑦核查饲料及饲料添加剂成分中是否含有激素、药物饲 或其他生长促进剂。

⑧若预混料配方中含有肉质改善剂、蛋白增加剂等成分 步核实其是否含有绿色食品禁用物质。

⑨核查饲料加工工艺、饲料配方、设施设备等是否能够 生产需要。

⑩核查自制饲料总量是否能够满足生产需求量。

（3）核查畜禽饮用水中是否添加激素、药物饲料添加剂 长促进剂。

（4）核查饲料存储仓库中是否有绿色食品禁用物质；仓 防潮、防鼠、防虫设施；是否使用化学合成药物；药物的名称、用法与用量。

（5）查看饲料原料及添加剂购买发票、出入库记录，饲 录等。

（6）采取纯天然放牧方式进行养殖的畜禽。应核查其饲 放牧期、饲草产量能否满足生产需求量；是否存在补饲，补饲所用饲料及饲料添加剂是否 色食品畜禽饲料及饲料添加剂使用准则》（NY/T 471）的要求。

（7）核查申报畜禽在一个生长（或生产）周期内，其各 所用饲料是否均为绿色食品。

2. 日常饲养管理

（1）核查绿色食品养殖和常规养殖之间是否具有效的隔 或严格的区分管理措施。

（2）了解畜（禽）圈舍是否配备采光通风、防寒保暖 温、粪尿沟槽、废物收集、清洁消毒等设备或措施。

（3）了解是否根据不同性别、不同养殖阶段进行分舍饲 提供足够的活动及休息场所；

幼畜是否能够吃到初乳。

（4）核查幼畜断奶前是否进行补饲训练；补饲所用饲料是否符合《绿色食品畜禽饲料及饲料添加剂使用准则》（NY/T 471）的要求。

（5）核查是否有病死畜禽、畜禽粪尿、养殖污水等废弃物处理措施，是否进行无害化处理；养殖基地污染物排放是否会造成环境污染，是否符合《畜禽养殖业污染物排放标准》（GB 18596）的规定。

（6）核查是否具有专门的绿色食品饲养管理规范；是否具有饲养管理相关记录；饲养管理人员是否经过绿色食品生产管理培训。

（7）询问一线饲养管理人员在实际生产操作中使用的饲料、饮水、兽药、消毒剂等物质，核实其是否用过绿色食品禁用物质。

（8）核查畜禽饮用水是否符合《绿色食品产地环境质量》（NY/T 391）标准要求。

（四）疾病防治

1. 疫病防控

（1）了解当地常见疫病种类及发生规律。

（2）核查是否具有染疫畜禽隔离措施。

（3）核查病死畜禽处理是否符合《绿色食品动物卫生准则》（NY/T 473）、《绿色食品畜禽饲养防疫准则》（NY/T 1892）的要求。

（4）核查疫病防控使用的疫苗、消毒剂等是否符合《绿色食品兽药使用准则》（NY/T 472）、《绿色食品动物卫生准则》（NY/T 473）、《绿色食品畜禽饲养防疫准则》（NY/T 1892）的要求。

2. 疾病处理

（1）查看兽医处方笺及兽药使用记录。包括畜禽编号、疾病名称、防治对象、发病时间及症状、治疗用药物名称及其有效成分、用药日期、用药方式、用药量、停药期、用药人、技术负责人等。

（2）核查疾病防治措施及所使用的药物是否符合《绿色食品兽药使用准则》（NY/T 472）、《绿色食品动物卫生准则》（NY/T 473）、《绿色食品畜禽饲养防疫准则》（NY/T 1892）的要求。

（3）核查停药期是否符合《兽药停药期规定》（中华人民共和国农业部公告第278号）。

（4）核查兽药存储仓库中的兽药、消毒剂等是否有绿色食品禁用物质。

（五）动物福利

1. 了解是否供给畜禽足够的阳光、食物、饮用水、活动空间等。

2. 了解是否采取完全圈养、舍饲、拴养、笼养等饲养方式。

3. 了解是否进行过非治疗性手术（断尾、断喙、烙翅、断牙等）。

4. 了解是否存在强迫喂食现象。

（六）畜禽出栏及产品收集

1. 查看畜禽产品出栏（产品收集）标准、时间、数量、活重等相关记录。

2. 查看畜禽出栏检疫记录，不合格产品处理方法及记录。

3. 了解收集的禽蛋是否进行清洗、消毒等处理；消毒所用物质是否对禽蛋品质有影响。

4. 核查处于疾病治疗期与停药期内收集的蛋、奶如何处理。

5. 核查挤奶方式、挤奶设施、存奶器皿是否严格清洗消毒，是否符合食品要求。了解挤奶前是否进行消毒处理；“头三把”奶如何处理。

（七）活体畜禽装卸及运输

1. 查看运输记录。包括运输时间、运输方式、运输数量、目的地等。

2. 核查是否具有与常规畜禽进行区分隔离的相关措施及标识。

3. 了解装卸及运输过程是否会对动物产生过度应激。过程是否使用镇静剂或其他调节神经系统的制剂。

（八）屠宰加工（如有涉及）

1. 核查加工厂所在位置、面积、周围环境与申请材料。

2. 核查厂区卫生管理制度及实施情况。

3. 了解待宰圈设置是否能够有效减少对畜禽的应激。

4. 核查屠宰前后的检疫记录，不合格产品处理方法及

5. 了解屠宰加工流程。

6. 核查加工设施与设备的清洗与消毒情况。

7. 核查加工设备是否同时用于绿色和非绿色产品；如染和污染。

8. 核查加工用水是否符合《绿色食品产地环境质量》91）标准要求。

9. 核查屠宰加工过程中污水排放是否符合《肉类加工染物排放标准》（GB 13457）的要求。

（九）贮藏、包装与运输

1. 贮藏

（1）生产资料库房。核查是否有专门的绿色食品生产仓库；是否有明显的标识；是否有绿色食品禁用物质。

（2）产品库房。核查是否有专门的绿色食品产品贮卫生状况是否符合食品贮藏条件；库房硬件设施是否齐备；若与同类非绿色食品产品一可防混、防污；贮藏场所是否具有防虫、防鼠、防潮措施，是否使用化学合成药物，药物用法与用量。

（3）查看生产资料、产品出入库记录。

2. 预包装标签

（1）核查产品是否包装；核实产品预包装送审样。

（2）核查包装标识是否符合《预包装食品标签通则》8）、《绿色食品包装通用准则》（NY/T 658）标准要求；绿色食品标志是否符合《中国标标志设计使用规范手册》的要求。

（3）核查使用的包装材料是否可重复使用或回收利弃物是否可降解。

3. 运输

（1）核查是否单独运输；若与非绿色食品一同运输，显的区别标识。

（2）核查运输过程是否需要控温等措施。

（3）核查运输工具的清洁消毒处理情况。

（4）核查运输工具是否满足产品运输的基本要求；运输过程管理是否符合《绿色食品贮藏运输准则》（NY/T 1056）的要求。

（5）核查运输记录是否完整；是否能够保证产品可追

（十）质量控制体系

1. 了解申请人机构设置是否专门设置基地负责人和。

2. 了解基地位置及组成情况。查看土地流转合同，年以上的委托养殖合同或协议、基地清单、农户清单等。

3. 查看申请单位的资质性文件：企业营业执照、商养殖许可证等其他合法性文件等资质证明原件。

4. 核查企业质量控制规范、养殖技术规程、屠宰加品质量保障措施等技术性文件的制定与执行情况。

5. 核查绿色食品相关标准和技术规范是否上墙或在醒目的地方公示；产地是否有绿色食品的明显标识。

6. 核查是否建立可追溯的全程质量安全监管记录；查看近两年的生产记录、生产资料的采购与使用记录；核实生产过程记录的真实性、完整性和符合性。

（十一）风险性评估

1. 评估各生产环节是否建立有效合理的生产技术规程，操作人员是否了解规程并准确执行。

2. 评估整体质量控制情况，是否存在平行生产，质量管理体系是否稳定。

3. 评估使用的兽药、消毒剂等是否符合绿色食品标准要求。

4. 评估是否存在使用常规饲料及饲料添加剂的风险。

5. 评估绿色食品养殖过程是否会对周边环境造成污染。

（十二）其他

1. 核对申请产品信息

（1）核对申请材料上的申请人名称、产品名称与包装上的是否一致。

（2）核对预包装标签上的商标与商标注册证上的是否一致。

（3）核实生产规模是否能满足产品申请需要。

2. 对于续展申请人，还应核查其上一用标周期绿色食品投入品合同是否有效执行。

3. 对于人工种植饲料原料的申请人，还应参照种植产品的现场检查规范。

4. 对于涉及肉类及乳制品加工、饲料加工的申请人，还应参照加工产品现场检查规范。

第十条　加工产品现场检查

（一）基本情况

1. 了解申请人基本情况，核查资质证明材料是否有效、申请材料中内容是否与实际一致。

2. 核查厂区地址、加工厂区平面图与实际情况是否一致。

3. 了解加工厂区生产情况（含平行生产、委托加工、非申报产品生产情况）。

4. 了解生产运营、管理体系（如ISO、HACCP等）、产品质量情况（如是否稳定运营、有无质量投诉等）。

（二）厂区环境质量

1. 核查厂区周边环境是否良好，是否远离工矿区和公路铁路干线。

2. 核查厂区周边、厂内是否有污染源或潜在污染源。

3. 核查厂房是否齐备，是否合理且能满足生产需要。

4. 核查加工厂及生产车间设施是否齐备，卫生状况是否良好，是否能满足《食品企业通用卫生规范》（GB 14881）的基本要求。

5. 核查物流及人员流动状况是否合理，应避免交叉污染且生产前、中、后卫生状况良好。

（三）生产加工

1. 核查生产工艺应与申请材料是否相一致，是否能满足产品生产需要。

2. 核查生产工艺中是否有潜在质量风险。

3. 核查生产工艺是否设置了必要的监控参数，配备了恰当的监控措施和设备，以保证和监控生产正常运行。监控措施和设备应有效运行。

4. 核查生产设备是否能满足生产工艺需求，且布局合理，正常运转；生产设备是否对加工生产造成污染（如排放废气、废水、扬尘等）。

5. 核查各个生产环节是否有行之有效的操作规程，应包含非正常生产时不合格品的处置、召回等纠正措施。

6. 核查生产操作规程是否符合绿色食品标准要求，有无违禁投入品和违禁工艺。

7. 核查所有生产操作规程是否保持最新有效版本，并 方便取得。

8. 核查操作人员是否具有相应的资质且熟悉本岗位要

9. 核查操作人员是否掌握绿色食品生产技术标准。

（四）主辅料和食品添加剂

1. 核查主辅料来源、组成、配比和年用量是否与申请 ，且符合工艺要求和生产实际。

2. 核查主辅料、添加剂的组成、配比和用量是否符合 安全要求和绿色食品标准要求。如《食品安全国家标准食品添加剂使用准则》（GB 《食品营养强化剂使用标准》（GB 14880）、《绿色食品食品添加剂使用准则》（NY/T 3

3. 核查主辅料的组成、配比和用量是否符合绿色食品 原料的规定。

4. 核查主辅料采购量是否满足生产需求，产出率合理

5. 了解主辅料、添加剂入厂前是否经过检验，检验结 格。

6. 核查主辅料等投入品的购买合同、协议、领用、 录是否真实有效。

7. 核查主辅料等投入品是否符合《绿色食品贮藏运输 NY/T 1056）标准要求。

8. 了解是否使用加工水及加工水来源。

9. 了解加工水是否经过二次净化，确认净化的流程和

10. 了解加工水是否定期进行检测，确认检测方法和

（五）包装和贮运

1. 核查产品是否包装，检查预包装送审样。

2. 核查包装标识是否符合《食品安全国家标准预包装 通则》（GB 7718）、《绿色食品包装通用准则》（NY/T 658）、绿色食品标志是否符合《 品商标标志设计使用规范手册》的要求。

3. 核查使用的包装材料是否可重复使用或回收利用， 物是否可降解。

4. 核查绿色食品可降解食品包装与非降解食品包装 存与运输；不应与农药、化肥及其他化学制品等一起运输。

5. 核查运输绿色食品的工具和管理是否符合《绿色 运输准则》（NY/T 1056）标准要求。

6. 核查绿色食品是否设置专用库房或存放区并保持 是否根据产品特点、贮存原则及要求，选用合适的贮存技术和方法；贮存方法是否引入污

7. 核查贮藏场所内是否存在有害生物、有害物质的 设施应具有防虫、防鼠、防鸟的功能。确认防虫、防鼠、防潮的具体措施，涉及药剂使用 符合《绿色食品农药使用准则》（NY/T 393）和《绿色食品兽药使用准则》（NY/T 472） 。

8. 核查运输工具是否满足产品运输的基本要求。

9. 核查运输记录是否完整、齐全且保证产品可追溯。

（六）质量管理体系

1. 了解申请人是否设置了绿色食品生产负责人和企

2. 查看企业质量控制规范、种加工技术规程、产品 措施等技术性文件的制定与执行情况。

3. 查看相关标准和技术规范是否上墙，产地是否有 明显标识。

4. 核查是否对生产各个环节有详细记录。是否有固 式；是否通过全程记录建立追溯系统以及可跟踪的生产批次号系统；是否有专人保管和 录是否能保存3年以上。

5. 存在平行生产的，核查是否建立区分管理的全程 统。（包括防止绿色食品与常规食品在生产、收获、贮藏、运输等环节混淆的措施或制度 品与常规食品的各环节记录是否

能够区分且完整。

6. 核查废弃物（下脚料、废水、废弃排放等）是制定了处理方案，是否妥善处理。

（七）风险性评估

1. 评估各生产环节是否建立有效合理的操作规程，操作人员是否了解规程并准确执行。

2. 评估各投入品来源是否稳定，质量是否合格，是否达到绿色食品标准要求。

3. 评估各中间产物、废弃物、废品和次品如何处理、是否会对生产过程和产品造成污染。

4. 评估整体质量控制情况如何，是否存在潜在风险，质量管理体系是否稳定。

5. 平行生产的，评估原料加工、成品储藏及运输、设备清洗等各环节如何进行区分，避免混淆及污染。

（八）其他

1. 核对申请产品信息

（1）核对申请材料上的申请人名称、产品名称与包装上的是否一致。

（2）核对预包装标签上的商标与商标注册证上的是否一致。

（3）核实生产规模是否能满足产品申请需要。

2. 对于续展申请人，还应核查其上一用标周期绿色食品投入品合同是否有效执行。

第十一条　水产品现场检查

（一）产地环境

1. 核查基地是否位于生态环境良好，无污染的地区；是否远离工矿区和公路铁路干线。

2. 核查养殖基地位置、水域分布方位、面积与申请材料是否一致。

3. 核查养殖水域水质情况，水体是否明显受到污染或有异色、异臭、异味。

4. 核查开放水体绿色食品养殖区域和常规养殖区域、农业或工业污染源之间是否保持一定的距离。

5. 核查开放水体养殖区域是否具有可持续的生产能力；是否会对周边水体产生污染；是否会破坏该水域生物多样性。

6. 核查封闭水体绿色食品养殖区域和常规养殖区域之间是否有有效的天然隔离或设置物理屏障。

7. 核查同一养殖区域中是否同时含有绿色与非绿色养殖产品。如何区分管理?

8. 核查养殖区域使用的建筑材料和生产设备是否明显有害。

9. 核查封闭水体养殖用水来源；是否有可能引起养殖用水受污染的污染物，污染物来源及处理措施；绿色食品养殖区和常规养殖区域之间的进排水系统是否有有效的隔离措施。

10. 核查开放水体周边水域是否存在污染源，是否会对绿色食品养殖区域产生影响。

（二）苗种来源

1. 外购苗种。查看苗种供应方相应的资质证明、购买协议、发票或收据，了解外购苗种在运输过程中疾病发生和防治情况。

2. 自繁自育苗种。了解其繁殖方式，是否使用激素类物质控制性别比率。

（三）饲养管理

1. 水质管理

（1）了解水质更换频率及更换方法。

（2）核查消毒剂和渔用环境改良剂的使用是否符合《绿色食品渔药使用准则》（NY/T 755）标准要求。

（3）了解是否向养殖水域中投放粪便以提高水体总氮、总磷浓度。

（4）查养殖区域水质是否符合《绿色食品产地环境质量》（NY/T 391）标准要求。

2. 苗种培育

（1）核查育苗场水质是否符合《绿色食品产地环境质 [illegible] /T 391）标准要求；育苗场所消毒及苗种消毒是否符合《绿色食品渔药使用准则》（NY/T [illegible] 准要求。

（2）核查苗种培育周期；苗种投放量是否满足申报量 [illegible] 数规格。

（3）核查苗种培育阶段所用的饲料是否为绿色食品。

（4）核查苗种培育阶段疾病发生及防治情况，是否使 [illegible] 品禁用渔药。

3. 饲料管理（包括原料及添加剂）。

（1）全部使用外购饲料的。

①核查各饲料原料及饲料添加剂的来源、比例、年用 [illegible] 00%为绿色食品。

②查看购买协议，协议期限是否涵盖一个用标周期。[illegible] 量是否能够满足生产需求量。

③查看绿色食品证书、绿色生资证书、绿色食品原料 [illegible] 地证书（原件）。

④查看饲料包装标签：名称、主要成分、生产企业等 [illegible]

（2）自制饲料（含外购及自制皆有）的。

①自种的绿色食品原料，核查其农药与肥料使用是否 [illegible] 食品的要求；其种植量能否满足需求量。

②查看购买协议，协议期限是否涵盖一个用标周期。[illegible] 量是否能够满足生产需求量。

③查看绿色食品证书、绿色生资证书、绿色食品原料 [illegible] 地证书（原件）。

④查看饲料包装标签：名称、主要成分、生产企业等 [illegible]

⑤核查饲料添加剂成分是否含有绿色食品禁用添加剂 [illegible]

⑥核查饲料及饲料添加剂成分中是否含有激素、药物 [illegible] 剂或其他生长促进剂。

⑦核查饲料加工工艺、饲料配方、设施设备等是否能 [illegible] 料生产需要。

⑧核查自制饲料总量是否能够满足生产需求量。

⑨全部使用水域中野生天然饵料的，应核查饵料品种 [illegible] 况及能否满足生产需求量。

⑩人工培养天然饵料的，应核查饵料来源、养殖情况 [illegible] 是否使用绿色食品禁用物质。

（3）核查养殖用水中是否添加激素、药物饲料添加剂 [illegible] 长促进剂。

（4）核查饲料存储仓库中是否有绿色食品禁用物质；[illegible] 有防潮、防鼠、防虫设施；是否使用化学合成药物；药物的名称、用法与用量。

（5）查看饲料原料及添加剂购买发票、出入库记录、[illegible] 记录等。

（6）藻类等水产品，应核查肥料使用情况。

①肥料类别、商品名称。

②氮的类型、每亩使用量、使用时间、使用方法。

③所用肥料是否符合《绿色食品肥料使用准则》（NY [illegible] 标准要求。

4. 日常饲养管理

（1）了解养殖模式（单养、混养），单养品种，混养 [illegible] 比例。

（2）核查养殖密度是否超过水域负载量。

（3）核查各品种养殖周期、上市规格、产量。

（4）核查是否具有专门的绿色食品饲养管理规范；是 [illegible] 养管理相关记录；饲养管理人员是否经过绿色食品生产管理培训。

（5）核查是否有病死产品、养殖污水等废弃物处理措 [illegible] 物排放是否会造成环境污染，是否符合国家相关标准。

（6）询问一线养殖人员在实际生产操作中使用的饲 [illegible] 消毒剂和渔用环境改良剂等物质，核实其是否用过绿色食品禁用物质。

（四）疾病防治

1. 了解当地常见疾病及其流行程度。对于上述疾病，采取何种措施进行预防？本年度发生过何种疾病？危害程度如何？

2. 核查疫苗使用情况，包括疫苗名称、使用时间、使用方法，所用疫苗是否符合《绿色食品渔药使用准则》（NY/T 755）标准要求。

3. 查看药品存储仓库中的渔药、消毒剂等是否有不在《绿色食品渔药使用准则》（NY/T 755）渔药准用列表中的物质。

4. 查看渔药使用记录，包括疾病名称、防治对象、治疗用药物名称及其有效成分、用药日期、用药方式、用药量、停药期、用药人、技术负责人等。核实生产中所用渔药及消毒剂是否符合《绿色食品渔药使用准则》（NY/T 755）标准要求。

（五）捕捞与运输

1. 捕捞

（1）了解捕捞措施。核查措施和工具是否符合国家相关规定。

（2）了解开放性水域采取何种措施保证生态系统的可持续生产能力，避免掠夺性捕捞。

（3）核查疾病治疗期、停药期内是否进行捕捞。捕捞所得产品如何处理？

（4）了解捕捞过程是否采取措施尽可能减少对水生生物的应激。

2. 运输

（1）了解鲜活水产品如何运输？运输过程中采取何种措施提高存活率？核查运输过程中是否使用化学试剂。若用，为何种物质？

（2）核查鲜活水产品运输用水的水质是否符合《绿色食品产地环境质量》（NY/T 391）标准要求。

（3）核查运输设备和材料是否有潜在的毒性影响。

（4）核查是否具有与常规产品进行区分隔离的相关措施及标识。

（5）核查运输过程是否需要控温等措施。

（6）核查运输工具的清洁消毒处理情况。

（7）核查运输工具是否满足产品运输的基本要求；运输工具和运输过程管理是否符合《绿色食品贮藏运输准则》（NY/T 1056）标准要求。

（8）核查运输记录是否完整；是否能够保证产品可追溯。

3. 对于海洋捕捞的水产品，核查其捕捞与运输过程是否符合《绿色食品海洋捕捞水产品生产管理规范》（NY/T 1891）标准要求。

（六）初级加工（适用于鲜活水产品捕捞、收获后未添加任何配料的冷冻、干燥等简单物理加工的水产品）

1. 核查加工厂所在位置、面积、周围环境与申请材料是否一致。

2. 核查厂区卫生管理制度及实施情况。

3. 了解加工规程制定与实施情况。

4. 核查检疫记录，不合格产品处理方法及记录。

5. 核查加工设施与设备的清洗与消毒情况。

6. 核查加工设备是否同时用于绿色和非绿色产品；如何避免混杂和污染？

7. 核查加工用水是否符合《绿色食品产地环境质量》（NY/T 391）标准要求。

8. 核查加工污水排放是否符合国家相关标准。

（七）贮藏与包装

1. 贮藏

（1）生产资料库房。核查是否有专门的绿色食品生产资料存放仓库；是否有明显的标识；是否有绿色食品禁用物质。

（2）产品库房。核查是否有专门的绿色食品产品贮 卫生状况是否符合食品贮藏条件；库房硬件设施是否齐备；若与同类非绿色食品产品一 防混、防污；贮藏场所是否具有防虫、防鼠、防潮措施；是否使用化学合成药物，药物 法与用量。

（3）查看生产资料、产品出入库记录。

（4）了解鲜活水产品出售前是否暂养。核查暂养过程 绿色食品禁用物质；暂养用水是否符合《绿色食品产地环境质量》（NY/T 391）标准要

2. 预包装标签

（1）核查产品是否包装；核实产品预包装送审样。

（2）核查包装标识是否符合《预包装食品标签通则》 ）、《绿色食品包装通用准则》（NY/T 658）的要求；绿色食品标志是否符合《中国绿 标志设计使用规范手册》的要求。

（3）核查使用的包装材料是否可重复使用或回收利用 物是否可降解。

（八）质量控制体系

1. 了解企业机构设置，是否专门设置基地负责人和企

2. 了解基地位置及组成情况。查看水域滩涂使用证明 3 年以上的委托养殖合同或协议、基地清单、农户清单等。核查基地位置和养殖场水域 材料的符合性。

3. 查看申请单位的资质性文件：企业营业执照、商标 殖许可证等其他合法性文件等资质证明原件。

4. 核查企业质量控制规范、养殖技术规程、加工规程 保障措施等技术性文件的制定与执行情况。

5. 核查绿色食品相关标准和技术规范是否上墙或在醒 示；产地是否有绿色食品的明显标识。

6. 核查是否建立可追溯的全程质量安全监管记录；查 生产记录、生产资料的采购与使用记录；核实生产过程记录的真实性、完整性和符合性

（九）风险性评估

1. 评估各生产环节是否建立有效合理的生产技术 作人员是否了解规程并准确执行。

2. 评估整体质量控制情况，是否存在平行生产，质量 否稳定。

3. 评估使用的渔药、消毒剂等是否符合绿色食品标准

4. 评估是否存在使用常规饲料及饲料添加剂的风险。

5. 评估绿色食品养殖水域的水质控制措施是否有效； 常规水域的水质窜排窜灌的风险，是否会对周边环境造成污染。

（十）其他

1. 核对申请产品信息

（1）核对申请材料上的申请人名称、产品名称与包装 致。

（2）核对预包装标签上的商标与商标注册证上的是否

（3）核实生产规模是否能满足产品申请需要。

2. 对于续展申请人，还应核查其上一用标周期绿色食 同是否有效执行。

3. 对于人工种植饲料原料的申请人，还应参照种植产 查规范。

4. 对于涉及水产品深加工（即加工过程中，使用了 加工工艺复杂的腌熏、罐头、鱼糜等产品）的申请人，还应参照加工产品现场检查规范

第十二条　食用菌现场检查

（一）产地环境质量调查

（1）检查栽培区（露地、设施、野生采集）是否位于生态环境良好、无污染的地区，是否远离城区、工矿区和公路铁路干线，避开工业污染源、生活垃圾场、医院、工厂等污染源。

（2）绿色食品和常规栽培区域之间是否设置有效的缓冲带或物理屏障，缓冲带内作物的栽培情况。

（3）申请人是否采取了有效防止污染的措施。

（4）栽培区是否具有可持续生产能力，生产废弃物是否对环境或周边其他生物产生污染。

（5）调查栽培区所在地农业栽培结构、植被及生物资源，了解当地自然灾害种类、生物环境保护措施等。

（6）检查栽培基质质量、加工用水质量是否符合《绿色食品产地环境质量》（NY/T 391）标准要求。

（二）菌种来源与处理

（1）核查菌种品种、来源，查看外购菌种类型（母种、原种、栽培种）是否有正规的购买发票、品种证明。

（2）核查自制菌种的培养和保存方法，应明确培养基的成分、来源。

（3）检查制作菌种的设备和用品，包括灭菌锅（高压、常压蒸汽灭菌锅）、接种设施、装袋机、灭菌消毒药品等。

（三）食用菌栽培

（1）检查栽培设施，场地应与位置图、基地分布图的方位、面积一致。核实基地名称、场地编号、生产面积。

（2）核查栽培基质原料的堆放场所是否符合《绿色食品贮藏运输准则》（NY/T 1056）标准要求。

（3）检查栽培基质原料名称、比例（%），主要原料来源及年用量。原料是否有转基因品种（产品）及其副产品。

（4）检查栽培基质的拌料室、装袋室、灭菌设施室、菌袋冷却室以及接种室、培养菌室，出耳（菇）地（发菌室）清洁消毒措施，使用的物质是否符合《绿色食品农药使用准则》（NY/T 393）标准要求。

（5）检查栽培基质灭菌方法、栽培品种、栽培场地、栽培设施。

（四）病虫害防治

（1）调查当地同种食用菌类常见病虫害的发生规律、危害程度及防治方法。

（2）核查病虫害防治的方式、方法和措施应符合《绿色食品农药使用准则》（NY/T 393）标准要求。

①检查申请栽培的食用菌当季发生病虫害防治措施及效果。

②检查栽培区及周边、生资库房、记录档案，核查使用农药的种类、使用方式、使用量、使用时间、安全间隔期等是否符合《绿色食品农药使用准则》（NY/T 393）标准要求。

（五）收获及采后处理

（1）了解收获的方法、工具。

（2）检查绿色食品在收获时采取何种措施防止污染。

（3）了解采后产品质量检验方法及检测指标。

（4）了解采后处理方式（晾晒、烘干等初加工），涉及投入品使用的，核查使用投入品是否符合《绿色食品食品添加剂使用准则》（NY/T 392）、《绿色食品农药使用准则》（NY/T 393）及《食

品安全国家标准食品添加剂使用标准》（GB 2760）标准

（5）涉及清洗的，了解加工用水来源。

（六）包装、贮藏运输与标识

1. 核查包装及标识是否符合《绿色食品包装通用准 658）标准要求

（1）核查使用的包装材料是否可重复使用或回收利 物是否可降解。

（2）检查包装标识是否符合 GB 7718、NY/T 658、 是否符合《中国绿色食品商标标志设计使用规范手册》的要求。

（3）对于续展申请人，还应检查绿色食品标志使用

2. 核查贮藏运输是否符合《绿色食品贮藏运输准则 56）标准要求

（1）检查绿色食品是否设置专用库房或存放区并保 是否根据种植产品特点、贮存原则及要求，选用合适的贮存技术和方法；贮存方法是否

（2）检查贮藏场所内是否存在有害生物、有害物质

（3）检查贮藏设施是否具有防虫、防鼠、防鸟的功 种措施防虫、防鼠、防潮、防鸟。涉及药剂使用的，是否符合《绿色食品农药使用准则 3 标准要求。

（4）核查绿色食品可降解食品包装与非降解食品包 存与运输；不应与农药、化肥及其他化学制品等一起运输。

（5）检查运输绿色食品的工具，并了解运输管理情况

（七）质量控制体系

（1）是否有绿色食品生产负责人和企业内检员。

（2）查看企业质量控制规范、种植技术规程、产品 施等技术性文件的制定与执行情况。

（3）检查相关标准和技术规范是否上墙，产地是否 食品标识。

（4）检查申请人是否有统一规范的、内容全面的生产 建立了全程可追溯系统。

（5）检查记录是否有专人保管并保存 3 年以上。

（6）存在平行生产的，是否建立区分管理全程质量 括防止绿色食品与常规食品在生产、收获、贮藏、运输等环节混淆的措施或制度；绿色 食品的各环节记录等。

（八）风险性评估

（1）评估各生产环节是否建立有效合理的生产技术 员是否了解规程并准确执行。

（2）评估整体质量控制情况，是否存在平行生产， 是否稳定。

（3）评估农药、肥料等投入品使用是否符合绿色食品

（4）评估食用菌生产全过程是否会对周边环境造成

（九）其他

1. 核对申请产品信息

（1）核对申请材料上的申请人名称、产品名称与包装 致。

（2）核对预包装标签上的商标与商标注册证上的是否

（3）核实生产规模是否能满足产品申请需要。

2. 对于续展申请人，还应核查其上一用标周期绿色 同是否有效执行。

第十三条　蜂产品现场检查

（一）产地环境

1. 蜂场

（1）核查蜂场周围是否有工矿区、公路铁路干线、 厂、农药厂。

（2）核查蜂场周围是否有大型蜂场和以蜜、糖为生产 厂。

(3) 核查蜂场周围是否具有能满足蜂群繁殖和蜜蜂产品生产的蜜源植物；是否具有清洁的水源。

(4) 核查蜂场周围半径5km范围内是否存在有毒蜜源植物；在有毒蜜源植物开花期是否放蜂。如何隔离？

(5) 核查蜂场周围半径5km范围内是否有常规农作物；针对常规农作物所用的农药是否对蜂群有影响。

(6) 核查流蜜期内蜂场周围半径5km范围内是否有处于花期的常规农作物。如何区别管理？

2. 蜜源植物

(1) 核查蜜源植物为野生还是人工种植？

(2) 核查蜜源地位置、蜜源植物品种、分布情况；核实蜜源地规模与申请材料是否一致。

(3) 人工种植的蜜源植物，核查其农药使用情况是否符合《绿色食品农药使用准则》(NY/T 393) 标准要求，其肥料使用情况是否符合《绿色食品肥料使用准则》(NY/T 394) 标准要求。

(4) 核查在野生蜜源植物地放蜂时，是否会对当地蜜蜂种群以及其他依靠同种蜜源植物生存的昆虫造成严重影响。

(5) 核查申报产品的蜜源植物花期的长短；申报产量是否与一个花期的产量相符。

(6) 蜂群如转场，转场蜜源植物的生产管理应符合绿色食品相关标准要求。

3. 养蜂机具

(1) 核查蜂箱和巢框用材是否无毒、无味、性能稳定、牢固；蜂箱是否定期消毒、换洗；消毒所用制剂是否符合《绿色食品兽药使用准则》(NY/T 472) 标准要求。

(2) 核查养蜂机具及采收机具（包括隔王栅、饲喂器、起刮刀、脱粉器、集胶器、摇蜜机和台基条等)、产品存放器具所用材料是否无毒、无味。

(3) 核查巢础的材质及更换频率。

4. 蜜蜂来源

(1) 了解引入种群品系、来源、数量，查看供应商资质、检疫证明等。

(2) 蜂王为自育或外购？若为外购蜂王或卵虫育王，应了解其来源，查看供应商资质、检疫证明。

(3) 查看进出场日期和运输等记录。

5. 饲养管理

(1) 饲料管理（含自留蜜、自留花粉等)。

①核查各饲料品种、来源、比例、使用时间、年用量，核实是否100%为绿色食品。

②查看购买协议，协议期限是否涵盖一个用标周期。核查购买量是否能够满足生产需求量。

③查看绿色食品证书、绿色生资证书、绿色食品原料标准化基地证书（原件)。

④查看饲料包装标签：名称、主要成分、生产企业等信息。

⑤了解是否使用红糖作为蜜蜂饲料。

⑥了解转场和越冬饲料是否使用自留蜜、自留花粉；使用量、所占比例。

⑦核查蜜蜂饮用水中是否添加绿色食品禁用物质；饮水器材是否安全无毒。

⑧核查饲料存储仓库中是否有绿色食品禁用物质；仓库是否有防潮、防鼠、防虫设施；是否使用化学合成药物；药物的名称、用法与用量。

⑨核查蜂场内是否有绿色食品禁用物质。

⑩查看购买发票、出入库记录等。

(2) 转场管理。

①查看转场饲养的转地路线、转运方式、日期和蜜源植物花期、长势、流蜜状况等信息的材料

及记录。

②了解转场前是否调整群势；运输过程中是否备足饲料及饮水。

③核查是否用装运过农药、有毒化学品的运输设备装运蜂群。

④了解是否采取有效措施防止蜂群在运输途中的伤亡。

⑤核查运输途中是否放蜂；是否经过污染源；途中采集的产品是否作为绿色食品或蜜蜂饲料。

⑥查看运输记录，包括时间、天气、起运地、途经地、到达地、运载工具、承运人、押运人、蜂群途中表现等情况。

⑦转场蜂场的生产管理应符合绿色食品相关标准要求。

（3）日常饲养管理。

①了解蜂群是否有专门的背风向阳，干燥安静的越冬场所；是否布置越冬蜂巢；蜂箱是否具有配备专门的保温措施。核查越冬期饲料是否充足；饲料是否为绿色食品。

②核查春繁扩群期饲料配比是否符合蜜蜂生理需要；饲料是否为绿色食品。

③核查蜜源缺乏期是否供给足够饲料；饲料是否为绿色食品。

④了解蜂场废弃物如何处理？核查蜜蜂尸体、蜜蜂排泄物、杂草等废弃物处理是否国家相关规定。

⑤核查是否配备饮水器和充足的清洁水；水中是否添加盐类等矿物质；添加的物质是否为绿色食品。

⑥了解蜂箱是否具有调节光照、通风和温、湿度等条件的措施。

⑦核查蜂场卫生状况，是否具有相关管理制度、消毒程序。核查养蜂机具和采收器具是否经常清洗消毒，消毒剂的使用是否符合《绿色食品兽药使用准则》（NY/T 472）标准要求。查看清洗、消毒记录。

⑧核查是否具有专门的绿色食品饲养管理规范；是否具有饲养管理相关记录；饲养管理人员是否经过绿色食品生产管理培训。

⑨询问一线蜜蜂养殖人员在实际生产操作中使用的饲料、饮水、蜂药、消毒剂等物质，核实其是否用过绿色食品禁用物质。

⑩核查继箱、更换蜂王过程中是否使用诱导剂；是否为绿色食品禁用物质。

（二）疾病防治

（1）了解当地蜜蜂常见疾病、有害生物种类及发生规律。核查疾病防治所用蜂药、消毒剂等是否符合《绿色食品兽药使用准则》（NY/T 472）、《绿色食品动物卫生准则》（NY/T 473）、《绿色食品畜禽饲养防疫准则》（NY/T 1892）标准要求。

（2）核查所用蜂药是否有停药期的规定；停药期是否符合该规定。

（3）解是否采取综合措施培养强群，提高蜂群自身的抗病能力。

（4）查看用药记录（包括蜂场编号、蜂群编号、蜂群数、蜂病名称、防治对象、发病时间及症状、治疗用药物名称及其有效成分、用药日期、用药方式、用药量、停药期、用药人、技术负责人等）。

（三）产品采收

（1）核查产品采收时间、标准、产量。

（2）了解是否存在掠夺式采收的现象（采收频率过高、经常采光蜂巢内蜂蜜等）。

（3）了解成熟蜜、巢蜜的采收间隔期是否根据蜜源种类、水分、天气等情况适当延长。

（4）核查蜂产品采收期间，生产群是否使用蜂药；蜂群在停药期内是否从事蜜蜂产品采收，所得产品如何处理？

（5）核查蜜源植物施药期间（含药物安全间隔期）是否进行蜂产品采收，所得产品如何处理？

(6) 核查采收机具和产品存放器具是否严格清洗消毒；是否符合国家相关要求。

(7) 查看蜜源植物施药情况（使用时间、使用量）及蜂产品采收记录（采收日期、产品种类、数量、采收人员、采收机具等）。

(8) 了解蜂蜜采收之前，是否取出生产群中的饲料蜜。

(9) 蜂王浆的采集过程中，移虫、采浆作业需在对空气消毒过的室内或者帐篷内进行，核查消毒剂的使用是否符合《绿色食品兽药使用准则》（NY/T 472）标准要求。

（四）蜂产品加工（如有涉及）

(1) 核查加工厂所在位置、面积、周围环境与申请材料是否一致。

(2) 核查厂区卫生管理制度及实施情况。

(3) 了解成熟蜜、浓缩蜜的加工流程。

(4) 核查加工设施的清洗与消毒情况。

(5) 核查加工设备是否同时用于绿色和非绿色产品。如何避免混杂和污染?

(6) 核查加工用水是否符合《绿色食品产地环境质量》（NY/T 391）标准要求。

(7) 查看不合格产品处理记录。

（五）储藏、包装与运输

1. 储藏

(1) 生产资料库房。核查是否有专门的绿色食品生产资料存放仓库；是否有明显的标识；是否有绿色食品禁用物质。

(2) 产品库房。核查是否有专门的绿色食品产品储藏场所；其卫生状况是否符合食品储藏条件；库房硬件设施是否齐备；若与同类非绿色食品产品一起储藏如何防混、防污；储藏场所是否具有防虫、防鼠、防潮措施，是否使用化学合成药物，药物的名称、用法与用量。

(3) 查看生产资料、产品出入库记录。

2. 预包装标签

(1) 核查产品是否包装；核实产品预包装送审样。

(2) 核查包装标识是否符合《预包装食品标签通则》（GB 7718）、《绿色食品包装通用准则》（NY/T 658）的要求；绿色食品标志是否符合《中国绿色食品商标标志设计使用规范手册》的要求。

(3) 核查使用的包装材料是否可重复使用或回收利用；包装废弃物是否可降解。

3. 运输

(1) 核查是否单独运输；若与非绿色食品一同运输，是否有明显的区别标识。

(2) 核查运输过程是否需要控温等措施。

(3) 核查运输工具的清洁消毒处理情况。

(4) 核查运输工具是否满足产品运输的基本要求；运输工具和运输过程管理是否符合《绿色食品贮藏运输准则》（NY/T 1056）标准要求。

(5) 核查运输记录是否完整；是否能够保证产品可追溯。

（六）质量控制体系

(1) 了解申请人机构设置，是否专门设置基地负责人和内检员。

(2) 了解蜂场所在地情况（固定蜂场及转场蜂场）。核查蜂场分布与申请材料是否一致。

(3) 核实蜜源地位置，查看土地流转合同，或有效期 3 年以上的委托养殖合同或协议，基地清单、农户清单等。

(4) 查看申请单位的资质性文件：企业营业执照、商标注册证、养殖许可证等其他合法性文件等资质证明原件。

(5) 核查企业质量控制规范、养殖技术规程、加 质量保障措施等技术性文件的制定与执行情况。

(6) 核查绿色食品相关标准和技术规范是否上墙 公示；产地是否有绿色食品的明显标识。

(7) 核查是否建立可追溯的全程质量安全监管记 的生产记录、生产资料的采购与使用记录；核实生产过程记录的真实性、完整性和符

(七) 风险性评估

(1) 评估各生产环节是否建立有效合理的生产技 人员是否了解规程并准确执行。

(2) 评估整体质量控制情况，是否存在平行生产， 是否稳定。

①转场过程中是否放蜂；是否经过污染源；途中采 作为绿色食品或蜜蜂饲料。

②采蜜范围内是否有与申报产品同花期的常规植物

(3) 评估使用蜂药、消毒剂等是否符合绿色食品

(4) 评估是否存在使用常规饲料及饲料添加剂的

(5) 评估绿色食品养殖过程是否会对周边环境造

(八) 其他

(1) 核对申请产品信息

①核对申请材料上的申请人名称、产品名称与包装 。

②核对预包装标签上的商标与商标注册证上的是否

③核实生产规模是否能满足产品申请需要。

(2) 对于续展申请人，还应核查其上一用标周期 合同是否有效执行。

(3) 对于人工种植蜜源植物的申请人，还应参照 检查规范。

(4) 对于蜂产品采集后再进行净化、浓缩等加工 ，还应参照加工产品现场检查规范。

第四章　现场检

第十四条　现场检查不合格

有下列情况之一的，现场检查结论为不合格：

(一) 产地环境质量现状调查

(1) 产地周围5km内有污染源的，如工矿区、造 、垃圾填埋场、医院、排污设施等；

(2) 有废水流经生产区域的。

(二) 投入品使用不符合标准要求

1. 使用转基因技术及其产物的（包括种苗、投入 等）

2. 食品添加剂使用不符合标准要求的

(1) 使用非法添加物质；

(2) 使用量、使用范围不符合GB 2760标准要求；

(3) 添加NY/T 392中不应使用的食品添加剂。

3. 农药使用不符合标准要求的

(1) 使用不符合国家相关法律法规的，并未获得国 可；

(2) 使用NY/T 393附录以外的农药；

(3) 使用量超过农药登记用量的；

(4) 安全间隔期不符合要求的。

4. 肥料使用不符合标准要求的：

(1) 使用添加有稀土元素的肥料；

(2) 使用成分不明确、含有安全隐患成分的肥料；

(3) 使用未经发酵腐熟的人畜粪尿；

(4) 使用生活垃圾、污泥和含有害物质的工业垃圾；

(5) 使用的无机氮素用量超过当地同种作物习惯施用量一半；

(6) 使用的肥料不符合国家法律法规要求。

5. 畜禽饲料及饲料添加剂使用不符合标准要求的

(1) 饲料原料（如玉米、豆粕）不全是通过认定的绿色食品，或来源于绿色食品标准化生产基地的产品，或经绿色食品工作机构认定或按照绿色食品生产方式生产、达到绿色食品标准的自建基地生产的产品；

(2) 使用以哺乳类动物为原料的动物性饲料产品（不包括乳及乳制品）饲喂反刍动物；

(3) 使用同源动物源性饲料的原则；

(4) 使用工业合成的油脂；

(5) 使用畜禽粪便；

(6) 使用任何药物饲料添加剂；

(7) 饲料添加剂品种不是《饲料添加剂品种目录》中所列的饲料添加剂和允许进口的饲料添加剂品种，或不是农业部公布批准使用的饲料添加剂品种；

(8) 使用附录A中所列的饲料添加剂品种。

6. 兽药使用不符合标准要求的

(1) 使用国家规定的其他禁止在畜禽养殖过程中使用的药物；

(2) 使用NY/T 472附录A中的药物，产蛋期和泌乳期使用附录B中的兽药；

(3) 使用药物饲料添加剂；

(4) 使用酚类消毒剂，产蛋期使用酚类和醛类消毒剂；

(5) 使用抗菌药物、抗寄生虫药、激素或其他生长促进剂促进畜禽生长；

(6) 使用剂量超过登记用量。

7. 渔药使用不符合标准要求的

(1) 使用中华人民共和国农业部公告第176号、193号、235号、560号和1519号公告中规定的渔药；

(2) 使用药物饲料添加剂；

(3) 使用抗菌药物、激素或其他生长促进剂促进水产动物生长；

(4) 预防用药使用NY/T 755附录A以外的药物；

(5) 治疗用药使用NY/T 755附录B以外的药物；

(6) 使用剂量超过登记用量。

8. 渔业饲料及饲料添加剂使用不符合标准要求的

(1) 饲料原料不全是通过认定的绿色食品，或全国绿色食品原料标准化生产基地的产品，或经中心认定、按照绿色食品生产方式生产、达到绿色食品标准的自建基地生产的产品；

(2) 使用工业合成的油脂和回收油；

(3) 使用畜禽粪便；

(4) 使用制药工业副产品；

(5) 饲料如经发酵处理，所使用的微生物制剂不是《饲料添加剂品种目录》中所规定的品种或不是农业部公布批准使用的新饲料添加剂品种；

(6) 饲料添加剂品种不是《饲料添加剂品种目录》 料添加剂和允许进口的饲料添加剂品种，或不是农业部公布批准使用的饲料添加剂品

(7) 使用 NY/T 2112 附录 A 中所列的饲料添加剂

(8) 使用药物饲料添加剂；

(9) 使用激素。

(三) 质量管理体系检查

(1) 伪造资质证明文件；

(2) 生产技术规程与生产实际不符；

(3) 编造生产记录、购销凭证；

(4) 合同（协议）造假或未落实。

第十五条　现场检查需整改的

(一) 产地环境质量

未在绿色食品和常规生产区之间设置有效的缓冲带

(二) 质量管理体系

(1) 未建立切实可行的基地管理制度或制度未落实

(2) 有平行生产或委托加工的，未建立区分管理制 落实；

(3) 无生产记录或生产记录未反映生产过程及投入

(4) 未建立产品质量追溯体系或未有效实施；

(5) 参与绿色食品生产或管理的人员或农户不熟悉 准要求。

(三) 收获、包装、储运

(1) 收获环节不能有效区分绿色食品与非绿色食品

(2) 包装材料及设计不符合 NY/T 658 标准要求；

(3) 仓储环节未有效区分绿色食品与非绿色食品；

(4) 防虫、防鼠、防潮、防鸟措施不完备。

(四) 环境保护

(1) 未建立生物栖息地，保护基因多样性、物种多 系统多样性，以维持生态平衡；

(2) 污水、废弃物等处理措施欠缺，可能对环境或 物产生污染。

第十六条　现场检查合格的

不存在不合格项，且按期完成整改的，现场检查合

第五章　现场检查 告

第十七条　撰写要求

(一) 应按中心规定的格式填写，字迹整洁、术语

(二) 应由检查组成员完成，不可由他人代填，并 定代表人（负责人）和检查组成员双方签字确认。

(三) 应包括检查组对申请人的生产、加工活动的 色食品标准要求符合性的判断，对其管理体系运行有效性的评价，对检查过程中发现的 评估，对其产品质量安全状况的判定等内容，对于续展申请人还应确认其绿色食品标 。

(四) 检查员应依据标准和判定规则，对报告所规 进行逐项检查并评定，对检查各环节关键控制点进行客观描述，做到准确且不缺项。

（五）现场检查综合评价应重点填写申请人执行绿色食品标准的总体情况、存在问题等内容，但不应对是否通过绿色食品标志许可作出结论。如果没有足够的信息作出评判，须指出需要补充的信息和材料，以及是否需要再次检查。

（六）现场检查意见分为合格、限期整改、不合格，应在相应项目栏内勾选。

（七）检查组应对于现场检查中发现的问题，汇总并填入《现场检查发现问题汇总表》。

第十八条　其他要求

检查组应将在现场检查中收集到的各种证据和材料进行有序整理，以支持报告中叙述地检查发现、观点和结论等。

第六章　附　　则

第十九条　本规范由中心负责解释。

第二十条　本规范自2015年1月1日起施行。

关于印发《绿色食品标志许可审查程序》的通知

农绿认〔2014〕9号

各省级绿色食品工作机构、绿色食品检测机构：

为推动绿色食品事业持续健康发展，加强和规范绿色食品标志许可审查管理，提高标志许可审查工作的有效性，根据《绿色食品标志管理办法》（农业部令2012第6号），有必要对绿色食品相关认证程序进行修订。现将修订后的《绿色食品标志许可审查程序》印发你们，请遵照执行。原《绿色食品认证程序（试行）》《绿色食品续展认证程序》《绿色食品境外认证程序》同时废止。

特此通知。

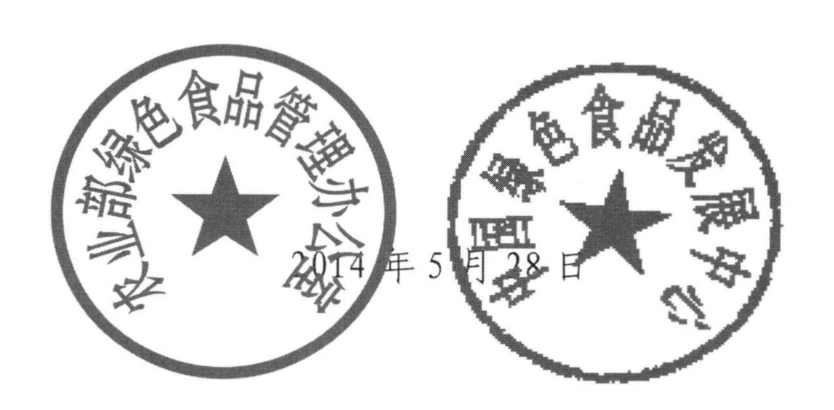

2014年5月28日

详见：中国绿色食品发展中心 www. greenfood. agri. cn. 资料——制度规范栏中许可审查。

关于印发《绿色食品标志使用证书管理办法》和《绿色食品颁证程序》的通知

为了进一步规范和加强绿色食品证书的颁发和管理工作，促进绿色食品事业持续健康发展，依据《中华人民共和国商标法》、农业部《绿色食品标志管理办法》等法律法规，结合10年来的工作实际，中心对2004年颁布实施的《绿色食品标志商标使用证管理办法》进行了修订，并单独制定了《绿色食品颁证程序》。

现将修订后的《绿色食品标志使用证管理办法》和新制定的《绿色食品颁证程序》一并印发给你们，请遵照执行。

特此通知。

附件：

1.《绿色食品标志使用证管理办法》

2.《绿色食品颁证程序》

2014年12月10日

绿色食品标志使用证书管理办法

第一章　总　则

第一条　为规范绿色食品标志使用证书（以下简称证书）的颁发、使用和管理，依据《中华人民共和国商标法》、农业部《绿色食品标志管理办法》、国家工商行政管理总局《集体商标、证明商标注册和管理办法》，制定本办法。

第二条　证书是绿色食品标志使用人（以下简称标志使用人）合法有效使用绿色食品标志的凭证，证明标志使用申请人及其申报产品通过绿色食品标志许可审查合格，符合绿色食品标志许可使用条件。

第三条　证书实行“一品一证”管理制度，即为每个通过绿色食品标志许可审查合格产品颁发一张证书。

第四条　中国绿色食品发展中心（以下简称中心）负责证书的颁发、变更、注销与撤销等管理事项。

省级绿色食品工作机构（以下简称省级工作机构）负责证书转发、核查，报请中心核准证书注销、撤消等管理工作。

第二章　证书的颁发、使用与管理

第五条　证书颁发执行中心的《绿色食品颁证程序》。

第六条　证书内容包括产品名称、商标名称、生产单位及其信息编码、核准产量、产品编号、标志使用许可期限、颁证机构、颁证日期等。

第七条　证书分中文、英文两种版式，具有同等效力。

第八条　证书有效期为三年，自中心与标志使用人签订《绿色食品标志使用合同》之日起生效。

经审查合格，准予续展的，证书有效期自上期证书有效期期满次日计算。

第九条　在证书有效期内，标志使用人接受年度检查合格的，由省级工作机构在证书上加盖年度检查合格章。

第十条　获证产品包装标签在标识证书所载相关内容时，应与证书载明的内容准确一致。

第十一条　证书的颁发、使用与管理接受政府有关部门和社会的监督。

第十二条　任何单位和个人不得涂改、伪造、冒用、买卖、转让证书。

第三章　证书的变更与补发

第十三条　在证书有效期内，标志使用人的产地环境、生产技术、质量管理制度等没有发生变化的情况下，单位名称、产品名称、商标名称等一项或多项发生变化的，标志使用人拆分、重组与兼并的，标志使用人应办理证书变更。

第十四条　证书变更程序如下：

（一）标志使用人向所在地省级工作机构提出申请，并根据证书变更事项提交以下相应的材料：

（1）证书变更申请书；

（2）证书原件；

（3）标志使用人单位名称变更的，须提交行政主管部门出具的《变更批复》复印件及变更后的《营业执照》复印件；

（4）商标名称变更的，须提交变更后的《商标注册证》复印件；

（5）如获证产品为预包装食品，须提交变更后的《预包装食品标签设计样张》；

（6）标志使用人拆分、重组与兼并的，须提供拆分、重组与兼并的相关文件，省级工作机构现场确认标志使用人作为主要管理方，且产地环境、生产技术、质量管理体系等未发生变化，并提供书面说明。

（二）省级工作机构收到证书变更材料后，在5个工作日内完成初步审查，并提出初审意见。初审合格的，将申请材料报送中心审批；初审不合格的，书面通知标志使用人并告知原因。

（三）中心收到省级工作机构报送的材料后，在5个工作日内完成变更手续，并通过省级工作机构通知标志使用人。

第十五条　标志使用人申请证书变更，须按照绿色食品相关收费标准，向中心缴纳证书变更审核费。

第十六条　证书遗失、损坏的，标志使用人可申请补发。

第四章　证书的注销与撤销

第十七条　在证书有效期内，有下列情形之一的，由标志使用人提出申请，省级工作机构核实，或由省级工作机构提出，经中心核准注销并收回证书，中心书面通知标志使用人。

（一）自行放弃标志使用权的；

（二）产地环境、生产技术等发生变化，达不到绿色食品标准要求的；

（三）由于不可抗力导致丧失绿色食品生产条件的；

（四）因停产、改制等原因失去独立法人地位的；

（五）其他被认定为可注销证书的。

第十八条　在证书有效期内，有下列情形之一的，由中心撤销并收回证书，书面通知标志使用人，并予以公告。

（一）生产环境不符合绿色食品环境质量标准的；

（二）产品质量不符合绿色食品产品质量标准的；

（三）年度检查不合格的；

（四）未遵守标志使用合同约定的；

（五）违反规定使用标志和证书的；

（六）以欺骗、贿赂等不正当手段取得标志使用权的；

（七）其他被认定为应撤销证书的。

第五章　附　则

第十九条　本办法由中心负责解释。

第二十条　本办法自2015年1月1日起施行，原2004年颁布实施的《绿色食品标志商标使用证管理办法》同时废止。

绿色食品颁证程序

第一条　为规范《绿色食品标志使用证书》（以下简称证书）的颁发（以下简称颁证），依据农业部《绿色食品标志管理办法》、国家工商行政管理总局《集体商标、证明商标注册和管理办法》，制定本程序。

第二条　颁证是中国绿色食品发展中心（以下简称中心）向通过绿色食品标志许可审查的申请人（以下简称申请人）颁发证书的过程，包括核定费用、签订《绿色食品标志使用合同》（以下简称《合同》）、制发证书、发布公告等。

第三条　中心负责核定费用、制发《合同》、编制信息码、产品编号、制发证书等颁证工作。

省级绿色食品工作机构（以下简称省级工作机构）负责组织、指导申请人签订《合同》、缴纳费用、向申请人转发证书等颁证工作。

第四条　中心依据颁证决定，按照有关绿色食品收费标准，在10个工作日内完成费用核定工作，通过“绿色食品网上审核与管理系统”生成《办证须知》《合同》电子文本，并传送省级工作机构。

第五条　省级工作机构通过“绿色食品网上审核与管理系统”在10个工作日内下载《办证须知》《合同》《绿色食品防伪标签订单》等办证文件，并将上述办证文件发送申请人，其中《合同》文本为一式三份。

第六条　申请人收到办证文件后，应按《办证须知》的要求，在2个月内签订《合同》（纸质文本，一式三份），并寄送中心，同时按照《合同》的约定，一并缴纳审核费和标志使用费。

第七条　中心收到申请人签订的《合同》后，在10个工作日内完成信息码编排、产品编号、证书制作等工作。

证书分中文、英文两种版式，申请人如需要英文证书，应填报《绿色食品英文证书信息表》，中心审核后同时制发英文证书。

第八条　中心在2个工作日内完成《合同》、证书、缴费等信息核对工作，核对后将《合同》（一式两份）和证书原件统一寄送省级工作机构，并将《合同》一份、证书复印件一份存档。

第九条　省级工作机构收到中心寄发送的《合同》和证书后，在5个工作日内将《合同》（一份）和证书原件转发申请人，并将《合同》一份、证书复印件一份存档。

第十条　中心依据相关规定，对获证产品予以公告。

第十一条　各级绿色食品工作机构应建立颁证工作记录制度，记录颁证工作流程、时间、经办人等情况。建立颁证档案管理制度，加强颁证信息管理。

第十二条　本程序由中心负责解释。

第十三条　本程序自2015年1月1日起施行，2004年颁布的《绿色食品标志商标使用证管理办法》中有关颁证程序同时废止。

第三节　绿色食品原料标准化生产基地认证

一、全国绿色食品原料标准化生产基地申报材料清单

1. 《创建全国绿色食品原料标准化生产基地申请书》及《保证执行绿色食品标准及标准化生产基地建设要求的有关声明》
2. 成立基地建设领导小组的文件（包括成员名单和职能）
3. 成立基地建设办公室的文件（包括成员名单和职能）
4. 基地各单元基地建设责任人、具体工作人员名单
5. 生产操作规程
6. 基地分布图及地块分布图
7. 基地和农户清单，田间生产管理记录，收获记录，仓储记录，交售记录和《绿色食品生产者使用手册》
8. 基地生产管理制度
9. 农业投入品管理制度
10. 技术指导和推广制度
11. 培训制度
12. 基地环境保护制度
13. 监督管理制度（包括检验检测制度）
14. 基地产业化经营龙头企业基本情况及其与各基地单元签订的收购协议或合同
15. 省绿办现场考察报告
16. 环境监测任务委托书
17. 基地环境质量监测及现状评价报告
18. 基地标识牌设计样
19. 水质检测报告

二、全国绿色食品原料标准化生产基地续展材料清单

1. 《全国绿色食品原料标准化生产基地续报申请书》
2. 绿色食品原料标准化生产基地证书复印件
3. 连续4年的《全国绿色食品原料标准化生产基地监督管理综合意见表》复印件
4. 最近2年公司与基地签订的原料购销合同复印件（公司若为绿色食品企业须注明）
5. 5年内最后一年的基地产品检验报告（基地单位为受检主体，应检测原料产品而不是加工后的产品）
6. 基地自查报告

第四节　有机食品认证程序

一、有机食品认证程序

1. 认证申请

(1) 申请人登陆 www. ofcc. org. cn 下载填写《有机食品认证申请书》和《有机食品认证调查表》，下载《有机食品认证书面资料清单》并按要求准备相关材料。

(2) 申请人向分中心提交《有机食品认证申请书》《有机食品认证调查表》《有机食品认证书面资料清单》要求的文件。

(3) 申请人按《有机产品》国家标准第 4 部分的要求，建立本企业的质量管理体系、质量保证体系的技术措施和质量信息追踪及处理体系。

2. 文件审核

(1) 有机食品认证中心对申报材料进行合同评审和文件审核。

(2) 审核合格后，有机食品认证中心根据项目特点，依据认证收费细则，估算认证费用，向企业寄发《受理通知书》和《有机食品认证检查合同》(简称《检查合同》)。

(3) 若审核不合格，认证中心通知申请人且当年不再受理其申请。

(4) 申请人确认《受理通知书》后，与认证中心签订《检查合同》。

(5) 根据《检查合同》的要求，申请人交纳相关费用，以保证认证前期工作的正常开展。

3. 实地检查

(1) 企业寄回《检查合同》及缴纳相关费用后，有机食品认证中心派出有资质的检查员。

(2) 检查员应从认证中心取得申请人相关资料，依据《有机产品认证实施规则》的要求，对申请人的质量管理体系、生产过程控制、追踪体系以及产地、生产、加工、仓储、运输、贸易等进行实地检查评估。

(3) 必要时，检查员需对土壤、产品抽样，由申请人将样品送指定的质检机构检测。

4. 编写检查报告

检查员完成检查后，在规定时间内，按有机食品认证中心要求编写检查报告，并提交给认证中心。

5. 综合审查评估意见

认证中心根据申请人提供的申请表、调查表等相关材料以及检查员的检查报告和样品检验报告等进行综合评审，评审报告提交颁证委员会。

6. 颁证决定

颁证委员会对申请人的基本情况调查表、检查员的检查报告和认证中心的评估意见等材料进行全面审查，做出同意颁证、有条件颁证、有机转换颁证或拒绝颁证的决定。证书有效期为 1 年。

当申请项目较为复杂（如养殖、渔业、加工等项目）时，或在一段时间内（如 6 个月），召开技术委员会工作会议，对相应项目作出认证决定。

(1) 同意颁证。申请内容完全符合有机标准，颁发有机证书。

(2) 有条件颁证。申请内容基本符合有机食品标准，但某些方面尚需改进，在申请人书面承诺按要求进行改进以后，亦可颁发有机证书。

(3) 有机转换颁证。申请人的基地进入转换期 1 年以上，并继续实施有机转换计划，颁发有机转换证书。从有机转换基地收获的产品，按照有机方式加工，可作为有机转换产品，即“有机转换产品”销售。

（4）拒绝颁证。申请内容达不到有机标准要求，颁证委员会拒绝颁证，并说明理由。

7. 颁证决定签发

（1）颁证委员会做出颁证决定后，有机食品中心主任授权颁证委员会秘书处根据颁证委员会做出的结论在颁证报告上使用签名章，签发颁证决定。

（2）根据证书和《有机食（产）品标志使用章程》的要求，签订《有机食（产）品标志使用许可合同》，并办理有机或有机转换标志的使用手续。

8. 保持认证

（1）有机食品认证证书有效期为 1 年，在新的年度里，有机食品认证中心会向获证企业发出《保持认证通知》。

（2）获证企业在收到《保持认证通知》后，应按照要求提交认证材料，与联系人沟通确定实地检查时间并及时缴纳相关费用。

（3）保持认证的文件审核、实地检查、综合评审、颁证决定的程序同初次认证。

二、有机食品认证文件资料清单（种植业与初加工产品）

项目申请人除了应仔细填写好有机食品认证调查表（种植业与初加工产品）外，还应提供以下相应的文件材料。申请人应按以下序号编排文件，装订后提交。

（一）项目基本情况资料

1. 营业执照副本复印件
2. 土地使用合法证明（土地承租合同书、有机种植合同书等）
3. 公司＋农户或公司＋基地＋农户组织模式的还需提供农户清单、基地与农户管理制度
4. 新开垦的土地必须出具县级以上政府部门的开发批复
5. 基地 5km 范围内的行政图（市、县或乡的行政图，标明基地的位置）
6. 地块分布图（多地块、分布分散情况下，提供包含全部地块分布情况的地图）
7. 地块图（必须标明每个地块的形状、面积、种植作物名称、边界及与周边常规地块的隔离情况。基地内主要标示物以及水源的位置）
8. 近 3 年内土壤、灌溉水及大气的监测报告
9. 食品加工企业须提供卫生许可证复印件、加工厂区平面图及设备位置图
10. 实施食品生产许可证管理的产品还应提供 QS 证书复印件
11. 加工过程中产品接触到水的。还需提供加工用水的检测报告（依据生活饮用水标准）
12. 如为委托加工，提供委托加工合同书
13. 证书上如体现商标。需提供商标注册证
14. 通过其他认证机构认证的项目，提供相关证书复印件或证明文件

（二）质量管理体系文件

1. 质量管理手册

（1）有机产品生产、加工、经营者的简介。

（2）有机产品生产、加工、经营者的经营方针和目标。

（3）管理组织机构图及其相关人员的责任和权限。

（4）有机生产、加工、经营实施计划。

（5）有机产品生产内部检查制度。

（6）跟踪审查制度（质量追踪体系的建立、实施）。

（7）记录管理制度。

（8）客户申、投诉的处理。

2. 内部规程

（1）作物栽培规程。

①土地的备耕规程；

②种子和种苗的选定、处理方法以及播种育苗的规程；

③获得有机种子和种苗的计划；

④土壤肥力的保持与管理措施；

⑤常发病、虫、草害的名称与防治措施；

⑥灌溉水的来源及灌溉管理；

⑦作物的轮作计划和间、套作计划；

⑧收获、运输及临时保管规程。

（2）初加工和贮藏规程

①从基地到加工厂的运送方式；

②加工厂的接货检查方法和检查标准；

③不合格原料的处理方法和合格原料的保管方法；

④初加工各工序的操作方法；

⑤批次号的编制方法以及管理规程；

⑥产品包装和保管方法；

⑦出库程序规程。

（3）机械设备维修、清洗方法及卫生管理规程。

（4）教育、培训规程。

（5）客户申投诉的处理规程。

（6）员工福利与劳动保护规程。

（7）平行生产管理规程（存在平行生产的企业须提交）。

①防止有机产品生产、运输、初加工和贮藏过程中受到常规产品污染的措施；

②有机生产体系和常规生产体系文件、记录的管理。

（三）记录文件和其他相关资料

1. 有机产品生产管理者以及内部检查员的资质证明材料

2. 所购买种子或种苗的证明文件（购买单据、非转基因证明、常规种子或种苗未经禁用物质处理的证明等）

3. 自制肥料或生物农药时，提供原料的来源、比例、名称、自制方法和使用记录

4. 外购肥料、生物农药等生产资料的证明文件（购买单据、产品说明书）

5. 农事活动记录（土地耕作、播种、施肥、病虫草害防治、灌溉、重大事件、收获）

6. 原料的运输及储存记录（原料运输、不合格原料处理、原料入库等）

7. 产品生产配方以及加工工艺流程图

8. 初加工过程中各加工工序记录（工序名称、时间、原料名称、批次号、加工数量、加工损耗、出成率、成品数量）

9. 产品出入库记录

10. 检测机构（计量认证，实验室认可，农业部认可或认监委认可）出具的当年度的产品检测报告

11. 销售记录（时间、产品名称、批次号、数量、购买单位）及销售发票
12. 机械设备清扫、消洗记录（时间、设备名称、清扫清洗方法、药剂名称、用量）
13. 防虫防鼠记录（时间、防鼠防虫场所、所用药剂或工具名称、用量）
14. 内部监督检查报告（见 COFCC 内部监督检查报告）
15. 内部培训记录（时间、培训内容、参与人员、授课人员）
16. 客户投诉处理记录（时间、投诉方、投诉内容、解决措施）
17. 可以介绍和说明基地与加工厂情况的相关照片
18. 申报材料的电子版（光盘或电子邮件 cofcc@126.com）

注：第三部分要求的记录文件如根本不存在，请附文件说明。

第三章　农业标准化生产技术操作规程

第一节　无公害农产品生产技术操作规程

一、无公害秋白菜生产操作规程

（一）产地环境

选择生态条件良好、远离污染源、地势高燥、排灌方便、土层深厚疏松的壤土。

（二）生产技术要求

品种选择：根据当地积温等生态条件，选择抗病高产、抗逆性能强、适应性广、品质优、株型好的优良品种，如保收二号、三号、超丰金黄白、秋白1号、佳白二号等。纯度不低于95%，净度不低于98%，发芽率在90%以上，含水量在12%以下。

（三）种子及其处理

选种：采用风、筛选种法，选用成熟度好、粒大饱满的种子。

晒种：于播种前晒种2d。

大田选地：选择耕层深厚、肥力较高、保水保肥、排水良好的地块。

整地：复种地块在前茬作物收获后，白菜播种前6～8d破开原垄，深翻1次，重新打垄，翻深20cm左右。也可进行旋耕，翻旋结合，整平、耙细、起垄。

施肥：每亩施腐熟农家肥5 000kg，硫酸钾10kg。深翻入土与耕层混匀进行栽培。

播种：播种期根据当地无霜期、品种特点确定。在夏末秋初进行播种。

（四）田间管理

间苗与定苗：出苗后及时间苗，8～10片叶时及时定苗，如缺苗应及时补栽。

中耕管理：要求三铲三趟，铲趟深度应掌握“浅、深、浅”的原则。即幼苗期的第一遍应浅些，防止压苗、伤根；放盘后幼苗长出6～8片叶以后进行的第二遍铲趟，应达到15cm左右，为侧根生长创造条件；莲座期后的第三遍铲趟应浅些，以免伤根。

（五）病虫害防治

软腐病：用72%农用链霉素7g/亩喷雾防治。

霜霉病：用58%甲霜灵锰锌可湿性粉剂100g/亩进行防治。

病毒病：用20%病毒A可湿性粉剂100g/亩进行喷雾。

采收前30d禁止使用农药、化肥。

收获时期：10月下旬收获，采收过程中所用工具要清洁、卫生、无污染。

（六）包装、运输、贮藏

包装：包装物要整洁、干燥、美观、牢固、秀气、无异味、无污染、无霉变现象，无受潮离层现象。按白菜的规格包装。每批白菜的包装规格、单位、毛重一致。包装上标明品名、规格、毛重、净重、产地、采收及包装日期等，字迹清晰、完整、无误。

运输：装运时轻装、轻卸、严防机械损伤，不得与有毒、有害物质混装混运。

运输工具清洁、卫生、无污染。

贮藏：秋白菜八成心以上，无病斑、虫蛀，收获后晾晒两天即可入窖。窖内码放保证气流均匀畅通。

无公害白菜生产要求全过程记录并妥善保存。

二、无公害白菜生产操作规程

（一）范围

本规程规定了无公害白菜生产的产地环境条件与栽培技术措施、收获及后续管理措施。

本规程适用于无公害白菜的安全生产。

（二）生产基地的环境条件

选择远离工矿企业（距离超过5km），无“三废”污染。地势平坦，土壤肥沃，地下水资源充足，光照资源丰富。生物呈现多样性。经监测符合无公害产地环境质量标准要求。

（三）无公害白菜栽培措施

本条款没有说明的栽培措施，仍按常规栽培措施实施。

品种选择：选择抗病、高产、优质、商品性好、外形美观、市场畅销的优良品种，如保收二号、保收三号、超丰金黄白、秋白1号、佳白二号等。拒绝转基因品种。

播期：春大棚栽培在2—3月播种，露地栽培在7月末至8月初播种。

播种方法：条播。

整地：复种地块在前茬作物收获后，白菜播种前6～8d破开原垄，深翻1次，重新打垄，翻深20cm左右。也可进行旋耕，翻旋结合，整平、耙细、起垄。

施肥：每亩施腐熟农家肥料5 000kg，硫酸钾10kg。深翻入土与耕层混匀进行栽培。

做畦宽1m，种两行，株距40cm，坐水播种，每亩保苗3 500株左右。每亩用种量约为0. 25kg。

田间管理：早间苗（分次间苗），晚定苗，定壮苗。间苗3次。第1次在心叶发生时，（如不过分拥挤，可不间）第2次在2～3片叶时，第3次在5～6片时定苗。如缺苗应及时补栽。

中耕除草，有利于增进土壤透气，促进扎根，有利肥料分解，防止草欺苗。特别是雨后及时中耕，一般中耕次数为2～3次，要求三铲三趟，铲趟深度应掌握“浅、深、浅”的原则。即幼苗期的第一遍应浅些，防止压苗、伤根；放盘后幼苗长出6～8片叶以后进行的第二遍铲趟，应达到2～3cm，为侧根生长创造条件；莲座期后的第三遍铲趟应浅些，以免伤根。为减轻高温干旱对幼苗造成的危害，幼苗期3～4d浇水1次，保持垄面湿润，以防地温过高烫伤幼苗。包心期间地面保持湿润，以利包心。

（四）病虫害防治

主要病虫害：软腐病、霜霉病、病毒病。

防治原则：按照“预防为主，综合防治”方针。坚持以农业防治、物理防治为主，化学防治为辅。

农业防治：选用抗病品种。

创造适宜的生育环境条件：培育适龄壮苗，提高抗逆性，科学施肥：测土平衡施肥、增施充分腐熟的有机肥，少施化肥。

化学防治：

软腐病：用72%农用链霉素7g/亩喷雾防治。1～2次。

霜霉病：用72%g露可湿性粉剂喷雾防治1次，135g/亩。安全间隔期14d。

病毒病：用20%病毒A可湿性粉剂100g/亩进行喷雾。1～2次。

在干燥晴天天气可喷雾化学防治，注意安全间隔期，注意施用浓度。

（五）采收

及时采收上市。由于夏季高温高湿，白菜生长快，所以在结球六七成时，挑选包心好的植株采收上市。收获期一般可延续 10d 左右。秋白菜 10 月下旬收获。白菜八成心以上，无病斑、虫蛀，收获后晾晒两天即可入窖或上市。

（六）包装、运输、贮藏

包装：用于白菜的包装整洁、干燥、牢固、美观、无污染、无异味、无虫蛀、无腐烂、无霉变现象，无受潮离层现象。按白菜的规格包装。每批白菜的包装规格、单位、毛重一致。包装上标明品名、规格、毛重、净重、产地、采摘及包装日期等，字迹清晰、完整、无误。

运输：装运时轻装、轻卸、严防机械损伤，运输工具清洁、卫生、无污染。

贮藏：严防暴晒、雨淋及有毒物质的污染。库内码放保证气流均匀畅通。

（七）其他

无公害白菜生产要求全过程记录并妥善保存。

三、无公害小白菜生产操作规程

（一）范围

本标准适用于保护地无公害小白菜生产。

（二）栽培措施

1. 品种选择

应根据市场的需求和不同品种的生长速度，选择适合当时气候环境并具有抗病、优质、高产等特点的品种。

2. 栽培方式

温室和大、小冷棚。可以直播，也可以是育苗移栽。

3. 栽培季节

保护地中可以周年生产。但基于保护地生产成本和效益，主要三大茬。即：早春茬、晚秋茬和越冬茬。

4. 施足基肥

每亩棚室施入优质腐熟农家肥 3 000kg，同时施入磷酸二铵和硫酸钾各 8kg，有机肥和化肥分别均匀撒入棚室中后，翻入土中。

5. 温室大棚消毒

在整地做畦前每亩棚室用硫黄粉 3kg，加 80% 敌敌畏乳油 250g，拌上干锯末，分堆点燃，然后密闭棚室一昼夜后，经放风，无味后做畦播种。

6. 整地做畦

将土地整平，做成宽 1.2m 南北方向的大畦，要求畦埂略高，有利于灌水。

7. 播种时间

早春茬 1 月末 2 月初播种，晚秋茬 10 月初以后播种，越冬茬 12 月初播种。

播种量：育苗移载时每亩用种量 100～150g，直播时每亩用种量为 1～2kg。

播种方法：条播，在做好的畦内开 5～6 个种植沟，沟深 1～2cm；在沟内撒种子，顺沟轻轻踩一遍，使种子和土壤紧密结合，用耙子搂平畦面即可；撒播，在做好的播种畦内浇足底水，水渗下后用营养土找平畦面，均匀撒播种子，播后覆土 0.8～1.0cm。

8. 田间管理

温度管理：小白菜生长适温为 15～22℃，所以要尽量控制棚室温度在 20℃ 左右，早春茬和晚秋茬要放风控温，越冬茬要增加覆盖来提高和保持温度。

光照管理：越冬茬为防止光照不足，要经常清洁棚膜，尽量早揭晚盖草苫子，延长光照时间。

湿度管理：一般情况出苗前不浇水，2 片真叶后视土壤墒情适当浇水，尤其是越冬茬更要少浇水，以防死苗。2～3 片真叶以后要保持土壤湿润，可结合施肥进行浇水，保证小白菜在中午高温强光下不打蔫。

追肥：根据小白菜需肥规律，以施用有机肥为主，适时适量使用化学肥料。化学肥料以速效氮肥为主，可根据地力状况和小白菜不同生育时期，分期适量施用。追肥截止时间在采收前 10～15d 为宜。同时，合理喷施叶面肥，快速补充营养。

间苗：出苗后可立即间苗，以利通风透光，培育壮苗；当长出 3～4 片真叶时进行第二次间苗，按一定行株距留苗，保证 7cm×5cm 的行株距即可。也可结合市场需求，进行间苗上市。

中耕除草：间苗后结合施肥进行中耕，清除杂草、疏松表土，以利通气、保肥。

9. 病虫害防治

保护地小白菜常发生的病害有猝倒病和软腐病；虫害有蚜虫、白粉虱和潜叶蝇。防治方法以农业防治为主，配合使用化学药剂。

（1）农业防治。

①选用抗逆性强，抗（耐）病力强的优良品种。

②加强管理，培育壮苗，增强抗（耐）病力。

③深耕改土，轮作换茬，创造不利病虫生存的条件，减轻病虫为害。

④清洁田园。要及时清除园内病叶，集中处理。

（2）物理防治。

采用黄、蓝板和杀虫灯防治蚜虫、潜叶蝇及白粉虱等。同时，在棚室放风口、进出口等应用防虫网。

（3）药剂防治。

药剂选择：猝倒病可以用 50% 多菌灵可湿性粉剂 600 倍液；软腐病用 72% 农用链霉素 12.5g/亩；蚜虫用 10% 吡虫啉可湿性粉剂 3 000倍液；白粉虱和潜叶蝇用 1% 阿维菌素 2 000倍防治。在小白菜采收前 7～10d 要停止喷药。

（三）采收

小白菜长到 6～7 片叶时可陆续采收上市。一般早春在播后 40～50d，晚秋在播后 30～40d，越冬茬在播后 50～60d 采收。采收过程中所用工具要清洁、卫生、无污染。

（四）分装、运输、贮藏

执行无公害蔬菜农产品质量标准的有关规定。

（五）其他

无公害农产品生产要求建立田间技术档案，做好整个生产过程的全面记载，妥善保存，以备查阅。尤其是对无公害农产品生产操作规程的修订和完善非常重要。

四、无公害生菜生产操作规程

（一）环境质量要求

选择地势平坦、水肥条件好的地块，提倡节水灌溉。收获后及时清洁田园，销毁残枝枯叶，及时回收残留农膜。

（二）栽培技术措施

1. 品种选择

选用优质高产、抗病虫、抗逆性强、适应性广、商品性好的生菜品种。

2. 种子处理

高温季节播种，种子应进行低温催芽。

浸种：先用冷水浸泡6h左右。

催芽：将种子搓洗捞出后用湿沙布包好置于15～18℃温度下催芽。

3. 培养壮苗

育苗土配制：用3年内未种过生菜的园土与优质腐熟有机肥混合。

苗床土消毒：用50%多菌灵可湿性粉剂与50%福美双可湿性粉剂按1∶1混合。每平方米床土用药8～10g与15～30kg细土混合，取1/3药土撒在畦面上，播种后再把其余2/3药土盖在种子上。

播种：春季露地栽培生菜，一般于2月中、下旬播种育苗较适宜，播种时采取先浇底水，后撒籽再覆土的方法。生菜育苗方法有子母苗（苗期不进行分苗主要适用于散叶型）和移植苗（结球型苗期进行分苗）两种，前者籽可撒稀些，苗畦籽不超过1g/m^2。后者每亩用种量为25～30g。

苗期管理：夏季采用遮阴、降温等措施，加强管理，保持土壤湿润，适期分苗，适当放风、炼苗，控制幼苗徒长，苗床温度保持在15～20℃，发现病虫苗随时拔除。

4. 定植

施肥整地：亩施优质腐熟有机肥5 000kg，加复合肥20～30kg/亩即可，施肥后及时整地、翻地。

定植后管理：定植后的缓苗期要保持土壤湿润，一般浇两次缓苗水，15～20d后追复合肥15～20kg/亩，中后期不可用人粪尿作追肥。

5. 病虫害防治

农业防治：选用抗（耐）病虫品种，优化栽培管理措施，减少病虫源基数和侵染机会。

物理防治：蚜虫、白粉虱、斑潜蝇类害虫采用银灰膜避蚜黄板（柱）诱杀防治；温室大棚叶菜生产利用防虫网、遮阳网防虫。

（三）收获及后续管理

采收：采收过程中所用工具要清洁、卫生、无污染。

包装：用于装生菜的纸箱整洁、干燥、牢固、美观、无污染、无异味、无虫蛀、无腐烂、无霉变现象，无受潮离层现象。按生菜的规格包装，每袋为5kg。每批生菜的包装规格、单位、毛重一致。包装上标明品名、规格、毛重、净重、产地、采摘及包装日期等，字迹清晰、完整、无误。

运输：装运时轻装、轻卸、严防机械损伤，运输工具清洁、卫生、无污染。

贮藏：严防暴晒、雨淋及有毒物质的污染。库内码放保证气流均匀畅通。

（四）其他

无公害农产品生产要求建立田间技术档案，做好整个生产过程的全面记载，妥善保存，以备查阅。尤其是对无公害农产品生产操作规程的修订和完善非常重要。

五、无公害苦苣生产操作规程

（一）产地环境

选择生态条件良好、远离污染源、地势高燥、排灌方便、土层深厚疏松的壤土生产栽培。

（二）生产技术要求

1. 品种选择

选用抗病高产。抗逆性能强、适应性广、品质优、株型好的品种。

季节、土壤选择：一年四季均可播种。春、夏、秋在露地栽培，冬季采用保护地栽培。苗龄30～40d，定植至采收为30～50d。产量每亩2 500～3 500kg；选择有机质丰富，土壤肥沃，保水、保肥力强，透气性好，排灌方便的微酸性壤土。

2. 育苗

用种量：每亩育苗移栽用种量20～30g。

苗床准备：床土选用2年以上没有种过十字花科蔬菜的园田土与充分发酵腐熟的牛马粪按3∶1的比例，每立方米加入氮、磷、钾三元复合肥（N∶P_2O_5∶K_2O＝15∶15∶15，全书同）1.5kg、50%多菌灵可湿性粉剂8～10g充分拌匀过筛备用。旬平均气温高于10℃时，在露地育苗，低于10℃时，在保护地育苗。

种子处理：播种前在阳光下晾晒5～6h。

催芽方法：高温季节播种，种子须进行低温催芽。先用井水浸泡6h左右，搓洗捞出后用湿纱布包好，置于15～25℃温度下催芽。

播种方法：播种时将处理过的种子掺入少量细潮土混匀，再均匀撒播，需种子5g/m^2。覆土0.5cm，切忌播种过深。每亩栽培田需播种育苗床面积4～6m^2。

3. 苗期管理

苗期温度白天控制在15～25℃，夜间10℃左右。在2～3片真叶时进行分苗，每亩栽培田需分苗床20～30m^2。分苗前苗床先浇1次水。移植分苗畦株行距5～8cm，分苗后随即浇水，在分苗畦上盖覆盖物。缓苗后，适当控水，促进发根、苗壮。

壮苗标准：5～7片叶，展开度6～10cm，4—9月育苗苗龄25～30d、10月至翌年3月育苗35～40d。无病虫害。

4. 定植前准备及定植

施肥：每亩用优质农家肥4 000kg～5 000kg，过磷酸钙20～50kg，尿素15kg。撒施地面深翻，肥料与土充分混匀。

作畦：搂平地块后做畦，按畦宽1～1.2m，长5～8m。夏秋做平畦；冬春做15cm高的高畦或垄作，并采用地膜覆盖。

温室大棚消毒：每亩棚室用硫黄粉2～3kg，加80%敌敌畏乳油0.25kg拌上锯末，分堆点燃，然后密闭棚室一昼夜，经放风无味时再定植。

定植：苗具有5～7片真叶时即可定植，提前起坨移苗，苗床囤苗3～4d，选健壮无病秧苗带土定植，及时浇定植水，避免灌水后降低地温影响缓苗。

密度：株行距（25～30）cm×（30～35）cm。每畦栽3～4行，每亩栽苗4 000～6 000株。

5. 田间管理

追肥管理：定植后5～6d缓苗后，追硫酸钾肥，每亩5kg；15～20d后追硫酸铵肥5kg。

缓苗后及时摘掉靠地面的老叶、病叶，缺苗及时补苗。中耕除草1次。中后期视情况中耕除草1次。

水分管理：定植后需水量大，应根据缓苗后天气、土壤湿润情况适时浇水，一般5～7d浇1次，中后期控制浇水不要过量。大棚栽培应控制棚内湿度。采收前3～4d停止浇水。

温度管理：棚室栽培，白天温度控制在12～22℃。过低要注意保温，高于25℃要通风、降温、排湿。夜间8～10℃。

6. 病虫害防治

农业防治：选用抗（耐）病虫品种，优化栽培管理措施。加强中耕除草，清洁田园，减少病害的初侵染来源，降低虫源基数。

物理防治：田间悬挂黄板诱杀蚜虫、白粉虱、斑潜蝇等害虫；利用地膜、黑膜、防虫网等各种功能膜防病、抑虫、除草。

（三）收获及后续管理

采收：采收过程中所用工具要清洁、卫生、无污染。

包装：用于装苦苣的纸箱整洁、干燥、牢固、美观、无污染、无异味、无虫蛀、无腐烂、无霉变现象，无受潮离层现象。按苦苣的规格包装，每袋为5kg。每批苦苣的包装规格、单位、毛重一致。包装上标明品名、规格、毛重、净重、产地、采摘及包装日期等，字迹清晰、完整、无误。

运输：装运时轻装、轻卸、严防机械损伤，运输工具清洁、卫生、无污染。

贮藏：严防暴晒、雨淋及有毒物质的污染。库内码放保证气流均匀畅通。

（四）其他

无公害农产品生产要求建立田间技术档案，做好整个生产过程的全面记载，妥善保存，以备查阅。尤其是对无公害农产品生产操作规程的修订和完善非常重要。

六、无公害萝卜栽培技术规程

（一）品种选择

选用抗病、优质丰产、抗逆性强、适应性广、商品性好的品种。

（二）土壤选择

选择地势平坦、排灌方便、土层深厚、土质疏松、富含有机质、保水保肥性能好的沙壤土为宜。

（三）作畦

大个型品种多起垄栽培，垄高20～30cm，垄间距50～60cm，垄上种两行（条播）或两穴（拐子形播）；中个型品种，垄高15～20cm，垄间距35～40cm；小个型品种多采用平畦栽培。

（四）播种量

大个型品种每亩用种量为0.5kg，中个型品种每亩用种量为0.75～1.0kg，小个型品种每亩用种量为1.5～2.0kg。

（五）播种方式

大个型品种多采用穴播；中个型品种多采用条播；小个型品种多采用条播或撒播。播种时有先浇水后盖土和先播种盖土后浇水两种方式。平畦撒播多采用前者，适合寒冷季节；高垄条播或穴播多采用后者，适合高温季节。

（六）种植密度

大个型品种行距株距20～30cm；中个型品种行距株距15～20cm；小个型品种行距株距8～10cm。

（七）精细整地，施足基肥

选土层深厚，疏松，肥沃的沙壤土，在耕作前撒施腐熟的有机肥4 000～5 000kg，同时施入磷酸二铵15kg、硫酸钾15kg后深耕、耙松、整平。

（八）田间管理

1. 苗期管理

播种后4d即开始出苗，此阶段重点是查苗、补苗。掌握在苗子片真叶时间苗，4片真叶时定苗，间苗时将小苗、病苗、弱苗、杂苗剔出。

2. 肥水管理

幼苗出土前后，水要足，以保证出苗整齐，播种后到8月下旬，要加强水肥管理重施氮肥，随浇水施入尿素7.5～10kg，9月上中旬要适当蹲苗，控制浇水，掌握地发白才浇的原则，需要浇水时应同时施入腐熟有机肥1 500kg，半月后再施硫酸铵15～20kg，草木灰150～250kg，以后一般不再追肥，肉质根膨大期土壤的含水量应保持在60%左右。

3. 中耕锄草

为促进根系的发育，萝卜从齐苗后直到封垄前，每次间苗后趁墒中耕1次，先浅后深，再浅，共3～4次，随中耕锄净杂草，对于肉质根大部分露出地面的品种，结合中耕，进行培土，使萝卜根形周正。

4. 病害防治

病害的防治应掌握“预防为主，防重于治”的原则，其主要病害有软腐病、黑腐病、病毒病、霜霉病。软腐病，黑腐病可用77%可杀得可湿性剂600倍液或30%的DT颗粒剂600倍液喷雾；病毒病用VA120倍液或人用病毒灵加上25%的阿克泰水分散粉剂2 500倍液，再加上调节剂云大120等均匀喷于叶面上；霜霉病可用72.2%的杜邦克露或64%的杀毒矾或72%的克抗灵600～800倍液，均匀喷于叶子的背面，以上用药均应在发病前或发病初期施用。每种药剂只能使用一次。

5. 虫害防治

主要虫害有蚜虫、白粉虱、小菜蛾、菜青虫、棉铃虫。

防治蚜虫、白粉虱可用25%的阿克泰水分散粒剂2 500～3 000倍液或用10%的吡虫啉粉剂4 000倍液喷雾。防治棉铃虫、菜青虫、小菜蛾，可用25% BT乳油600～800倍液喷雾。

（九）适时收获及后续管理

一般当根茎充分肥大后，多于10月下旬，地冻前收完。

包装：用于装萝卜的纸箱整洁、干燥、牢固、美观、无污染、无异味、无虫蛀、无腐烂、无霉变现象，无受潮离层现象。按萝卜的规格包装，每箱为5kg。每批萝卜的包装规格、单位、毛重一致。包装上标明品名、规格、毛重、净重、产地、采摘及包装日期等，字迹清晰、完整、无误。

运输：装运时轻装、轻卸、严防机械损伤，运输工具清洁、卫生、无污染。

贮藏：严防暴晒、雨淋及有毒物质的污染。库内码放保证气流均匀畅通。

（十）其他

无公害农产品生产要求建立田间技术档案，做好整个生产过程的全面记载，妥善保存，以备查阅。尤其是对无公害农产品生产操作规程的修订和完善非常重要。

七、无公害胡萝卜生产操作规程

（一）范围

本标准规定了无公害胡萝卜的生产管理措施。

（二）生产技术管理

1. 品种与茬口

（1）品种。应选择中、晚熟品种，高产优质，味甜口感好，耐贮藏。例如：新黑田五寸，为日本引入的一代杂交种，肉质根橙红色，皮、肉色泽一致，长圆锥形，长 18 ~ 20cm，横径 3.2 ~ 3.5cm，单根重 100 ~ 120g，亩产 3 500 ~ 4 000kg；春红五寸 1 号，生长期 95 ~ 100d，早熟适应性强、适合夏秋播种，肉质根表皮、肉及心粒为浓橙红色，肉质根圆粒形，长 18 ~ 20cm，直径 5cm，单根重 200g，品质极佳，抗逆性强，亩产 4 000 ~ 4 500kg。

（2）茬口。胡萝卜的前茬以黄瓜、番茄、葱、蒜、小麦为好，因为这些茬土壤质地疏松、通气，如果土质黏重、通气不良容易引起侧根痕突起，外皮粗糙，易开裂，品质差。

2. 整地施基肥

胡萝卜宜选择疏松的壤土或沙壤土。为改善土质条件，耕前要施足基肥，每亩施腐熟农家肥 3 000 ~ 4 000kg，草木灰 200kg，过磷酸钙 10 ~ 15kg，施肥后深翻细耙，深 25 ~ 30cm，然后做畦，畦宽 1.5m、长 10m，畦埂高 5 ~ 10cm，畦面要严整，土质要细碎。或采用高垄条播种，垄距 50cm，条播双行，株距 10cm。

3. 播种

种子处理：为促进种子吸水，防止粘地，便于吸水，要在晒后先搓去种子刺毛，然后用凉水浸种 12h，捞出后放于 20 ~ 25℃的暗处催芽。发芽后，拌草木灰，使种粒分散后再进行播种。催芽时温度不宜过低，如温度 10℃时发芽约 1 个月，30℃以上时发芽率会降低一半。另外不能用当年采下来的新籽播种，会造成肉质根长的小，产量低。

播种期：胡萝卜属喜冷凉作物，播种期应安排在 6 月中下旬夏播，秋季生长，秋末收获。

播种量：胡萝卜籽发芽率较低，每亩用种 1 ~ 1.5kg。

播种：胡萝卜发芽的适宜土壤湿度为 60% ~70%，播前畦栽培或垄栽培的要灌一次底水。待地面稍干后锄一次，深 3 ~ 4cm，搂平后用划行器按行距 13cm，深宽各 1.5 ~ 2cm 的沟，顺沟播种不要过密，然后用十齿耙搂平。

封闭杂草：用 50% 扑草净 100g 对水 30kg 进行突然封闭处理。

4. 田间管理

间苗、中耕除草：幼苗期间进行 2 ~ 3 次间苗，将过空的省株及病株拔除，第一次在幼苗 2 片叶进行，第二次在幼苗 4 ~ 5 片间苗，第 3 次定苗 10cm 株距；夏播胡萝卜高温雨季杂草滋生很快，胡萝卜幼苗生长缓慢，极易形成草荒，因此及时中耕除草是胡萝卜获得丰产的关键。

灌水：从播种到出苗，应连续灌水 3 ~ 4 次，经常保持土壤湿润，土壤湿度将保持在 65% ~ 80%，同时注意雨季降水排涝。8 月下旬当苗高 18cm，真叶 5 ~ 6 片是为“破肚期”要灌一次透水，水渗深度达 18 ~ 25cm，可以引根向下，9 月中旬胡萝卜“露青”是肉质根迅速肥大期，要加足灌水，严禁忽干忽湿，否则会使肉质根发生破裂。

施肥：胡萝卜在生长期中，根据生长情况一般追肥 2 ~ 3 次，第一次在出苗后 20 ~ 25d，长到 3 ~ 5 片叶定苗后进行，每亩施硫酸铵 3 ~ 5kg 或尿素 2kg；第二次在第一次追肥后的 20 ~ 25d，每亩尿素 4kg、钾肥 6kg；第三次在肉质根生长前期，每亩尿素 7.5kg、钾肥 10kg。

5. 病害防治

胡萝卜黑斑病：主要是叶片受害。防治方法：发病初期用 50% 多菌灵可湿性粉剂 600 倍，隔 10d 左右喷一次，连续 3 ~ 4 次。

（三）采收与收藏

进入 10 月或萝卜叶片 60% ~70% 倒伏后为收获适期。胡萝卜在 3℃以下时停止生长。所以根据气候决定采收时间，一般宜于大冻前收完。采收的越晚产量越增加。采收过程中所用工具要清洁、卫生、无污染。

包装、运输、贮藏：执行无公害蔬菜农产品质量标准的有关规定。胡萝卜的贮藏条件始终维持低温、高湿的状态。最好采用挖沟埋藏，沟应选在地下水位低，保水性好的阴处，沟向东西，宽约1m、长度根据地形而定。将胡萝卜散堆沟内50～70cm，然后盖土，最好是一层胡萝卜一层土，分层放置，盖的土必须湿润，盖的土干容易造成糠心。

（四）其他

无公害农产品生产要求建立田间技术档案，做好整个生产过程的全面记载，妥善保存，以备查阅。尤其是对无公害农产品生产操作规程的修订和完善非常重要。

八、无公害胡萝卜生产技术规程

（一）土壤选择

选择地势较高、排水良好、土层深厚、质地疏松、有机质含量高、无污染的壤土或沙质壤土种植。如在质地较黏重的土壤上种植，则要增施农家肥。此外，也是一种在环境偏湿和土壤质地黏重条件下，显著提高产量和品质的有效措施。

整地施肥：种植地块翻耕深度应在25～30cm或起垄栽培。播前施腐熟农家肥3 000～4 000kg、硫酸钾复合肥50kg、钙镁磷肥50kg、硫酸钾25kg作基肥，后再翻耕1次，使基肥均匀地埋入表土6cm以下。

作畦：对排水稍差、土壤质地较黏重的地块，可实行起垄栽培，以利排水，避免渍害，增加土壤透气性，使胡萝卜优质高产，减少裂根。其要点：先按垄宽30～40cm，沟深15～20cm，沟宽20cm做平顶垄，如开垄宽30cm的播种2行，垄宽40cm的播种3行。有机肥等基肥施于垄下。起垄后，在垄上开2cm深的播种沟播种。

（二）播期与播种

播种期：春播一般在4月下旬至5月上旬，日平均气温10℃，夜平均气温7℃以上；秋播一般适宜的播种期为7月中旬至8月中旬，立秋前播种为宜。

浸种催芽：用冷水浸种3～4h，沥干后装入棉布袋中，在25℃下保湿催芽，有10%～20%的种子露白时即可播种。在催芽期间每隔12h用冷水（最好用井水）浸漂一次，以增加袋中氧气，防止有机酸、微生物等有害物的形成。

播种方法与播种量：播种方法有条播和撒播2种。秋栽胡萝卜播种出苗期时值高温干旱季节，气温不适合胡萝卜种子的发芽和幼苗生长，成苗率较春季低，因此播种量要适当增加。每亩播种量：条播为250～350g，撒播为350～450g。播后遮阴。

播种时将已有10%～20%露白的种子均匀地拌入适量细土中，再进行播种。播种方法与春季栽培相同。播种时间最好安排在早晨或下午4时之后。播种后浇足水分，覆土要均匀，不能露籽。播后畦面必需覆盖稻麦等秸秆物，并将覆盖物淋湿。每平方米有40～50株的小苗出土时，要及时在傍晚揭除覆盖物。播种后出苗前，如遇干旱天气、墒情较差时，需于清晨或傍晚浇水，以保持土壤湿润。此外，要合理使用除草剂，要求播种覆土后每亩用50%丁草胺150ml稀释700倍喷畦面（喷药时，畦面土壤必须保持湿润，以利药膜层的形成，有效发挥除草剂的作用）。

（三）田间管理

间苗与除草：2～3叶期结合除草进行第1次间苗，每平方米保留120株左右小苗。4～5叶期进行第2次间苗，每平方米定苗80～100株。如单子叶杂草较多，每亩可用10.8%盖草能20ml对水20kg喷雾。

肥水管理：胡萝卜出苗揭去覆盖物后，如遇高温干旱天气，易缺水而影响幼苗正常生长，需在清晨或傍晚时淋水（或沟中灌水）润土保墒，4叶期结合浇水每亩追施硫酸钾复合肥10kg。再经20～30d，7～8叶期时结合浇水每亩追施硫酸钾复合肥10kg、硫酸钾5kg（对水比例为1：（100～

200），即0.5%～1%浓度）；如遇地上部生长过盛，可仅追施硫酸钾，同时喷施浓度为20mg/kg的多效唑1～2次，间隔10d喷1次。遇大雨需及时开沟排水。

培土：上市较好的胡萝卜，表皮色泽要一致，不能有“青头”。采用条播方式，有利于肉质根膨大期进行培土防青头。

病虫害防治：胡萝卜病虫害较少，只需采取适当轮作，秋季一般不会发生重大病害。

（四）采收及后续管理

采收：适时采收。采收过程中所有工具要清洁，卫生，无污染。

分装、运输、贮存：严格执行无公害食品包装、贮运标准的有关规定。

（五）其他

无公害农产品生产要求建立田间技术档案，做好整个生产过程的全面记载，妥善保存，以备查阅。尤其是对无公害农产品生产操作规程的修订和完善非常重要。

九、无公害芹菜生产技术规程

（一）范围

本规程规定了无公害芹菜生产的产地环境条件与栽培技术措施、收获及后续管理措施。

本规程适用于保护地无公害芹菜的安全生产。

（二）生产基地的环境条件

选择远离工矿企业（距离超过5km），无“三废”污染，地势平坦，土壤肥沃，地下水资源充足，光照资源丰富，生物呈现多样性的生产基地。经监测符合无公害产地环境质量标准要求。

（三）无公害芹菜栽培措施

本条款没有说明的栽培措施，仍按常规栽培措施实施。

品种选择：选择抗病、优质丰产、抗逆性强、适应性广、商品性好的芹菜品种。拒绝转基因品种。

1. 培育壮苗

育苗方式：根据季节和栽培方式，可在阳畦、塑料拱棚、日光温室、露地育苗。

种子处理：种子放入20～25℃水中浸种16～24h。

催芽：将浸好的种子搓洗干净，摊开稍加风干后，用湿布包好放在15～20℃处催芽，每天用凉水冲洗一次，4～5d后当60%种子萌芽时停止催芽。

2. 育苗床准备

床土培配制：选用肥沃园田土与充分腐熟过筛圈粪按2∶1的比例混合均匀，每立方米加N∶P_2O_5∶K_2O为15∶15∶15三元复合肥1kg。将土铺入苗床，厚度10cm。

床土消毒：用50%多菌灵可湿性粉剂与50%福美双可湿性粉剂按1∶1混合，按每平方米用药8～10g与10～15kg过筛细土混合，播种时2/3铺在床面，1/3覆盖种子上。

露地育苗：应选择地势高、排灌方便、保水保肥性好的地块，结合整地每亩施腐熟农家肥2 000～4 000kg，磷酸二铵10kg。精细整地，耙平。做平畦，过筛细土或药土，供播种时用。

3. 播种

播种期：春芹菜1月中旬至2月中旬，夏芹菜3月下旬至4月下旬，秋芹菜5月下旬至6月下旬，日光温室芹菜7月上旬至7月下旬。

播种方法：浇足底水，水渗后覆一层细土（或药土），将种子均匀撒播于床面，覆细土0.5cm。

4. 苗期管理

温度：保护地育苗，苗床内的适宜温度为15～20℃。

遮阴：露地育苗，在炎热季节播种后要用遮阳网、苇帘等搭设遮阴棚，既可防晒降温，又可防止暴雨冲砸幼苗。待苗出齐后，逐渐拆去遮阴棚。

间苗：当幼苗第1片真叶展开时进行第1次间苗，疏掉过密苗、病苗、弱苗，苗距3cm，结合间苗拔除田间杂草。

水肥：苗期要保持床土湿润，小水勤浇。当幼苗2~3片真叶时，结合浇水每亩追施尿素5~10kg，或用0.2%尿素溶液叶面追肥。

壮苗：标准苗龄60~70d、株高8~12cm，5~6片叶，叶色浓绿，根系发达，无病虫害。

5. 整地施肥

结合整地每亩施腐熟有机肥2 000~4 000kg，磷酸二铵20kg，硼砂0.5kg。耙后作平畦。

6. 定植

（1）定植期。春芹菜3月中旬至4月中旬，夏芹菜5月中旬至6月中旬，秋芹菜7月下旬至8月中旬，日光温室芹菜9月上旬至9月下旬。

（2）密度。

本芹类：春、夏芹菜30 000~55 000株/亩，秋芹菜22 000~37 000株/亩。

西芹类：9 000~13 000株/亩。

（3）定植方法。在畦内按行距要求开沟穴栽，每穴1株，培土以埋住短缩茎露出心叶为宜，边栽边封沟平畦，随即浇水。定植时如苗太高，可于15cm处剪掉上部叶柄。

7. 定植后管理

中耕：定植后至封垄前，中耕3~4次，中耕结合培土和清除田间杂草。缓苗后视生长情况蹲苗7~10d。

水肥：浇水的原则是保持土壤湿润，生长旺盛期保证水分供给。定植1~2d后浇一次缓苗水。以后如气温过高，可浇小水降温，蹲苗期内停止浇水。蹲苗结束后，结合浇水每亩追施腐熟人畜粪尿500~1 000kg，进入生长旺盛期，当株高25~30cm和35~40cm时，再结合浇水各追肥一次，每亩施腐熟人畜粪尿500kg。同时，可喷施1~2次0.2%尿素溶液或其他叶面肥。

温湿度：日光温室芹菜缓苗期的适宜温度为18~22℃，生长期的适宜温度为12~18℃，生长后期温度保持在5℃以上亦可。芹菜对土壤湿度和空气相对湿度要求高，但浇水后要及时放风排湿，减少病害发生。

8. 病虫害防治

挂银灰色地膜条避蚜虫，温室通风口处采用防虫网。

黄板诱杀白粉虱、斑潜蝇用30cm×20cm长方形纸板，涂上黄色油漆，再涂一层（机油和黄油比例9∶1）的黏液，挂在高出植株顶部的行间，每亩30~40元，当黄板粘满白粉虱、斑潜蝇时，刮除虫残体重涂一层黏液。一般7~10d一次。

9. 药剂防治病虫害

斑枯病生长期用50%硫悬浮剂200~300倍液喷雾，每7~10d一次，连续3次。

发病初期用75%百菌清可湿性粉剂600倍液，7~10d一次，连喷2~3次。棚室可用45%百菌清烟熏剂每亩200~250g熏治。

菌核病用50%速克灵可湿性粉剂1 000倍液，7~10d一次，连喷2~3次。棚室可用10%速克灵烟熏剂每亩200~250g熏治。

软腐病用72%农用链霉素可溶性粉剂或新植霉素3 000~4 000倍液喷雾，7~10d 1次，连喷2~3次。

（四）采收及后续管理

根据品种特点，植株长到一定高度时，根据市场需求，及时采收。

包装：用于装芹菜的纸箱整洁、干燥、牢固、美观、无污染、无异味、无虫蛀、无腐烂、无霉变现象，无受潮离层现象。按芹菜的规格包装，每批芹菜的包装规格、单位、毛重一致。包装上标明品名、规格、毛重、净重、产地、采摘及包装日期等，字迹清晰、完整、无误。

运输：装运时轻装、轻卸、严防机械损伤，运输工具清洁、卫生、无污染。

贮藏：严防暴晒、雨淋及有毒物质的污染。库内码放保证气流均匀畅通。

（五）其他

无公害农产品生产要求建立田间技术档案，做好整个生产过程的全面记载，妥善保存，以备查阅。尤其是对无公害农产品生产操作规程的修订和完善非常重要。

十、无公害越冬黄瓜生产操作规程

（一）范围

本规程规定了无公害黄瓜生产的产地环境条件与栽培技术措施，收获及后续管理措施。

本规程适合保护地无公害黄瓜生产。

（二）生产基地环境条件

环境质量：经监测符合无公害产地环境质量标准要求。

土壤条件：土壤耕层深厚，地势平坦，排灌方便，土壤结构适宜、理化性状良好，有机质含量高。

（三）无公害黄瓜栽培措施

本条款没有说明的栽培措施，仍按常规栽培措施实施。

1. 品种与茬口

品种：选择适宜当地气候抗逆性好、抗病能力强、商品性好的优良黄瓜品种。

茬口：日光温室越冬茬在 9 月下旬至 10 月上旬播种育苗，采用嫁接技术，11 月中旬定植。1 月中旬开始采收。

2. 育苗

日光温室黄瓜育苗采用营养钵育苗。每个钵中播 2 粒种子，覆土 1cm 厚，先浇水，后播种。

营养土配制：园土、腐熟的马粪、优质农家肥各 1/3，混合后过筛。或是主料园田土 6 份，腐熟的马粪、圈肥或堆肥 4 份，辅料是每立方米营养土中加入氮、磷、钾复合肥 0.5～1kg，捣细过筛，充分混匀。条件好的也可以用营养基质穴盘育苗。

营养土消毒：每平方米苗床用 8～10g 多菌灵，或 65% 的代森锰锌，或 50% 的福美双各 5g 加半干细土 15kg 拌匀，用作覆土。

3. 定植

实行轮作：避免重茬，实行轮作，重病地块与葫芦科蔬菜实行 3 年以上轮作。

土壤高温消毒：7 月，先清洁棚室，亩施石灰 80kg，碎秸秆 500～1 000kg，翻入耕层，起垄铺地膜灌足水。密封棚室 15～20d，使温度达 70℃ 消灭土壤中的病菌。

整地：经高温消毒后，施入有机肥，进行深翻晾晒。

施基肥：亩施腐熟农家肥 7 500kg，三元复合肥 30kg，深翻 30cm 左右。

定植时间：育苗黄瓜于 9 月中下旬撒播于温室内。直播嫁接苗 40d 左右。

株行距：为了保证冬季低温高，透气性好，采用大垄改行定植，畦高 20cm，行距 50～60cm，株距 20～23cm，亩保苗 300 株左右。

扣棚时期：一种是扣好棚直播，但必须调节好棚内的温湿度；另一种是在外界气温降至 15℃ 以下前扣棚。

苗期管理：播种后5d左右即可拱土出苗，出苗后控制苗床湿度，为预防猝倒病发生，用恶霉灵或普力克进行苗床灌根，2周后进行播种南瓜，当南瓜真叶未展开时开始嫁接，黄瓜3片真叶时开始定植。

定植前严格控制幼苗病虫害，必要时可使用百菌清、甲霜灵锰锌、0.3%苦参碱虫剂等低毒、低残留农药预防蚜虫、红蜘蛛等虫害和病害。

定植方式：定植时采用开沟灌水，待水渗后定植，再覆土。也可以采用先定植后灌水的方法，但是水要灌足。定植时最好在下午或阴天进行，以利于成活。

4. 田间管理

高温期栽苗2~3d后浇缓苗水，畦面半干时松土，然后控水蹲苗。畦面见干见湿，注意防雨，及时排水，防治畦内积水。

温和期白天温度控制在25~30℃；夜间15~18℃，空气湿度保持在80%~90%。

追肥进入结花期开始追肥，每次每亩追施冲施肥5kg，连续施用4次，每半月1次。

根据长势和叶色追施叶面肥，0.2%磷酸二氢钾0.5kg/亩，每周一次，共施用3次。

5. 主要病害防治

铺设银灰色膜驱避蚜虫：地面用银灰色地膜覆盖或用银灰色膜剪成10~15cm宽的条绑在温室骨架上。

设防虫网阻虫：温室通风口用20~25目尼龙纱网密封，阻止蚜虫、白粉虱、美洲斑潜蝇成虫进入。

黄色粘虫板诱杀蚜虫、白粉虱、美洲斑潜蝇：在黄瓜行间或株间放置黄粘板，高出植株顶部30cm，每亩挂黄粘板30块，当黄粘板粘满虫体时要及时更换粘虫板。白粉虱对黄色敏感，捕杀效果好。

6. 及时进行理枝整蔓

及时吊蔓，落蔓，摘除卷须、病、老、黄叶，及时清洁棚室，增加通风透光，减少病害发生。

7. 病虫害防治

（1）霜霉病防治。

生态防治：上午棚温控制在25~28℃，相对湿度70%，下午降至18~25℃，相对湿度60%~70%，上半夜15~18℃，下半夜12~13℃。实行四段变温管理，可有效的控制霜霉病。

高温闷棚：选晴天中午进行，头一天先浇小水，中午闷棚。使温度上升到45℃时，维持2h，一般可控制7~10d。此技术慎用。

营养防治：尿素0.25kg，糖0.5kg（白糖、红糖、葡萄糖均可），对水50kg，每隔5d一次，连喷4~5次。一般早晨喷，喷在叶背。

化学防治：移苗定植前药剂预防，用45%百菌清烟剂150g/亩烟熏，或使用50%烯酰吗啉可湿性粉剂4 000倍液喷雾，或使用80%代森锰锌可湿性粉剂180g/亩喷雾。

（2）灰霉病防治。用50%多菌灵可湿性粉剂75g/亩或50%福美双可湿性粉剂40g/亩喷雾，或使用70%甲基硫菌灵可湿性粉剂100g/亩喷雾防治。

（3）蚜虫防治。用70%吡虫啉水分散粒剂17g/亩喷雾。

（4）白粉虱。用70%吡虫啉可湿性粉剂17g/亩喷雾防治。

（5）白粉病防治。可用25%粉锈宁2 000倍液，或用10%苯醚甲环唑水分散粒剂65g/亩防治。

（四）采收及后续管理

根据不同品种所需最佳商品要求适期采收。在农药残留期内不得采收。采收过程中所有工具要清洁、卫生、无污染。

分装：用于装黄瓜的纸箱整洁、干燥、牢固、美观、无污染、无异味、无虫蛀、无腐烂、无霉变现象，无受潮离层现象。按黄瓜的规格包装。每批黄瓜的包装规格、单位、毛重一致。包装上标明品名、规格、毛重、净重、产地、采摘及包装日期等，字迹清晰、完整、无误。

运输：装运时轻装、轻卸、严防机械损伤，运输工具清洁、卫生、无污染。

贮藏：严防暴晒、雨淋及有毒物质的污染。库内码放保证气流均匀畅通。

（五）其他

无公害黄瓜生产要求建立田间技术档案，做好整个生产过程的全面记载，妥善保存，以备查阅。尤其是对无公害生产操作规程的修订和完善非常重要。

十一、无公害黄瓜生产技术规程

（一）范围

本规程规定了无公害黄瓜生产的产地环境条件与栽培技术措施、收获及后续管理措施。

本规程适用于保护地无公害黄瓜的安全生产。

（二）生产基地的环境条件

选择远离工矿企业（距离超过5km），无“三废”污染。地势平坦，土壤肥沃，地下水资源充足，光照资源丰富。生物呈现多样性的基础。经监测符合无公害产地环境质量标准要求。

（三）无公害黄瓜栽培措施

本条款没有说明的栽培措施，仍按常规栽培措施实施。

1. 品种选择

选择抗病、高产、优质、商品性能好、适合市场需求的黄瓜品种，绿隆星4号、津绿3号、驰誉C5。拒绝转基因品种。

2. 育苗与移栽

采用温床育苗并且应用营养钵或纸袋进行育苗。壮苗标准为3～4片叶，10～13cm高，30～40d，叶色浓绿，植株健壮。移栽前，亩施腐熟粪肥5 000kg，亩施硫酸钾30kg，深翻、耙细，整地做畦。10月中下旬定植，亩保苗3 300～3 700株。冬春茬温室生产，一年一茬，下茬与非瓜类作物轮作或晾茬。

3. 田间管理

温度管理：采用4段变温管理。即揭帘前到下午2时，30℃左右，促进光合作用；下午2时至5时盖帘前22℃左右；前半夜17℃左右促进光合作用产物转化；后半夜11℃左右，抑制呼吸消耗。

水肥管理：根据植物生长状况施肥浇水。总的原则是阴天不浇水，不大水漫灌，傍晚不浇水，选择晴天施肥浇水。生长前期控水，中期15d一水，后期7d一水，10月25日结合灌水追生态有机肥10kg/亩。

光照管理：尽量早揭晚盖、增加光照。

4. 病虫害防治

主要病虫害：霜霉病、角斑病、灰霉病。

防治原则：按照“预防为主，综合防治”方针。坚持以农业防治、物理防治为主，化学防治为辅。

（1）农业防治。选用抗病品种；创造适宜的生育环境条件；培育适龄壮苗，提高抗逆性，控制好温湿度。适度补充CO_2气肥（秸秆反应堆）。耕作改制，与非瓜类作物轮作3年以上。科学施肥，测土平衡施肥、增施充分腐熟的有机肥，少施化肥。

（2）物理防治。

设施保护：在放风口用防虫网封闭，夏季上遮阴网。

黄板诱杀：黄板诱杀白粉虱、斑潜蝇用30cm×20cm长方形纸板，涂上黄色油漆，再涂一层机油，挂在高出植株顶部的行间，每亩30～40块，当黄板粘满白粉虱、斑潜蝇时，刮除虫残体重涂一层机油。一般7～10d一次。

高温闷棚防治黄瓜霜霉病：闷棚前1d给黄瓜浇一次大水，次日晴天封闭棚室，将棚温提高到45℃左右，掌握温度不低于42℃，不超过46℃。达到1.5～2h后，从顶部慢慢加大放风，使室温下降，隔4d后再进行第二次闷棚。

（3）化学防治。在干燥晴天天气可喷雾化学防治，注意安全间隔期，注意施用浓度。

霜霉病：用72%克露可湿性粉剂喷雾防治1次，135g/亩。安全间隔期14d。

角斑病：用77%可杀得可湿性粉剂喷雾防治1次，150g/亩。安全间隔期3d。

灰霉病：用40%隆利可湿性粉剂喷雾防治1次，65g/亩。安全间隔期10d。

（四）采收后续管理

采收：12月上旬根据不同品种所需最佳商品要求适期采收。农药残留期内不得采收。采收过程中所有工具要清洁、卫生、无污染。

包装：用于装黄瓜的纸箱整洁、干燥、牢固、美观、无污染、无异味、无虫蛀、无腐烂、无霉变现象，无受潮离层现象。按黄瓜的规格包装，每箱为5kg。每批黄瓜的包装规格、单位、毛重一致。包装上标明品名、规格、毛重、净重、产地、采摘及包装日期等，字迹清晰、完整、无误。

运输：装运时轻装、轻卸、严防机械损伤，运输工具清洁、卫生、无污染。

贮藏：严防暴晒、雨淋及有毒物质的污染。库内码放保证气流均匀畅通。

无公害黄瓜生产要求全过程记录并妥善保存。

十二、无公害番茄生产技术规程

（一）范围

本规程规定了无公害番茄生产的产地环境条件与栽培技术措施、收获及后续管理措施。

本规程适用于保护地无公害番茄生产。

（二）基地环境条件

环境质量：经监测符合无公害产地环境质量标准要求。

土壤条件：耕层深厚、地势平坦、排灌方便、土壤结构适宜、理化性状良好、有机质含量高。

水质条件：没有工矿污染的地下水。

（三）栽培措施

本条款没有说明的栽培措施，仍按常规栽培措施实施。

1. 培育壮苗

品种选择：选用抗逆性强、适应性广、商品性好、产量高的番茄品种。如：佳粉10号、佳粉15号、百利、毛粉802、粉迪尼、阿粉达、奥特优等。

种子质量符合GB 16715.3—1999瓜菜作物种子茄果类标准要求。

种子处理：育苗前，先用室温水预浸种子2～3h后换水反复搓洗，把种皮黏液洗净为止，然后将种子装入纱布袋，放入100℃水中浸5～10s，并不断搅动，然后立即移入冷水中冷却，反复3～5次。由于不同品种的耐热力不同，事先要进行试验，以免影响发芽率。处理完后用干净湿毛巾包起至恒温箱催芽，每隔12h翻动并用30℃温水淋湿毛巾一次，使之受热均匀，以利发芽齐壮，种子露白即可播种。

壮苗标准：子叶完整、茎秆粗壮、叶片深绿、无病斑、无虫害、节间短、株高在16～18cm、5～6片叶、根系布满基质，可以移栽。主要防治叶霉病、溃疡病、早疫病、病毒病等。

磷酸三钠浸种：先用清水浸种3～4h，再放入10%磷酸三钠溶液中浸泡20min，捞出洗净。主要防治病毒病。

催芽：将处理好的种子用湿布包好，放在25℃处催芽。

育苗床土消毒：每平方米用福尔马林30～50ml，加水3L，喷洒床土，用塑料膜密闭苗床5d，揭膜15d后再播种。

播种量：每亩栽培面积用种量20～30g。每平方米苗床播种量10～15g。

播种方法：当催芽种子70%以上破嘴（露白）即可播种。夏秋育苗直接用消毒后种子播种。

育苗：根据季节的不同采用不同的育苗方式，秋季育苗注意用防虫网。大棚种植的1月上旬阳畦育苗，3月中下旬定植；早春温室种植的12月份温室育苗，2月中下旬定植。

间苗：及时间掉病苗、弱苗、小苗和过密苗。

分苗：当幼苗有2～3片真叶时，按株行距10cm，用塑料袋或在育苗床上开沟，坐水栽苗，水渗后覆平土。

炼苗：早春育苗白天15～20℃，夜间10～5℃。夏秋育苗逐渐撤去遮阳网，适当控制水分。

壮苗指标：冬春育苗，株高25cm，茎粗0.6cm以上，现大蕾，叶色浓绿，无病虫害。夏秋育苗，4叶1心，株高15cm左右，径粗0.4cm左右，25d以内育成。

2. 定植期管理

前茬为非茄科类蔬菜，结合整地每亩施腐熟圈肥3 000～5 000kg，过磷酸钙50kg，尿素10kg，硫酸钾10kg。

设防虫网防虫：温室大棚通风口用尼龙纱密封，阻止蚜虫、白粉虱迁入。

定植密度：每亩1 800～2 000株。

水肥管理：结合浇缓苗水追肥，每亩追施人粪尿500～1 000kg，结合浇催果水追施人粪尿1 000～1 500kg或尿素6.5kg，硫酸钾10kg。盛果期5～7d浇一次水，隔一水追一次肥，每次追施尿素4.5kg。

温湿度管理：白天保持在22～26℃，夜间在14～17℃，地温以20～22℃最好。相对湿度维持在45%～65%。

3. 病虫害防治

黄板诱杀白粉虱：用废旧纤维板或纸板剪成100cm×20cm的长条，涂上黄色漆，同时涂一层机油，每亩用30～40块，挂在行间或株间。7～10d重涂一次机油。

药剂防治：保护地优先采用粉尘法、烟熏法，在干燥晴朗天气也可喷雾防治。

晚疫病：出现中心病株后，病株率不超过1%时施药。用5%百菌清粉尘剂1kg/亩喷粉，7d喷一次；或用72%克露可湿性粉剂400～600倍液喷雾。

早疫病：出现中心病株后，病株率不超过1%时施药。用5%百菌清粉尘剂1kg/亩喷粉，7d喷一次；或用58%甲霜灵锰锌可湿性粉剂500倍液喷雾。

灰霉病：发病初期，用6.5%万霉灵粉尘剂，每亩每次用1kg，7d喷一次，连喷3～4次；或用65%甲霉灵可湿性粉剂800～1 500倍液喷雾，5～7d喷一次，连喷2～3次。

病毒病：用10%吡虫啉可湿性粉剂2 000～3 000倍液防治蚜虫；在苗期、缓苗后各喷一次100倍83增抗剂；发病初期用20%盐酸马啉胍·铜500倍液喷雾，7～10d喷一次，连喷3～5次。

棉铃虫：当百株卵量达20～30粒时开始用化学农药，以50%卵变黑时为最好，可用50%辛硫磷乳油1 000倍液喷雾。

（四）收获及后续管理

采收：适时收获，采收过程中所用工具要清洁、卫生、无污染。

包装：用于装番茄的纸箱整洁、干燥、牢固、美观、无污染、无异味、无虫蛀、无腐烂、无霉变现象，无受潮离层现象。按番茄的规格包装，每箱为5kg。每批番茄的包装规格、单位、毛重一致。包装上标明品名、规格、毛重、净重、产地、采摘及包装日期等，字迹清晰、完整、无误。

运输：装运时轻装、轻卸、严防机械损伤，运输工具清洁、卫生、无污染。

贮藏：严防暴晒、雨淋及有毒物质的污染。库内码放保证气流均匀畅通。

（五）其他

无公害番茄生产要求建立田间技术档案，做好整个生产过程的全面记载，妥善保存，以备查阅。尤其是对无公害番茄生产操作规程的修订和完善非常重要。

十三、无公害西葫芦生产技术规程

（一）范围

本规程规定了无公害西葫芦生产的产地环境条件与栽培技术措施、收获及后续管理措施。

本规程只适合保护地无公害西葫芦生产。

（二）生产基地环境条件

环境质量：经监测符合无公害产地环境质量标准要求。

土壤条件：土壤耕层深厚，地势平坦，排灌方便，土壤结构适宜、理化性状良好，有机质含量高。

（三）无公害西葫芦栽培措施

本条款没有说明的栽培措施，仍按常规栽培措施实施。

1. 种子

品种选择：选用抗病虫、抗性强、适应性广、商品性好、产量高的翠玉西葫芦，如早青一代等，拒绝使用转基因品种。

2. 定植

整地施肥：结合整地，每亩施用腐熟粪肥5 000kg，硫酸钾30kg。深翻、细耙。冬春茬温室生产，亩株数1 000～1 500株。一年一茬，下茬与非瓜类作物轮作或晾茬。

3. 定植后管理

追肥：11月15日结合浇水开沟追施生态有机无机肥每亩15kg。

浇水：禁止大水漫灌，阴天、傍晚不浇水，提倡膜下暗灌。

田间管理：及时整枝打杈，加强通风，中耕除草，摘除枯黄病叶。

4. 病虫害防治

农业防治：及时拔除重病株，摘除病叶，病果，带出棚室外烧毁或深埋。

黄板诱杀：黄板诱杀白粉虱、斑潜蝇用30cm×20cm长方形纸板，涂上黄色油漆，再涂一层机油，挂在高出植株顶部的行间，每亩30～40块，当黄板粘满白粉虱、斑潜蝇时，刮除虫残体重涂一层机油。一般7～10d一次。

生态防病：晴天上午晚放风，使棚温迅速升高，28℃开始放顶风，把棚温控制在25～28℃，相对湿度降至60%～50%时，关闭通风口，使夜间棚温保持12～15℃，湿度保持在70%～80%，可有效防治灰霉病。

5. 药剂防治

白粉病：2月23日用15%三唑酮可湿性粉剂每亩50g喷雾防治。安全间隔期3d。

灰霉病：11 月 25 日用 40% 隆利可湿性粉剂，每亩用 65g 喷雾。安全间隔期 10d。

（四）收获及后续管理

采收：采收过程中所用工具要清洁、卫生、无污染。

包装：用于装西葫芦的纸箱整洁、干燥、牢固、美观、无污染、无异味、无虫蛀、无腐烂、无霉变现象，无受潮离层现象。按西葫芦的规格包装，每箱为 5kg。每批西葫芦的包装规格、单位、毛重一致。包装上标明品名、规格、毛重、净重、产地、采摘及包装日期等，字迹清晰、完整、无误。

运输：装运时轻装、轻卸、严防机械损伤，运输工具清洁、卫生、无污染。

贮藏：严防暴晒、雨淋及有毒物质的污染。库内码放保证气流均匀畅通。

（五）其他

无公害农产品生产要求建立田间技术档案，做好整个生产过程的全面记载，妥善保存，以备查阅。尤其是对无公害农产品生产操作规程的修订和完善非常重要。

十四、无公害芸豆生产技术规程

（一）范围

本规程规定了无公害芸豆生产的产地环境条件与栽培技术措施，收获及后续管理措施。

本规程适合保护地无公害芸豆生产。

（二）生产基地环境条件

环境质量：经监测符合《无公害产地环境质量标准》要求。

土壤条件：土壤耕层深厚，地势平坦，排灌方便，土壤结构适宜、理化性状良好，有机质含量高。

（三）无公害芸豆栽培措施

本条款没有说明的栽培措施，仍按常规栽培措施实施。

1. 品种选择

选用优质、高产、抗病、抗虫、抗逆性强、适应性广、商品性好的 851－923－8 芸豆。禁止使用转基因品种。

2. 定植与田间管理

整地施肥定植：前茬作物收获后清洁田园，整地要做到深翻 20cm，土地平整、土壤细碎，每亩施用腐熟粪肥 5 000kg，磷酸铵 50kg、硫酸钾 15kg。9 月末直播，越冬茬温室生产，一年一茬。亩保苗 5 500株。下茬与非豆类作物轮作或晾茬。

追肥：12 月 15 日座荚后结合浇水开沟，每亩追施硫酸钾 5kg。

浇水：禁止大水漫灌，阴天、傍晚不浇水，提倡膜下灌溉和滴灌，掌握浇荚不浇花的原则进行浇水管理。

田间管理：及时插架引蔓，中耕除草，摘除枯蔓病叶，加强通风。

3. 病虫害防治

农业措施：及时拔除病株，摘除病叶和病荚，并将其带出田外深埋。

设施保护：在放风口用防虫网封闭，夏季上遮阴网。

黄板诱杀白粉虱、斑潜蝇用 30cm×20cm 长方形纸板，涂上黄色油漆，再涂一层机油，挂在高出植株顶部的行间，每亩 30～40 块，当黄板粘满白粉虱、斑潜蝇时，刮除虫残体重涂一层机油。一般 7～10d 一次。

4. 化学防治

炭疽病：用70%甲基托布津可湿性粉剂40g/亩喷雾防治。安全间隔期10d。

美洲斑潜蝇：用10%吡虫啉可湿性粉剂10g/亩喷雾防治。安全间隔期7d。

（四）收获及后续管理

采收：采收过程中所用工具要清洁、卫生、无污染。

包装：用于装芸豆的纸箱整洁、干燥、牢固、美观、无污染、无异味、无虫蛀、无腐烂、无霉变现象，无受潮离层现象。按芸豆的规格包装，每箱为5kg。每批芸豆的包装规格、单位、毛重一致。包装上标明品名、规格、毛重、净重、产地、采摘及包装日期等，字迹清晰、完整、无误。

运输：装运时轻装、轻卸、严防机械损伤，运输工具清洁、卫生、无污染。

贮藏：严防暴晒、雨淋及有毒物质的污染。库内码放保证气流均匀畅通。

（五）其他

无公害农产品生产要求建立田间技术档案，做好整个生产过程的全面记载，妥善保存，以备查阅。尤其是对无公害农产品生产操作规程的修订和完善非常重要。

十五、无公害菜豆露地生产技术规程

（一）范围

本标准规定了无公害菜豆角露地生产技术措施要求。

（二）产地环境

选择排灌方便、地势平坦、土壤肥力较高的壤土或沙质壤土地块，架豆角对土壤条件的要求较高，最适合于腐殖质多、土层深厚、排水良好的壤土，有利于根系的生长和根瘤菌的活动，黏重土和低湿地，排水和通气不良，影响根的吸收机能，易生炭疽病。基地选择符合无公害食品蔬菜产地环境条件和无公害农产品生产技术规范的要求。

（三）生产技术管理

1. 露地土壤肥力等级划分

根据露地土壤中的有机质、全氮、碱解氮、有效磷、有效钾等含量高低而划分的土壤肥力等级。具体等级指标见表3-1。

表3-1 菜田露地土壤肥力分级表

肥力等级	菜田土壤养分测试值				
	全氮（%）	有机质（%）	碱解氮（mg/kg）	磷（P_2O_5）（mg/kg）	钾（K_2O）（mg/kg）
低肥力	0.07~0.10	1.0~2.0	60~80	40~70	70~100
中肥力	0.10~0.13	2.0~3.0	80~100	70~100	100~130
高肥力	0.13~0.16	3.0~4.0	100~120	130~160	130~160

2. 栽培季节与品种选择

（1）栽培季节。

春夏栽培：4月中下旬露地直播，夏秋季上市的茬口。

夏秋栽培：6月底7月初露地直播，晚秋上市的茬口。

（2）品种选择。选用抗病、优质、丰产、耐贮运、商品性好、适应市场的品种。如：泰国架豆王、九粒白、白不老、美国202、83-A、83-B、双青、秋紫豆等。

3. 播种

整地施基肥。禁止使用未经国家和省级农业部门登记的化学或生物肥料。禁止使用硝态氮肥。禁止使用城市垃圾、污泥、工业废渣。有机肥料需达到规定的卫生标准，见附录 A（规范性附录）。为改良和肥化土壤，保证架豆角整个生育期充足的养分，在施肥中，应以基肥为主，并适当增施磷钾肥，因此，结合整地亩施优质腐熟圈肥 5 000kg、磷酸二铵 50kg、硫酸钾 20kg，精细整地，耕翻 25 ~ 30cm 深，破碎坷垃，做成平畦，矮生种畦宽 2m，蔓生种畦宽 1.4m，将畦土整细、耙平，做成平畦，水利条件好的地区最好起垄栽培。

种子质量：纯度≥97%、净度≥98%、发芽率≥95%、水分≤12%。

播种期：春夏栽培 4 月中下旬播种，夏秋栽培 6 月底 7 月初播种。

播种量：根据种子大小及定植密度，一般每亩大田用种量矮生种 4 ~ 5kg，蔓生种 3 ~ 4kg。

播前 1 ~ 2d，将种子铺于麻袋上，进行选种、晒种、剔除劣种、杂种和受损种子，晒种 1 ~ 2d。架豆种子种皮较低薄，一般以干籽直播为好，不宜浸种催芽。防治炭疽病，可用种子量 0.3% 的 1% 福尔马林浸种 20min，清水洗净或用种子量 0.4% 的 50% 多菌灵拌种。

播种方法：铺膜后打孔，采用穴播，每穴 2 ~ 3 粒种，覆土厚度 3cm。

播种密度：矮生种每畦 4 行，穴距 25cm，每穴留 2 株，每亩 4 500 ~ 5 000穴；蔓生种每畦 2 行，一畦二行一架，穴距 30cm，每穴 2 株，每亩 2 500 ~ 3 000穴。

4. 田间管理

浇水：架豆水分管理上采用“干花湿荚”，苗期和抽蔓期以营养生长为主，且地温低，宜控制水分，中耕 2 ~ 3 次，在墒情好的地块，一直蹲苗到座荚后浇头水，在干旱地块或晚熟品种，临开花前可浇一次小水供开花所需，开花期不要浇水，以防营养生长过旺而导致落花落荚。座荚以后，进入需水高峰，待幼荚 3 ~ 4cm 时开始浇水，结荚初期 5 ~ 7d 浇一水，以后随着气温升高，采用勤浇轻浇，早晚浇和压清水等办法，降低地表温度，供给充足水分。

追肥：一般在座住荚后结合浇水追肥，在结荚中后期每采收一次，结合浇水，轻施肥一次，整个生长期大约亩追三元复合肥 30 ~ 35kg，硫酸钾 20kg。

插架：在抽蔓前后结合浇水追施尿素 15kg 后插架，多为人字形花架，架杆以竹竿为好，插前进行灭菌消毒，以防病害传播。

促使二次结荚：可延长采收期，增加产量，方法是：在第一茬嫩荚即将采收结束时，不进行拉秧，保持生长 1 ~ 2d，使植株恢复，再将田间落叶、杂草等清除，喷药防治病虫，进行大追肥，亩施三元复合肥 20kg，然后连浇两水，促使植株重新抽出新枝和花序，进入二次结荚，二次结荚产量可占总产量的 30% 左右，采收期延长 20 ~ 30d。

5. 病虫害防治

（1）主要病虫害。

主要病害：根腐病、锈病、枯萎病、炭疽病、灰霉病、细菌性疫病。

主要害虫：蚜虫、豆荚螟。

（2）防治原则。按照“预防为主，综合防治”的植保方针，坚持以“农业防治、物理防治、生物防治为主，化学防治为辅”的无害化控制原则。

a. 农业防治。选用高抗多抗的品种；与非豆科作物实行 3 年以上轮作，高畦栽培，地膜覆盖，培育壮苗，增施腐熟有机肥，及时拔除病株、摘除病叶和病荚，田园清洁。

b. 物理防治。覆盖银灰色地膜驱避蚜虫，利用高压汞灯、黑光灯、频振杀虫灯、性诱剂诱杀成虫；温汤浸种。

c. 生物防治。

天敌：积极保护利用天敌，防治病虫害。

生物药剂：采用病毒、线虫等防治害虫及植物源农药如藜芦碱、苦参碱、印楝素等和生物源农药如齐墩螨素、农用链霉素、新植霉素等生物农药防治病虫害。

d. 主要病虫害药剂防治。以生物药剂为主。使用药剂时严格按照农药安全使用标准、农药合理使用准则规定执行。

（3）病虫害防治方法。

菜豆炭疽病：喷洒75%百菌清可湿性粉剂600倍液，或70%甲基托布津可湿性粉剂500倍液，安全间隔期7d。

菜豆根腐病：在发病初期用70%甲基托布津可湿性粉剂800～1 000倍液喷射茎基部，每隔7～10d喷药一次，连喷2～3次，安全间隔期5d。

菜豆灰霉病：50%速克灵可湿性粉剂1 000～1 500倍液，或60%扑霉灵可湿性粉剂600～800倍液喷洒，安全间隔期5d。

枯萎病：用97%恶霉灵可湿性粉剂800倍液或绿亨1号1 000倍液灌根，每株灌药液0.5kg，安全间隔期10d。

锈病：用50%萎锈灵乳剂800～1 000倍液或50%硫黄悬乳剂200～300倍液，每隔7～10d喷药一次。15%粉锈宁可湿性粉剂2 000倍液，每隔20d用药一次，安全间隔期7d。

细菌性疫病：用30%DT 500倍液或77%可杀得800倍液或农用链霉素150万单位，每隔5～7d喷一次，连喷2～3次，安全间隔期7d。

豆荚螟：于开花前、后各喷1次90%的敌百虫1 000倍液，安全间隔期7d。要注意早防，从现蕾开始每隔7～8d喷一次800倍液90%敌百虫晶体液，要重点对花蕾喷药。

蚜虫：用50%避蚜雾可湿性粉剂2 000～3 000倍液，20%吡虫啉1 000倍液，2.5%溴氰菊酯乳油或20%速灭杀丁乳油2 000～3 000倍液喷洒，安全间隔期7d。

合理施药：严格控制农药用量和安全间隔期。

不允许使用的高毒高残留农药见附录B。

（四）采收

菜豆开花后10～15d，嫩荚已充分长大，种子略显，荚大而嫩为采收适期，不要在农药安全间隔期内采收。

（五）清洁田园

将残枝败叶和杂草清理干净，集中进行无害化处理，保持田间清洁。

（六）生产档案

建立田间生产档案。

对生产技术、病虫害防治及采收中各环节所采取的措施进行详细记录。妥善保存，以备查阅。尤其是对无公害农产品生产操作规程的修订和完善非常重要。

十六、无公害结球甘蓝生产技术规程

（一）范围

本规程规定了无公害食品结球甘蓝生产的产地环境条件与栽培技术措施、收获及后续管理措施。

本规程适用于无公害食品结球甘蓝的安全生产。

（二）生产基地的环境条件

选择远离工矿企业（距离超过5km），无“三废”污染。地势平坦，土壤肥沃，地下水资源充足，光照资源丰富的地块。生物呈现多样性的基地。经监测符合无公害、绿色食品产地环境质量标准要求。

（三）种植季节和育苗

春季种植：选早熟或中熟，抗逆性强，耐抽薹，商品性好的品种，于2月中旬至3月初采用大棚或拱棚育苗，4月下旬至5月上旬移栽定植。苗龄一般70d左右。

夏季种植：选优质、高产、耐贮藏的中熟或中晚熟品种，5月中旬育苗，7月下旬移栽定植。

育苗：育苗时，每亩大田需苗床面积10m^2，整平，浇足底水，然后撒种，亩用种量50g，盖土厚度0.5～1.0cm。苗龄达到30～35d时假植，经20～30d，达到6～7片真叶时移栽到大田。

（四）定植和大田管理

整地和施基肥：结球甘蓝主根深达30～60cm，根群分布范围80～100cm。根系吸收能力强。春甘蓝冬闲地，耕翻25～30cm深。

结合耕翻土地，早熟品种每亩施腐熟有机肥3 500kg，磷肥20kg，草木灰50kg；中晚熟品种亩施腐熟有机肥5 000kg，磷肥20kg，草木灰50～100kg。定植前10～15d，整地起垄，垄高15～20cm，或做畦，畦宽1m栽两行，株距33cm。

定植：在垄上开沟，坐水移栽或畦内开沟座水移栽。移栽时间在下午或傍晚，最好是阴天。定植后，及时浇缓苗水，亩密度3 500～3 800株。中耕蹲苗，控制时间，早熟品种10～15d；中晚熟品种25～30d，抑制甘蓝内缩茎节间伸长、外叶疯长。莲座末期，当顶生叶开始向里翻卷时，停止蹲苗。定植后，中耕增温不蹲苗，肥水齐攻，使其尽早包心。结球初期每亩带水浇施腐熟人粪尿150～200kg，尿素15kg，以后看天气，每隔5～7d浇一遍水；结球盛期，视苗情亩追腐熟人粪尿100kg。

（五）病虫害防治

虫害主要有：蚜虫、菜青虫、斜纹夜蛾等，出苗至结球期，应每隔7～10d喷施一次药剂，于上午10点前或下午5点后喷施。大面积结球后，不再喷施农药。常用的药剂有：25% Bt杀虫剂1 000倍液、1.8%阿维菌素1 000倍液、2.5%敌杀死2 000倍液。

病害主要有：软腐病、霜霉病，用58%甲霜灵·锰锌600倍液、农用链霉素4 000倍液防治。

预防为主，综合防治。以农业防治、物理防治为主，化学防治为辅。选用抗病品种、轮作倒茬。培育适龄壮苗，提高抗逆性，控制好温湿度。

耕作改制：与非瓜类作物轮作3年以上。

科学施肥：测土平衡施肥、增施充分腐熟的有机肥，少施化肥。

（六）采收

当叶球充分膨大硬实，即可采收。采收过程中所有工具要清洁，卫生，无污染。

（七）包装、运输、贮藏

包装：用于装甘蓝的纸箱整洁、干燥、牢固、美观、无污染、无异味、无虫蛀、无腐烂、无霉变现象，无受潮离层现象。按结球甘蓝的规格包装，每箱为5kg。每批结球甘蓝的包装规格、单位、毛重一致。包装上标明品名、规格、毛重、净重、产地、采摘及包装日期等，字迹清晰、完整、无误。

运输：装运时轻装、轻卸、严防机械损伤，运输工具清洁、卫生、无污染。

贮藏：严防暴晒、雨淋及有毒物质的污染。库内码放保证气流均匀畅通。

（八）其他

无公害农产品生产要求建立田间技术档案，做好整个生产过程的全面记载，妥善保存，以备查阅。尤其是对无公害农产品生产操作规程的修订和完善非常重要。

十七、无公害食品甘蓝生产技术规程

（一）范围

本规程规定了无公害甘蓝生产的产地环境条件与栽培技术措施、收获及后续管理措施。

本规程适用于保护地无公害食品甘蓝生产。

（二）基地环境条件

环境质量：经监测符合《无公害食品产地环境质量标准》要求。

土壤条件：耕层深厚、地势平坦、排灌方便，土壤结构适宜、理化性状良好、有机质含量高。

水质条件：没有工矿污染的地下水。

本条款没有说明的栽培措施，仍按常规栽培措施实施。

（三）无公害食品甘蓝栽培措施

品种选择：甘蓝栽培所用的品种，按其栽培目的和上市时间的不同而定。小拱棚早春地膜栽培选用早熟品种，如中甘11、8398、北京早熟。中熟品种如京丰1号。中晚熟品种用于夏秋栽培。

栽培季节：朝阳地区甘蓝于2月上旬播种育苗，4月上旬定植，6月上旬收获；夏甘蓝4月上旬育苗，8月上旬收获；秋甘蓝6月上旬播种9月上旬开始收获。

营养土配制：玉米田土、马粪土、草炭及速效肥料配制而成，以沙壤土为好，配制比例：田土60%～75%，马粪草炭土15%～25%，每立方米床土加入复合肥1～1.5kg充分拌匀待用。

种子处理：为提高种子出芽率可用50～55℃温水浸种15min，然后自然冷却浸种3h左右，捞出甩干置于22～24℃条件下催芽，注意保持湿度，一般36h出芽，待80%种子出芽即可播种。

播种方法：将育苗床整平，浇透底水，待水渗下后撒一薄层过筛土，然后播种。播种量每平方米4g左右，播种后均匀覆土8～10mm。为防止立枯病发生，可用30%多菌灵可湿性粉剂对土壤杀菌，每平方米7～10g拌于覆土中，20～50g/亩。温室育苗土壤温度较高可采取浇足底水后播干种。

苗期管理：出苗前白天温度20～25℃，夜间温度13～15℃。幼苗出土后开始适当放风，降温降湿蹲苗，白天12～15℃，夜间5～8℃，然后再逐渐提高温度，白天15～20℃，夜间8～10℃。当幼苗长到2叶1心时进行移苗，移苗后要浇透水，适当给较高温度。缓苗后，要及时通风，降温管理，防止徒长。当幼苗茎粗达0.5cm以上时，应尽量保持温度在15℃以上以免通过春化阶段，出现未熟抽薹现象。春甘蓝采用阳池育苗，苗期50～70d。定植时5～10cm地温要求在5～8℃。定植前5～7d对幼苗要进行低温锻炼，使之适应外界条件。

整地施肥：结合耕翻土地，早熟品种每亩施腐熟有机肥3 500kg，磷肥10kg，草木灰50kg；中晚熟品种亩施腐熟有机肥5 000kg，磷肥10kg，草木灰50～100kg。定植前10～15d，整地起垄，垄高15～20cm，或做畦，畦宽1m栽两行，株距33cm。覆盖地膜。早熟品种亩栽5 000～5 500株，中熟4 000～5 000株，晚熟2 000～3 000株。移栽前利用打眼器，浇掩水定植。

肥水管理：早春地膜覆盖栽培定植缓苗后，应适当控制浇水以提高地温。若有寒流天气，可提前灌水增强植株抗寒能力。莲座期进行1次追肥，亩施速效氮肥15～20kg，莲座末期可适当控制浇水，及时中耕除草。夏秋栽培甘蓝选用中晚熟品种或裸地栽植，要注重中耕除草，增加追肥次数控制灌水，雨后注意排水，防止田间积水造成烂根和叶球腐烂。

（四）病虫害防治

黑腐病：选用抗病品种，合理轮作，清理田园，防治虫害，减少伤口，科学灌溉。播种前用50℃温水浸种25min。发病前和发病初，用农用链霉素200mg/kg或新植霉素200mg/kg喷1次，7g/亩。

（五）收获、包装及贮运

收获：当叶球基本包实、外层球叶发亮时及时收获。对结球不整齐的地块分期收获。

包装：用于装甘蓝的纸箱整洁、干燥、牢固、美观、无污染、无异味、无虫蛀、无腐烂、无霉变现象，无受潮离层现象。按甘蓝的规格包装，每箱为10kg。每批甘蓝的包装规格、单位、毛重一致。包装上标明绿色食品申报产品品名、规格、毛重、净重、产地、采摘及包装日期等，字迹清晰、完整、无误。

运输：装运时轻装、轻卸、严防机械损伤，运输工具清洁、卫生、无污染。

贮藏：严防暴晒、雨淋及有毒物质的污染。库内码放保证气流均匀畅通。

（六）其他

无公害食品生产要求建立田间技术档案，做好整个生产过程的全面记载，妥善保存，以备查阅。尤其是对无公害食品生产操作规程的修订和完善非常重要。

十八、无公害花椰菜（菜花）生产操作规程

（一）适用范围

本标准适用于日光温室、塑料棚、改良阳畦、连栋温室等保护地设施及露地的菜花无公害生产。

（二）产地选择

选择生态条件良好、远离污染源、具有可持续生产能力的农业生产地块，且地势高、排灌方便、地下水位较低、土层深厚疏松的地块。

（三）栽培季节

冬春茬：育苗期11—12月，定植期12月至翌年2月，收获期3—5月；春夏茬：育苗期1—3月，定植期3—5月，收获期6—7月；夏秋茬：育苗期4—5月或6—8月，定植期6—7月或8—10月，收获期8—9月或10—11月；秋冬茬：育苗期9—10月，定植期11—12月，收获期12月至翌年2月。

（四）品种选择

冬春栽培选择耐低温弱光、抗病害的品种；夏秋栽培选择高抗病毒病、耐热品种。应选择花球紧密，花蕾小，色绿，品质好，花球大，抗旱的中早熟品种“绿岭”“绿球”“绿冠”等。

（五）育苗及播种

育苗床土要用50%多菌灵可湿性粉剂与50%福美双可湿性粉剂按1∶1比例混合，或25%甲霜灵可湿性粉剂与70%代森锰锌可湿性粉剂按9∶1比例混合，按每平方米用药8～10g与4～5kg过筛细土混合进行床土消毒，播种时2/3铺于床面，1/3覆盖在种子上。

播种时亩用种量20g，浇足底水，水渗后覆一层细土，将种子均匀撒播于床面，覆土0.6～0.8cm。

（六）苗期管理

播种至齐苗期，白天适宜温度在20～25℃，夜间适宜温度在15～16℃；齐苗至分苗期，白天适宜温度在18～23℃，夜间适宜温度在13～15℃；分苗至缓苗期，白天适宜温度在20～25℃，夜间适宜温度在14～16℃；缓苗至定植前10d，白天适宜温度在18～23℃，夜间适宜温度在12～15℃；定植前10d至定植，白天适宜温度在15～20℃，夜间适宜温度在8～10℃。当幼苗长到2叶期时，可分苗到分苗床上，床土不旱不浇水，浇水宜浇透，定植前7d浇透水，1～2d后囤苗，进行

低温锻炼苗。露地夏秋育苗，分苗后要用遮阳网防暴雨，有条件的还要扣22目防虫网防虫。同时既要防止床土过干，也要在雨后及时排除苗床积水。

（七）定植与田间管理

定植采用垄上单行定植，低温季节覆盖地膜。定植前露地和保护地栽培均采用垄作，有机肥与无机肥相结合，在中等肥力条件下，结合整地每亩施腐熟农家肥3 000～4 000kg，配合施用磷酸二铵20kg，硫酸钾14kg，尿素20kg。

定植后4～5d浇缓苗水，随后结合中耕培土1～2次。棚室要增温保温，适宜的温度白天20～22℃，夜间10～12℃，通过加盖草苫，内设小拱棚等措施保温。

（八）病虫害防治

1. 物理防治

（1）黄板诱杀蚜虫、白粉虱、烟粉虱。用60cm×40cm长方形纸板，涂上黄漆，再涂上一层机油，挂在田间，每亩30～40块，当黄板粘满蚜虫、白粉虱等害虫时一般7～10d重涂1次。

（2）挂银灰色地膜条驱避蚜虫。

（3）利用黑光灯诱杀害虫。

2. 药剂防治

（1）病害。

霜霉病：在棚室内每亩用72%的甲霜灵—锰锌可湿性粉剂喷雾1次，120g/亩。安全间隔期14d，连喷2～3次。

黑斑病：发病初期用50%多菌灵可湿性粉剂600倍液，7～10d喷1次，连喷2～3次。

黑腐病：72%农用硫酸链霉素可溶性粉剂4 000倍液，7～10d喷1次，连喷2～3次。

灰霉病：用50%速克灵可湿性粉剂2 000倍液隔7～10d喷1次，连喷2～3次。

（2）虫害。

菜青虫：a. 卵孵化盛期选用Bt乳剂200倍液喷雾。b. 幼虫2龄前选用1.8%阿维菌素3 000倍液喷雾。c. 用青虫菌或颗粒体病毒对水500倍液生物防治。

小菜蛾、蚜虫、甜菜夜蛾：用1.8%阿维菌素乳油3 000倍液喷雾，6～7d喷1次，连喷2～3次，晴天傍晚用药，阴天可全天用药。

（九）采收及后续管理

（1）根据品种特性，适时采收。当主花球已充分长大，花蕾尚未开散，花球紧实，色绿时采收，采收过早影响产量，采收过迟花球松散，花蕾容易变黄。采收应在早上6：00～7：00进行，严禁在中午或下午采收，采收工具应使用不锈钢刀具，采收时从花蕾顶部往下约16cm处切断，除去叶柄及小叶，装入塑料周转箱中，码放时应注意保护花球，装筐不可过满，以免挤压损伤花球，筐面要覆盖一层叶片，以防水分蒸发。采收过程中所用工具要清洁、卫生、无污染。

（2）包装、运输、贮藏。执行无公害蔬菜农产品质量标准的有关规定。

（十）其他

无公害食品生产要求建立田间技术档案，做好整个生产过程的全面记载，妥善保存，以备查阅。尤其是对无公害食品生产操作规程的修订和完善非常重要。

十九、无公害苦瓜生产操作规程

（一）范围

本标准规定了无公害食品苦瓜的产地环境要求和生产管理措施。

（二）产地环境

应选择地势高燥，排灌方便，土层深厚、疏松、肥沃的地块。

（三）生产技术管理

1. 栽培季节

春提早栽培，终霜前30d左右定植，初夏上市；秋延后栽培，夏末初秋定植，9月底10月初上市。

2. 品种选择

选择抗病、优质、高产、耐贮运、商品性好、适合市场需求的品种。

3. 育苗

育苗设施：根据季节不同，选用温室、塑料棚、温床等设施育苗；夏秋季育苗应配有防虫、遮阳、防雨设施。有条件的可采用穴盘育苗和工厂化育苗。

营养土：无病虫源菜园土50% ~70%、优质腐熟农家肥50% ~30%，三元复合肥（15 - 15 - 15）0.1%。按每平方米苗床用15 ~30kg药土作床面消毒。方法：用8 ~10g 50%多菌灵与50%福美双等量混合剂，与15 ~30kg营养土或细土混合均匀撒于床面。

种子用量：每亩栽培面积的用种量：育苗移栽350 ~450g，露地直播500 ~650g。

种子处理：采用温汤浸种，将种子投入55℃热水中，维持水温均匀稳定浸泡15min，然后保持30℃水温继续浸泡10 ~12h，用清水洗净黏液后即可催芽。

催芽：浸泡后的种子在30 ~35℃条件下保湿催芽，70%左右的种子露白时即可播种。

苗床准备：冬春季节采用日光温室、塑料棚或温床育苗。电热温床育苗，按100 ~120W/m^2功率标准铺设电加温线；将配制好的营养土均匀铺于播种床上，厚度10cm。按每平方米用福尔马林30 ~50ml，加水3L，喷洒床上，用塑料膜密闭苗床5d，揭膜15d那后再播种。

播种：将催芽后的种子均匀撒播于苗床（盘）中，或点播于营养钵中，播后用毒土盖种防治苗床病害。

4. 苗期管理

温度管理：苦瓜喜温、较耐热、不耐寒。冬春育苗要保暖增温，夏秋育苗要遮阳降温。视育苗季节和墒情适当浇水。

分苗：当幼苗子叶展平至初生叶显露时，移入直径10cm营养钵中；也可在育苗床上按10cm×10cm划沟、分苗。早春定植前7d适当降温通风，夏秋逐渐撤去遮阳网，适当控制水分。

健株标准：株高10 ~12cm，茎粗0.3cm左右，4 ~5片真叶，子叶完好，叶色浓绿，无病虫害。

5. 定植前准备

地块选择：应选择3年以上未种植过葫芦科作物的地块，有条件的地方采用水旱轮作。整地施基肥：根据土壤肥力和目标确定施肥总量。磷肥全部作为基肥，钾肥2/3做基肥，氮肥1/3做基肥。基肥以优质的农家肥为主，2/3撒施，1/3沟施，按照当地种植习惯做畦。

棚室消毒：棚室栽培定植前要进行消毒，每亩用敌敌畏乳油200g拌上锯末，与2 ~3kg硫黄粉混合，分10处点燃，密闭一昼夜，放风后无味时定植。

6. 定植

10cm最低土温稳定在15℃以上为定植适期，此时也是春夏露地直播苦瓜的播种适期。行距80cm，株距35 ~45cm，每亩保苗2 000 ~23 000株。

7. 田间管理

棚室温度：缓苗期，白天25 ~30℃，晚上不低于18℃；开花结果期白天25℃左右，夜间不低于15℃。

光照调节：苦瓜开花结果期需要较强光照，设施栽培宜采用防雾流滴性好的耐候功能膜，保持膜面清洁，日光温室后部张挂反光幕。

湿度管理：苦瓜生长期间空气相对湿度保持60%～80%。设施栽培可补充二氧化碳，浓度800～1 000mg/kg。

肥水管理：缓苗后选晴天上午浇一次缓苗水，然后蹲苗；根瓜坐住后结束蹲苗，浇一次透水，以后5～10d浇一次水，结瓜盛期加强浇水。生产上应通过地面覆盖、滴灌（暗灌）、通风排湿、温度调控等措施，尽可能使土壤湿度控制在适宜范围。苦瓜不耐涝，多雨季节应及时排除田内积水。

追肥：根据苦瓜长相和生育期长短，按照平衡施肥要求施肥，适时追施氮肥和钾肥。同时，应有针对性地喷施微量元素肥料，根据需要可喷施叶面肥防早衰。

插架或吊蔓：保护地宜吊蔓栽培，露地可采用人字架或搭平棚栽培；保护地栽培摘除侧蔓，以主蔓结瓜；露地栽培视密度大小整枝。及时摘除病叶和老化叶。

人工授粉：保护地苦瓜栽培需要进行人工授粉，下午摘取第二天开放的雄花，放于25℃左右的干爽环境中，第二天8～10时去掉花冠，将花粉轻轻涂抹于雌花柱头上，每朵雄花可用于三朵雌花的授粉。

8. 病虫害防治

主要病害包括：猝倒病、立枯病、枯萎病、白绢病、白粉病、灰霉病、病毒病、根结线虫病等。

主要害虫包括：美洲斑潜蝇、蚜虫、白粉虱、烟粉虱等。

防治原则：按照“预防为主，综合防治”的植保方针，坚持以“农业防治、物理防治、生物防治为主，化学防治为铺”的无害化治理原则。

（1）农业防治。选用抗病品种，针对当地主要病虫控制对象，选用高抗多抗的品种。严格进行种子消毒，减少种子带菌传病。培育适龄壮苗，提高抗逆性。创造适宜的生育环境，控制好温度和空气湿度、适宜的肥水、充足的光照和二氧化碳，通过放风和辅助加温，调节不同生育时期的适宜温度，避免低温和高温障害；深沟高畦，严防积水。清洁田园，将苦瓜田间残枝败叶和杂草清理干净，集中进行无害化处理，保持田间清洁。耕作改制，与非葫芦科作物实行三年以上轮作，有条件的地区实行水旱轮作。科学施肥，增施腐熟有机肥，平衡施肥。

（2）物理防治。大型设施的防风口用防虫网封闭，夏季覆盖塑料薄膜、防虫网和遮阳网，进行避雨、遮阳、防虫栽培，减轻病虫害的发生。保护地栽培运用黄板诱杀蚜虫、美洲斑潜蝇，每亩悬挂30～40块黄板（25cm×40cm）。露地栽培铺银灰地膜或悬挂银灰膜条驱避蚜虫，每2～4hm^{2}设置一盏频振式杀虫灯诱杀害虫。

（3）生物防治。积极保护利用天敌，防治病虫害。生物药剂，采用抗生素（农用链霉素、新植霉素）和植物源农药（印楝素、苦参碱等）防治病虫害。

（四）采收及后续管理

（1）及时摘除畸形瓜，及早采收根瓜，以后按商品瓜标准采收上市。采收过程中所用工具要清洁、卫生、无污染。

（2）分装、运输、贮藏。执行无公害蔬菜农产品质量标准的有关规定。

（五）其他

无公害食品生产要求建立田间技术档案，做好整个生产过程的全面记载，妥善保存，以备查阅。尤其是对无公害食品生产操作规程的修订和完善非常重要。

二十、无公害茼蒿生产操作规程

（一）范围

本规程规定了无公害茼蒿生产的产地环境条件与栽培技术措施、收获及后续管理措施。

本规程适用于无公害茼蒿生产。

（二）基地环境条件

环境质量：经监测符合无公害农产品产地环境质量标准要求。

土壤条件：耕层深厚、地势平坦、排灌方便、土壤结构适宜、理化性状良好、有机质含量高。

水质条件：没有工矿污染的地下水。

本条款没有说明的栽培措施，仍按常规栽培措施实施。

（三）无公害茼蒿栽培措施

1. 产地环境

产地选择生态条件良好、远离污染源、地势高燥、排灌方便、地下水位较低、土层深厚疏松的沙壤土。

2. 生产技术管理

（1）品种选择。选用抗病高产，抗逆性能强、适应性广、品质优、耐储运的品种，以栽培小叶茼蒿为主。小叶茼蒿，作为主要栽培品种，又叫花叶茼蒿、细叶茼蒿或光秆茼蒿。叶片为羽状深裂，叶形狭长，叶肉较薄，且质地较硬。嫩茎及叶均可食用，香味甚浓，但品质不及大叶茼蒿。抗寒性强，生长期短，产量低。

（2）栽培方式。

栽培茬口：在温室可以作为主栽蔬菜的前后茬。由于茼蒿植株小，生长期短，还可与其他蔬菜间混套种，插空栽培生产。

栽培季节与场所：一年四季均可播种。春、夏、秋在露地栽培，冬季采用保护地栽培。夏季栽培困难。秋播的生长期长，产量高。夏季因茼蒿不适合高温，要注意遮阳降温。

生长期：小叶茼蒿播种后 40 ~ 50d 即可采收。

（3）整地施肥。

土肥要求：土壤肥沃、pH 值 5.5 ~ 6.8 的土壤适宜茼蒿生长。因生长期短，茎叶为商品，故需适时追施速效氮肥。

施肥方法：每亩用优质农家肥 2 000 ~ 3 000kg、过磷酸钙 50 ~ 100kg、尿素 15kg。撒施地面深翻，肥料与土充分混匀，也可以在播种时不施肥，在出苗后再适时追施速效氮肥。

作畦方法：搂平地块后作畦，按畦宽 1.0 ~ 1.5m 做畦，畦内再搂平并轻踩一遍，以防浇水后下陷。

（4）播种方法。

用种量：采用直播，撒播用种量 4 ~ 5kg/亩；秋播用种量 3 ~ 4kg/亩，最低用种量 2kg/亩，最大播种量 10kg/亩。

种子质量：茼蒿种子质量指标应达到：纯度≥95.0%，净度≥98.0%，发芽率≥70%，水分≤10%，千粒重 1.8 ~ 2g，寿命 2 ~ 3 年，使用年限 1 ~ 2 年。

种子处理：催芽播种时，播前 3 ~ 5d 把种子用 30℃温水浸泡 24h。淘洗、沥水后晾一下，装入清洁的容器中，放在 15 ~ 20℃环境下催芽。每天用温水淘洗一遍。3 ~ 5d 出芽。

播种：不论干籽播种还是催芽播种，都可分为撒播和条播。条播时，在畦内按 15 ~ 20cm 的行距开沟，沟深 1cm，在沟内用壶浇水，水渗后撒籽覆土。撒播时，先隔畦在畦面取土 0.5 ~ 1.0cm

厚置于相邻畦内，把畦面搂平，浇透水。水渗后即可撒播种子，再用取出土均匀覆盖。

（5）田间管理。

水分管理：秋茼蒿播种后，出土前每天浇水，保持土壤湿润，播种后要保持地面湿润，以利出苗。春冬茼蒿要用薄膜覆盖。早春播种刚出土后要适当控水。以免猝倒病的发生。全生育期浇水2～3次。生长期间不能缺水，保持土壤湿润。

除草间苗：茼蒿播种后6～7d可出齐苗，待长出1～2片心叶时进行间苗。条播时须疏间过密的幼苗。

追肥：植株长到12cm时开始分期追肥，以速效性氮肥为主。苗高9～12cm追第一次肥，随水每亩追施尿素10kg，共追2次。

温度管理：播种后晴天白天20～25℃，夜间10℃。4～5d或6～7d（干籽）山苗后白天15～20℃，夜间8～10℃。要防高温。

温室大棚消毒：每亩棚室用硫黄粉2～3kg，加80%敌敌畏乳油0.25kg拌上锯末，分堆点燃，然后密闭棚室一昼夜，经放风，无味时再定植。

（6）主要病虫害防治。

铺设特种膜驱避蚜虫：用银灰地膜或条膜覆盖，或银灰色膜剪成10～15cm宽的膜条绑在设施骨架上。

设防虫纱网阻虫：温室、大棚通风口用30～40筛目尼龙纱网密封。阻止蚜虫、白粉虱、美洲斑潜蝇成虫迁入。

黄粘板诱杀：在茼蒿植株的上部吊挂黄板。高度在植株顶部20～50cm。每亩挂黄板（40cm×25cm）30块，当黄粘板沾满虫体时要及时更换，或除去虫体时再涂一层10号机油。

（7）病虫害药剂防治。

①病害。

猝倒病：58%甲霜灵+代森锰锌（杀毒矾）500倍喷雾，最多使用次数3次，安全间隔期3d以上。

立枯病：72.2%霜霉威（普力克）水剂800倍喷雾，最多使用次数3d，安全间隔期3d以上。

叶枯病：70%甲基硫菌灵（甲基托布律）可湿性粉剂800倍液，最多使用次数3d，安全间隔期10d以上。

病毒病：磷酸二氢钾300倍液，最多使用次数2d，安全间隔期3d以上。

霜霉病：72.2%霜霉威（普力克）水剂800倍液喷雾，最多使用次数3d，安全间隔期3d以上。

②虫害。

蚜虫、白粉虱：10%吡虫啉可湿性粉剂2 000～3 000倍喷雾，最多使用次数2d，安全间隔期7d以上。

（四）采收

一次性采收：在播后40～50d、苗高14～20cm，贴地面割收。

多次采收：保留1～2个侧枝割收，每次采收后浇水追肥一次，促进侧枝萌发生长，隔20～30d可再割收一次。两次采收产量为1 000～1 500kg/亩秋茼蒿出土后35d左右，苗高14～16cm时，可选单株分期分批采收。

春茬容易抽薹。应在抽薹前及时采收。采用高度密植，收获较迟。

采种在春播田中选留具本品种特性的优良健壮种株。4—5月开花，6月上旬果实成熟。也可在秋季避风向阳地块选择留种，以提高茼蒿的品质、耐寒力和晚抽薹性。

采收前1～2d必须进行农药残留检测，合格后及时采收，采收过程中所用工具要清洁、卫生、无污染。

（五）包装、运输、贮藏

包装：用于装茼蒿的包装整洁、干燥、牢固、美观、无污染、无异味、无虫蛀、无腐烂、无霉变现象，无受潮离层现象。按茼蒿的规格包装。每批茼蒿的包装规格、单位、毛重一致。标明产品品名、规格、毛重、净重、产地、采摘及包装日期等，字迹清晰、完整、无误。

运输：装运时轻装轻卸、严防机械损伤，运输工具清洁、卫生、无污染。

贮藏：严防暴晒、雨淋及有毒物质的污染。库内码放保证气流均匀畅通。

（六）其他

无公害茼蒿生产要求建立田间技术档案，做好整个生产过程的全面记载，妥善保存，以备查阅。尤其是对无公害茼蒿生产操作规程的修订和完善非常重要。

二十一、无公害油菜生产操作规程

（一）范围

本规程规定了无公害食品油菜生产的产地环境条件与栽培技术措施、收获及后续管理措施。

本规程适用于无公害食品油菜的安全生产。

（二）生产基地的环境条件

选择远离工矿企业（距离超过5km），无“三废”污染，地势平坦，土壤肥沃，地下水资源充足，光照资源丰富的地块。生物呈现多样性的基地。经监测符合无公害产地环境质量标准要求。

（三）环境质量要求

生产基地地势平坦，水肥条件好，收获后要及时清洁田园，销毁残枝枯叶，及时回收残留农膜。

（四）栽培技术措施

1. 品种选择

选用优质高产、抗病虫、抗逆性强、适应性广、商品性好的油菜品种。

2. 播种

夏秋季种植以撒播或条播为主，播量一般为0.3～0.5kg/亩，保苗3万～3.5万株/亩。适时播种，当耕层0～5cm土温稳定在5℃时即可播种，时间一般为4月中旬至5月上旬。

播种前准备亩施有机肥5 000kg，深翻20cm，整地做畦。在做好的畦面上开沟，深度一般为2cm左右，沟距一般为20cm，边开沟边将种子均匀地撒于沟中然后覆土耙平。

育苗：采用营养钵、纸筒等护根育苗。将营养钵或纸袋等填装育苗土后撒一层药水。壮苗指标一般掌握苗龄25～30d，油菜长出5～6片真叶时为定植适期，育苗后适期定植。冬春季种植一般采用育苗后适期定植的方式种植。

间苗：管理出苗后，应及时浇水，当幼苗长出4～5片真叶时，结合中耕除草，按12～15cm的距离及时间苗、定苗。

3. 定植

定植密度按10cm×20cm，栽至第一真叶柄基部，随栽随浇水。

定植后管理定植缓苗后，保持昼温20℃。植株开始长新叶时应及时浇水，并追肥尿素7.5～10kg/亩，在生长中期，晴暖天中耕1～2次。

4. 病虫害防治

栽培防治：选用抗（耐）病虫品种，优化栽培管理措施；加强中耕除草，清洁田园，减少病害的初侵染来源，降低虫源基数。

物理防治：田间悬挂黄板诱杀蚜虫、白粉虱、斑潜蝇等害虫；利用地膜、黑膜、防虫网等各种功能膜防病、抑虫、除草。

化学防治：防治蚜虫可选用25%吡虫啉可湿性粉剂10g/亩喷雾。

（五）收获及后续管理

采收：采收过程中所用工具要清洁、卫生、无污染。

包装：用于装油菜的纸箱整洁、干燥、牢固、美观、无污染、无异味、无虫蛀、无腐烂、无霉变现象，无受潮离层现象。按油菜的规格包装。每批油菜的包装规格、单位、毛重一致。包装上标明品名、规格、毛重、净重、产地、采摘及包装日期等，字迹清晰、完整、无误。

运输：装运时轻装、轻卸、严防机械损伤，运输工具清洁、卫生、无污染。

贮藏：严防暴晒、雨淋及有毒物质的污染。库内码放保证气流均匀畅通。

（六）其他

无公害农产品生产要求建立田间技术档案，做好整个生产过程的全面记载，妥善保存，以备查阅。尤其是对无公害农产品生产操作规程的修订和完善非常重要。

二十二、无公害芫荽生产技术规程

（一）范围

本规程规定了无公害食品芫荽生产的产地环境条件与栽培技术措施、收获及后续管理措施。

本规程适用于无公害食品芫荽的安全生产。

（二）生产基地的环境条件

选择远离工矿企业（距离超过5km），地势高燥、平坦，地下水资源充足，排灌方便，土层深厚，疏松、肥沃的地块，无“三废”污染。远离城市、公路等交通要道。光照资源丰富，生物呈现多样性的基地。经监测符合无公害产地环境质量标准要求。

（三）栽培技术措施

1. 播种时间

可在春、夏、秋露地，或早春地膜覆盖，小、中、大棚或冬季日光温室播种。春季露地不可播种过早，以防遇低温通过春化经长日照后抽薹。

2. 品种选择

夏季和保护地栽培宜选用矮株小叶品种，春、秋季宜选用高株大叶品种。种子质量符合国家标准要求。

3. 种子处理

（1）搓籽。芫荽种子为聚合果，其中有两粒种子，播种前需用布鞋底将种子搓开。

（2）浸种催芽。用48℃温水浸种，并搅拌水温降至25℃再浸种12～15h，将种子用湿布包好放在20～25℃条件下催芽，每天用清水冲洗1～2次，5～7d 80%种子露白尖即可播种。

4. 播种地准备

前茬为非伞形科蔬菜。

5. 整地施肥

在中等肥力条件下，结合整地每亩施优质腐熟猪厩肥3 000kg，磷肥（P_2O_5）4kg，钾肥（K_2O）3kg。

作畦：作成宽100～150cm、长800～1 000cm的畦，将土坷垃打碎，畦面搂平，踩实。

6. 播种

顺畦浇水，水渗后，上撒过筛细土，厚1cm。将催芽种子混2～3倍沙子（或过筛炉灰）均匀撒在畦上；秋季冬贮的为了长大棵，也可在畦内按行距5～8cm条播，畦上覆过筛细土1.5～2cm。早春覆盖地膜的可早播7～10d，有利提高地温、保墒、促苗、早出土、早上市。每公顷用种量：撒播的45～60kg（3～4kg/亩）。可在播种后出苗前用25%除草醚乳油每亩500g，对水30～50kg，均匀喷洒在畦面上。

7. 田间管理（夏播）

正值高温多雨季节，播种后于畦上覆盖旧薄膜（下面甩泥浆）防雨遮阴。连浇两水促出苗，出苗后撤掉覆盖物，结合除草间掉过密苗，并结合浇水于苗高5cm左右时，每亩追施氮肥（N）3kg（折尿素6.5kg）。约45d苗高15cm左右即可陆续采收上市。

（四）收获及后续管理

适时采收。采收的所用器具要清洁卫生无污染。

分装、运输、贮藏

包装：用于装芫荽的纸箱整洁、干燥、牢固、美观、无污染、无异味、无虫蛀、无腐烂、无霉变现象，无受潮离层现象。按芫荽的规格包装，每箱为5kg。每批芫荽的包装规格、单位、毛重一致。包装上标明品名、规格、毛重、净重、产地、采摘及包装日期等，字迹清晰、完整、无误。

运输：装运时轻装、轻卸、严防机械损伤，运输工具清洁、卫生、无污染。

贮藏：严防暴晒、雨淋及有毒物质的污染。库内码放保证气流均匀畅通。

（五）其他

无公害芫荽生产要求建立田间技术档案，做好整个生产过程的全面记载，妥善保存，以备查阅。尤其是对无公害芫荽生产操作规程的修订和完善非常重要。

二十三、无公害辣椒生产技术规程

（一）范围

本标准规定了无公害辣椒生产的产地环境条件与栽培技术措施、收获及后续管理措施。

本标准适用于无公害辣椒生产。

（二）生产基地环境条件

选择无“三废”污染。远离工矿企业（距离超过5km）、城市、公路等交通要道。地势高燥、平坦，地下水资源充足，排灌方便，土层深厚，疏松、肥沃的地块，光照资源丰富。生物呈现多样性的生产基地。

经监测符合无公害产地环境质量标准要求。

（三）无公害辣椒栽培措施

1. 培育无病虫壮苗

品种选择：选用抗性强、适应性广、商品性好、产量高的辣椒品种，主要品种吉椒八号辣椒、赤峰牛角椒等，拒绝使用转基因品种。

种子处理：温汤浸种，将种子浸在55℃温水中不断搅拌10～15min，等温度降至室温时，再浸入30℃温水中浸泡4～5h，用清水搓洗4～5遍，捞出甩干装入纱布袋中。在常温下催芽48h，当有种子60%出芽后播种。

育苗：在温室中育苗。营养土用没种过蔬菜作物的大田土，用2/3腐熟的农家肥对1/3的骡马粪混匀后，按1∶1对土，过筛后，混匀铺于苗床内搂平，浇足底水，灌水程度以苗床浸透为宜。播种后，床面铺上地膜，再在苗床上扣小拱棚，温度控制在白天26～30℃，夜间13℃以上。当有60%出苗时，揭去地膜，出苗后尽量控制水分和温度，防止徒长。苗龄35d左右，秧苗两叶一心时进行分苗，倒入10×10cm营养钵内。白天控制温度24～28℃，夜间18～13℃。在定植前10d，控制温度炼苗。白天温度17～22℃，夜间15～10℃，苗龄90d左右。

2. 定植前准备

结合整地施肥：定植前15d左右，扣棚进行深翻疏松土壤。结合整地亩施腐熟农家肥5 000kg，磷酸二铵15kg，硫酸钾10kg。起垄作畦，大垄双行栽培，垄间距1.2m，垄面覆膜，提高地温。

定植：当棚内土层深度10cm处，地温稳定在12℃以上时进行定植。大垄双行，大行距65cm，小行距55cm，株距35cm。单株定植，亩保苗3 500株左右。

3. 定植后管理

灌水：提倡上午膜下暗灌或用软管微灌。

整枝：田间管理及时整枝打叉、吊蔓，及时摘除老叶和病叶。

温度管理：当温度超过33℃时加强通风，使棚内温度保持在22～33℃。

4. 病虫害防治

（1）农业防治。及时拔除重病株，摘除病叶、病果，带出田外烧毁或深埋。与叶菜类或豆科植物轮作，禁止与茄科重茬。

（2）化学防治。

疫病：用58%的甲霜灵·锰锌可湿性粉剂喷雾防治1次，80g/亩。安全间隔期1d。

炭疽病：用70%代森锰锌可湿性粉剂喷雾防治1次，160g/亩。安全间隔期7d。

病毒病：用20%吗呱·乙酸铜可湿性粉剂于6月20日喷雾防治1次，200g/亩。安全间隔期7d。

（3）黄板诱杀。白粉虱、斑潜蝇用30cm×20cm长方形纸板，涂上黄色油漆，再涂一层机油，挂在高出植株顶部的行间，每亩20～30块，当黄板粘满白粉虱、斑潜蝇时，刮除虫残体重涂一层机油。一般7～10d一次。

（四）采收及后续管理

适时采收，采收过程中所用工具要清洁、卫生、无污染。

包装：用于装辣椒的纸箱整洁、干燥、牢固、美观、无污染、无异味、无虫蛀、无腐烂、无霉变现象，无受潮离层现象。按辣椒的规格包装。每批辣椒的包装规格、单位、毛重一致。包装上标明品名、规格、毛重、净重、产地、采摘及包装日期等，字迹清晰、完整、无误。

运输：装运时轻装、轻卸、严防机械损伤，运输工具清洁、卫生、无污染。

贮藏：严防暴晒、雨淋及有毒物质的污染。库内码放保证气流均匀畅通。

（五）其他

无公害辣椒生产要求建立田间技术档案，做好整个生产过程的全面记载，妥善保存，以备查阅。尤其是对无公害辣椒生产操作规程的修订和完善非常重要。

二十四、无公害洋葱生产技术规程

（一）范围

本标准规定了无公害洋葱（圆葱）生产的产地环境条件与栽培技术措施、收获及后续管理措施。本标准适用于无公害洋葱生产。

（二）产地环境条件

选择远离工矿企业（距离超过5km），地势高燥、平坦，地下水资源充足，排灌方便，土层深厚，疏松、肥沃的地块，2～3年未种过葱蒜类蔬菜。无“三废”污染。远离城市、公路等交通要道。光照资源丰富。生物呈现多样性。经监测符合无公害产地环境质量标准要求。

（三）栽培技术措施

1. 选用优良品种

选用抗病、优质、高产、耐贮、适应性强、商品性好的品种。

2. 适时播种，培育壮苗

播期选择：9月5—10日为播种适期。播种过早，翌春秧苗抽薹率高，降低产量和品质；播种过晚，秧苗小，越冬成活率低，影响产量。

做畦播种：育苗畦每亩施用腐熟有机肥3 000kg、氮磷钾复合肥30kg作基肥，深翻耙平后做成宽1～1.2m、长10～20m的平畦，并留出覆土。播种时，畦内灌足底水，水渗后将种子均匀撒播，为保证播种均匀，可将1份种子与10份细沙掺匀后撒播，播后覆盖1cm厚的细土，再均匀撒一层0.2～0.5cm厚的细沙，防止畦面板结，降低出苗率。一般栽1亩大田洋葱，需育苗畦60～80m^2，用种量150g。

苗期管理：播后7～8d即可出齐苗，出苗后浇一次小水，15～20d后再浇一次，以促进幼苗生长，以后保持土壤湿润。同时，根据秧苗的生长状况调节肥水管理。如苗偏小，可每亩施硫酸铵10kg；苗偏大，控制肥水。

壮苗标准：幼苗定植时有3～4片叶，株高12～15cm，假茎直径0.5～0.7cm。

3. 整地施肥

洋葱每生产1 000kg鳞茎，需吸收氮2.0～2.4kg、磷0.7～0.9kg、钾3.7～4.1kg。施肥应根据土壤肥力状况、作物需肥规律和肥料效应，实行测土平衡施肥。一般每亩施腐熟有机肥4 000～5 000kg，并掺施硫酸钾复合肥20kg，普撒后整平耙细，做成宽1.2m，长15～20m的平畦，然后覆盖黑色地膜，或覆盖白地膜再覆一层0.2～0.5cm厚的细土，既可避免使用除草剂，提高产量质量，又可起到保温保湿、防除杂草的作用。

4. 适时定植

3月25日至4月10日为定植期。

5. 合理密植

定植时将秧苗按大小分级，分批定植，先用竹竿或木棍在地膜上面打孔，然后将苗子植入孔内，用细土将根部周围封严。栽植深度以埋住茎盘、不埋心叶、深1～1.5cm为宜。定植密度为株距13～15cm，行距15cm。

6. 定植后的管理

返青期及鳞茎膨大前管理。翌春4月上旬，幼苗开始返青，应视土壤墒情浇1遍返青水，结合浇水每亩追施尿素10kg、氮磷钾复合肥20kg，促进幼苗生长。5月上旬鳞茎膨大前，随浇水每亩追施氮磷钾复合肥10kg、硫酸钾15kg，促进叶片生长。

鳞茎膨大期管理。视墒情及时浇水，保持土壤见干见湿。收获前5～7d停止浇水。

7. 病虫害防治

洋葱的主要病害有软腐病、霜霉病、紫斑病；主要虫害有地蛆、葱蓟马，防治技术如下：

（1）软腐病。

农业措施：培育壮苗，适时移栽；施足基肥；增施磷、钾肥，提高植株抗逆力；选晴天收获，防止鳞茎带湿带土。

化学防治：可选用77%可杀得可湿性粉剂500～600倍液、5%的菌毒清乳剂300倍液、50%琥胶肥酸铜可湿性粉剂500倍液、72%农用链霉素可溶性粉剂4 000倍液、新植霉素4 000～5 000倍液等，在发病初期喷施，并注重喷施植株基部，每5～7d喷1次，连喷2次。

（2）霜霉病。

选用抗病品种；从无病田或无病株上采种；播种前用50℃的温水浸种25min或用种子重量

0.3%的25%瑞毒霉拌种；选择地势高燥或排水方便的地块种植，与非葱蒜类作物实行2～3年轮作。

化学防治：发病初期用60%甲霜铜可湿性粉剂600倍液或72%霜霉威水剂800倍液或60%烯酰吗啉可湿性粉剂2 000倍液，或72%霜脲·锰锌可湿性粉剂或60%琥·乙膦铝可湿性粉剂600倍液灌根或喷雾，10d喷（灌）一次，交叉使用2～3次。

（3）紫斑病。

农业措施：与非葱蒜类作物实行2～3年轮作；必要时用40%的甲醛300倍液浸种3h，防止田间积水；施足基肥，增施磷、钾肥。

化学防治：发病初期喷施50%多菌灵可湿性粉剂600倍液64%杀毒矾可湿性粉剂600倍液等，每7～10d喷1次，连喷2次。

（4）地蛆。

农业措施：施用腐熟的有机肥；发生地蛆的地块，可隔日大水漫灌2次。

化学防治：定植前用50%辛硫磷乳油1 000～1 500倍液或90%晶体敌百虫1 000～1 500倍液浸泡秧苗根部2min，或于发病初期喷施，每7～10d喷1次，连喷2～3次。

（5）葱蓟马。

农业措施：清洁田园，勤除杂草，减少虫源。

化学防治：在若虫发生高峰期喷洒5%锐劲特悬浮剂3 000倍液或10%的吡虫啉可湿性粉剂，2 500倍液，每7～10d喷1次，连喷2～3次。

（四）收获及后续管理

采收：采收过程中所用工具要清洁、卫生、无污染。

包装：用于装洋葱的纸箱整洁、干燥、牢固、美观、无污染、无异味、无虫蛀、无腐烂、无霉变现象，无受潮离层现象。按洋葱的规格包装，每袋为25kg。每批洋葱的包装规格、单位、毛重一致。包装上标明品名、规格、毛重、净重、产地、采摘及包装日期等，字迹清晰、完整、无误。

运输：装运时轻装、轻卸、严防机械损伤，运输工具清洁、卫生、无污染。

贮藏：严防暴晒、雨淋及有毒物质的污染。库内码放保证气流均匀畅通。

（五）其他

无公害洋葱生产要求建立田间技术档案，做好整个生产过程的全面记载，妥善保存，以备查阅。尤其是对无公害洋葱生产操作规程的修订和完善非常重要。

二十五、无公害冬瓜生产技术规程

（一）瓜地选择

冬瓜根群发达，对土壤要求不太严格。要冬瓜达到高产，宜选择向阳、排水良好、土层深厚、富含有机质的沙壤土为好。

（二）栽培技术措施

1. 种子品种选择

选用优质高产、抗病虫性强、适应性广、抗逆性强的冬瓜品种。

2. 种子处理

冬瓜种子种皮较厚，不易吸水，播种前应进行浸种催芽和种子消毒。用瓜克宁300倍液浸种20min，预防苗期枯萎病、猝倒病等。经消毒的种子用清水洗净后再浸泡5～6h，捞起进行催芽，催芽温度以30℃为宜。

3. 培育无病虫壮苗

育苗土配制：每 $2m^2$ 床土需磷酸二铵，硫酸钾各 100g，腐熟鸡粪 1kg，土肥混合后过筛。

苗床准备：苗床选背风向阳处，苗床宽 1.5m，长度不限，浇水塌实，每亩需苗床 $2m^2$，床深 15cm，填补 2cm 沙土，将备好的育苗土填入坑内。

4. 播种

时间 5 月上旬，亩用种 50g，播前浇足水，水渗后，撒过筛细土，按 10cm 间方划格，每格播放 2 粒种子，上盖 2cm 厚过筛细土。

5. 播后管理

防虫害用辛硫磷拌麸皮撒在苗床上。

育苗期间一般不浇水，若过于干旱，可浇一小水，使苗壮而不旺长。

6. 定植

整地施肥：每亩施用有机肥 5 000kg，过磷酸钙 50kg，硫酸钾 10kg，将粗细肥放沟内，覆盖做畦。

当苗长出 2～3 叶真叶、苗龄 20～30d 时即可移苗定植。畦宽 2m，深 0.5m。春植株距要合理，约 0.8m，每亩定植约 400 株。

7. 肥水管理

缓苗后沟灌一水，然后控水蹲苗，当第一瓜核桃大时浇小水，每亩追尿素 15kg，提倡沟灌和滴灌小水勤浇，禁止大水漫灌，忌阴天或傍晚浇水。促进伸蔓，增加植株营养积累。第一朵雌花开放后控肥控水，防止徒长，有利于保花坐果。当果实长至 3～4kg 时加强肥水管理。亩施三元素复合肥 5～10kg，硫酸钾 8～10kg。冬瓜生长需水量大，应及时灌水，雨期注意排除积水。

8. 搭架与整蔓

定植后待苗高 50～60cm 时即搭架引蔓。架高 60～70cm。坐果前摘除所有侧蔓，至果重 3～4kg 时留 2～3 条侧蔓。

9. 选留幼瓜

冬瓜的大小与结瓜节位有关。留瓜时在瓜蔓生长粗大的节间段选留，一般在 20～25 的节间上选留 3 个上下部大小一致、全身披满茸毛且有光泽的幼瓜。坐瓜后待其直径达 10～12cm 时摘除预备瓜，一蔓留一瓜。

10. 田间管理

及时整枝打杈，中耕除草，摘除枯、黄、病、老叶，加强通风。

11. 病虫防治

蚜虫：用 10% 吡虫啉可湿性粉剂每亩用量 10g，喷雾一次。

蔓枯病：75% 百菌清可湿性粉剂每亩用量 100g，喷雾。

（三）收获

采收前 30d 禁止使用农药、化肥。

采收：采收过程中所用工具要清洁、卫生、无污染。

（四）包装、运输、贮藏

包装：用于装冬瓜的包装整洁、干燥、牢固、美观、无污染、无异味、无霉变现象。按冬瓜的规格包装。包装上标明品名、规格、毛重、净重、产地、采摘及包装日期等，字迹清晰、完整、无误。

运输：装运时轻装、轻卸、严防机械损伤，不得与有毒、有害物质混装混运。运输工具清洁、卫生、无污染。

贮藏：冬瓜如需临时贮存，须在阴凉、通风、干净的遮阴棚下，严防暴晒、雨淋及有毒物质的污染。库内码放保证气流均匀畅通。

（五）其他

无公害冬瓜生产要求建立田间技术档案，做好整个生产过程的全面记载，妥善保存，以备查阅。尤其是对无公害冬瓜生产操作规程的修订和完善非常重要。

二十六、无公害大蒜生产操作规程

（一）产地环境

选择排灌方便，地势平坦，富含有机质，疏松肥沃的非碱性沙质壤土生产栽培。

（二）生产技术管理

1. 栽培季节及品种选择

大蒜栽培在朝阳地区采用春播夏收的栽培方式。以收获蒜头为主，品种抽薹性较弱，蒜头大而圆整，蒜瓣数不多且瓣形正，抗逆性强，耐贮存，品质好。如长凝紫皮大蒜、苍山白皮大蒜、鲁农大蒜等。

2. 播前准备

整地施基肥：种植大蒜的地块封冻前灌足冻水，春季土壤化冻后整地施基肥。中等肥力土壤每亩施腐熟有机肥 5 000kg，过磷酸钙 25kg，15－15－15 氮、磷、钾复混肥 50kg。深耕细耙，做到肥土充分混匀，畦宽 180～200cm，长度因地而宜。

蒜种选择和处理：播种前要选择纯度 98% 以上，色泽洁白、顶芽肥大、无病无伤、每瓣蒜重量在 3.3g 以上的蒜瓣；淘汰烂根、断芽、腐烂的蒜瓣，水分不高于 65%。按大、中、小分级，分畦播种，分别管理。同时，在播种前剥皮去踵，借以促进大蒜发芽长根。但在碱地栽培的大蒜，为防止返碱对蒜种的腐蚀，以不剥皮为佳。

3. 播种

播种期：春播大蒜以土壤化冻为标志，进行顶凌播种，一般在 3 月中旬播种。

播种量：每亩播种 100～125kg。

播种方法：每亩播种密度为 3 万～4 万株。株行距 9cm×25cm. 按行距要求开浅沟 2～3cm，按株距蒜瓣背向南排蒜种，随后覆土，再轻抚搂平畦面。

4. 田间管理

萌芽期：出苗前，若土壤湿润最好不浇水，以免土壤板结影响出土。假若土壤失墒不能及时出土，可浇小水，然后耧松畦面以利发根出苗。

幼苗期：出苗后应适当控制浇水，以松土保墒为主，防止提前退母或徒长，促进根系向土壤深层发展。

蒜薹伸长期：大蒜退母后进入蒜薹伸长期，在退母结束前 5～7d 浇水追肥 1 次，每隔一周浇水一次。采薹前 3～4d 停止灌水，以免脆嫩断薹。

鳞芽膨大盛期：采薹后，叶片和叶鞘中的营养逐渐向鳞芽中输送，鳞芽进入膨大盛期，为加速鳞茎膨大，应在采薹后再追速效性氮肥，每亩施硫酸铵 10～15kg，保持土壤湿润。蒜头收获前 5～7d 停止灌水，防止土壤湿度过大引起蒜皮腐烂、蒜头松散、不耐贮存。

5. 病虫害防治

农业防治：合理轮作倒茬，选择抗病品种，播前清理前茬作物残体，带出田外进行无害化处理，加强肥水管理。

物理防治：糖酒液诱杀：按糖、醋、酒、水和 90% 敌百虫晶体 3：3：1：10：0.6 比例配成溶液，每亩放置1～3盆，随时添加，保持不干，诱杀种蝇类害虫。

生物防治：利用生物源农药如农用链霉素、新植霉素防治病虫害。

化学防治：a. 大蒜紫斑病、叶枯病可用64%杀毒矾可湿性粉剂100g/亩喷雾防治，安全间隔期3d。b. 锈病用25%三唑酮可湿性粉剂25g/亩喷雾防治，安全间隔期3d。

（三）收获及后续管理

蒜薹收获：总苞变白（白苞）是蒜薹收获适期，早收降低蒜薹产量，晚收纤维增多，质地粗硬。采薹宜在中午进行，此时膨压降低韧性增强，不易折断，方法以提薹为佳，以免损伤植株降低蒜头产量。

蒜头收获：蒜薹收获后20d左右，叶片枯萎，假茎松软，为蒜头收获适期。

采收：采收过程中所用工具要清洁、卫生、无污染。

包装：用于装大蒜的纸箱整洁、干燥、牢固、美观、无污染、无异味、无虫蛀、无腐烂、无霉变现象，无受潮离层现象。按大蒜的规格包装，每袋为10kg。每批大蒜的包装规格、单位、毛重一致。包装上标明品名、规格、毛重、净重、产地、采摘及包装日期等，字迹清晰、完整、无误。

运输：装运时轻装、轻卸、严防机械损伤，运输工具清洁、卫生、无污染。

贮藏：严防暴晒、雨淋及有毒物质的污染。库内码放保证气流均匀畅通。

（四）其他

无公害大蒜生产要求建立田间技术档案，做好整个生产过程的全面记载，妥善保存，以备查阅。尤其是对无公害大蒜生产操作规程的修订和完善非常重要。

二十七、无公害茄子生产技术规程

（一）范围

本规程规定了无公害茄子生产的产地环境条件与栽培技术措施、收获及后续管理措施。

本规程适合无公害茄子生产。

（二）生产基地环境条件

选择远离工矿企业（距离超过5km）、城市、公路等交通要道。地势平坦、排灌方便、土壤耕层深厚、土壤结构适宜、理化性状良好、有机质含量高，地下水资源充足，土层深厚，疏松、肥沃的地块，无“三废”污染；光照资源丰富；生物呈现多样性。经监测符合无公害产地环境质量标准要求。

（三）栽培技术措施

本条款没有说明的栽培措施，仍按常规栽培措施实施。

1. 培育无病虫壮苗

（1）品种选择。选用抗病虫、抗性强、适应性广、商品性好、产量高的茄子品种。拒绝使用转基因品种。

（2）种子处理。将种子放入55℃的热水中浸泡15～20min，并不断搅拌至30℃，再浸泡3～4h，反复搓洗把种皮黏液洗净为止，捞出后晾干再催芽（防治病毒病，菌核病）。

（3）催芽。将处理好的种子用湿布包好，在25～30℃处催芽。每天用清水冲洗一次，3～4d露芽，再放到10～15℃条件下，经过10～12h后再播种。

（4）播种。

苗床营养土配制：用没种过茄科作物的园田土60%与腐熟的有机肥40%（鸡粪、羊粪与骡马粪3∶1混合肥）混合均匀，施于床面，厚度7～10cm为宜。

播种：用15～30kg细土2/3铺于床面，刮平后撒种，1/3覆盖种子上，然后加盖小拱棚。白天苗床温度控制在26～32℃，夜间温度控制在13℃以上，出苗后温度白天控制在24～28℃，夜间15℃左右。

（5）嫁接。

品种选择：用托鲁巴姆或CRP野生茄种做砧木，接穗选择布利塔。

浸种催芽：砧木用30℃温水浸泡48h，捞出沥干后放入1份白酒与2份水的溶液中，再浸泡2h，捞出后用清水洗净后用湿布包好进行催芽。

移栽：当砧木与接穗各长到两叶一心时，均应移栽到营养钵中，营养土的配制（同上），移栽后浇透水并适当遮阴4～5d，以后逐渐增加光照，以利快速缓苗。

嫁接：当砧木长到5～7片真叶，接穗长到4～6片真叶时即可嫁接。嫁接方法采用劈接，具体做法：砧木从根部留2～3片叶，横向（刀具垂直砧木）切断，再从切口中间部位纵深向切深1cm左右的口子（接缝）将接穗从顶部留2～3片叶处切断，削成两面平展0.7～1cm长的锐角，然后插入砧木的接缝中，切面对齐，如接穗和砧木直径不同，嫁接时可一侧对齐，用嫁接卡夹牢即可，嫁接后应密闭遮阴保温，使空气相对湿度保持在90%以上，温度28～32℃，7d后可逐渐适应外部环境，一般嫁接成活率在95%以上。

2. 定植

嫁接后15d左右即可定植。9月下旬定植前整地，施肥。亩施优质腐熟粪肥5 000kg，硫酸钾30kg。然后深翻疏松土壤、整平、耙细、起垄、做台。采用大垄双行栽培比较合理，大垄距1.2～1.3m，台上行距50cm，株距40～45cm。越冬茬温室生产，一年一茬。双行交错定植，密度为每亩2 400～2 600株。下茬与非茄果类作物轮作或晾茬。

3. 定植后的管理

嫁接茄子不宜蹲苗，以促为主。定植时浇透底水，定植后5～7d浇一次透水。进入开花结果期后，白天保持27～28℃，夜间保持13～15℃，相对湿度保持在80%以上，视土壤墒情浇水。12月1日随水追生态有机无机肥30kg/亩。进入采摘期，要及时补充营养，同时注意加强田间管理，整枝、打杈及病虫害防治。

4. 病虫害防治

（1）设施保护。在放风口用防虫网封闭，夏季上遮阴网。

（2）黄板诱杀。黄板诱杀白粉虱、斑潜蝇用30cm×20cm长方形纸板，涂上黄色油漆，再涂一层机油，挂在高出植株顶部的行间，每亩30～40块，当黄板粘满白粉虱、斑潜蝇时，刮除虫残体重涂一层机油。一般7～10d一次。

（3）化学防治。

灰霉病：12月1日用40%隆利可湿性粉剂喷雾防治1次，65g/亩。安全间隔期10d。

褐纹病：用58%甲霜灵锰锌可湿性粉剂喷雾防治1次，150g/亩。安全间隔期1d。

白粉虱：11月15日，用10%吡虫啉可湿性粉剂喷雾防治1次，10g/亩。安全间隔期7d。

（四）收获及后续管理

采收：采收过程中所用工具要清洁、卫生、无污染。

包装：用于装茄子的纸箱整洁、干燥、牢固、美观、无污染、无异味、无虫蛀、无腐烂、无霉变现象，无受潮离层现象。按茄子的规格包装，每箱为5kg。每批茄子的包装规格、单位、毛重一致。包装上标明品名、规格、毛重、净重、产地、采摘及包装日期等，字迹清晰、完整、无误。

运输：装运时轻装、轻卸、严防机械损伤，运输工具清洁、卫生、无污染。

贮藏：严防暴晒、雨淋及有毒物质的污染。库内码放保证气流均匀畅通。

（五）其他

无公害茄子生产要求建立田间技术档案，做好整个生产过程的全面记载，妥善保存，以备查阅。尤其是对无公害茄子生产操作规程的修订和完善非常重要。

二十八、无公害茄子生产技术操作规程

（一）范围

本规程规定了无公害茄子生产的产地环境条件与栽培技术措施、收获及后续管理措施。

本规程适合无公害茄子生产。

（二）生产基地环境条件

选择远离工矿企业（距离超过5km）、城市、公路等交通要道。地势平坦、排灌方便、土壤耕层深厚、土壤结构适宜、理化性状良好、有机质含量高，地下水资源充足，土层深厚，疏松、肥沃的地块，无“三废”污染；光照资源丰富；生物呈现多样性。经监测符合无公害产地环境质量标准要求。

（三）栽培技术措施

1. 品种选择

选用耐寒性、抗病性较强的品种。

2. 育苗

于6月中下旬播种砧木。

（1）浸种催芽。为防止茄子枯萎病、黄萎病的种子带菌，提高发芽的整齐度，浸种前，先进行晒种1～2d。用1%甲醛溶液浸泡10～15min或用有效成分0.1%多菌灵溶液浸泡30min，捞出后反复冲洗。也可用50～55℃热水进行温烫浸种，浸种时注意不断搅动，使水温均匀。当水温降至30℃时，洗去种子上的黏液。将浸好的种子捞出后放在湿纱布中，放置在28～30℃的条件下进行催芽。在催芽期间每天用清水将种子淘洗一次，一般5～7d即可出芽。当有50%的胚根外露时，即可播种。

（2）营养土的配制与播种。一般用肥沃的园田土6份，腐熟的粪肥4份，配合而成，土和肥都要过筛、调匀。此外，在营养土中，每立方米加入腐熟的骡马粪15～25kg，过磷酸钙0.5～1kg，草木灰5～8kg，或加入适量复合肥500g。

播前苗床要灌足底水，浇水可在播前一天进行。每平方米用种3～4g，播后随即覆土1～1.2cm，畦上覆盖地膜。播后白天温度25～28℃，夜间16～20℃，一般5～6d可出齐苗。

（3）苗期管理。齐苗后可降低苗床温度，白天25℃以上开始通风，夜间可降至15℃，可防幼苗徒长，当砧木长至5～7片叶，茄子幼苗长至3～5片叶时进行嫁接。

3. 定植和定植后的管理

（1）定植。一般亩施腐熟的有机肥10 000kg，有机肥400kg。结合深翻（25～28cm）施入土壤。耙平，然后起垄，垄高15cm，垄面宽70～80cm，沟宽30～40cm。每垄栽两行，株距33cm，亩定植2 500～3 000株为宜。一般要求定植前10～15d扣棚提温。

（2）管理。

①缓苗期的管理。重点加强温度管理，以提高棚温。在定植后10～15d，可使棚温保持在30～35℃，以提高棚内地温，促进茄苗发根，畦间要中耕保墒增温。夜间棚内温度一般保持15～20℃，不能低于12℃。

②结果前期的管理。定植后13～15d门茄即可开花，开花授粉至门茄“瞪眼”期8～10d。从门茄开花至商品茄采收期约需24d左右，此称为结果前期。这段的主攻目标是促进植株稳发壮长，

提高坐果率，防止落花落果。在栽培措施上，一是加强棚温调控，使棚温白天保持在26～30℃，若超过32℃，可进行适量通风。夜间要加强保温，加盖草苫。二是整枝，通常采用两种方法：a. 单干整枝。即门茄发生后，将主枝留下，侧枝留1～2片叶摘心，“对茄”发生后，仍留主枝，对侧枝进行摘心，四门斗茄发生后，也是如此处理，其余侧枝一律抹掉。b. 双干整枝。双干整枝是门茄发生后留两枝，其余侧枝抹掉，对茄发生后，只留主枝，侧枝摘心或抹掉，四门斗茄也只留主枝。

③保花保果。常用药剂有2，4-D，使用浓度是20～30mg/kg。气温高时用20mg/kg，气温低时用30mg/kg，药液中最好加入30mg/kg的赤霉素（九二〇），防落花和促进果实生长效果会更好。番茄灵和水溶性防落素可用于喷花，浓度在20～50mg/kg均有效，但以50mg/kg效果最好。另外，喷、蘸花应避开高温时间。

4. 肥水管理

（1）前期宜适当控制肥水。到门茄长到直径3～4cm大小，即“瞪眼”时，果实即进入迅速膨大期，这时就要开始追肥浇水。一般每亩追用复合肥15～20kg。

（2）结果前期在全棚门茄采收两遍后，可再浇水，同时冲入硝酸铵，每亩20～25kg，或用磷二铵，每亩20～25kg，浇水后结合浅中耕，以利保墒。

（3）盛果期要加强水肥管理。一般每2～3d浇一次，2次水中间冲一次肥，一般亩用磷二铵30～40kg，或硝酸铵30～40kg。

（4）二氧化碳施肥。一般在结果期施用浓度在1 000～1 500mg/kg，可提高产量。

5. 病虫害防治

（1）主要病害有黄萎病、菌核病、猝倒病、绵疫病、青枯病等。

茄子黄萎病防治：除做好种子消毒、轮作换茬外，发现病株立即连根拔出，并带出棚外烧掉。药剂防治主要使用药剂70%敌可松原粉500倍液灌根，每株0. 5L。

茄子菌核病：幼苗和成株均匀发病。防治方法：除搞好茄子健壮栽培外，用50%速可灵粉剂1 500～2 000倍液，或用40%菌核净可湿性粉剂1 000～1 500倍液轮换交替使用，连喷2～3次。

茄子猝倒病：主要发病在幼苗。防治方法：除苗床消毒、选用抗病品种外，药剂防治在幼苗期可用75%百菌清可湿性粉剂600倍液，或用64%杀毒矾可湿性粉剂500倍液，隔7～10d防治一次，共防1～2次。

茄子绵疫病：主要为害果实和叶。防治方法：发病初期，可用75%百菌清可湿性粉剂600倍液，或用64%杀毒矾可湿性粉剂500倍液，每7～10d防一次，连防2～3次。

（2）虫害。

虫害有蚜虫、红蜘蛛、茶黄螨、白粉虱。

红蜘蛛和茶黄螨：可选用73%克螨特乳油2 000倍液进行喷雾防治，每隔7～10d防一次，连防2～3次。

白粉虱和蚜虫：可用20%灭蚜烟剂，每亩200～250g熏烟。也可选用功夫、20%灭扫力等菊酯类农药喷雾防治，对白粉虱还可用黄板诱杀效果较好。

（四）其他

无公害农产品生产要求建立田间技术档案，做好整个生产过程的全面记载，妥善保存，以备查阅。尤其是对无公害农产品生产操作规程的修订和完善非常重要。

二十九、无公害大枣生产技术规程

（一）范围

本规程规定了无公害大枣生产的产地环境条件与栽培技术措施、收获及后续管理措施。

本规程适合无公害大枣生产。

（二）生产基地环境条件

无“三废”污染；选择远离工矿企业（距离超过5km）、城市、公路等交通要道。地势平坦、排灌方便、土壤耕层深厚、土壤结构适宜、理化性状良好、有机质含量高，地下水资源充足，光照资源丰富；生物呈现多样性的生产基地。

经监测符合无公害产地环境质量标准要求。

（三）栽培技术措施

1. 园地选择

选择土层深厚，土壤肥沃，排水良好的沙壤土或壤土建园，枣园周围没有污染源。

2. 品种选择

金铃枣、平顶枣。

3. 栽植

（1）栽植时间。5月初至5月中旬。

（2）栽植方法。挖长宽深各0.6～0.8m的定植穴，土层浅或砂石多的山区丘陵地应进行客土改良。每穴施腐熟农家肥50kg左右，与坑土拌匀后回填并灌水、土壤沉实后栽植。苗木栽植前用促根剂处理，栽植时应使苗木根系舒展。栽植深度以苗木根颈与地面相平为宜。栽后踏实并浇水，水下渗后干土封缝并进行地膜覆盖。

4. 栽培管理

（1）土壤管理。每年雨季到来前及冬前各进行枣园土壤深翻1次深度为15～20cm，耕翻后耙平。树盘内或行内进行作物秸秆等覆盖，厚度15～20cm。对质地不良的土壤进行改良。过于黏重的土壤应掺沙土。山区枣园逐年扩穴改土。

（2）中耕除草。生长季树盘应及时中耕除草，松土保墒。

（3）施肥。以腐熟的农家肥为主，施肥方法为环状沟施或放射状沟施，施肥量为每亩3 000～5 000kg。

（4）追肥。追肥时期为萌芽前、盛花初期、果实迅速膨大期。生长前期以氮肥为主，生长中后期以磷、钾肥为主。适宜的施肥量为尿素20kg/亩，磷酸二铵20kg/亩，硫酸钾40kg/亩。施肥方法为多点穴施，施肥后浇水。

（5）灌水。在发芽前、开花前、果实膨大期和果实成熟期各浇水一次。采用畦灌、沟灌。

5. 整形修剪

（1）修剪时期。休眠期修剪在落叶后至发芽前进行，生长期修剪在生长期进行。

（2）主要树形及结构。

疏散分层形：疏散分层形有明显的中心主干，全树有6～8个主枝分2～3层排布在中心主干上。第一层主枝3个，第二层主枝2～3个，第三层主枝1～2个；主枝与中心主干的基部夹角约为60°左右；每主枝一般着生2～3个侧枝，侧枝在主枝上按一定的方向和次序分布，第一侧枝与中心主干的距离应为40～60cm，同一枝上相邻的两个侧枝之间的距离为30～50cm；第一与第二层之间的层间距为80～100cm，第二与第三层之间的层间距为60～80cm；第一层的层内距为40～60cm，第二及第三层的层内距为30～50cm。

自由纺锤形：在直立的中心主干上，均匀地排布7～10个主枝。干高一般为80～100cm；相邻两主枝之间的距离为30cm左右；主枝的基角为80°～90°，主枝上不着生侧枝，直接着生结果枝组；主枝在中心主干上要求在上下和方位角两个方面分布均匀。

（3）整形技术要点。

①主干疏层形。定干：枣粮间作树的定干高度为1.3～1.5m，普通枣园的定干高度为1.0m左

右。剪口下整形带20～40cm的区域内芽体饱满，二次枝生长键壮。主枝培养：在定干部位剪除其上部的中心主干，将剪口下第一个二次枝从基部疏除，在整形带范围内选3～4个方向好、生长键壮的二次枝，在其基部留1～2个枣股短截，促使剪口下枣股顶端主芽的萌发，并将之培养成为第一层主枝。整形带以下的二次枝全部从基部疏除。

②自由纺锤形。定干：在中心主干1m处短剪，疏除主干剪口下第一个二次枝。主枝培养：在整形带内选3～4个方向适宜的二次枝剪留1～2节作主枝培养。第二年在主干延长枝上距最近的主枝40～50cm处短截，同时疏除剪口下3～5个二次枝，选位置适合的2～3个枣头作主枝培养，延长枝剪口芽萌发的枣头继续作为主干延长枝。第三、第四年同法培养其余主枝，所有主枝的角度为80°～90°。在主枝上萌发的枣头，通过摘心培养成结果枝组，不留作侧枝。注意调节各主枝之间枝势的平衡，保持中心干的优势，主枝粗度超过主干粗度的1/2时，及时更新该主枝。

6. 病虫害防治

白粉虱、霉心病：喷0.3～0.5波美度石硫合剂，使用时间为5月上旬。

桃小食心虫：用50%的辛硫磷乳油1 000～1 500倍液进行喷雾。

枣尺蠖、天幕毛虫：用20%的速灭杀丁乳油2 000～3 000倍液进行喷雾。

（四）采收及后续管理

采收：根据果实成熟度、用途和市场综合确定采收适期。成熟度不一致的品种应分期分级采收，采收过程使用工具清洁、卫生、无污染。

包装、运输、贮存：执行无公害农产品标准的有关规定。

（五）其他

无公害大枣生产要求建立田间技术档案，做好整个生产过程的全面记载，妥善保存，以备查阅。尤其是对无公害大枣生产操作规程的修订和完善非常重要。

三十、无公害草莓生产技术操作规程

（一）范围

本规程规定了无公害草莓生产的产地环境条件与栽培技术措施、收获及后续管理措施。

本规程适合无公害草莓生产。

（二）生产基地环境条件

无“三废”污染；远离工矿企业（距离超过5km）、公路等交通要道。选择郊区，交通便利、地势平坦、排灌方便、土壤耕层深厚、土壤结构适宜、理化性状良好、有机质含量高，地下水资源充足，光照资源丰富；生物呈现多样性的生产基地。

经监测符合无公害产地环境质量标准要求。

（三）栽培技术措施

本条款没有说明的草莓栽培措施，仍按常规草莓栽培措施实施。

（1）栽培方式。高效立体保护地促成栽培。

（2）品种选择。选择抗病性强，品质优，耐运输的日本幸香、研森99作为主栽品种。

（3）育苗。4月20日，从辽宁省果蔬科学研究所引进的脱毒苗作为母株进行繁植。

（4）整地。精细整地，亩施3 000kg充分腐熟的农家肥和30kg的磷酸二铵进行深翻30cm左右，做成1m宽的平畦，注意排涝，株距50cm，亩保苗800～1 000株。

（5）栽植。栽苗前先剪去老根的1/3，并且用生根粉进行蘸根，有利于成活，每隔3d浇水一次，待缓苗后即时中耕保墒。

（6）繁苗期管理。经过1个月的充分缓苗，进入生长旺盛期。此期的任务是及时摘除老叶、病叶和花序，每隔1个月亩施尿素10kg左右，并及时压蔓繁苗，控制病虫草害，旱能浇，涝能排。

（7）假植。到了7月下旬后，繁苗株数已经基本确定，选留健壮的植株栽培到32孔穴盘中，每天浇水一次，并覆盖遮阳网，经过10d缓苗期，遮阳网完全撤掉，每隔7～10d喷施磷酸二氢钾一次，有利于花芽分化和形成。

（8）定植。到了8月下旬以后，天气渐凉，非常适合草莓生长条件，将事先拌好的基质以草炭土、蛭石、珍珠岩7∶1.5∶1.5的比例拌好，并且每立方米掺入10kg有机肥，进行装槽，株行距0.25m×0.17m定植，栽培槽中。

（9）植株管理。摘叶和除匍匐茎：在整个发育过程中，应及时摘除匍匐茎和黄叶、枯叶、病叶。

（10）升温。幸香草莓在5℃，150～200h结束休眠，开始升温。花前期白天30～35℃，夜温15℃，开花后温度保证在25～28℃。

（11）放养蜜蜂。花前一周在棚内防入1～2箱蜜蜂，蜜蜂数量以一株草莓一只蜜蜂为宜。

掰芽：在顶花序抽出后，选留1～2个方位好而壮的腋芽保留，其余掰除。

掰花茎：结果后的花序要及时去掉。

疏花疏果：花序上高级次的无效花、无效果要及早疏除，每个花序保留7～12个果实。

塑料拱棚早熟栽培在土壤封冻时在草莓植株上面盖地膜，上覆盖10cm厚的稻草。

（12）水肥管理。定植后及时灌水，上冻前灌封冻水，保温后植株开始发新叶时灌一次水。开花前，控制灌水，开花后通过小水勤浇，保持土壤湿润。

（13）病虫害防治。主要病害包括白粉病、灰霉病、病毒病、芽枯病、根腐病和芽线虫。主要虫害包括螨类、蚜虫、白粉虱。

①防治原则。应以农业防治、物理防治、生物防治为主，化学防治为辅。

②物理防治。

蓟马：整个生长期挂篮板诱杀蓟马成虫。

③化学防治。

白粉病：用15%三唑酮可湿性粉剂50g喷雾，安全间隔期3d。

（四）采收及后续管理

1. 采收

采收过程中所用工具要清洁、卫生、无污染。在果面2/3转红、肉质变软时及时分批采收。

2. 包装、运输、贮藏

（1）包装。用于装草莓的纸箱要求整洁、干燥、牢固、美观、无污染、无异味、无虫蛀、无腐烂、无霉变现象，无受潮离层现象。按草莓的规格包装。每批草莓的包装规格、单位、毛重一致。包装上应标明品名、规格、毛重、净重、产地、生产者、采摘及包装日期等，字迹清晰、完整、无误。包装容器上有醒目的绿色食品标志，产品的包装、贮运必须符合《绿色食品包装贮运标准》。

（2）运输。装运时做到轻装、轻卸、严防机械损伤，运输工具清洁、卫生、无污染。运输时防冻、防雨淋、注意通风散热，运输的适宜温度为8～15℃，相对湿度70%～80%。

（3）贮藏。严防暴晒、雨淋、冻害及有毒物质的污染。最佳贮藏温度为5℃，空气相对湿度为80%～90%，库内码放应保证气流均匀畅通。

（五）其他

无公害农产品生产要求建立田间技术档案，做好整个生产过程的全面记载，妥善保存，以备查阅。尤其是对无公害农产品生产操作规程的修订和完善非常重要。

三十一、无公害苹果生产操作规程

（一）范围

本规程规定了无公害苹果生产的产地环境条件与栽培技术措施、收获及后续管理措施。

本规程适合无公害苹果生产。

（二）产地选择

远离污染源，土壤结构合理，没有有害物质。地势平坦或小于15°的缓坡地。土层深厚、疏松，通透性好，土壤肥沃，排灌条件好的地块。

（三）栽培技术措施

1. 品种选择

选择适合本地区生长条件、口感好、市场价格高的品种。如：寒富、金冠、国光、红将军等。

2. 整形修剪

冬剪：冬季修剪时剪除病虫枝，清除病僵果。加强苹果生长季修剪，拉枝开角，及时疏除树冠内直立旺枝、密生枝和剪锯口的萌蘖枝等，以增加树冠内的通风透光度。

夏剪：6月后进行夏剪，主要是拉枝、扭梢、环剥、清除内膛徒长枝。

3. 土肥水管理

（1）土壤管理。

深翻改土：果园土壤活土层要求达到80cm左右，对不同土壤质地的果园要进行分类管理，瘠薄山地、丘陵地要扩穴深翻，沙地果园要取沙换土，黏土果园要客土压沙，时间要在晚秋落叶至早春发芽前结合施有机肥和秸秆还田进行，具体方法为全园深翻和扩穴深翻两种。

覆草和埋草：果园覆草应在春季施肥，灌水后进行，利用麦秸、麦糠、玉米秸等覆盖于树冠下，覆草厚度为15～20cm，上面压少量土，麦收后再加压一次，并补充草量，连覆3～4年后浅翻1次，浅翻结合秋施基肥进行，面积不超过树盘的1/4。也可结合深翻开大沟埋草，提高土壤肥力和蓄水能力。

中耕：中耕是生长季节降雨或灌水后，及时进行中耕松土，保持土壤疏松无杂草，或用除草剂消灭杂草。中耕深度5～10cm，以利调湿保墒。

（2）施肥。

基肥：秋季果实采收后施入，以农家肥为主。在9—10月苹果采收前后及时施足基肥，以利于断根愈合，提早恢复生长。亩施4 000～5 000kg有机肥，果树专用肥25kg，草木灰200kg。施肥方法为放射状沟施肥法（在树冠下距树干80～100cm开始向外挖至树冠外缘）或在树冠外围挖环状沟，沟深50～60cm，施基肥后灌足水。

土壤追肥：每年3次。第一次在萌芽前后，以氮肥为主，尿素15kg/亩。第二次在花芽分化及果实膨大期，以磷钾肥为主，氮磷钾混合使用，果树专用肥25kg/亩。第三次在果实生长后期，以钾肥为主，磷酸二氢钾2kg/亩。最后一次追肥在距果实采收期30d以前进行。

叶面喷肥：全年4次，一般生长前期2次，每次尿素0.3kg/亩。后期2次，每次磷酸二氢钾0.2kg/亩。常用肥料浓度为尿素0.3%～0.5%，磷酸二氢钾0.2%～0.3%。最后一次叶面喷肥应在距果实采收期20d以前进行。

（3）水管理。全年3次水，11月土壤接近封冻期，灌水一次。5月末至6月上旬，幼果期灌水一次。8月下旬，果实膨大期灌水一次。

（4）花果管理。疏花每个花序留一个中心花，3～5个短枝留一个花。疏果，5个短枝留一个果，果与果之间20cm左右。6月初进行套袋，到6月中旬套完。

（5）套袋技术：第一步袋口蘸水；第二步用手撑开；第三步套在果实上；第四步把袋口封住。9月20日到月末陆续摘完。

4. 病虫害防治

农业防治：采取剪除病虫枝、清除枯枝落叶、刮除树干翘裂皮和树干病斑，集中烧毁或深埋，加强土肥水管理、合理修剪、适量留果、果实套袋等措施防治病虫害。

物理防治：根据害虫生物学特性，采取糖醋液、树干缠草绳诱杀害虫。

生物防治：人工释放赤眼蜂。

（1）主要病害。

腐烂病：45%固体石硫合剂全园喷一次。

斑点落叶病：用80%代森锰锌700倍液防治3次。

（2）主要虫害。

桃小食心虫：用4.5%氯氰菊酯1 200倍液防治2次。

金纹细蛾：用25%灭幼脲3号悬浮剂1 600倍液防治1次。

（四）采收及后续管理

果实采收：根据果实成熟度、用途和市场需求综合确定采收适期。成熟期不一致的品种，应分期采收。采收时，轻拿轻放。

包装：用于装苹果的纸箱整洁、干燥、牢固、美观、无污染、无异味、无虫蛀、无腐烂、无霉变现象，无受潮离层现象。按苹果的规格分级后包装。每批苹果的包装规格、单位、毛重一致。包装上标明品名、规格毛重、净重、产地、采摘及包装日期等，字迹清晰、完整、无误。包装容器上粘贴无公害标识。

运输：装运时轻装、轻卸、严防机械损伤，运输工具清洁、卫生、无污染。

贮藏：严防暴晒、雨淋、冻害及有毒物质的污染。按规格分别贮藏。贮藏温度2～8℃，空气相对湿度60%～70%，库内码放保证气流均匀畅通。

（五）其他

无公害农产品生产要求建立田间技术档案，做好整个生产过程的全面记载，妥善保存，以备查阅。尤其是对无公害农产品生产操作规程的修订和完善非常重要。

三十二、日光温室无公害葡萄生产技术规程

（一）范围

本规程规定了无公害葡萄生产的产地环境条件与栽培技术措施、收获及后续管理措施。

本规程适合无公害葡萄生产。

（二）生产基地环境条件

无“三废”污染；远离工矿企业（距离超过5km）、公路等交通要道。选择郊区，交通便利、地势平坦、排灌方便、土壤耕层深厚、土壤结构适宜、理化性状良好、有机质含量高，地下水资源充足，光照资源丰富；生物呈现多样性的生产基地。

经监测符合无公害产地环境质量标准要求。

（三）栽培技术措施

本条款没有说明的葡萄栽培措施，仍按常规葡萄栽培措施实施。

（1）品种选择。无核白鸡心、马奶、夏黑、茉莉香、巨峰。

（2）密度。株距50cm，大行距200cm，小行距20cm。亩栽苗1 200株左右。

（3）栽培方式。大垄双行，高台栽植，V形引绑，单条更新。

（4）架型。架距200cm（一台一架），架高130cm，方向与温室走向垂直。

（5）揭帘升温，解除休眠。12月初揭开保温被，利用光照，增加温室温度，解除芽体休眠。

（6）植株管理。

①支拱：在枝蔓上，用竹竿支一小拱，扣上塑料膜，保温保湿，易于萌发。

②绑蔓：当新梢长到10～20cm时，引绑在架面上。

③抹芽、选梢：将副芽和多余的新梢全部抹除。

④定穗：按照计划产量进行留穗。留穗的原则去弱留壮，去上留下，每株留3～4穗。

⑤引绑新梢：将30cm以上的新梢引绑在架面上，使新梢有序生长。

⑥修穗：去副穗，掐穗顶，按照技术要求留穗型及留果量。

⑦去卷须，去副梢：新梢在生长过程中，会不断地长出卷须和副梢，为了减少消耗营养，及时去掉卷须和果穗以下的副梢，集中营养，以利果实生长。

（7）土肥水管理。

①追催芽肥、浇催芽水。当芽萌动时，施磷酸二铵每亩10kg，施肥后浇透水。

②追膨果肥、浇膨果水。当果粒达到黄豆粒大小时，追膨果肥，每亩施尿素7.5kg，施肥后浇透水，每10d浇一次透水，浇2～3次，视墒情而定。

（8）病虫害防治

温室内重点防治霜霉病。

霜霉病：在葡萄发病初或发病前每亩用波尔多液半量式240倍35kg防治2次。

（四）采收及后续管理

采摘：果实充分成熟，达到要求进行采摘。采摘时用左手拇指掐住穗梗，右手握剪，在穗梗基部靠近新梢处剪下，轻轻放入果篮中。

包装：用于装葡萄的纸箱整洁、干燥、牢固、美观、无污染、无异味、无虫蛀、无腐烂、无霉变现象，无受潮离层现象。按一定的规格包装，每批葡萄的包装规格、单位、毛重一致。包装上标明品名、规格、毛重、净重、产地、采摘及包装日期等，字迹清晰、完整、无误。

运输：装运时轻装、轻卸、严防机械损伤，运输工具清洁、卫生、无污染。

贮藏：严防暴晒、雨淋及有毒物质的污染。库内码放保证气流均匀畅通。

采摘后植株管理：

①枝蔓更新修剪：将主蔓在基部留2～3芽短截，清除剪掉的枝蔓。

②追肥、灌水：修剪后，每亩施尿素7.5kg。施肥后灌水，以利催生新芽萌发、生长。

③选芽：在截留的主蔓上选一壮芽，作为将来的结果母枝。

④新梢引绑：当新梢长到30cm以上时，及时引绑到架面上。

⑤摘心：当新梢长到100cm左右高时，进行摘心。

⑥去卷须：及时去除卷须，减少营养消耗。

⑦副梢处理：对所有的副梢留两片叶摘心，副梢的副梢各留1片叶摘心。

⑧施基肥：9月中旬，施基肥以优质农家肥为主，每亩施腐熟优质农家肥5 000kg，每亩施磷酸二铵10kg，施肥后灌水。

⑨休眠：10中旬盖被降温，强制休眠。

（五）其他

无公害农产品生产要求建立田间技术档案，做好整个生产过程的全面记载，妥善保存，以备查阅。尤其是对无公害农产品生产操作规程的修订和完善非常重要。

三十三、山杏树种植操作规程

（一）生产基地环境条件

环境质量：经监测符合绿色食品基地质量标准。

土壤条件：土壤理化性状良好，有机质含量高，土质疏松、腐殖层较厚。

水源条件：示范基地周围没有工矿企业，地上水地下水都可进行果树灌溉。

（二）土壤管理

每年秋季果实采收后，10 月下旬，结合树盘土地深翻，深度为 20～30cm，并且每亩地铺施腐熟农家肥 200kg，使腐熟的农家肥与土壤充分混匀，提高和增加土壤肥力。

（三）杏树各生长期管理

1. 幼树管理

山杏幼树是从苗期定植开始到结果初期，早实杏树为 4～5 年，此期正是树体发育和奠定结实基础的重要阶段，主要管理技术如下。

培养树形：杏树定形采用多主枝空心形，方法是在树主干的上部选留不同方位的 4 个主枝，作为永久性主枝，枝的距离为 30cm，其余新梢全部抹掉，待主枝长到 70cm 时，剪除顶端 10cm，促发二次枝，以增加枝量，扩大树冠，这样结实杏树 4 年可形成强壮的树冠骨架。

修剪：整树修剪都在阳历 4 月上旬进行，方法是疏除多余的非目的性枝条，从枝条的基部剪除，不留枝桩，以利于剪口的愈合。

摘心：主要对主枝促发的二次枝条，摘除顶芽，一般在 6—7 月进行，目的是抑制二次枝，发育枝的旺盛生长。

抹芽：在杏树发芽的初期，抹掉一些无用的枝芽，一般在 4 月中旬进行，抹芽可减少树体营养的消耗。

2. 已结果树的管理

为保持杏树在结果期高产稳产，需要加强管理，使树体骨架更加牢固和完善，扩大结实部位，保持增加结实能力，具体管理技术如下。

（1）土壤翻耕。

深翻：每年或隔年沿着大量须根分布区的边缘向外拓宽 40～50cm，深度为 40cm 左右，然后将土层放在底层，底层土放在上面，并分层将绿肥埋入沟内，可在深秋初冬季进行（10 月下旬）。

浅翻：在土壤条件较好的地方，每年春、秋进行 1～2 次浅翻，深度为 20cm（3 月下旬）。

（2）保持水土。在山地或丘陵地要经常修整梯田，培好田埂，防止水土流失。

3. 修剪

果实采摘后树体衰弱，结果枝与生长枝浓密，为让树体长出健壮的结果枝和枝组，对结过果的枝一般要回缩，对内膛过密的枝要间隔疏除，树与树之间交叉枝，重叠枝都要回缩，徒长枝必须根除。树体超过内膛高度 2/3 的部分要回缩，在空间的部分适当短截，尽量让结果部位靠近大枝基部，这样既显得整树上下之间有层次，又改善了树体内的通风透光条件。

4. 衰老期

结果枝组多年结果后会逐渐衰弱，为了保持枝组的长势，防止基部秃裸，要及时复壮，具体方法是 9 月上旬对树体衰老程度较重的枯枝据掉总长的 2/3，以刺激锯口以下潜伏芽长出新枝条，培养新树冠，锯口处要用 10% 的生石灰溶液涂抹，防止干缩对剪口的枝条生长的影响，同时要加强肥水管理。

（四）农业防治

果树合理剪枝，不仅延长果树的经济寿命，提高产量，还可以减少病虫害的发生。

（1）清除园内树上枯枝僵果和地面落果集中烧毁或深埋，减少菌源。

（2）合理施肥，提高树体抵抗力，10 月下旬每亩施腐熟有机肥 200kg。注意排灌水，及时疏果和复剪，复剪最佳时间次年 3 月上旬。保持果树的果叶比例为 1∶30，增进树膛内的通透性，改善光能利用条件，为果树的高产、稳产打下基础。

（五）储存、运输

运输工具干净、整洁、包装材料符合《绿色食品包装、储运标准》。

三十四、无公害玉米生产操作规程

（一）范围

本规程规定了无公害玉米生产的产地环境条件与栽培技术措施、收获及后续管理措施。

本规程适合无公害玉米生产。

（二）生产基地环境条件

无“三废”污染；选择远离工矿企业（距离超过 200m 以外）、城市、公路等交通要道。地势平坦、排灌方便、土壤耕层深厚、土壤结构适宜、理化性状良好、有机质含量高，地下水资源充足，光照资源丰富；生物呈现多样性的生产基地。

经监测符合无公害产地环境质量标准要求。

（三）栽培技术措施

本条款没有说明的栽培措施，仍按常规栽培措施实施。

1. 播种及苗期管理

（1）地块选择。选择地势平坦、排灌方便、离交通主干道 200m 以外适宜玉米生产的地块。

（2）整地。根据不同的地块和土壤结构采取不同的整地方法。一是对秋翻春起垄的地块。早春顶凌进行镇压保墒，起垄作业，起垄后及时进行镇压保墒，使垄面形成覆盖层，减少土壤水分蒸发；二是在有犁底层和土壤结构紧密的地块进行深耕，加厚活土层；三是在土壤紧密度较适宜的地块少耕或免耕，增加土壤保墒能力。

春整地要尽可能早，搅动土壤次数要少，深度要浅。对于 30cm 土层有底墒的要及时旋耕，能起垄的起垄，起垄后要及时镇压，防止跑墒。春整地要做到顶凌耙地，翻、耙、起垄、镇压连续作业。无翻耕条件地块，要采用重耙灭茬，耙、耢保墒。

（3）施肥。结合整地亩施腐熟有机肥 3 000kg，磷酸二铵 10kg，使耕层土壤和有机肥充分混合。

（4）种子选择及处理。选用适宜当地环境的品质优、产量高、抗逆性好、抗病性强，并通过国家或省级审定，生育期适中的优质玉米杂交种。播前晒种子，确保播种后吸水快，发芽早，出苗整齐，出苗率高，幼苗粗壮。

（5）播种。当 5～10cm 土层地温稳定 8～10℃时即可播种，大约在 4 月中旬，一般播种深度 5cm 左右，墒情好的稍浅些，墒情差的稍深一些，株距要匀，覆土要严。点播每穴 2～3 粒种子，精量播种每穴 1～2 粒。60cm 行距种植或大垄双行种植（大行距 80cm，小行 40cm）。

（6）查田补苗，及时补种或育苗移栽补苗。

（7）适时间苗、定苗。在 3～4 叶期进行间苗。定苗在 5～6 叶展开时完成，拔除小株、弱株、混杂株，留下健壮植株。定苗时不要求等株距留苗，个别缺苗地方可在定苗时就近留双株进行补偿，保证留下的玉米植株均匀一致。亩保苗 3 500～4 000株。

（8）中耕除草。在定苗前进行浅锄2～3cm，定苗后进行浅趟，切忌压苗。在6～7叶时中耕除草和培土。一般定苗后进行2～3次中耕除草。

（9）及时除去分蘖。

2. 田间管理

中耕：除草、培土、去除杂株。

追肥：玉米11～12叶期亩追施15kg尿素。

其他管理措施：去除分蘖和病株。有灌溉条件的地块在孕穗期至抽雄期视天气情况进行灌水，防止“卡脖旱”。同时做好防洪排涝。

3. 及时收获

（1）籽粒表皮有光泽、质地变硬，即可收获。有条件地区实行机械收获，秸秆还田或制作青、黄贮。

（2）及时脱粒晾晒。

4. 田间清理

清洁田园，将秸秆集中处理，经高温发酵用作堆肥，减少病虫害初侵染来源；进行秋翻地。

（四）收购、包装、运输

按合同统一收购。

包装：采用符合无公害食品标准的包装物包装。包装材料结实，整洁、干燥、牢固、美观、无污染、无异味现象。按玉米的规格包装。每批玉米的包装规格、单位、毛重一致。包装上标明品名、规格、毛重、净重、产地、收购日期、包装日期等，字迹清晰、完整、无误。

运输：装运时轻装、轻卸、严防损伤包装，运输工具清洁、卫生、无污染。

贮藏：严防暴晒、雨淋及有毒物质的污染。库内码放保证气流均匀畅通。

（五）其他

无公害玉米生产要求建立田间技术档案，做好整个生产过程的全面记载，妥善保存，以备查阅。尤其是对无公害玉米生产操作规程的修订和完善非常重要。

三十五、无公害荞麦种植操作规程

本标准规定了无公害荞麦生产的产地环境条件、肥料、农药使用原则和要求，生产技术管理以及收获等。

（一）基地选择

选择生态条件好、大气清新、无污染、灌排方便、土壤肥沃、不含残毒和有害物质的地块。

（二）栽培技术措施

1. 品种选择

选用当地常规品种。

2. 栽培技术

选地：选种采用风选、水选、筛选、粒选等。荞麦忌连作。在轮作中最好选择好茬口，比较好的茬口是豆类、马铃薯，这些都是养地作物；其次是玉米、小麦、燕麦茬口，这些都是用地作物，也是荞麦的主要茬口。荞麦喜湿润，但忌过湿与积水，在多雨季节及地势低洼易积水之地，应做畦开沟排水。

播种：前作收获后，应及时浅耕灭茬，然后深耕。如果时间允许，深耕最好在地中的杂草出土后进行。荞麦播种期一般放在5月上旬至6月上旬，避免不利因素对荞麦提高单产造成的危害。根据土壤肥力、品种、种子发芽率、播种方式和群体密度确定荞麦播种量。在一般情况下播种量为

6kg/亩，播种方式为撒播。

田间管理：播种后要采取积极的保苗措施。播种时遇干旱要及时镇压，踏实土壤，减少空隙，使土壤耕作层上实下虚，以利于地下水上升和种子的发芽出苗。播后遇雨或土壤含水量高时，会造成地表板结，可用耙破除板结，疏松地表，以利出苗。破除地表板结要注意，在雨后地表稍干时浅耙，以不损伤幼苗为度。中耕除草次数和时间根据地区、土壤、苗情及杂草多少而定。第一次中耕除草在幼苗高 6 ~7cm 时结合间苗疏苗进行。第二次中耕在荞麦封垄前，结合追肥培土进行，中耕深度 3 ~5cm。荞麦多种植在旱坡地，缺乏灌溉条件，荞麦生长依赖于自然降水。

3. 平衡配方施肥

肥料使用必须满足荞麦对营养元素的需要，以有机肥为主，化肥为辅，使足够数量的有机物质返回土壤。有机或无机肥料，尤其是富含氮的肥料应对环境和作物（营养、味道、品质和植物抗性）不产生不良后果方可使用。

基肥：基肥一般以有机肥为主，也可配合施用无机肥。一般应占总施肥量的 50% ~60% 。

种肥：荞麦种肥以每亩施 15kg 磷肥为荞麦高产的主要技术指标。过磷酸钙、钙镁磷肥或磷酸二铵作种肥，一般可与荞麦种子搅拌混合使用，硝酸铵和尿素作种肥注意不能与种子直接接触，否则易“烧苗”，故用这些化肥做种肥时，要远离种子。

追肥：追肥还应视地力和苗情而定：地力差，基肥和种肥不足的，出苗后 20 ~25d，封垄前必须补进追肥；苗情长势健壮的可不追或少追；弱苗应早追苗肥。追肥一般宜用尿素，用量以 17kg/亩为宜。追肥要选择在阴雨天气进行。

4. 病虫防治

坚持“预防为主，综合防治”的植保方针，做到早防早治。

虫害黏虫防治可根据测报情况，在田间采摘卵块，搜集烧埋枯心苗、枯黄叶。在幼虫发生密度大时，于上午 9 时前和下午 4 时后，可将幼虫震落在容器或地下，把虫打死。

病害。清除田间病残植株，清理田间病残——采取轮作倒茬的方式防治荞麦病害。

（三）收获及后续管理

一般以植株 70% 籽粒呈现本品种成熟色泽为成熟期。荞麦收获宜在露水干后的上午进行，割下的植株应就近码放，脱粒前后尽可能减少倒运次数，晴天脱粒时，籽粒应晾晒 3 ~5 个太阳日，充分干燥后贮藏。

（四）其他

无公害农产品生产要求建立田间技术档案，做好整个生产过程的全面记载，妥善保存，以备查阅。尤其是对无公害农产品生产操作规程的修订和完善非常重要。

三十六、无公害谷子种植操作规程

（一）基地选择

选择无“三废”污染。远离工矿企业（距离超过 5km）、城市、公路等交通要道。地势平坦，地下水资源充足，排灌方便，土层深厚，疏松、肥沃，土壤结构适宜、理化性状良好、有机质含量高。光照资源丰富。生物呈现多样性的生产基地。

经监测符合无公害产地环境质量标准要求。

（二）栽培技术措施

1. 品种选择

选择商品性好，辽宁朝阳地区适宜种植的谷子品种，红谷、朝谷系列、金苗作为主栽品种。

2. 种子处理

播种前将种子用风选或水选，除去秕籽，播种前在阳光下晒种 2d（不要在水泥地面上晾晒以免影响种子发芽率），杀死种子所带病菌，以提高种子发芽率。

轮作倒茬：谷子不能重茬迎茬播种，必须一年一轮作。主要轮作方式：大豆—玉米—谷子、葵花籽—谷子、马铃薯—谷子—大豆。

整地施肥：春播谷子，应进行秋翻，秋翻深度一般要在 20 ~ 25cm，做到深浅一致、扣垄均匀严实、不漏耕。翌年当土壤冻融交替之际进行耙耢保墒，做到上平下实。

3. 播种施肥

根据基地气候状况，一般在 5 月上旬播种，结合整地每亩施入充分腐熟的粪肥 2 000kg 左右。播种时施磷酸二铵 8kg/亩，中耕时结合追施尿素或复合肥 5kg/亩。

4. 田间管理

提早间苗，间苗期在 2 ~ 3 叶期，犬牙或拐子型留苗，苗距 3 ~ 5cm。合理密植，谷子密植的原则是：肥地宜密，薄地宜稀。亩保苗 3. 5 万 ~ 4 万株。在谷子 4 ~ 5 叶期要进行铲地，铲除地里的杂草，避免杂草与谷子争夺水分、养分。谷子长到 5 ~ 6 叶期，进行耘地，疏松土壤，利于谷子的生长，谷子长到 7 叶期时，进行趟地，同时要拔除谷子地中的杂株，以提高谷子的纯度。谷子抗旱能力非常强，整个生育期不需要灌水，自然降水就完全能够满足谷子的生长。

5. 病虫害防治

（1）农业防治。合理轮作换茬，整地时进行深耕深翻，合理控制肥水，保持田间湿润，合理密植，通风透光。

（2）物理防治。

诱杀黏虫：①利用黏虫趋光性特点，在迁飞成虫落地前设置杀虫灯诱杀。②利用成虫产卵习性，把卵块消灭于孵化之前。从黏虫产卵初期到盛期，在田间插设小谷草把，在谷草把上洒糖醋酒液（糖醋液配比：糖 3 份、酒 1 份、醋 4 份、水 2 份，调匀即可）。诱蛾产卵，要求及时采摘卵块加以消灭。

（3）化学防治。

白发病：采用种子拌种，用 35% 甲霜灵种子处理干粉剂拌种，药种比为 1 ：（333 ~ 500）。在播种时，用清水或米汤先将种子打湿，稍晾一下，装入种袋中，再将药粉按 200 ~ 300g/100kg 种子的使用剂量，装入种袋搓揉，使药均匀粘附在种子表面。

（三）采收

当籽粒变硬、籽粒的颜色变为本品种的特征颜色（如黄谷的穗部全黄之时）、尚有 2 ~ 3 片绿叶时适时收获，不可等到叶片全部枯死时再收获。

（四）收购、包装、贮藏和运输

按合同统一收购。

采用符合无公害食品标准的包装物包装。包装材料结实，不泄漏物料，并标明品种名称。

贮藏和运输应符合无公害食品标准的规定。严防暴晒、雨淋及有毒物质的污染。仓库必须清洁卫生，通风良好，防鼠，防虫。库内码放保证气流均匀畅通。运输车辆、运输工具必须清洁、卫生、无污染。

（五）其他

无公害食品生产要求建立田间技术档案，做好整个生产过程的全面记载，妥善保存，文件记录至少保存 3 年，档案资料由专人保管，以备查阅。尤其是对无公害食品生产操作规程的修订和完善非常重要。

三十七、无公害马铃薯生产操作规程

（一）范围

本标准规定了无公害马铃薯生产的产地环境条件与栽培技术、收获及后续管理措施。

本标准适用于无公害马铃薯生产。

（二）生产基地环境条件

环境质量：生产基地符合无公害产地环境质量标准要求。

土壤条件：土壤耕层深厚、地势平坦、排灌方便、土壤结构适宜、理化性状良好、有机质含量高。

（三）无公害马铃薯栽培措施

1. 品种与茬口

（1）品种选择。选用中早熟、高产优质、抗晚疫病、耐病毒的品种，以脱病毒种薯为最佳。如早大白、东农 330。

（2）茬口。辽宁朝阳地区属马铃薯一季区，前茬是葱蒜类、黄瓜最佳，其次是禾谷类作物与大豆。不宜与茄类作物和根菜类轮作。

2. 整地与施肥

马铃薯块茎的生长对氧气有较高的要求，因此须选富含有机质的沙壤地或壤土、排水良好的田块栽培马铃薯。犁耕灭茬、深翻晒垄。结合施基肥做 60cm 垄，每亩施腐熟的有机肥 5 000kg，拌匀沟施或散施。

3. 种薯处理

暖种晒种：5 月下旬播种，播前 30d 将种薯放在 20℃的温室或房间内暖种催芽，以 15d 顶芽有 0.5～1.0cm 时，温度降至 12～15℃，并给予光照进行晒种、抑制芽伸长。

切块：将薯芽全部萌动了的种薯，刀口靠近芽眼，成立体三角形芽块带 1～2 芽眼，重量 25～30g，每千克种薯切 40～60 块，剔除病薯。

4. 种植密度

垄作行距为 60～80cm，畦作行距为 45～50cm，株距为 20～25cm，每亩保苗 5 000株左右。

建平以垄作为主，4 月上旬开始开沟栽植，沟深 20cm，沟宽 20cm，浇水造墒，按株距 20～25cm 放置薯块，放薯块的方式为三角形。每亩施硫酸钾复合肥 50kg、饼肥或马铃薯专用有机肥 200kg，肥施在薯块空当间，不能接触到薯块，然后盖土起垄，用钉耙搂平，后培土成垄，盖土厚约 10cm，播种后可以覆盖地膜，促进早熟。

5. 田间管理

播种后 10～15d，如遇严重春旱，需浇一次小水，地面见干及时耙松土面和锄灭杂草。出苗前遇雨，雨后及时进行松土，防止板结。

6. 出苗后管理

幼苗期管理：马铃薯幼苗期短促，苗出齐后随浇水进行追肥，或先追肥后浇水，在 6 月 30 日前追施尿素 10kg/亩。垄间进行深锄中耕，浅培土，以培住第一片单叶为准。

发棵期管理：发棵初期浇水结合培土进行中耕，加深行间松土层。发棵后期当植株现蕾并将封行前，进行大培土或垄间深中耕，以利控秧促薯。

结薯期管理：开花后进入结薯盛期，土壤应保持湿润状态，遇旱要经常浇水，遇雨要及时排水，9 月 20 日收获前 5～7d 停止浇水，以利薯皮老化。

7. 病虫害防治

使用脱毒种薯。种薯出窑后或播种前彻底挑除冻、伤、病薯，注意挑除变黑干枯和外皮爆裂的病薯。

防止切刀传染，切刀在开水中煮5min后使用。

注意施肥灌水，雨季排水，及早拔除病株。

病虫害综合防治，应以农业防治为主，具体做法采用脱毒种薯，轮作、换茬。

（四）包装、运输、贮藏

包装：用于装马铃薯的袋子整洁、干燥、牢固、美观、无污染、无异味现象。按马铃薯的规格包装。每批马铃薯的包装规格、单位、毛重一致。包装上标明品名、规格、毛重、净重、产地及包装日期等，字迹清晰、完整、无误。

运输：装运时轻装、轻卸、严防机械损伤，运输工具清洁、卫生、无污染。

贮藏：严防暴晒、雨淋及有毒物质的污染。库内码放保证气流均匀畅通。

（五）其他

无公害食品生产要求建立田间技术档案，做好整个生产过程的全面记载，妥善保存，文件记录至少保存3年，档案资料由专人保管，以备查阅。尤其是对无公害食品生产操作规程的修订和完善非常重要。

三十八、无公害地瓜生产操作规程

（一）范围

本标准规定了无公害地瓜的生产管理措施。

（二）栽培管理措施

1. 品种选择

一般选择外观好、品质优、抗性强的早熟适宜鲜食专用甘薯品种，如目前推广应用品种心香、金玉、蛋黄香、玫瑰紫等。

2. 育苗

（1）种薯排种前剔除有病斑的种薯。

（2）排薯并用托布津1 000倍液浸种。时间在3月上旬至4月下旬，排种时薯块顶部朝向一个方向，薯背朝上薯块之间距离保持2～3cm。

（3）覆土。种薯排放后，其上盖焦泥灰，肥土和腐熟堆肥，厚约3cm，以盖没薯块为度。整个苗床用弓棚，上盖地膜，遇冷空气时膜上加盖草帘。

（4）苗床管理。出芽前，保持苗床温度25～35℃，出芽后控制在20～25℃，当床温超30℃以上时注意通风散热，适时浇稀人粪尿，注意保持苗床湿润，以促进薯苗迅速生长。

（5）剪苗。待苗长至6～7张叶，苗高20～30cm长时即可进行剪苗扦插。

3. 大田种植

（1）田块选择。要求选择有机质丰富、表土疏松、上层深厚的红黄沙质土壤。

（2）深耕和整地做畦。在整地做畦时注意：一要深耕；二要根据土质，如土质黏重、排水不良的畦可筑窄些；如土壤保水性差、沙性重的畦可筑宽些。深耕后的土壤最好晒1～2个太阳日，再筑畦，有利于早发根、早结薯。

（3）选苗。优良薯苗的标准：茎蔓粗而健壮，节间短而匀称，叶片大而肥厚，色泽鲜明深绿，苗的分量重，嫩而多汁，无不定根，无病虫害，项端3叶相齐是壮苗的特征。

（4）扦插。

a. 扦插时间：扦插最适宜时间为日平均温度稳定22～24℃时，土壤湿度60%较好，作鲜食的一般扦插期在5月中旬至6月中旬为佳，最迟不超过6月底。作种薯的扦插期在6月中旬至7月中旬。

b. 扦插密度：为使薯块个数多，匀称，要求适当增加扦插密度，一股每亩扦插3 000～4 000株，可以窄垄单排，即行距50～60cm，株距30～35cm，或宽垄双排即垄宽1～1.2m，每垄2排，株距30～35cm。

c. 扦插方法：扦插时掌握适宜的土壤温度、薯苗入土节数、压土紧密度以及不同扦插方式。扦插最好选择阴天，土壤不干不湿时进行，晴天则宜傍晚进行，雨天扦插易形成牛蒡根应尽量避免；晴天干旱，扦插前应浇稀薄人粪尿，以提高成活率。扦插薯苗节数，以2～3节为好，深度3～7cm为宜，扦插方法很多，以浅平扦结薯数最多，大小较均匀（其他方法有斜扦、直扦等），做法为：选23～26cm长的薯苗呈水平扦，深度3cm左右，由于入土较浅，土表温度高，昼夜温差较大，通气良好，容易结薯，并且结薯多，而且薯块大小均匀，产量较高。

4. 大田田间管理

（1）施肥管理。鲜食甘薯对氮、磷、钾二要素以钾素最多，氮素次之，磷素最少，三要素比例为1：0.6：1.5。在施肥方法上，以基肥为主，基肥与追肥的比例为6：4为宜，基肥以条施或穴施方法：追肥分别在苗期（扦插后15～20d）、茎叶快速生长期、块根增大初期分别施用。在用量上控制总量，少施氮肥。

a. 基肥：基肥采取施用腐熟农家肥1 000～2 000kg，保证甘薯整个生育期肥料的供应。

b. 苗肥施用：苗肥可以使发根还苗生长加快，分枝快，结薯早，形成块根数量多。苗肥可根据土质、基肥用量及茎蔓长势酌施，一般苗肥在发根还苗阶段施浇稀人粪尿500～1 000kg/亩。

c. 结薯肥：结薯肥在扦插后30d施尿素3～5kg/亩。

d. 裂缝肥：一般基肥不足，茎蔓有早衰现象的要早施，反之可适当推迟（一般在8月底9月初，垄面出现裂缝时施用）。施用方法是穴施或沿裂缝施，效果更好。通常施稀薄人粪尿500～1 000kg/亩或复合肥（8：8：9）10～15kg。

（2）查苗补苗。查苗、补苗工作要及时，扦插后3～4d，即应进行查苗补苗，以保证全苗。补苗要在阴雨天或晴天下午进行，补苗时用稀人粪尿点浇，争取早发根还苗，促平衡生长。补苗方法为补栽法，即选壮健薯苗，切苗补插；或压滕法，即将附近薯苗压几节于缺苗处。

5. 病虫草害防治

（1）防治策略。坚持“预防为主，综合防治”的植保方针学防治等治理措施，获取最佳的效益。

（2）农业、物理防治。选用抗虫抗病品种，用新床新土育苗，土地隔年轮作，减少地下害虫为害及土传病害的发生；选择健康的薯块贮藏，及时做好中耕除草；利用斜纹夜蛾、地下害虫成虫的趋光性，在成虫发个期点灯诱杀，面积较大甘薯地可推广频振式杀虫灯。

（3）化学防治。主要病害：黑斑病用药剂浸种。

主要虫害：斜纹夜蛾和地下害虫。

斜纹夜峨：1、2龄幼虫高峰期用5%抑太保800～1 000倍液喷雾防治。

地下害虫：用丁硫克百威或辛硫磷1%～3%；在扦插时拌细土施于基部。

（三）收获及后续管理

（1）一般在9月上旬开始收获，到11月结束；如作种薯，则在霜降前收获并及时入窖进行贮藏。收获时要轻拿轻放，防止碰伤破皮，降低商品性。采收过程中所用工具要清洁、卫生、无污染。

（2）分装、运输、贮藏：执行无公害蔬菜农产品质量标准的有关规定。

（四）其他

无公害农产品生产要求建立田间技术档案，做好整个生产过程的全面记载，妥善保存，以备查阅。尤其是对无公害农产品生产操作规程的修订和完善非常重要。

第二节　绿色食品农产品生产技术操作规程

一、绿色食品玉米种植技术规程

（一）基地选择

选择地势平坦、土壤结构合理、理化性好、有机质含量高于1%地块种植，符合绿色食品产地环境标准要求。

（二）品种选择

选择适宜当地的高产高效、耐密、高抗逆优良品种。

（三）整地

在前作收获后立即灭茬，进行早秋耕。耕地深度18~20cm，耕后立即耙耢。春耕时，结合施基肥早春耕，并做到翻、耙、压连续作业。利用基地农户养牛、养羊的条件，每亩施腐熟农家肥1 500~2 000kg。

（四）种子选择和处理

1. 种子质量要达到籽粒饱满，符合国家种子分级标准，纯度和净度不低于98%，发芽率不低于90%，含水量不高于14%，种子不携带检疫对象。

2. 播前，将种子在阳光下晒2~3d。若种子表面有病菌孢子时，应采用温烫浸种灭菌，用50~55℃温水，浸泡4~5h。

（五）播种技术要求

1. 播种期

5~10cm土层温度在10~12℃时播种，具体时间在5月中、上旬。

2. 播种方法

畜力播种采用垄作，机械播种采用平播，行距55~60cm，株距依密度而定。地力高的地块可采用大垄双行，“比空”方式种植。

3. 播种量

根据不同地块和品种的特点，分别采用条播、点播、粒量播种方式播种。条播每亩用种3~5kg；点播每亩用种2.5~3.5kg，粒量播种每亩用种1.5kg。

4. 播种深度

播种深度以5~10cm为宜，土干深些，土湿浅些。覆土厚薄一致，播后进行镇压。

5. 播种密度

播种密度因品种、土壤肥力、播种早晚、种植方式不同而异，一般为每亩3 000~4 500株。

（六）田间管理

（1）查田补苗。玉米出苗后要及时查苗。缺苗严重时要及时补种，不严重时可采用就近多留苗或移栽补苗。

（2）适时间苗、定苗。间苗宜早，间苗次数一般依田间出苗率、病虫害程度掌握。一次间苗、定苗，应在幼苗4～5片叶时进行。二次间苗，第一次在3～4片叶时疏苗，第二次在4～5片叶时定苗。

（3）中耕，铲趟要适时及早进行。定苗前和拔节前各铲趟一次。要将苗眼和苗旁的杂草铲净，铲后即趟地。

（七）病虫害防治

1. 病害防治

（1）要选择抗病品种为主栽品种。

（2）在玉米田间管理过程中，要及时清除田间遗留的病残株；人工清除地头和田间杂草。

2. 玉米螟

（1）农艺措施防治。要注意选用抗虫品种；处理越冬寄虫，在5月中旬以前对寄生有玉米螟的秸秆、根茬等用100g/m^{3}白僵菌粉剂封垛。

（2）生物防治。在玉米螟产卵始、盛、末期各放赤眼蜂1次，视虫情程度决定放蜂数量。每亩每次释放1万～3万头，卵盛期加大放蜂量；将含40亿～80亿/g孢子的菌粉1份，拌颗粒10～20份，于玉米心叶期以每亩1.5～2kg施在玉米顶叶内侧。

（3）物理防治。利用玉米螟避光性强的习性，用黑光灯诱杀成虫。在玉米螟成虫羽化初期开始，每晚9时到次日4时开灯。

（八）收获及后续管理

（1）收获时间。9月末至10月中旬，在玉米完熟后期，以黑层出现、乳线消失、苞叶枯松为收获标准，选在晴天收获。

（2）收获方法。采取站秆人工收获。不可地面堆放。

（3）晾晒脱粒。收获后要及时进行晾晒。籽粒含水量达到20%以下时脱粒，脱谷损失率不超过2%。脱粒后的籽粒要进行清选。

（4）质量要求。绿色食品玉米要做到对不同品种单独收割、单独运输、单独脱粒、单独存放、单独加工、单独包装，防止与普通玉米混杂。

（九）其他

绿色食品玉米生产的全过程，要建立田间生产技术档案，对农事操作要做好记录并妥善保存，以备查阅。

二、绿色食品玉米生产操作规程

（一）范围

本标准规定了绿色食品玉米生产的术语和定义、产地选择、品种选用、整地与施肥、播种和种植密度、田间管理、病虫害防治及收获生产操作要求。

本标准适用于绿色食品玉米的生产。

（二）生产基地的环境条件

环境质量：经监测符合《绿色食品产地环境质量标准》要求。

土壤条件：土壤耕层深厚、地势平坦、排灌方便、土壤结构适宜、理化性状良好、有机质量高。

（三）选种

目前适合的主栽品种有：农华101、京科968、东单6531、辽单565、辽单527、北玉258、郑单958、丹玉605、东裕108等，选择的品种要求：优质、高产、安全成熟，抗病虫等。

禁止使用经禁用物质处理的种子，可采用物理方法进行种子处理，如手选、风选、筛选、晒种、温汤浸种等。

播种量确定：根据栽培管理水平，不同的土壤肥力及品种的特征、特性来确定，大穗、株型展开的品种应稀植，播种量就少，而一些株型紧凑，靠群体增产的品种应密植，播种量应该加大，一般情况下每亩播量4~6kg为宜。

播种期：根据不同品种的特征特性、生育期，以及当地的有效积温，土壤墒情等因素确定，玉米的播期在4月20日至5月10日为宜。

（四）密度确定

根据不同品种特征、特性，栽培管理水平，土壤条件等因素来考虑，稀植大穗型品种，2 800~3 500株/亩，耐密型品种4 500~5 000株/亩。

（五）整地施肥

（1）在上茬作物收获后进行秋季深翻整地去净根茬，深翻后耙压。

（2）腐熟农家肥施用量每亩3 500~4 000kg，草木灰每亩100kg。

（六）轮作倒茬

大多数作物的前茬都可以种玉米，禁止种重茬玉米。

（七）田间管理

（1）播种后约10d左右，开始查田、补苗或补种。

（2）出苗15~20d，4~5出叶时开始定苗，结合定苗进行第1次中耕除草，当幼苗长到8~10片时，进行第2次中耕除草。大喇叭口期，13~15片叶。进行深趟培土。大草人工拔除。

（八）病虫害防治

1. 玉米黑穗病

（1）农业防治。适时早播、不要播种过深，3~5cm为宜。

（2）物理防治。选用纯度高，籽粒饱满种子，促进幼苗早生快发，防止幼苗期病菌侵染。

2. 玉米大斑病

（1）选用抗病品种。

（2）合理密植，加强田间管理。创造良好的通光透光环境。

3. 玉米螟的防治

（1）深翻、晒土、清除田园，消灭越冬幼虫。

（2）生物防治。

（3）物理防治。

（九）适时收获及后续管理

在植株转黄、果穗苞叶松散、籽粒硬化、表面有光泽时，即可收获。

运输、包装、贮藏要符合绿色产品关于运输包装贮藏通则。

三、绿色食品高粱生产操作规程

（一）范围

本标准规定了绿色食品高粱生产的术语和定义、产地选择、品种选用、整地与施肥、播种和种植密度、田间管理、病虫害防治及收获生产操作要求。

本标准适用于绿色食品高粱的生产。

（二）生产基地的环境条件

环境质量：经监测符合《绿色食品产地环境质量标准》要求。

土壤条件：土壤耕层深厚、地势平坦、排灌方便、土壤结构适宜、理化性状良好、有机质量高。

（三）选种

常用品种敖杂1、2号，辽杂1号，阜杂1号。

品种要求：高产、优质、抗性好、安全成熟。带壳的种子应先脱壳，播种前阳光晒种3～5d。

（四）整地施肥

（1）秋翻、秋耙，达到土细、地暄。

（2）每亩施腐熟农家肥3 000kg，草木灰100kg。

（五）播种量确定

每亩播种量为1.25～1.8kg。

（六）播种期

5cm土层地温连续5d稳定在10℃以上时，开始播种，适宜的播种期为4月25日至5月5日。冷凉、低洼地块宜晚播种。

（七）密度

高粱的播种密度每亩6 500株左右。

（八）田间管理

出苗后及时查田补苗，缺苗地段及时补种或补栽幼苗，4叶时定苗、除草，进行第1次中耕。高粱要3铲1趟，趟地在10～12片叶时进行。

（九）病虫害防治

1. 丝黑穗病防治

（1）风选、筛选种子；晒种3～5d，提高发芽率。

（2）低温年份及阴坡地、涝洼地应适当晚播种，减少病菌侵染时间。

2. 高粱蚜虫

（1）用七星瓢虫、草蛉防蚜虫。

（2）黄板诱杀。用废纤维板或其他板材料制成（50～70）cm×30cm，涂上黄色油漆，同时涂一层机油，每亩20块左右，插在田内，高出植株10～15cm进行诱杀，中黄色诱杀效果好，其次为淡黄色。

（3）银灰色避蚜。利用银灰色对蚜虫的趋避性，在田间四周悬挂，银灰色薄膜，可减轻蚜虫的为害，达到防蚜虫的目的。

（十）适时收获

在蜡熟末期要及时收获，过早或过晚都会造成减产。

（十一）贮藏

单放单贮、标志明显、专用库房、专人管理，籽粒水分在14%以下。

四、绿色食品高粱种植技术规程

范围：本规程规定了绿色食品高粱生产的产地环境条件与栽培技术措施、收获及后续管理措施。

（一）基地选择

选择符合绿色食品产地环境标准要求的种植基地。选择地势平坦、土壤结构合理、理化性好、有机质含量高于1%地块种植。

（二）品种选择

精选粒白、适口性好的高粱品种“6A”为主栽品种。

（三）整地

耕翻整地，秋耕宜深，春耕宜浅，深度以20～25cm为宜。耕翻后要及时耙压整地，做到耙碎坷垃、平整地面、保蓄水分，给播种和发芽创造良好条件。

（四）种子选择和处理

（1）统一购买的种子按计划下拔给生产基地。种子质量要达到籽粒饱满，符合国家种子分级标准，纯度和净度不低于98%，发芽率不低于95%，种子不携带检疫对象。

（2）播前，将种子在阳光下晒2～4d，提高种子生活力；用50～52℃温水浸种催芽，促种子播后快发芽，快出苗。

（五）播种

1. 播种期

5cm土层温度稳定在8～10℃以上时播种，具体时间在4月下旬或5月上旬，早熟品种可在5月中旬播种。

2. 播种方法

根据生产条件，可采用机械平播或垄播。畜力播种，要注意开沟深浅一致，覆土均匀，覆土后表土要平，及时镇压，防止跑墒。在土壤干旱时，要采用“抢墒播种”“借墒播种”等措施，以保苗齐苗全。

3. 播种量

根据生产基地土质情况和所选高粱品种的特点，亩播种量为2kg左右，如遇墒情差、整地质量不好的情况时，播种量还应适当增加。

4. 播种深度

播种深度一般以3～5cm为宜，在具体确定播种深度时，应考虑土质、整地质量、土壤含水量和温度条件。土壤墒情好，可适当浅播；土壤干旱宜深播借墒；土质黏重应浅播；疏松的沙质土，不易保墒可适当深播。

5. 播种密度

播种密度因品种、土壤肥力、播期早晚、种植方式不同而异，一般为6 000～7 000株。

（六）田间管理

（1）查苗补苗。高粱出苗后要及时查苗。缺苗严重时要及时补种，不严重时可采用就近多留苗或移栽补苗。

（2）适时间苗、定苗。间苗宜早，间苗次数一般依田间出苗率，病虫害程度掌握。一次间苗定苗，应在幼苗4～5片叶时进行。二次间苗，第一次在3～4片叶时疏苗，第二次在5～6片叶时定苗。

（3）中耕、铲趟要适时及早进行。定苗前和拔节前各铲趟一次。要将苗眼和苗旁的杂草铲净，铲后即趟地。

（七）病虫草害防治

（1）选择抗病的高粱品种为主栽品种。

（2）在高粱田间管理过程中，要及时清除田间遗留的病残株，清除地头和田间杂草。

（3）遇有病虫害发生时，采用生物和物理防治措施处理。

（八）收获、包装、运输

高粱要适时收获，一般在9月中下旬进行。收获时要求农户做到单割、单运、单晾、单打、单独存放。

按高粱种植合同统一收购，高粱水分要达到国家标准的安全水分。采用国家标准的包装物包装、包装材料结实，不泄漏物料，要标明品种名称、产地、种植户编号、重量。由专用运输车辆运输。

（九）其他

绿色食品高粱的生产全过程，要求建立田间生产技术档案，全面记载农事活动并妥善保存，以备查阅。

五、绿色食品谷子生产操作规程

（一）范围

本标准规定了绿色食品谷子生产的术语和定义、产地选择、品种选用、整地与施肥、播种和种植密度、田间管理、病虫害防治及收获生产操作要求。

本标准适用于绿色食品谷子的生产。

（二）生产基地的环境条件

环境质量：经监测符合《绿色食品产地环境质量标准》要求。

土壤条件：土壤耕层深厚、地势平坦、排灌方便、土壤结构适宜、理化性状良好、有机质量高。

（三）种子选用

选用未经禁用物质处理过的常规种子，选择适应当地的土壤和气候特点、对病虫害具有抗性的作物种类及品种。在品种的选择中应充分考虑保护作物的遗传多样性。

（四）整地与施肥

前作收获后立即灭茬，结合施基肥进行早秋耕。耕地深度15～20cm，耕后立即耙耢。基肥应使用经充分腐熟的优质有机肥800～1 000kg。

（五）播种和种植密度

1. 种子播前处理

播前，种子在阳光下晒2～3h。若种子表面有病菌孢子时，采用温汤浸种灭菌，在55～57℃温水中浸泡10min，也可用石灰水浸泡1h。

2. 播种技术

（1）播种期。10cm左右土层温度稳定在15℃以上时播种，具体时间在4月中、下旬。

（2）播种方法及播种量。播种采用条播法，行距40cm左右，播幅10cm左右。播种量500～750g/亩。

（3）播种深度与密度。播种深度以4～5cm为宜，覆土厚薄一致，覆土后及时镇压提墒。密度因品种土壤肥力、播期不同而异，一般为3万～3.5万株/亩。矮秆、株形紧凑品种宜密，土壤肥力高宜密，播期晚宜密。

（六）田间管理

1. 查田补苗

查田应在三叶期前后进行。如缺苗断垄严重时，可补种，也可移栽。移栽谷苗以4～5叶期最易成活。

2. 适时疏苗、定苗

在幼苗3～5片叶时进行疏苗，6～7片叶时定苗。

3. 中耕除草

（1）中耕。三铲一趟，分别在幼苗期、拔节期和孕穗期进行，苗眼和苗旁的杂草尤需铲净，注意防止伤菌。

（2）杂草综合防治。

①防治措施。严格执行杂草检疫制度，控制杂草传播；清选种子，使用充分腐熟的农家肥，清除灌溉水中的杂草种子，防止杂草种子入田。

②清除杂草。绿色食品谷子生产中，需人工除草，也可使用秸秆等覆盖除草；允许采用机械除草。

4. 追肥

拔节期，在中耕培土前，每亩追农家肥200kg。

5. 灌水与排水

谷子在孕穗期如遇干旱应及时灌水，每亩灌水30～50m^3。谷子开花后，雨后要及时排除积水，必要时还应浅耕松土。

（七）病虫害防治

1. 病害

谷子的主要病害包括黑穗病、谷瘟病、叶锈病等。选择抗病品种是最为有效的防治措施。其他措施包括及时清除田间遗留的病残株、清除地头和田间杂草、避免使用未腐熟的农家肥、加强肥水管理、增强植株抗病能力。

2. 虫害

（1）地下害虫（蛴螬、蝼蛄、网目拟地甲、金针虫等）。耕翻土地、清除杂草，可减少虫卵和幼虫基数，有效减轻虫害发生。蝼蛄可用灯光诱杀。

（2）玉米螟。

①农艺措施。选用抗虫品种；处理越冬寄主，在5月中旬以前对寄生有玉米螟的秸秆、根茬用白僵菌粉剂封垛。

②生物防治。在玉米螟产卵始、盛、末期各放赤眼蜂1次，视虫情程度决定放蜂数量。一般每亩每次释放1万～3万只，卵盛期加大放蜂量。

③物理防治。玉米螟趋光性强，可用黑光灯诱杀成虫。于玉米螟成虫羽化初期开始，每晚9点到次日4点开灯。

（八）收获

在完熟期收获，当籽粒变硬呈固有粒形和粒色时，及时收获。收获后要及时进行晾晒，脱粒后进行清选。

六、绿色食品黍子生产操作规程

（一）范围

本标准规定了绿色食品黍子生产的术语和定义、产地选择、品种选用、整地与施肥、播种和种植密度、田间管理、病虫害防治及收获生产操作要求。

本标准适用于绿色食品黍子的生产。

（二）生产基地的环境条件

环境质量：经监测符合《绿色食品产地环境质量标准》要求。

土壤条件：土壤耕层深厚、地势平坦、排灌方便、土壤结构适宜、理化性状良好、有机质量高。

（三）轮作倒茬

黍子不能重茬，必须实行轮作，最好的前茬为豆科作物。其次为薯类作物、玉米等，在新开垦的荒地上也可种植。

（四）选种

（1）常用的品种多为农家品种，按种皮色分为白黍子、红黍子，收获前进行田间穗选，挑选植株健壮、生长整齐、穗大粒多、无病虫害、籽粒饱满的穗子单收单打作为下年生产种子。

（2）播前进行晒种，风筛选种，盐水选种，温汤浸种等种子处理。

（3）播种量。每亩用种子1.5kg左右。

（五）播种时间

5月10—20日，早熟品种宜晚播，晚熟品种宜早播。播种深度4～5cm。

（六）播种密度

每亩留苗4万～5万株。

（七）施肥与田间管理

施肥：每亩施腐熟农家肥2 000kg以上。

田间管理：幼苗长到3cm高时间苗、定苗，定苗后进行锄地培土，培土时切忌心叶灌土造成死苗，拔节后苗高10～13cm应中耕，疏松土壤，在分蘖草盛期第2次中耕除草，生长期间注意防治粟茎跳甲。

（八）收获及后续管理

当穗部有2/3的籽粒发芽变硬时即可收获。

单放、单贮，专人管理，标志清晰明显，通风良好。

七、绿色食品谷子生产技术操作规程

（一）范围

本规程规定绿色食品谷子生产的产地环境条件与栽培技术措施、收获及后续管理措施。

本规程适用于绿色食品谷子的安全生产。

（二）基地环境条件

环境质量：经监测符合《绿色食品产地环境质量标准》要求。

土壤条件：耕层深厚、地势平坦、排灌方便、土壤结构适宜、理化性状良好、绿色质含量高。

水质条件：没有工矿污染的地下水。

（三）绿色食品谷子栽培措施

本条款没有说明的栽培措施仍按常规栽培措施实施。

品种选择：选择优质、高产、抗病性强的谷子品种，拒绝使用转基因品种。

轮作倒茬：谷子不能重茬迎茬播种，必须一年一轮作。主要轮作方式：大豆—玉米—谷子、葵花籽—谷子、马铃薯—谷子—大豆。

整地施肥：春播谷子，应进行秋翻，秋翻深度一般要在20～25cm，做到深浅一致、扣垄均匀严实、不漏耕。翌年当土壤冻融交替之际进行耙耢保墒，做到上平下实。结合整地每亩施入充分腐熟的粪肥2 000kg左右。

选种：采用机械风选、筛选、重力择选等方法选择有光泽、粒大、饱满、无虫蛀、无霉变、无破损的种子，要求子粒饱满，纯度高于98%，发芽率高于85%。

浸种：温汤浸种，用55℃温水浸种10min，控水晾干。可有效预防谷子黑穗病。

播种：按垄播种，种植行距为40cm，播种垄沟深度为3～4cm，覆土厚度为2～3cm，覆土要均匀一致，并及时镇压。播种量为每亩0.3～0.4kg，播种期为4月末至5月初。

合理密植：坡地每亩2.5万～3万株，平地每亩3.5万～4万株。

田间管理：

①间苗定苗。谷苗2叶到定苗前，要压青苗1～2次，谷苗4～5叶时，间苗并除草，由于杂交谷子植株生长旺盛，单株生产潜力大，保苗数宜少不宜多，一定按规定保苗数留苗。定苗后立即用锄头铲地，碎土保墒，培土围根使次生根下扎。

②中耕除草。第一次中耕除草在5～6叶期进行。要求浅锄、细锄，达到灭草不埋苗。

③追肥。第一次追肥在8～9叶期进行（拔节期，植株高度约30cm）。要求深锄、细锄，灭净杂草，并向植株根部培土。每亩顺垄撒施尿素5kg，结合中耕除草，将肥料翻入地表内。第二次追肥在孕穗期，趁雨或结合灌溉，每亩追施尿素5kg。进入灌浆期，可用1%～2%的尿素水溶液喷洒叶面，延长叶片功能期。

病虫害防治：

①农业防治。合理轮作换茬，整地时进行深耕深翻，合理控制肥水，保持田间湿润，合理密植，通风透光。

②物理防治。

诱杀黏虫：一是利用黏虫趋光性特点，在迁飞成虫落地前设置杀虫灯诱杀。二是利用成虫产卵习性，把卵块消灭于孵化之前。从黏虫产卵初期到盛期，在田间插设小谷草把，在谷草把上洒糖醋酒液（糖醋液配比：糖3份、酒1份、醋4份、水2份，调匀即可）。诱蛾产卵，要求及时采摘卵块加以消灭。

③化学防治。

白发病：可采用种子拌种，用35%甲霜灵种子处理干粉剂拌种，药种比为1：（333～500）。在谷子播种时，用清水或米汤先将种子打湿，稍晾一下，装入种袋中，再将药粉按200～300g/100kg种子的使用剂量，装入种袋搓揉，使药均匀黏着在种子表面。

（四）采收

当籽粒变硬、籽粒的颜色变为本品种的特征颜色（如黄谷的穗部全黄之时）、尚有2～3片绿叶时适时收获，不可等到叶片全部枯死时再收获。

（五）包装、运输、贮藏

包装应符合NY/T 658的规定。贮藏和运输应符合NY/T 1056的规定。严防暴晒、雨淋及有毒物质的污染。仓库必须清洁卫生，通风良好，防鼠，防虫。库内码放保证气流均匀畅通。运输车辆、运输工具必须清洁、卫生、无污染。

（六）其他

绿色食品生产要求建立田间技术档案，做好整个生产过程的全面记载，妥善保存，文件记录至少保存3年，档案资料由专人保管，以备查阅。尤其是对绿色食品生产操作规程的修订和完善非常重要。

八、绿色食品小米加工操作规程

为保证产品质量，制定本操作规程，所有管理人员和加工人员须认真执行。

（一）原材料检验

原料运到加工厂后，及时晾晒，由检验室检验，待达到谷物标准安全水分≤14%方可加工。要求每批产品必检，不准有漏检现象。

（二）加工过程

启动机器：由电控师打开琴式电力操纵台，按顺序起动所有设备，待机械师检查所有设备正常运转后方可加工。

投料：投料员仔细检查品种的标识后方可投料，投料要均匀，保证机器的正常运转。

去石：谷子经第一道提升后进入筛选组合去石机，筛去谷子中的秕子和石子，谷子达到颗粒整齐，再流入吹式比重去石子，去除谷子中的并肩石。

去皮：谷子经第二道提升后，进入碾米机，经两道碾米后，检验员检查谷子脱皮率达到100%后方可进入下一道工序。

抛光：经第三道提升后，进行抛光，经过两次抛光，达到免淘。

筛选和风选：经第四道提升后，进入振动筛，筛掉加工过程中产生的碎米，经风机风选后进入包装室，经检验员检验合格后进行包装。做到每批产品检验合格后包装出厂。

（三）包装、运输、贮存

包装：采用符合国家标准包装物包装，包装材料结实，不泄漏物料，每袋标明生产日期、批号，装箱后要查好数目，封箱贴好标识。

运输：运输工具要求卫生、干燥，严禁与有毒及有异味的物品混运。

贮存：成品库房须清洁、干燥、通风，无鼠、无虫害，成品堆放要有垫木，离地面15cm，离墙面20cm以上，仓库内不准存放有毒、有害和腐败物质，仓库管理员作好防火、防潮，做好出库、入库记录。

（四）机器清理

为了防止机器混杂，每次加工结束，由电控师重新启动所有机械设备，由机械操作人员将每台设备的排风开关调到最大量，然后调整风机开关，使其排风量达到最大，待机器正常运转4～5min后由检验员检查所有设备中的残留物料是否已清除，再由机械操作人员将所有机器排风开关调到原来位置，风机开关调回原位，然后由电控师关闭所有设备。

（五）加工流程简图

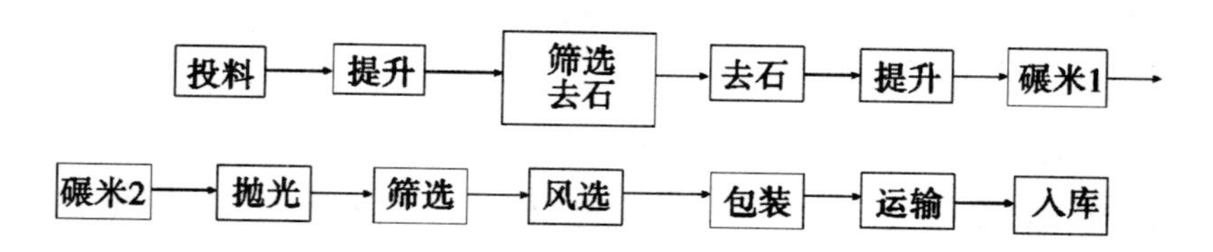

（六）检验

将产品进行抽样检查，送化验室进行各项指标的检验。化验员按规定的检验规程操作，进行严格的操作，发现不良产品，严禁进入市场流通。

（七）包装、运输、贮存

包装：分为大包装和小包装。大包装用自动包装机按标准自动称重，自动包装。小包装是加工检验合格的米，再经过手工挑选后，采用真空压缩包装。用金属探测仪对成品进行探测，消除成品米中的金属杂物。要求包装纸箱整洁、干燥、牢固、美观、无污染、无异味、无虫蛀、无腐烂、无霉变现象，无受潮离层现象。

运输：装运时轻装轻卸、严防机械损伤，运输车辆、运输工具必须清洁、卫生、无污染。

贮存：产品不得与有毒、有害、有腐蚀性、易挥发或有异味的物品同库贮存，产品应贮存在阴凉干燥通风的库房中，严禁露天堆放、防日晒、雨淋并远离热源，包装底部不能直接接触地面，必须垫有 100mm 以上的垫层。

（八）其他

绿色食品生产要求建立技术档案，做好整个生产加工过程的全面记载，妥善保存，文件记录至少保存 3 年，档案资料由专人保管，以备查阅。尤其是对绿色食品生产操作规程的修订和完善非常重要。

九、绿色食品番茄生产技术规程

（一）范围

本规程规定了绿色食品番茄生产的产地环境条件与栽培技术措施、收获及后续管理措施。

本规程适用于保护地绿色食品番茄生产。

（二）基地环境条件

环境质量：经监测符合《绿色食品产地环境质量标准》要求。

土壤条件：耕层深厚、地势平坦、排灌方便、土壤结构适宜、理化性状良好、有机质含量高。

水质条件：没有工矿污染的地下水。

本条款没有说明的栽培措施，仍按常规栽培措施实施。

（三）绿色食品番茄栽培措施

1. 品种选择

选用抗性强、适应性广、商品性好、产量高的百利 4 号、186、189 等品种。禁止使用转基因品种。

2. 种子处理

育苗前，先用室温水预浸种子 2～3h 后换水反复搓洗把种皮黏液洗净为止，然后将种子装入纱布袋放入 100℃水中浸 5～10s，并不断搅动，然后立即移入冷水中冷却，反复 3～5 次。由于不同品种的耐热力不同，事先要进行试验，以免影响发芽率。处理完后用干净湿毛巾包起至恒温箱催芽，每隔 12h 翻动并用 30℃温水淋湿毛巾一次，使之受热均匀，以利发芽齐壮，种子露白即可播种。

3. 壮苗标准

子叶完整、茎秆粗壮、叶片深绿、无病斑、无虫害、节间短、株高在 16～18cm、5～6 片叶、根系布满基质，可以移栽。

4. 种子消毒

把干种子放入 70℃的恒温箱中，干热处理 72h，可防治病毒病和细菌性病害。

5. 催芽

将处理后的种子用干净的湿毛巾或湿布包好，放置在 25～30℃的地方催芽，每天用 25℃的清水冲洗一次，2d 露芽，再放在 10～15℃条件下经过 10～12h 后再播种。

将处理后的种子装入纱布袋里，在温室大棚向阳的地方挖一个10cm深坑，把种子袋置入其中，24h后取出播种，以保出苗整齐。

6. 育苗

营养土配制：用三年内没种植过茄科作物的园田或玉米地土70%与腐熟的有机肥30%，过筛拌匀、平铺在苗床上，厚度为10~12cm。

间苗、分苗（移苗）。

间苗：及时间掉病苗、弱苗、小苗变异株和过密苗。

分苗：当幼苗长到2~3片真叶时进行分苗，分苗有两种方法：一种是将营养土装入营养钵，把苗移到营养钵中，浇足水视天气而定加扣小拱棚；另一种方法按株行距10cm开沟，浇水栽苗，然后覆平土，视天气而定加扣小拱棚。以提高温度，白天温度控制在26~30℃，夜间温度13℃以上。

分苗后管理：缓苗后松土1~2次，提高地温，保墒，做到不旱不浇水，用营养钵分苗可倒动营养钵2~3次，分苗后主要预防病毒病。注意防治蚜虫，挂银灰膜条或铺银灰膜驱避蚜虫。

定植：5月下旬定植前20d左右，进行深翻，疏松土壤，有利于根系健壮发育，为给番茄生长发育提供能源及养分，大量施用农家肥。亩施腐熟粪肥5 000kg，腐熟饼肥50kg/亩，做台，台底1m，台面90cm，台高15~20cm。定植时小行距50cm，株距45cm，越夏茬温室生产（应用温室夏茬生产可有效防治病虫害），一年一茬。亩保苗1 800~2 000株。下茬与非茄果类作物轮作。

7. 定植后管理

前期管理：定植后6月5日左右第一次缓苗水以浇透为宜，并结合追生态有机无机肥30kg/亩。至第一穗花用抖动花序方法帮助授粉后不再浇水。番茄前期管理主要是促根壮秧、保花、保果，所以不要过多施用含氮量高的粪肥，以免降低结果率，影响花芽分化。

后期管理：摘除老叶、病叶、黄叶，以便通风透光，每穗花用抖动花序方法帮助授粉，增加结实率。

温湿度管理：地温以17~22℃为最好，生长前期空气相对湿度控制在60%~65%，生长中后期空气相对湿度控制在45%~60%，采用膜下暗灌、软管微灌。在晴天上午或早晨浇水。并及时放风排湿，尽量使叶片不结露，当外界最低气温12℃时可整夜放风，最适温度白天24~25℃，夜间10~16℃。

8. 病虫害防治

化学防治：在干燥晴天可喷雾化学防治，注意用药浓度。并注意用药间隔期及安全期。

疫病：6月20日用77%可杀得可湿性粉剂喷雾防治1次，100g/亩。安全间隔期3d。

叶霉病：6月8日用58%甲霜灵锰锌可湿性粉剂喷雾防治1次，150g/亩。安全间隔期1d。

病毒病：11月28日用20%病毒A可湿性粉剂喷雾1次，120g/亩。安全间隔期7d。

黄板诱杀：黄板诱杀白粉虱、斑潜蝇用30cm×20cm长方形纸板，涂上黄色油漆，再涂一层机油，挂在高出植株顶部的行间，每亩30~40块，当黄板粘满白粉虱、斑潜蝇时，刮除虫残体重涂一层机油。一般7~10d一次。

美洲斑潜蝇：6月15日用10%吡虫啉可湿性粉剂喷雾1次，10g/亩。安全间隔期7d。

（四）收获及后续管理

采收：适时收获。采收过程中所用工具要清洁、卫生、无污染。

包装：用于装番茄的纸箱整洁、干燥、牢固、美观、无污染、无异味、无虫蛀、无腐烂、无霉变现象，无受潮离层现象。按番茄的规格包装。每批番茄的包装规格、单位、毛重一致。包装上标明绿色食品申报产品品名、规格、毛重、净重、产地、采摘及包装日期等，字迹清晰、完整、无误。

运输：装运时轻装轻卸、严防机械损伤，运输工具清洁、卫生、无污染。

贮藏：严防暴晒、雨淋及有毒物质的污染。库内码放保证气流均匀畅通。

（五）其他

绿色食品生产要求建立田间技术档案，做好整个生产过程的全面记载，妥善保存，以备查阅。尤其是对绿色食品生产操作规程的修订和完善非常重要。

十、绿色食品日光温室樱桃番茄生产技术操作规程

（一）范围

本规程规定绿色食品日光温室“樱桃番茄”生产的产地环境条件与栽培技术措施、收获及后续管理措施。

本规程适用于保护地绿色食品“樱桃番茄”的安全生产。

（二）基地环境条件

环境质量：经监测符合《绿色食品产地环境质量标准》要求。

土壤条件：耕层深厚、地势平坦、排灌方便、土壤结构适宜、理化性状良好、有机质含量高。

水质条件：没有工矿污染的地下水。

（三）栽培措施

本条款没有说明的栽培措施仍按常规栽培措施实施。

品种选择：选用抗逆能力强、优质丰产、商品性好的台湾小海霞等品种，拒绝使用转基因品种。

种子处理：应用高温浸种消毒。浸种前，先用室温水预浸2～3h后换水反复搓洗，把种皮黏液洗净为止；然后将种子装入纱布袋或纱袜中放入100℃水中浸5～10s，并不断搅动，然后立即移入冷水中冷却，反复3～5次。由于不同品种的耐热力不同，事先要进行试验，以免影响发芽率。捞出后阴干再催芽（防治病害效果好且出苗整齐）。

催芽：将处理好的种子用湿布包好，在25～30℃处催芽。每天用清水冲洗一次，2～4d露芽，再放到10～15℃条件下，经过10～12h后再播种。

苗床营养土配制：用没种过茄科作物的园田土60%与腐熟的有机肥40%（羊粪与骡马粪3∶1混合肥）混合均匀，施于床面，厚度7～10cm为宜。

播种：浇透水，刮平畦面。用15～30kg细土2/3铺于床面，刮平后撒种，1/3覆盖种子上，然后加盖小拱棚。白天苗床温度控制在26～32℃，夜间温度控制在13℃以上，出苗后温度白天控制在24～28℃，夜间15℃左右。

分苗：当幼苗长出2～3片真叶时进行分苗。按10cm行株距在分苗床上开沟，座水栽苗。

分苗后管理：缓苗后松土1～2次，提高地温，保墒，做到不旱不浇水，用营养钵分苗可倒动营养钵2～3次，分苗后主要预防病毒病。注意防治蚜虫，挂银灰膜条或铺银灰膜驱避蚜虫。

定植：亩施腐熟优质农家肥4 000kg，施肥后深耕耙平。整地后，按行株距30cm×60cm开10～12cm的沟，座水栽苗，定植深度以子叶离地面1cm为宜，定植密度为单棚2 000株左右，一年一茬，下茬与非茄果类作物轮作或翻耕晾茬。

定植后管理：

（1）前期管理。定植后第一次缓苗水以浇透为宜，至第一穗花用抖动花序方法帮助授粉后不再浇水。番茄前期管理主要是促根壮秧、保花、保果，不要过多施用含氮量高的粪肥，以免降低结实率，影响花芽分化。

（2）后期管理。摘除老叶、病叶、黄叶，以便通风透光，每穗花用抖动花序方法帮助授粉，增加结实率。经常清洁棚室。

田间管理：

（1）温湿度管理。地温控制在17～22℃，生长前期空气相对湿度控制在60%～65%，生长中后期空气相对湿度控制在45%～60%，采用膜下暗灌、软管微灌。在晴天上午或早晨浇水，并及时放风排湿，尽量使叶片不结露，当外界最低气温12℃时可整夜放风，最适温度白天24～25℃，夜间10～16℃。

（2）水肥管理。浇足缓苗水后，及时中耕松土，促发新根。在开花前期适时喷施叶面肥，以魔粒壮为主，7d左右喷施一次。第一穗果坐住前适当控制浇水，进行蹲苗，第一穗果开始膨大时，每亩追施生态有机肥25kg，也可追施魔粒丰，每亩用量为5kg，以利保果。

（3）植株调整。采用单干整枝，及时抹去多余侧芽。当第一花序开放时，用塑料绳吊蔓或搭支架绑蔓。当植株长至离棚顶约60cm时适当落蔓，以根部为中心进行盘绕。中后期及时摘除病叶老叶，通风透光，以利防病。

（四）病虫害防治

（1）防治原则。按照“预防为主，综合防治”的植保方针，坚持“农业防治、物理防治、生物防治为主，化学防治为辅”的原则。化学防治使用农药应符合绿色食品生产的规定。

（2）农业防治。实行严格轮作制度，与非茄科作物轮作3年以上；覆盖地膜；培育适龄壮苗，提高抗逆性；测土平衡施肥，增施充分腐熟的有机肥，少施化肥，防止土壤富营养化。

（3）物理防治。

增设防虫网：通风口处增设防虫网，以40目防虫网为宜。

黄板诱杀；黄板诱杀白粉虱、斑潜蝇用30cm×20cm长方形塑板，涂上黄色油漆，再涂一层机油，挂在高出植株顶部的行间，每亩30～40块，当黄板粘满白粉虱、斑潜蝇时，刮除虫残体重涂一层机油。一般7～10d一次。

（4）化学防治。

病毒病：用20%病毒A可湿性粉剂500倍液喷雾防治1次，30g/亩。安全间隔期7d。

叶霉病：用47%加瑞农可湿性粉剂800倍液喷雾防治1次，30g/亩，安全间隔期7d。

疫病：用77%可杀得可湿性粉剂800倍液喷雾防治1次，100g/亩，安全间隔期7d。

（五）采收

果实达商品成熟时，在严格按照农药安全间隔期前提下，及时采收。采收过程中所有工具要清洁，卫生，无污染。

（六）包装、运输、贮藏

包装：人工挑选，不合格的樱桃番茄挑出，合格的称量装箱。用于装樱桃番茄的纸箱整洁、干燥、牢固、美观、无污染、无异味、无虫蛀、无腐烂、无霉变现象，无受潮离层现象。按甜品小柿子的规格包装。每批的包装规格、单位、毛重一致。包装上标明绿色食品申报产品品名、规格、毛重、净重、产地、采摘及包装日期等，字迹清晰、完整、无误。

运输：装运时轻装轻卸、严防机械损伤，运输车辆、运输工具必须清洁、卫生、无污染。

贮藏：严防暴晒、雨淋及有毒物质的污染。仓库必须清洁卫生，通风良好，防鼠，防虫。库内码放保证气流均匀畅通。

（七）其他

绿色食品生产要求建立田间技术档案，做好整个生产过程的全面记载，妥善保存，以备查阅。尤其是对绿色食品生产操作规程的修订和完善非常重要。

十一、绿色食品番茄种植操作规程

（一）范围

本标准规定了达到绿色食品番茄产品质量要求的产地环境条件和生产技术措施等项管理技术。

（二）规范性应用文件

NY/T 391 绿色食品产地环境技术条件

NY/T 655—2012 绿色食品茄果类蔬菜

NY/T 394 绿色食品肥料使用准则

NY/T 393 绿色食品农药使用准则

NY/T 1055 绿色食品产品检验规则

NY/T 658 绿色食品包装通用准则

（三）产地环境要求和栽培措施

1. 产地环境

选择空气清新、地下水质纯净、土壤肥沃未受污染，并远离工业区，农业生态环境良好的地区，符合《绿色食品产地环境技术条件》的要求。

2. 茬口安排及品种选择

茬口安排：一年一茬，每年 7 月下旬育苗，9 月中旬定植，下一年 1 月中旬开始采收，下一年 6 月拉秧。

品种选择：番茄选择早熟、高产、优质、抗病性强的品种。常见的品种有优抗 98、瑞特粉娜、奥菲、贝利、百利等。

3. 培育壮苗

采用基质工厂化育苗，苗龄 30～35d。

育苗前，先用室温水预浸种子 2～3h 后换水反复搓洗把种皮黏液洗净为止，然后将种子装入纱布袋放入 100℃水中浸 5～10s，并不断搅动，然后立即移入冷水中冷却，反复 3～5 次。由于不同品种的耐热力不同，事先要进行试验，以免影响发芽率。处理完后用干净湿毛巾包起至恒温箱催芽，每隔 12h 翻动并用 30℃温水淋湿毛巾一次，使之受热均匀，以利发芽齐壮，种子露白即可播种。

壮苗标准：子叶完整、茎秆粗壮、叶片深绿、无病斑、无虫害、节间短、株高在 16～18cm、5～6 片叶、根系布满基质，可以移栽。

4. 移栽

移栽前，将棚内作物彻底清除，并施腐熟农家肥 5 000kg，磷酸二铵 15kg。深翻土壤，高温闷棚 10～15d 后，按大行距 80cm、小行距 50cm 起垄，垄高 15～20cm，株距 40cm，行距 40～45cm，密度为每棚 3 000～3 200株。下午 3 点后开始定植，定植后浇足定植水，覆膜，采用遮阳网遮阴，遮盖时间长短以当时光照强弱而定，促进快速发生新根。保证每日 8h 光照，白天温度 28～30℃，不宜太高，空气相对湿度 60%～70%。

5. 田间管理

缓苗后至开花前，日温 24～26℃，夜温 15℃左右。结果期，日温 25～28℃，夜温 13～15℃。冬季 30℃以上开始放风，20℃时彻底关闭风口。

在浇水过程中，要掌握阴天不浇晴天浇，下午不浇上午浇的原则，苗期要控水，连阴天要控水，低温期要控水，冬季 10d 左右一水，春秋季 7d 左右一水，夏季 4～5d 一水。一般上午 8～9 点浇水，浇水后闭棚增湿 2h 左右，当温度升到 35℃左右时，再由小到大逐渐通风排湿，以减少夜间结露。

缓苗水后至第一穗果直径达到2.5cm左右开始浇水追肥，以后每坐一穗果都要追一次肥，每次追瑞力宝高钾肥5kg。

植物单秆整枝，每株留6穗果，最后一穗果上留2片叶掐尖，每穗果留4～5个，及时吊绳，防止倒秧，及时去除侧枝（不超过7cm），防止不必要的养分消耗，采用熊蜂和人工振动授粉。

6. 人工工作

（1）盘头，每7～10d一次，盘头时用手背将植物生长点与线绳分开，以减少损伤。

（2）拿杈，每7d一次。每片叶的叶腋处都会长出侧枝，拿掉所有的侧枝，除杈时连基部一起拿掉，不要留一小段。

（3）疏花疏果，每7～8d一次。大型果（单个果重200g以上）每串留3个果，中大型果（单个果重140～180g）每串留4个果，中型果（单个果重100～140g）每串留5～6个果。

（4）落蔓，每12～14d一次。每次落40cm左右，保证最下面的果实不会接触到地面。

（5）去老叶，每7d一次。冬天每株留10～12片叶，夏天每株留16～18片叶。去老叶时从下部开始去除，并保证最下面一串果实之下无叶片。

（6）每周采收2～4次，由东往西采收。

7. 病虫害防治

坚持“预防为主，综合防治”的植保方针，针对不同防治对象及其发生情况，分析后进行防治。优先采用生物措施、物理措施防治，科学、合理使用化学农药防治。

（1）挂防虫网阻虫。在大棚通风口处挂防虫网，阻止蚜虫、白粉虱、斑潜蝇等害虫进入。

（2）黄粘板诱杀。在番茄行间、株间挂黄粘板，高出植株25～30cm，每亩挂30块，要及时检查，发现虫体种类和数量，采取防治措施，粘满虫体时要及时更换粘板。

（3）及时进行植株整理。摘除病、老、黄叶和病果，拔除病株，整枝打杈前用浓肥皂水洗手，防止操作时接触传染。整枝打杈后及时用草木灰浸泡液喷施，以起到消毒杀菌作用。

8. 主要病虫害

番茄主要病害有疫病、叶霉病。

用有效成分52.5%的噁酮·霜脲氰（杜邦抑快净）水分散粒剂喷雾，30g/亩，整个生长期喷施1次，安全间隔期7～10d。

主要虫害有白粉虱、红蜘蛛。

除悬挂黄粘板颜色诱杀外，常用草木灰浸泡液喷洒，杀死白粉虱、红蜘蛛。也可用大蒜瓣捣碎成泥加等量水搅拌均匀，取原液再加水50倍喷雾，随配随用，效果明显。还可用新鲜番茄叶捣烂成泥加2～3倍清水浸泡5～6h，取其清液喷洒，可防治红蜘蛛。

（四）采收及后续管理

采摘标准：

（1）采摘的果实确保无病态，色泽鲜艳、品相正，同批次大小均匀原生态。

（2）不在露水多时采摘，采摘时要保持双手洁净，采摘工具要清洁、卫生、无污染等。

（3）保证果蒂整齐，包装时果实要摆放整齐，装箱、装袋重量要一致。

（4）果实着色均匀，表面光泽亮丽，不得有污点，带萼片，蒂不能超过底面。

检验：采收前7～15d停止施肥及一切化学农药的使用。生长期施过化学农药的番茄，采摘前1～2d必须进行农药残留生物检测，合格后方可采摘，分级包装上市。

产品等级质量、检验方法与规则、包装与标志、运输等均严格按照绿色食品相关标准执行。

（五）其他

绿色食品生产要求建立田间技术档案，做好整个生产过程的全面记载，妥善保存，以备查阅。

尤其是对绿色食品生产操作规程的修订和完善非常重要。

十二、绿色食品黄瓜生产操作规程

(一) 范围

本规程规定了绿色食品黄瓜生产的产地环境条件与栽培技术措施、收获及后续管理措施。

本标准只适用保护地绿色食品黄瓜生产。

(二) 生产基地的环境条件

选择远离工矿企业（距离超过5km），无“三废”污染。地势平坦，土壤肥沃，地下水资源充足，光照资源丰富，生物呈现多样性的基地。经监测符合《绿色食品产地环境质量标准》要求。

(三) 绿色食品黄瓜栽培措施

本条款没有说明的栽培措施，仍按常规栽培措施实施。

(1) 品种选择。选择抗病、高产、优质、商品性好的黄瓜品种，如：“寒月”等。

(2) 育苗与移栽。采用温床育苗并且应用营养钵或纸袋进行育苗。壮苗标准为3~4片叶，10~13cm高，30~40d，叶色浓绿，植株健壮。移栽前，亩施腐熟农家肥5 000kg，亩施基肥磷酸二铵10kg，深翻、耙细，整地做畦。8月中下旬定植，亩保苗3 300~3 700株。

(3) 田间管理

①温度管理。采用4段变温管理，即揭帘前到下午2时，28℃左右，促进光合作用；下午2时至5时盖帘前22℃左右；前半夜14℃左右促进光合产物转化；后半夜11℃左右，抑制呼吸消耗。

③水肥管理。根据植物生长状况施肥浇水。总的原则是阴天不浇水，不大水漫灌，傍晚不浇水，选择晴天浇水，生长前期控水，中期15d一水，后期7d一水。

(四) 病虫害防治

(1) 主要病虫。霜霉病、细菌性角斑病。

(2) 防治原则。按照“预防为主，综合防治”方针。坚持以农业防治、物理防治、生物防治为主，化学防治为辅。

①农业防治。

a. 选用抗病品种。

b. 创造适宜的生育环境条件：培育适龄壮苗，提高抗逆性，控制好温湿度。适度补充二氧化碳气肥。

c. 耕作改制：与非瓜类作物轮作三年以上。

d. 科学施肥：测土平衡施肥、增施充分腐熟的有机肥，少施化肥。

②物理防治。

a. 设施保护：设施放风口用防虫网封闭，夏季上遮阴网。

b. 黄板诱杀：设施内悬挂黄色捕虫板诱杀，每亩需30~40块。当黄板粘满虫时，更换黄板（或重涂机油），一般7~10d重换一次。

c. 高温闷棚防治黄瓜霜霉病：闷棚前1d给黄瓜浇一次大水，次日晴天封闭棚室，将棚温提高到45℃左右，掌握温度不低于42℃，不超过46℃。达到1.5~2h后，从顶部慢慢加大放风，使室温下降，隔4d后再进行第二次闷棚。

③化学防治。在干燥晴天天气可喷雾防治，注意交替用药，合理混用。

霜霉病：9月25日前用72%的甲霜灵—锰锌可湿性粉剂喷雾1次，120g/亩。安全间隔期14d。

细菌性角斑病：10月10日前用53.8%的可杀得干悬浮剂喷雾1次，70g/亩。安全间隔期10d。

（五）收获及后续管理

采收：10 月下旬开始收获，采收过程中所有工具要清洁，卫生，无污染。

分装：用于产品包装的容器必须大小一致、整洁、干燥、透气、无污染、无异味、内壁无尖突物等。

运输：运输前应进行预冷，运输过程中注意防冻、防雨淋，防晒、通风散热。

贮存：贮存时应按品种、规格分别贮存，选择适宜产品贮存的温度、湿度、库内堆码时，应保证气流均匀流通。

（六）其他

绿色食品生产要求建立田间技术档案，做好整个生产过程的全面记载，妥善保存，以备查阅。尤其是对绿色食品生产操作规程的修订和完善非常重要。

十三、绿色食品黄瓜生产技术规程

（一）栽培地块选择

地块选择：选择地势平坦、排灌方便、土层深厚、土质疏松、富含有机质、保水、保肥性好的地块。

（二）栽培技术措施

（1）品种选择。精选津研 7 号等作为主栽品种，拒绝使用转基因品种。

（2）适时播种，培育壮苗，5 月上旬播种。

（3）栽培方式可以直播也可育苗移栽。根据本地区黄瓜的栽培季节，适时育苗，首先进行浸种催芽，用 55℃左右的温水浸泡 10～20min，此过程要不断搅拌，温度降到 28～30℃浸种 5～6h，在 28℃下催芽，一般 15h 可出齐。直播可采用点播为宜，先覆膜，然后按株行距为 50cm ×（27～40）cm左右打孔，每穴播 2～3 粒种子，覆土厚度为 1～2cm，覆土后浇足水。

（4）苗期的温度。黄瓜生育期要求有一定的昼夜温差，白天 25～30℃、夜间 13～18℃，有利于抑制植株徒长和防止落花落果。

（5）定植。黄瓜根系浅，吸收能力较弱，生产快，结果多，生产田要施用充足的基肥。在前茬作物收获后应及时适度深耕土壤，整地做畦，以腐熟的猪圈肥为基肥，亩施 2 500～3 000kg。栽培畦做成排水良好的小高畦，畦长 7～10m，畦距 1.3～1.4m，畦底宽 70～75cm，畦高 10～12cm，畦沟宽 60～65cm，双行种植。覆盖地膜。

（6）田间管理。

肥水管理与中耕：播种和移栽初期重点水分管理，确保出苗成活。采用直播方式的及时间苗、查苗补缺，3～4 片真叶时定苗，每穴留苗一株。抽蔓期、开花结果期每亩重施磷钾肥 10～15kg，采收一次喷施 0.2% 磷酸二氢钾。根瓜采收前后，控制浇水，结合除草浅耕保墒，注意排水防涝。进入盛瓜期，每隔 3～4d 浇 1 次水；进入结瓜后期，浇水次数相应减少。

绑蔓、整枝：在开始抽蔓后进行，用长 2m 以上的竹竿或枝条搭人字架，及时绑蔓。整枝时保留主蔓，侧蔓结 1～2 个瓜后摘心，打掉下部老叶、黄叶。

（7）病虫害防治。预防为主，综合防治，利用农业防治、物理防治、化学防治及生态防治相结合的方法，消除病虫害发生。多菌灵 50% 可湿性粉剂 600 倍液，100g/亩。

（三）采收和后续处理

适时采摘：植株基部第一批瓜宜早采摘，有利植株进入生殖生长旺期。当进入生殖生长旺期，应尽可能采摘嫩瓜，在品种所特有的长度和最大的限度时采摘。当早霜临近时，黄瓜生长缓慢，延缓1～2d采摘。

包装：用于装黄瓜的纸箱整洁、干燥、牢固、透气、美观、无污染、无异味、无虫蛀、无腐烂、无霉变现象，无受潮离层现象。按黄瓜品种、规格包装。每批黄瓜的包装规格、单位、毛重一致。同一件包装内的产品应摆放整齐紧密。包装上标明绿色食品申报产品品名、产品的标准编号、商标、生产单位（或企业）名称、详细地址、产地、规格、毛重、净重、采摘及包装日期等，字迹清晰、完整、准确、无误。

运输：运输前应进行预冷。装运时轻装轻卸、严防机械损伤，运输工具清洁、卫生、无污染。运输过程中注意防冻、防雨淋、防晒、通风散热。

贮藏：严防暴晒、雨淋及有毒物质的污染。贮存温度：适宜产品的贮存温度。贮存湿度：黄瓜空气相对湿度保持在85%～90%。库内码放保证气流均匀畅通。

（四）其他

绿色食品黄瓜生产要求建立田间技术档案，做好整个生产过程的全面记载，妥善保存，以备查阅。尤其是对绿色食品生产操作规程的修订和完善非常重要。

十四、绿色食品黄瓜种植操作规程

（一）范围

本标准规定了达到绿色食品黄瓜产品质量要求的产地环境条件和生产技术措施等项管理技术。

（二）规范性应用文件

NY/T 391 绿色食品产地环境技术条件

NY/T 747—2012 绿色食品瓜类蔬菜

NY/T 394 绿色食品肥料使用准则

NY/T 393 绿色食品农药使用准则

NY/T 1055 绿色食品产品检验规则

NY/T 658 绿色食品包装通用准则

（三）产地环境要求及栽培技术措施要求

1. 产地环境

选择空气清新、地下水质纯净、土壤肥沃未受污染，并远离工业区，农业生态环境良好的地区，符合《绿色食品产地环境技术条件》的要求。

2. 茬口安排及品种选择

茬口安排：一年一茬，每年8月上旬育苗，9月上旬定植，11月中旬开始采收，下一年6月拉秧。

品种选择：黄瓜选择早熟、高产、优质、抗病性强的品种。常见的品种有京研208、津研1－7、京优等。

3. 培育壮苗

采用基质工厂化育苗，黄瓜苗龄在30d左右。

育苗前，先用室温水预浸2～3h后换水反复搓洗把种皮黏液洗净为止，然后将种子装入纱布袋放入100℃水中浸4～5s，并不断搅动，然后立即移入冷水中冷却，反复3～5次。由于不同品种的耐热力不同，事先要进行试验，以免影响发芽率。处理完后用干净湿毛巾包起至恒温箱催芽，每隔12h翻动并用30℃温水淋湿毛巾一次，使之受热均匀，以利发芽齐壮，种子露白即可播种。

壮苗标准：三叶一心、茎秆粗壮、节间短、叶片深绿、无病斑、无虫害、根多而白、根系发达，可以移栽。

4. 移栽

移栽前，将棚内作物彻底清除，并施腐熟农家肥 5 000kg，磷酸二铵 15kg，深翻土壤，高温闷棚 10～15d 后，按大行距 80cm、小行距 50cm 起垄，垄高 15～20cm，株距 40cm，行距 40～45cm，密度为每棚 2 800～3 000株。下午 3 点后开始定植，定植后浇足定植水，采用遮阳网遮阴，遮盖时间长短以当时光照强弱而定，促进快速发生新根。保证每日 8h 光照，白天温度 28～30℃，不宜太高，空气相对湿度 60%～70%。

5. 田间管理

黄瓜缓苗后，白天温度 22～25℃，夜间 13～15℃，空气湿度 50%～60%，定植后 10～15d，株高 25cm 左右开始吊绳。盘秧打杈，七片叶下不留瓜。

棚内栽培结果时间长，因此需要肥量大，在施底肥的基础上，还应追肥，一般 5～7d 浇一次水，同时追瑞力宝钾肥 3kg。

6. 人工工作

（1）盘头，每 4d 一次。盘头时用手背将植物生长点与线绳分开，以减少损伤。

（2）疏花疏果和拿杈，每两天一次。拿掉所有分杈和须子。拿杈时连基部一起拿掉，不要留一小段。去除所有雄花，只留带瓜的雌花。从第七片叶开始留第一个瓜，有雌花的每节留一个瓜。

（3）落蔓，每 7d 一次。每次落蔓 30cm。

（4）去老叶，每 7d 一次。冬天每株留 10～13 片叶子，夏天每株留 14～18 片叶子。从底部开始去除老叶子。

（5）收获，每天 1～2 次，由东往西采收。

7. 病虫害防治

坚持“预防为主，综合防治”的植保方针，针对不同防治对象及其发生情况，分析后进行防治。优先采用生物措施、物理措施防治，科学、合理使用化学农药防治。

（1）挂防虫网阻虫。在大棚通风口处挂防虫网，阻止蚜虫、白粉虱、斑潜蝇等害虫进入。

（2）粘虫板诱杀。在黄瓜行间、株间挂黄粘板、蓝粘板，高出植株 25～30cm，每亩挂黄粘板 30 块、蓝粘板 10 块，要及时检查，发现虫体种类和数量，采取对应防治措施，粘满虫体时要及时更换粘板或黏液。

（3）及时进行植株整理。摘除病、老、黄叶和病果，拔除病株，整枝打杈前用浓肥皂水洗手，防止操作时接触传染。整枝打杈后及时用草木灰浸泡液喷施，以起到消毒杀菌作用。

（4）黄瓜主要病害防治。

白粉病：用嘧菌·百菌清（阿米多彩）有效成分 560g/L 悬浮剂喷雾，75ml/亩，整个生长期喷施 1 次，安全间隔期 3～5d。

霜霉病：用有效成分 52.5% 的噁酮·霜脲氰（杜邦抑快净）水分散粒剂喷雾，30g/亩，整个生长期喷施 1 次，安全间隔期 7～10d。

（5）主要虫害防治。

除悬挂粘板颜色诱杀外，常用草木灰浸泡液喷洒，杀死害虫。也可用大蒜瓣捣碎成泥加等量水搅拌均匀，取原液再加水 50 倍喷雾，随配随用，效果明显。还可用新鲜番茄叶捣烂成泥加 2～3 倍清水浸泡 5～6h，取其清液喷洒，可防治红蜘蛛。

（四）采收及后续管理

采摘标准：

（1）采摘的果实确保无病态，色泽鲜艳、品相正，同批次大小均匀原生态。

（2）不在露水多时采摘，采摘时要保持双手洁净，采摘工具要清洁、卫生、无污染等。

（3）保证果蒂整齐，包装时果实要摆放整齐，装箱、装袋重量要一致。

（4）黄瓜顶花带刺，长度30cm以上，直径4cm左右，带蒂，颜色黑绿，无太大弯曲。

（5）检验：采收前7～15d停止施肥及一切化学农药的使用。生长期施过化学农药的黄瓜，采摘前1～2d必须进行农药残留生物检测，合格后方可采摘，分级包装上市。

产品等级质量，检验方法与规则，包装与标志，运输等均严格按照绿色食品相关标准执行。

（五）其他

绿色食品生产要求建立田间技术档案，做好整个生产过程的全面记载，妥善保存，以备查阅。尤其是对绿色食品生产操作规程的修订和完善非常重要。

十五、绿色食品番茄生产技术规程

（一）地块选择

选择地势平坦、排灌方便、土层深厚、土质疏松、富含有机质、保水、保肥性好的地块。

（二）栽培技术措施

（1）品种选择。选用优质、抗病、高产的品种。主要用毛粉802、佳粉15、L402等。

（2）种子处理。将种子放入55℃温水中浸泡15min，并不停搅拌；捞出后再放入10%磷酸三钠溶液中浸20～30min，浸后用清水冲洗，最后放入25～30℃水中浸种6～8h。

将浸好的种子洗净，稍加风干后用湿布包好，放在25～30℃处催芽。每天用清水冲洗一次，每隔4～6h翻动1次。2～3d后待60%的种子萌芽时，停止催芽。如不能及时播种，放在10℃处存放。

（3）苗床准备。选用近3年未种过茄科蔬菜的肥沃园田土与充分腐熟过筛圈粪按2：1比例混合均匀，将床土铺入苗床，厚度10～15cm，或装入10cm×10cm营养钵，码放在苗床内。

（4）床土消毒。用50%的多菌灵可湿性粉剂与70%的代森锰锌可湿性粉剂按9：1比例混合，按每平方米用药8～10g与4～5kg过筛细土混合，播种时2/3铺在床面，1/3覆在种子上。

（5）播种。播种期3月上旬开始播种。

方法：浇足底水，水渗下后覆一层细土（或）药土，将种子均匀撒播于床面，覆细土（或）药土1～1.2cm。

（6）苗期管理。温度管理见表3－1。

表3－1　苗期温度管理表　　（单位:℃）

时期	适宜日温	适宜夜温
播种至齐苗	25～30	15～18
齐苗至分苗前一周	20～25	14～16
分苗前一周至分苗	16～20	12～14
分苗至缓苗	25～28	15～18
缓苗后至定植前一周	18～22	14～16
定植前一周至定植	12～16	10～12

①间苗。分苗前间苗1～2次，拉开苗距3～4cm，及时去掉病苗、弱苗、小苗及杂苗。间苗后覆1次细土。

②分苗。幼苗2叶1心时分苗。按10cm株行距在分苗床上开沟，座水栽苗可直接分苗于

10cm×10cm 营养钵内。

③分苗后管理。缓苗后锄划 1~2 次。不干不浇水。定植前 7d 浇 1 次水，水渗后起苗、割坨囤苗。壮苗标准：株高 20cm，茎粗 0.6cm，7~8 片叶，叶色深绿并略显紫色，现蕾，根系发达，无病虫害。

（7）定植前准备。

①前茬。为非茄科蔬菜。

②整地施肥。结合整地每亩施腐熟的有机肥 5 000kg，磷酸二铵 15kg。露地栽培做畦宽 1.2m，长 5~8m，每畦栽两行；棚室内按大行距 80cm，小行距 40cm 起半高垄，覆好地膜。

③棚室防虫消毒。

④覆银色地膜避蚜虫。通风口用尼龙网纱防虫。每亩用硫黄粉 2~3kg 加 80% 敌敌畏乳油 0.25kg 拌上锯末，分堆点燃，密封 24h，放风无味后再定植；定植前利用太阳能高温闷棚。

（8）定植。

定植期：11 月中旬开始定植。

密度：每亩定植 3 000~4 000株，行距 60cm×（28~40）cm。

方法：按行株距要求开 10~12cm 沟，地膜覆盖的要挖穴，座水栽苗，覆土不超过子叶。

（9）定植后的管理。

生长前期土壤见干见湿，进入果实采收期后保持土壤湿润，结合浇缓苗水每亩施腐熟的人畜粪尿 150~200kg，第一穗果核桃大时结合浇水追施腐熟人畜粪尿 150~200kg/亩，隔水追肥 2~3 次，叶面喷施 0.2% 的磷酸二氢钾、0.1% 的硫酸锌叶面肥。

①温湿度。温度管理见表 3-2。

表 3-2 定植后温度管理表

（单位：℃）

时期 时间	缓苗期		生长前期		生长后期（结果采收）	
	白天	夜间	白天	夜间	白天	夜间
气温	25~30	14~16	20~25	12~14	25~28	14~16

各时期适宜的地温为 18~22℃。

生长前期空气相对湿度维持在 60%~65%，生长中后期维持在 45%~55%。

采用地膜覆盖、滴灌、膜下浇水，控制水量，放风等措施调节温湿度。当外界气温稳定在 12℃ 时可全天放风。

②植株调整。采用单干整枝。及时打掉侧枝，摘除老叶、黄叶。无限生长型根据栽培需要，留足果穗后，抹去顶芽。操作前要消毒净手。

（三）病虫害防治

坚持生物防治、物理防治为主，药剂防治为辅，综合防治和化学防治相结合的原则。

生态防治：重点调整棚内的温度，创造一个适合番茄生长而不适合病虫害发展的棚室条件。

物理防治：采用银灰色反光膜驱蚜，设黄板诱蚜及白粉虱，加盖遮阳网、防虫网，杜绝外界害虫进入。

生物防治：在温室番茄平均每株有白粉虱 0.5~1 头时，释放丽蚜小蜂 2 800头/亩，每 7~10d 一次，共 2 次。

病虫害药物防治：番茄易发生的主要病虫害是早、晚疫病、灰霉病、蚜虫。在防病措施上以农业防治、物理防治为主，科学使用化学农药为辅的方法。

早、晚疫病：用 50% 多菌灵可湿性粉剂 600~800 倍液于发病初期喷雾一次，100g/亩。

灰霉病：用70%威尔达甲托600～800倍液喷雾在晴天的下午均匀喷洒，于发病初期喷雾一次。60g/亩。

茎腐病：用72%农用链霉素可湿性粉剂4 000倍液喷雾，于发病初期喷雾一次。7kg/亩。

（四）采收及后续管理

收获期要及时看天气预报，大雨来临之前把八成熟的果摘下放在屋内，出售时摘把，可防裂果。

包装：用于装番茄的纸箱整洁、干燥、牢固、美观、无污染、无异味、无虫蛀、无腐烂、无霉变现象，无受潮离层现象。按番茄的规格包装，每箱为10kg。每批番茄的包装规格、单位、毛重一致。包装上标明品名、规格、毛重、净重、产地、采摘及包装日期等，字迹清晰、完整、无误。

运输：装运时轻装、轻卸、严防机械损伤，运输工具清洁、卫生、无污染。

贮藏：严防暴晒、雨淋及有毒物质的污染。库内码放保证气流均匀畅通。

（五）其他

绿色食品番茄生产要求全过程记录并妥善保存。

十六、绿色食品茄子生产技术规程

（一）范围

本规程规定了绿色食品茄子生产的产地环境条件与栽培技术措施、收获及后续管理措施。

本规程只适合保护地绿色食品茄子生产。

（二）生产基地环境条件

环境质量：经监测符合《绿色食品产地环境质量标准》要求。

土壤条件：土壤耕层深厚、地势平坦、排灌方便、土壤结构适宜、理化性状良好、有机质含量高。

（三）绿色食品茄子栽培措施

本条款没有说明的栽培措施仍按常规栽培措施实施。

1. 培育无病虫壮苗

品种选择：选用抗病虫、抗性强、适应性广、商品性好、产量高的布利塔、756、706茄子。拒绝使用转基因品种。

种子处理：应用高温浸种消毒。浸种前，先用室温水预浸2～3h后换水反复搓洗把种皮黏液洗净为止；然后将种子装入纱布袋或纱袜中放入100℃水中浸5～10s，并不断搅动，然后立即移入冷水中冷却，反复3～5次。由于不同品种的耐热力不同，事先要进行试验，以免影响发芽率。捞出后阴干再催芽（防治病害效果好且出苗整齐）。

催芽：将处理好的种子用湿布包好，在25～30℃处催芽。每天用清水冲洗一次，2～4d露芽，再放到10～15℃条件下，经过10～12h后再播种。

播种：苗床营养土配制：用没种过茄科作物的园田土60%与腐熟的有机肥40%（羊粪与骡马粪3∶1混合肥）混合均匀，施于床面，厚度7～10cm为宜。浇透水，刮平畦面。用15～30kg细土2/3铺于床面，刮平后撒种，1/3覆盖种子上，然后加盖小拱棚。白天苗床温度控制在26～32℃，夜间温度控制在13℃以上，出苗后温度白天控制在24～28℃，夜间15℃左右。

2. 嫁接

品种选择：用托鲁巴姆或CRP野生茄种做砧木，接穗选择布利塔。

浸种催芽：砧木用30℃温水浸泡48h，捞出沥干后放入1份白酒与2份水的溶液中，再浸泡

2h，捞出后用清水洗净后用湿布包好进行催芽。

移栽：当砧木与接穗各长到两叶一心时，均应移栽到营养钵中，营养土的配制（同上），移栽后浇透水并适当遮阴4~5d，以后逐渐增加光照，以利快速缓苗。

嫁接：当砧木长到5~7片真叶，接穗长到4~6片真叶时即可嫁接。嫁接方法采用劈接，具体做法：砧木从根部留2~3片叶，横向（刀具垂直砧木）切断，再从切口中间部位纵深向切深1cm左右的口子（接缝）将接穗从顶部留2~3片叶处切断，削成两面平展0.7~1cm长的锐角，然后插入砧木的接缝中，切面对齐，如接穗和砧木直径不同，嫁接时可一侧对齐，用嫁接卡夹牢即可，嫁接后应密闭遮阴保温，使空气相对湿度保持在90%以上，温度28~32℃，7d后可逐渐适应外部环境，一般嫁接成活率在95%以上。

3. 定植

嫁接后30d左右即可定植。9月下旬定植，前20~30d整地，施肥。亩施优质腐熟粪肥5 000kg，硫酸钾30kg。然后深翻疏松土壤、整平、耙细、起垄、做台。采用大垄双行栽培比较合理，大垄距1.2m，台上行距50cm，株距40~45cm。越冬茬温室生产，一年一茬。双行交错定植，密度为每亩2 400~2 600株。下茬与非茄果类作物轮作或晾茬。

4. 定植后的管理

嫁接茄子不宜蹲苗，以促为主。定植时浇透底水，定植后需中午遮阴3~4d，以防萎蔫。定植后5~7d浇一次透水。进入开花结果期后，白天保持27~28℃，夜间保持13~15℃，相对湿度保持在80%以上，视土壤墒情浇水。12月1日随水追生态有机无机肥30kg/亩。进入采摘期，要及时补充营养，同时注意加强田间管理，整枝、打杈及病虫害防治。

（四）病虫害防治

（1）设施保护。在放风口用防虫网封闭，夏季上遮阴网。

（2）黄板诱杀。利用白粉虱趋黄习性，棚室内挂置黄板（20cm×30cm）30~40块/亩，7~10d刮除虫体，重涂一次机械润滑油，可诱杀大部分白粉虱成虫。

（3）化学防治。

灰霉病：12月1日用40%隆利可湿性粉剂喷雾防治1次，65g/亩。安全间隔期10d。

褐纹病：用58%甲霜灵锰锌可湿性粉剂喷雾防治1次，150g/亩。安全间隔期1d。

白粉虱：11月15日，用10%吡虫啉可湿性粉剂喷雾防治1次，10g/亩。安全间隔期7d。基数不够可不用药。

（五）收获及后续管理

采收：适时收获。采收过程中所用工具要清洁、卫生、无污染。

包装：用于装茄子的纸箱整洁、干燥、牢固、透气、美观、无污染、无异味、无虫蛀、无腐烂、无霉变现象，无受潮离层现象。按茄子品种、规格包装。每批茄子的包装规格、单位、毛重一致。同一件包装内的产品应摆放整齐紧密。包装上标明绿色食品申报产品品名、产品的标准编号、商标、生产单位（或企业）名称、详细地址、产地、规格、毛重、净重、产地、采摘及包装日期等，字迹清晰、完整、准确、无误。

运输：运输前应进行预冷。装运时轻装轻卸、严防机械损伤，运输工具清洁、卫生、无污染。运输过程中注意防冻、防雨淋、防晒、通风散热。

贮藏：严防暴晒、雨淋及有毒物质的污染。贮存温度：适宜产品的贮存温度。贮存湿度：茄子空气相对湿度保持在85%~90%。库内码放保证气流均匀畅通。

（六）其他

绿色食品茄子生产要求建立田间技术档案，做好整个生产过程的全面记载，妥善保存，以备查阅。尤其是对绿色食品生产操作规程的修订和完善非常重要。

十七、绿色食品青椒生产技术规程

（一）范围

本规程规定了绿色食品青椒生产的产地环境条件与栽培技术措施、收获及后续管理措施。

本规程只适合保护地绿色食品青椒生产。

（二）生产基地环境条件

环境质量：经监测符合《绿色食品产地环境质量标准》要求。

土壤条件：土壤耕层深厚、地势平坦、排灌方便、土壤结构适宜、理化性状良好、有机质含量高。

（三）绿色食品青椒栽培措施

本条款没有说明的栽培措施仍按常规栽培措施实施。

1. 培育无病虫壮苗

品种选择。选用抗病虫、抗性强、适应性广、商品性好、产量高的红罗丹青椒。拒绝使用转基因品种。工厂化育苗。

2. 定植

整地施肥。每亩施用优质腐熟粪肥 5 000kg，硫酸钾 30kg。然后深翻疏松土壤、整平、耙细，采取高畦栽培。

栽培密度。9 月上旬定植，畦宽 1m，1 畦栽双行，畦距 50cm，畦高 15cm，株距 40cm，行距 45 ~ 50cm，密度为 1 800 ~ 2 000株/亩，越冬茬温室生产，一年一茬。下茬与非茄果类作物轮作或晾茬。

3. 定植后的管理

（1）温度。

缓苗前：定植后 5 ~ 7d 一般不进行通风换气，以促根缓苗。温度一般保持在 28 ~ 30℃，不宜于太高，如超过 35℃则必须通风降温。

缓苗后：昼夜温度均较缓苗前降低 2 ~ 3℃，以促进根部扩展，使秧苗健壮（即适当蹲苗 5d 左右），一般保持在 25 ~ 30℃。

结果期：冬季、早春通风换气应视室内温度而确定。白天午前 26 ~ 28℃，午后 28℃。夜晚 10 点前 18℃。青椒开花坐果期温度在 25 ~ 30℃最好，地温 17 ~ 25℃。

（2）湿度。空气湿度 50% ~ 60%，土壤保持湿润（湿而不黏），湿度 70% ~ 80%，忌大水漫灌，宜小水勤浇。

低温高湿季节尽可能加强通风排湿，以减少发病机会。

（3）追肥。12 月 1 日追生态有机无机肥，用量 30kg/亩。

（四）病虫害防治

1. 物理防治

设施保护：在放风口用防虫网封闭，夏季上遮阴网。

驱避蚜虫：挂银灰膜条或铺银灰膜驱避蚜虫。

2. 化学防治

炭疽病：12 月 5 日用 50% 多菌灵可湿性粉剂喷雾防治 1 次，70g/亩。安全间隔期 7d。

疫病：10 月 5 日用 58% 甲霜灵—锰锌可湿性粉剂喷雾防治 1 次，150g/亩。安全间隔期 1d。

病毒病：11 月 20 日用 20% 病毒 A 可湿性粉剂喷雾防治 1 次，120g/亩。安全间隔期 7d。

蚜虫：9 月 25 日用 50% 敌敌畏乳油喷雾防治 1 次，50g/亩。安全间隔期 5d。

黄板诱杀；黄板诱杀白粉虱、斑潜蝇用 30cm × 20cm 长方形纸板，涂上黄色油漆，再涂一层机油，挂在高出植株顶部的行间，每亩 30 ~ 40 块，当黄板粘满白粉虱、斑潜蝇时，刮除虫残体重涂一层机油。一般 7 ~ 10d 一次。

（五）收获及后续管理

包装：用于装青椒的纸箱整洁、干燥、牢固、透气、美观、无污染、无异味、无虫蛀、无腐烂、无霉变现象，无受潮离层现象。按青椒品种、规格包装。每批青椒的包装规格、单位、毛重一致。同一件包装内的产品应摆放整齐紧密。包装上标明绿色食品申报产品品名、产品的标准编号、商标、生产单位（或企业）名称、详细地址、产地、规格、毛重、净重、产地、采摘及包装日期等，字迹清晰、完整、准确、无误。

运输：运输前应进行预冷。装运时轻装轻卸、严防机械损伤，运输工具清洁、卫生、无污染。运输过程中注意防冻、防雨淋、防晒、通风散热。

贮藏：严防暴晒、雨淋及有毒物质的污染。贮存温度：适宜产品的贮存温度。贮存湿度：青椒空气相对湿度保持在 85% ~90%。库内码放保证气流均匀畅通。

（六）其他

绿色食品青椒生产要求建立田间技术档案，做好整个生产过程的全面记载，妥善保存，以备查阅。尤其是对绿色食品生产操作规程的修订和完善非常重要。

十八、绿色食品西葫芦生产技术规程

（一）范围

本规程规定了绿色食品西葫芦生产的产地环境条件与栽培技术措施、收获及后续管理措施。

本规程只适合保护地绿色食品西葫芦生产。

（二）生产基地环境条件

环境质量：经监测符合《绿色食品产地环境质量标准》要求。

土壤条件：土壤耕层深厚，地势平坦，排灌方便，土壤结构适宜、理化性状良好，有机质含量高。

（三）绿色食品西葫芦栽培措施

本条款没有说明的栽培措施仍按常规栽培措施实施。

1. 品种选择

选用抗病虫、抗性强、适应性广、商品性好、产量高的翠玉西葫芦、早青一代等，拒绝使用转基因品种。

2. 定植

整地施肥，结合整地，每亩施用腐熟粪肥 5 000kg，硫酸钾 30kg。深翻、细耙。冬春茬温室生产，亩株数 1 000 ~1 500株。一年一茬，下茬与非瓜类作物轮作或晾茬。

3. 定植后管理

追肥：11 月 15 日结合浇水开沟追施生态有机无机肥每亩 15kg。

浇水：禁止大水漫灌，阴天、傍晚不浇水，提倡膜下暗灌。

田间管理：及时整枝打杈，加强通风，中耕除草，摘除枯黄病叶。

（四）病虫害防治

（1）农业防治。及时拔除重病株，摘除病叶，病果，带出棚室外烧毁或深埋。

（2）黄板诱杀。设施内悬挂黄色捕虫板诱杀，每亩需 30～40 块，当黄板粘满虫时，更换黄板（或重涂机油），一般 7～10d 重换一次。

（3）生态防病。晴天上午晚放风，使棚温迅速升高，28℃开始放顶风，把棚温控制在 25～28℃，相对湿度降至 50%～60%时，关闭通风口，使夜间棚温保持 12～15℃，湿度保持在 70%～80%，可有效防治灰霉病。

（4）药剂防治。

白粉病：2 月 23 日用 15%三唑酮可湿性粉剂每亩 50g 喷雾防治。安全间隔期 3d。

灰霉病：11 月 25 日用 40%隆利可湿性粉剂，每亩用 65g 喷雾。安全间隔期 10d。

（五）收获及后续管理

采收：采收过程中所用工具要清洁、卫生、无污染。

包装：用于装西葫芦的纸箱整洁、干燥、牢固、美观、无污染、无异味、无虫蛀、无腐烂、无霉变现象，无受潮离层现象。按西葫芦的规格包装。每批西葫芦的包装规格、单位、毛重一致。包装上标明品名、规格、毛重、净重、产地、采摘及包装日期等，字迹清晰、完整、无误。

运输：装运时轻装、轻卸、严防机械损伤，运输工具清洁、卫生、无污染。

贮藏：严防暴晒、雨淋及有毒物质的污染。库内码放保证气流均匀畅通。

（六）其他

绿色食品生产要求建立田间技术档案，做好整个生产过程的全面记载，妥善保存，以备查阅。尤其是对绿色食品生产操作规程的修订和完善非常重要。

十九、绿色食品芸豆生产技术规程

（一）范围

本规程规定了绿色食品芸豆生产的产地环境条件与栽培技术措施、收获及后续管理措施。

本规程适合保护地绿色食品芸豆生产。

（二）生产基地环境条件

环境质量：经监测符合《绿色食品产地环境质量标准》要求。

土壤条件：土壤耕层深厚，地势平坦，排灌方便，土壤结构适宜、理化性状良好，有机质含量高。

（三）绿色食品芸豆栽培措施

本条款没有说明的栽培措施仍按常规栽培措施实施。

1. 品种选择

选用优质、高产、抗病、抗虫、抗逆性强、适应性广、商品性好的 851－923－8 芸豆。禁止使用转基因品种。

2. 定植与田间管理

整地施肥定植：前茬作物收获后清洁田园，整地要做到深翻 20cm，土地平整、土壤细碎，每亩施用腐熟粪肥 5 000kg，生态有机无机肥 15kg。9 月末直播，越冬茬温室生产，一年一茬。亩保苗 5 500 株。下茬与非豆类作物轮作或晾茬。

追肥：12 月 15 日座荚后结合浇水开沟，每亩追施硫酸钾 5kg。

浇水：禁止大水漫灌，阴天、傍晚不浇水，提倡膜下灌溉和滴灌，掌握浇荚不浇花的原则进行浇水管理。

田间管理：及时插架引蔓，中耕除草，摘除枯蔓病叶，加强通风。

（四）病虫害防治

（1）农业措施。及时拔除病株，摘除病叶和病荚，并将其带出田外深埋。

（2）设施保护。在放风口用防虫网封闭，夏季上遮阴网。

（3）化学防治。

炭疽病：12 月 25 日用 70% 甲基托布津可湿性粉剂 40g/亩喷雾防治。安全间隔期 10d。

美洲斑潜蝇：11 月 20 日用 10% 吡虫啉可湿性粉剂 10g/亩喷雾防治。安全间隔期 7d。

（五）收获及后续管理

采收：采收过程中所用工具要清洁、卫生、无污染。

分装、运输、贮藏：执行《绿色食品包装、贮藏标准》的有关规定。

（六）其他

绿色食品生产要求建立田间技术档案，做好整个生产过程的全面记载，妥善保存，以备查阅。尤其是对绿色食品生产操作规程的修订和完善非常重要。

二十、绿色食品白菜花生产技术规程

（一）地块选择

选择地势平坦、排灌方便、土层深厚、土质疏松、富含有机质、保水、保肥性好的地块。

（二）栽培技术措施

品种选择：精选雪冠 F1 作为主栽品种，拒绝使用转基因品种。

选种育苗：选用植株生长势强，株形直立紧凑，叶片深绿色，蜡质多，花球颜色深绿，紧实，花蕾小，花球大，球形美观，耐运输的品种。

育苗：播前结合翻地，每平方米苗床施腐熟过筛的农家肥 15kg，有机三元复合肥 25g。春季育苗，时间为 4 月上旬。育苗播种前浇足底水，然后均匀地撒播种子，上覆 1cm 厚的细沙，覆上地膜。

苗期管理：当小苗出土后，撤掉地膜，及时喷水，保持土壤湿润状态，防止水分过多或干旱。

壮苗移栽标准：具有 4～5 片真叶、子叶完好、叶色鲜绿、茎叶健壮、无病虫为害、根系发达呈白色与基质凝结完好。苗龄 35d 左右即可定植。

整平做畦：亩施优质腐熟的鸡粪 500kg 做基肥，然后翻耕均匀，整平后做畦（垄），畦宽 130cm、高 30cm、沟宽 40cm，畦面细碎、中间略高。垄面覆盖 90cm 的地膜待定植。

定植：5 月上旬定植。移栽前将苗按大小分级，壮苗和弱苗分开，带土移栽。每畦定植双行，排列采用品字型，行距 45cm、株距 35cm、单株定植，每亩保苗 2 700～3 000株，定植深度以苗坨栽入土中 5cm 左右为宜，栽后苗坨四周土壤稍压。

定植后管理：定植后及时浇定根水，浸透畦土，促进缓苗；缓苗后至现花蕾前适当控水促进根系生长。现花蕾后至花球生长期，保证水分供应促进花球生长，防止缺水造成减产；采收前适当控水以利提高花球的耐贮性。生长期如遇降大雨，或灌水超过浸泡时间后应及时排水，防止田间积水造成生长不良。

施肥：定植后 15～20d，连座期每亩追施有机三元复合肥 5kg，促进生长。现花蕾前每亩穴施有机三元复合肥 10kg，施于株间深度 8～10cm，施后盖土，促进花球生长。定植后每隔 15～20d 喷一次钼酸铵 600 倍，或硼砂 500 倍防止空茎，提高花球坚实度和产量品质。花球生长期，花蕾侧枝也逐步生长，应及时彻底去除侧枝，以免影响主花球的生长和商品质量，去侧枝在露水干后进行，避免伤口感染。

（三）病虫害防治

霜霉病：清理田间残枝落叶，耕翻土壤，避免与同科蔬菜连作或间套作。药剂防治可喷多菌灵50%可溶粉剂600倍液防治，100g/亩。

（四）采收及后续管理

采收：分次采收，当一部分植株主花球充分长大但尚未散花时及时采收。采收过程中所用工具要清洁、卫生、无污染。

包装：用于装白菜花的纸箱整洁、干燥、牢固、美观、无污染、无异味、无虫蛀、无腐烂、无霉变现象，无受潮离层现象。按白菜花的规格包装，每箱为10kg。每批白菜花的包装规格、单位、毛重一致。包装上标明品名、规格、毛重、净重、产地、采摘及包装日期等，字迹清晰、完整、无误。

运输：装运时轻装、轻卸、严防机械损伤，运输工具清洁、卫生、无污染。

贮藏：严防暴晒、雨淋及有毒物质的污染。库内码放保证气流均匀畅通。

（五）其他

绿色食品生产要求建立田间技术档案，做好整个生产过程的全面记载，妥善保存，以备查阅。尤其是对绿色食品生产操作规程的修订和完善非常重要。

二十一、绿色食品大白菜生产技术规程

（一）地块选择

选择地势平坦、排灌方便、土层深厚、土质疏松、富含有机质、保水、保肥性好的地块。

（二）栽培技术措施

（1）品种选择。精选山西晋菜三号作为主栽品种，拒绝使用转基因品种。

（2）播种期。7月下旬至8月上旬。中伏（7月25日至8月5日）

（3）施肥。基肥，每亩施腐熟农家肥4 000kg。

（4）播种方法。干籽直播，采用穴播或条播，播后盖细土0.5～1cm，搂平压实。播种后及时浇水，保证苗齐苗壮。

（5）田间管理。

间苗定苗：出苗后及时间苗，7～8叶时定苗。如缺苗及时补栽。

中耕除草：间苗后及时中耕除草，封垄前进行最后一次中耕。

合理浇水：定苗、定植或补栽后浇水，促进缓苗；莲座初期浇水促进生长，包心初、中期结合追肥浇水，后期控水促进包心。

追肥：9月下旬每亩施有机三元复合肥20kg，结合耕翻整地与耕层充分混匀。

（三）病害防治

霜霉病：用50%多菌灵可湿性粉剂800～1 000倍液喷雾。用量130～200g/亩。

（四）采收及后续管理

采收：采收过程中所有工具要清洁、卫生、无污染。

当包心紧实，单株重2.5～3kg时采收，按收购标准分级，随即装箱、称重，运回原料库，每箱自然放满，不能挤压。

包装：用于装大白菜的纸箱整洁、干燥、牢固、美观、无污染、无异味、无虫蛀、无腐烂、无霉变现象，无受潮离层现象。按大白菜的规格包装，每箱为10kg。每批大白菜的包装规格、单位、毛重一致。包装上标明品名、规格、毛重、净重、产地、采摘及包装日期等，字迹清晰、完整、

无误。

运输：装运时轻装、轻卸、严防机械损伤，运输工具清洁、卫生、无污染。

贮藏：严防暴晒、雨淋及有毒物质的污染。库内码放保证气流均匀畅通。

（五）其他

绿色食品生产要求建立田间技术档案，做好整个生产过程的全面记载，妥善保存，以备查阅。尤其是对绿色食品生产操作规程的修订和完善非常重要。

二十二、绿色食品大葱生产技术规程

（一）范围

本规程规定了绿色食品大葱生产的产地环境条件与栽培技术措施、收获及后续管理措施。

本规程适用于露地绿色食品大葱生产。

（二）基地环境条件

环境质量：经监测符合《绿色食品产地环境质量标准》要求。

土壤条件：耕层深厚、地势平坦、排灌方便、土壤结构适宜、理化性状良好、有机质含量高。

水质条件：没有工矿污染的地下水。

本条款没有说明的栽培措施，仍按常规栽培措施实施。

（三）绿色食品大葱栽培措施

地块选择：选择地势平坦、排灌方便、土层深厚、土质疏松、富含有机质、保水、保肥性好的地块。

品种选择：精选“吉藏”作为主栽品种，拒绝使用转基因品种。

种子处理：用65℃温水烫种20～30min，搅动消毒。

育苗时期：8月下旬。

作床：床宽1～1.5m、长10m。

苗床施肥：每平方米施优质腐熟农家肥10kg，磷酸二铵50g、硫酸钾50g。

播量：用新种子每亩播种量300g。撒播，播后覆土1～1.5cm。

苗期管理：

①冬前管理。9月中、下旬用敌百虫药液800倍液灌根防地蛆。11月上旬灌封冻水，保护葱苗越冬。中耕拔草、越冬前幼苗2叶1心。

②葱苗管理。翌年日平均气温达13℃时浇返青水。中耕、除草、间苗、蹲苗、结合灌水追施腐熟粪稀150kg/亩。定植前1～2d灌水，便于起苗。

定植时间：5月上旬。与葱蒜类实行3年以上轮作。每亩施优质腐熟农肥5 000kg，深松混施，沟深18cm。行距70～75cm、株距6～7cm、亩保苗1.3万株。

田间管理：定植7d后灌水返青。6月上旬浇小水保持土壤湿润。6月下旬后进入生长旺期勤浇水。收获前10d停止浇水。

葱白生长盛期分2次追肥，每亩施优质腐熟农肥300kg，结合中耕进行，整个生育期实行一搂、二铲、三趟、三培土。

（四）病害防治

大葱霜霉病、紫斑病：用50%多菌灵可湿性粉剂600倍液喷雾防治。100g/亩。

（五）采收及后续管理

采收：采收过程中所用工具，要清洁、卫生、无污染。人工收获，防止损伤葱白和普通大葱混杂。

捆扎：用于捆扎大葱的绳、带整洁、干燥、牢固、美观、无污染、无异味现象。按大葱的规格捆扎，每捆为10kg。每批大葱的捆扎规格、单位、毛重一致。捆扎的绳、带上另设标签标明绿色食品品名、规格、毛重、净重、产地、收获及捆扎日期等，字迹清晰、完整、无误。

运输：装运时轻装轻卸、严防机械损伤，运输工具清洁、卫生、无污染。

贮藏：严防暴晒、雨淋及有毒物质的污染。码放保证气流均匀畅通。

（六）其他

绿色食品生产要求建立田间技术档案，做好整个生产过程的全面记载，妥善保存，以备查阅。尤其是对绿色食品生产操作规程的修订和完善非常重要。

二十三、绿色食品甘蓝生产技术规程

（一）范围

本规程规定了绿色食品甘蓝生产的产地环境条件与栽培技术措施、收获及后续管理措施。

本规程适用于保护地绿色食品甘蓝生产。

（二）基地环境条件

环境质量：经监测符合《绿色食品产地环境质量标准》要求。

土壤条件：耕层深厚、地势平坦、排灌方便、土壤结构适宜、理化性状良好、有机质含量高。

水质条件：没有工矿污染的地下水。

本条款没有说明的栽培措施，仍按常规栽培措施实施。

（三）绿色食品甘蓝栽培措施

品种选择：甘蓝栽培所用的品种，按其栽培目的和上市时间的不同而定。小拱棚早春地膜栽培选用早熟品种，如中甘11、8398、北京早熟。中熟品种如京丰1号。中晚熟品种用于夏秋栽培。

栽培季节：朝阳地区甘蓝于2月上旬播种育苗，4月上旬定植，6月上旬收获；夏甘蓝4月上旬育苗，8月上旬收获；秋甘蓝6月上旬播种，9月上旬开始收获。

营养土配制：玉米田土、马粪土、草炭及速效肥料配制而成，以沙壤土为好，配制比例：田土60%～75%，马粪草炭土15%～25%，每立方米床土加入复合肥1～1.5kg充分拌匀待用。

种子处理：为提高种子出芽率可用50～55℃温水浸种15min，然后自然冷却浸种3h左右，捞出甩干置于22～24℃条件下催芽，注意保持湿度，一般36h出芽，待80%种子出芽即可播种。

播种方法：将育苗床整平，浇透底水，待水渗下后撒一薄层过筛土，然后播种。播种量每平方米4g左右，播种后均匀覆土8～10mm。为防止立枯病发生，可用30%多菌灵可湿性粉剂对土壤杀菌，每平方米7～10g拌于覆土中，20～50g/亩。温室育苗土壤温度较高可采取浇足底水后播干种。

苗期管理：出苗前白天温度20～25℃，夜间温度13～15℃。幼苗出土后开始适当放风，降温降湿蹲苗，白天12～15℃，夜间5～8℃，然后再逐渐提高温度，白天15～20℃，夜间8～10℃。当幼苗长到2叶1心时进行移苗，移苗后要浇透水，适当给较高温度。缓苗后，要及时通风，降温管理，防止徒长。当幼苗茎粗达0.5cm以上时，应尽量保持温度在15℃以上以免通过春化阶段，出现未熟抽薹现象。春甘蓝采用阳池育苗，苗期50～70d。定植时5～10cm地温要求在5～8℃。定植前5～7d对甘蓝苗要进行低温锻炼，使之适应外界条件。

整地施肥：结合耕翻土地，早熟品种每亩施腐熟有机肥3 500kg，磷肥10kg，草木灰50kg；中晚熟品种亩施腐熟有机肥5 000kg，磷肥10kg，草木灰50～100kg。定植前10～15d，整地起垄，垄高15～20cm，或做畦，畦宽1m栽两行，株距33cm。覆盖地膜。早熟品种亩栽5 000～5 500株，中熟4 000～5 000株，晚熟2 000～3 000株。移栽前利用打眼器，浇掩水定植。

肥水管理：早春地膜覆盖栽培定植缓苗后，应适当控制浇水以提高地温。若有寒流天气，可提前灌水增强植株抗寒能力。莲座期进行 1 次追肥，亩施速效氮肥 15～20kg，莲座末期可适当控制浇水，及时中耕除草。夏秋栽培甘蓝选用中晚熟品种或裸地栽植，要注重中耕除草，增加追肥次数控制灌水，雨后注意排水，防止田间积水造成烂根和叶球腐烂。

（四）病害防治

黑腐病：选用抗病品种，合理轮作，清理田园，防治虫害，减少伤口，科学灌溉。播种前用 50℃温水浸种 25min。发病前和发病初，用农用链霉素 200mg/kg 或新植霉素 200mg/kg 喷 1 次，7g/亩。

（五）收获及后续管理

收获：当叶球基本包实、外层球叶发亮时及时收获。对结球不整齐的地块分期收获。

包装：用于装甘蓝的纸箱整洁、干燥、牢固、美观、无污染、无异味、无虫蛀、无腐烂、无霉变现象，无受潮离层现象。按甘蓝的规格包装，每箱为 10kg。每批甘蓝的包装规格、单位、毛重一致。包装上标明绿色食品申报产品品名、规格、毛重、净重、产地、采摘及包装日期等，字迹清晰、完整、无误。

运输：装运时轻装、轻卸、严防机械损伤，运输工具清洁、卫生、无污染。

贮藏：严防暴晒、雨淋及有毒物质的污染。库内码放保证气流均匀畅通。

（六）其他

绿色食品生产要求建立田间技术档案，做好整个生产过程的全面记载，妥善保存，以备查阅。尤其是对绿色食品生产操作规程的修订和完善非常重要。

二十四、绿色食品胡萝卜生产技术规程

（一）地块选择

选择地势平坦、排灌方便、土层深厚、土质疏松、富含有机质、保水、保肥性好的地块。

（二）栽培技术措施

品种选择：精选“新红萝卜”作为主栽品种，拒绝使用转基因品种。

整地施肥：亩施腐熟有机肥 2 500kg，有机三元复合肥 20kg 做基肥，做成 1.2m 宽的畦。

种子处理：胡萝卜种子为双悬果，果皮多毛，所以在播种前应用 45℃左右的水浸泡 2h，然后用手搓去刺毛，使种子散开。放在 20～25℃室内，上盖湿布保湿。经 5～7d 约 60% 的种子露白时即可播种。

播种：胡萝卜适在 6 月播种。分撒播和条播两种。一般采用撒播较多。每亩 0.75kg 左右种子拌入 2～3 倍的干细土，均匀撒籽，用耧耙浅耙畦面，使种子落入土中。条播按行距 18～20cm 开浅沟，沟深 2cm 左右，将种子沿沟播下，覆土平沟。

田间管理：

（1）间苗、除草、松土。胡萝卜幼苗生长缓慢，要及时除草，将过密的苗和杂草拔掉。间苗在 1～2 片真叶期进行，苗距 4cm 左右；定苗在植株 4～5 叶期进行，苗距 12～14cm。除草间苗的同时进行松土。

（2）追肥、灌溉、培土。追肥一般分两次进行，第一次追肥在 3～4 片真叶期，每亩施有机三元复合肥 5kg。再经 25～30d，幼苗 7～8 片真叶期进行第二次追肥，每亩施有机三元复合肥 10kg。两次追肥均要将肥对水 150～200 倍稀释均匀后浇灌施。胡萝卜耐旱性强，在肉质根膨大时，需要较多的水分，田间应保持湿润，遇干旱时应增加灌水次数。保鲜的胡萝卜，不能有青头，在肉质根

膨大前期需培土，将行间土壤培向株根，使根没入土中，防止见光转绿，现出青头。

（三）病害防治

黑叶枯病：真菌性病害，在高温干旱条件下易发生，在叶片产生椭圆形黑褐色病斑，严重时全叶枯死。

防治方法：及时拔除病株，进行深埋，天气干旱时及时浇水，适当增施磷、钾肥，促使植株生长健壮，增强抗病能力。在发病初期用70%代森锰锌可湿性粉剂800倍液喷雾，用量150～200g/亩

（四）采收及后续管理

根据外商的要求及时采收，先割去地上叶片，留8～10cm高的叶柄，再用四齿钗或四齿镐掘收，去净泥土，剔除青头根、分钗根、开裂根、畸形根、病虫和机械损伤根等次品，剪除尾须，理齐。

采收过程中所有工具要清洁、卫生、无污染。

分装、运输、贮存严格执行绿色食品包装、贮运标准的有关规定。

（五）其他

绿色食品生产要求建立田间技术档案，做好整个生产过程的全面记载，妥善保存，以备查阅。尤其是对绿色食品生产操作规程的修订和完善非常重要。

二十五、绿色食品萝卜生产技术规程

（一）地块选择

选择地势平坦、排灌方便、土层深厚、土质疏松、富含有机质、保水、保肥性好的地块。

（二）栽培技术措施

品种选择：精选“翘头青”作为主栽品种，拒绝使用转基因品种。

播种：萝卜适宜在7月播种。采用点播。播前作高垄，垄宽30cm，高15cm，沟宽20cm。由于移栽成活率很差，一般采用直播法点种，行距50cm，株距25cm，播种深度1.5cm，每穴点种3～5粒。

田间管理：

(1) 间苗与定苗。“一疏二间三定苗”疏苗在子叶充分展开，真叶刚露心时进行。隔3cm留一棵，每穴留三棵。间苗在2～3片叶时进行，苗距13～16cm。定苗在5～6片真叶时进行，留子叶开展方向与行向垂直的幼苗。

(2) 中耕除草。第一次中耕在疏苗后，中耕要浅，锄破地表就行，第二次中耕在间苗后进行，浅锄背，深锄沟，垄沟深锄3cm左右。第三次中耕在定苗后进行，结合培土进行蹲苗。封垄后停止中耕。

(3) 浇水施肥。播种后应立即浇水，幼苗大部分出土时再浇一次水，以保证全苗。整个幼苗期应掌握小水勤浇，保持土壤湿润，破肚到定橛，浇水原则上掌握“地不干不浇，地发白才浇”蹲苗前先浇足水，以后只中耕不浇水。蹲苗一般15～20d。蹲苗结束肉质根进入迅速膨大期，需经充足的水肥，收获前5～6d停止浇水。结合整地，每亩施腐熟农家肥3 000kg；第一次追肥在蹲苗之后，每亩追施硫酸铵15kg，施肥以基肥为主，追肥为辅。

（三）病害防治

霜霉病：用70%代森锰锌可湿性粉剂800～1 000倍液防治。用量150～200g/亩。

（四）采收及后续管理

10月中下旬当肉质根充分肥大品质优良时，即可收获。

采收过程中所有工具要清洁、卫生、无污染。

分装、运输、贮存严格执行绿色食品包装、贮运标准的有关规定。

（五）其他

绿色食品生产要求建立田间技术档案，做好整个生产过程的全面记载，妥善保存，以备查阅。尤其是对绿色食品生产操作规程的修订和完善非常重要。

二十六、绿色食品芦笋生产技术规程

（一）范围

本规程规定了绿色食品芦笋生产的产地环境条件与栽培技术措施、收获及后续管理措施。

本规程适用于露地绿色食品芦笋生产。

（二）基地环境条件

环境质量：经监测符合《绿色食品产地环境质量标准》要求。

土壤条件：耕层深厚、地势平坦、排灌方便、土壤结构适宜、理化性状良好、有机质含量高。

水质条件：没有工矿污染的地下水。

本条款没有说明的栽培措施，仍按常规栽培措施实施。

（三）绿色食品芦笋栽培措施

（1）地块选择。选择地势平坦、排灌方便、土层深厚、土质疏松、富含有机质、保水、保肥性好的地块。

（2）品种选择。精选“冠军一号”芦笋作为主栽品种，拒绝使用转基因品种。

（3）育苗。

①种子处理：温汤浸种，将种子浸在55～58℃温水中不断搅拌25～30min，然后立即将种子放入冷水中，迅速降温。用清水冲洗包衣，直至水清。每天换水2～3次，保持2～3d。温度控制在25℃。

②温室育苗：按6cm行距挖1.5～2.5cm深的播种沟，然后按6cm的株距点播种子，单穴单粒，覆土1～2cm。

③苗期管理：苗期应以温度、水分管理为中心。水应少浇勤浇，还要随着外界气温上升，加大通风换气量。晚间要盖上棚膜，并覆草苫，以免霜害和冻害。

（4）定植：挖种植沟、施肥：开沟前种植地应深耕整平。开行距宽45～50cm，深35～40cm的定植沟。种植沟宜南北向开挖，挖沟时上下层土分开放，回填时将上层熟土与基肥分层填入种植沟。种植沟整成中间高、两边低的小拱形。

“玉米秆（树叶、小麦秆、杂草）做有机肥”，先把玉米秆放在底部（整秆或粉碎），然后，在上面撒上尿素10kg，盖土踩实；也可施腐熟鸡粪500kg/亩或腐熟农家肥3 000kg/亩。盖土（土厚度最低20cm）、浇水沉实，准备定植。

（5）移栽。

①移栽时间：一般播种后60～90d，当芦笋苗长至3～5支地上茎、5～8根贮藏根时进行移栽。可早春播种，初夏移栽，也可夏末播种，春季移栽。

②种植密度：大行距（沟边距离）1.4m，小行距（定植距离）40cm。株距25～30cm。

③移栽方法：移栽前将苗按大小分级，壮苗和弱苗分开，带土移栽。根据当地实际情况，栽植深度5cm左右。移栽后浇水沉实沟面。

（6）定植后管理：芦笋苗小，根浅，耐旱能力弱，视天气和墒情适时浇水，以少浇、勤浇为原则。连续晴天不下雨，第一次浇水后3d，再浇一次水，连续2～3次，秋旱季节浇水要浇透。施肥应少量多次，第一年定植后一个月，追一次缓苗肥（有机三元复合肥 10kg/亩），地皮见干后浇水，结合追肥中耕除草。防倒伏和根积水，结合苗期管理，保持培垄高度。根据地势开好排水沟，做到雨后地里不积水。经常巡视田间，发现病害及时防治。立冬过后土地结冻前浇一次大水（封冻水）。

（四）病害防治

（1）农业防治。在留母茎期间，当植株长到 80cm 高时及时把笋顶部切断，控制其生长高度，培育壮苗防止倒伏，增加植株抗病能力，发现病株及时拔除，带出田外烧毁或深埋。

（2）化学防治。

茎枯病：在留母茎期间，当芦笋长到 20cm 高，笋尖部还没有开散之前，用 60% 多菌灵 800 倍液或 70% 威尔达甲托 800 倍或 70% 代森锰锌 800 倍液进行喷雾防治。

褐斑病：防治方法同茎枯病。

（五）定植第二年及以后的管理

1. 采收前的准备

清园：早春解冻后，土层解冻到 2～3cm，将田里所有的母茎及枯枝、落叶、杂草清除烧掉（不适用秋季已清园的笋田）。

中耕培土：保持垄高于地面大约 15cm。

施肥：在秋季或第二年春季施腐熟农家肥 3 000kg/亩或“玉米秆肥”或腐熟鸡粪 500kg/亩。

2. 采收期的田间管理

打顶控高：当株丛长到 80cm 时，将顶端 2～4cm 的嫩梢摘掉，控制高度在 80cm 左右。

追肥：有机三元复合肥 10kg/亩。

浇水：一周左右浇水一次（小水），见干见湿；留母茎时土壤湿度 50%，采笋期土壤湿度为 70%。

3. 采收后的田间管理

选晴好天气，在秋笋停采后 4d，用剪子将母茎在土下 1cm 处全部除掉，拉走烧掉，不能长期堆积。（适用留母茎采收法）当新茎长出至 30cm 时，约 7d，施有机三元复合肥 7.5kg/亩；长到 80cm 后，施有机三元复合肥 5kg/亩。

4. 施肥浇水、锄草、松土

施肥浇水：在大行中间开沟（大约宽 35cm、深 40cm）施入腐熟农家肥或鸡粪或“自制玉米秆肥”，盖土浇水，待明年春天直接采笋；或在上冻后将肥料拉入地里，待第二年春天施入沟内。

灌封冻水：上冻后结冻前浇一次大水。

5. 采收

采收第一年留母茎：从 4 月下旬或 5 月初开始采收，大约 5 月 15 日左右，每穴留 2～3 株粗壮、挺直、健康、不同位置的植株做母茎继续生长（不采收），在母茎周围出土的嫩茎及时采收直到采收结束。

第二年春、夏笋采收：从 4 月下旬开始，直到 8 月中旬采收结束。

采收的天数根据实际情况灵活掌握。在肥料充足、水肥管理恰当、病害较轻、株丛茎数合理的条件下，采收期可逐渐增加，切不可掠夺性采收。

采收过程中所用工具要清洁、卫生、无污染。

（六）包装、运输、贮藏

包装：用于装芦笋的纸箱整洁、干燥、牢固、美观、无污染、无异味、无虫蛀、无腐烂、无霉变现象，无受潮离层现象。按芦笋的规格包装。每批芦笋的包装规格、单位、毛重一致。包装上标明品名、规格、毛重、净重、产地、采摘及包装日期等，字迹清晰、完整、无误。

运输：装运时轻装、轻卸、严防机械损伤，运输工具清洁、卫生、无污染。

贮藏：严防暴晒、雨淋及有毒物质的污染。库内码放保证气流均匀畅通。

（七）其他

绿色食品生产要求建立田间技术档案，做好整个生产过程的全面记载，妥善保存，以备查阅。尤其是对绿色食品生产操作规程的修订和完善非常重要。

二十七、绿色食品辣椒种植操作规程

（一）范围

本标准规定了达到绿色食品辣椒产品质量要求的产地环境条件和生产技术措施等项管理技术。

（二）规范性应用文件

NY/T 391 绿色食品产地环境技术条件

NY/T 655—2012 绿色食品茄果类蔬菜

NY/T 394 绿色食品肥料使用准则

NY/T 393 绿色食品农药使用准则

NY/T 1055 绿色食品产品检验规则

NY/T 658 绿色食品包装通用准则

（三）要求

1. 产地环境

选择空气清新、地下水质纯净、土壤肥沃未受污染，并远离工业区，农业生态环境良好的地区，符合《绿色食品产地环境技术条件》的要求。

2. 茬口安排及品种选择

茬口安排：一年一茬，每年 7 月中旬育苗，9 月上旬定植，12 月中旬开始采收，下一年 7 月拉秧。

品种选择：辣椒选择早熟、高产、优质、抗病性强的品种。常见的品种有迅驰 37 - 34、亮剑、绿箭等。

3. 培育壮苗

育苗前，先用室温水预浸 2 ~ 3h 后换水反复搓洗把种皮黏液洗净为止，然后将种子装入纱布袋放入 100℃水中浸 5 ~ 10s，并不断搅动，然后立即移入冷水中冷却，反复 3 ~ 5 次。由于不同品种的耐热力不同，事先要进行试验，以免影响发芽率。处理完后用干净湿毛巾包起至恒温箱催芽，每隔 12h 翻动并用 30℃温水淋湿毛巾一次，使之受热均匀，以利发芽齐壮，种子露白即可播种。

壮苗标准：采用基质工厂化育苗，辣椒苗龄在 40 ~ 45d。茎秆粗壮、节间短、叶片深绿，株高 16 ~ 18cm，根系发达，无病虫害的秧苗为壮苗，可以移栽。

4. 移栽

移栽前，将棚内作物彻底清除，并施腐熟农家肥 5 000kg，磷酸二铵 15kg，深翻土壤，高温闷棚 10 ~ 15d 后，按大行距 80cm、小行距 50cm 起垄，垄高 15 ~ 20cm，株距 40cm，行距 40 ~ 45cm，密度为每棚 2 500 ~ 2 800株/亩。下午 3 点后开始定植，定植后浇足定植水，采用遮阳网遮阴，遮盖时间长短以当时光照强弱而定，促进快速发生新根。保证每日 8h 光照，白天温度 28 ~ 30℃，不宜太高，空气相对湿度 60% ~ 70%。

5. 田间管理

辣椒缓苗后白天温度为 25 ~ 28℃，夜间 15 ~ 20℃，生长前期空气相对湿度 70% ~ 80%，生长中后期相对湿度维持在 70% ~ 75%。

采用膜下滴灌，晴天上午或早晨浇水并及时放风排湿，由于在棚内生长结果期长，所以7～10d浇水一次，随水追施瑞力宝高钾肥3kg。根据辣椒长势，酌情留3～4秆整枝，及时摘除门椒，以便后期坐果，增加产量。

6. 人工工作

盘头，每7d一次。盘头时用手背将植物生长点与线绳分开，以减少损伤。

拿杈，每7d一次。保持三秆整枝或四秆整枝，拿掉多余的分杈。春夏季时可在拿掉多余分杈时保留其上一片叶片。

疏花疏果，每7～8d一次。门椒不留。

收获，每周2～3次。采摘时由东往西采收。

7. 病虫害防治

坚持“预防为主，综合防治”的植保方针，针对不同防治对象及其发生情况，分析后进行防治。优先采用生物措施、物理措施防治，科学、合理使用化学农药防治。

（1）挂防虫网阻虫。在大棚通风口处挂防虫网，阻止蚜虫、白粉虱、斑潜蝇等害虫进入。

（2）黄粘板诱杀。在辣椒行间、株间挂黄粘板，高出植株25～30cm，每亩挂30块，要及时检查，发现虫体种类和数量，采取防治措施，粘满虫体时要及时更换粘板。

（3）及时进行植株整理。摘除病、老、黄叶和病果，拔除病株，整枝打杈前用浓肥皂水洗手，防止操作时接触传染。整枝打杈后及时用草木灰浸泡液喷施，以起到消毒杀菌作用。

8. 主要病虫害

辣椒主要病害有疫病、霜霉病。

用有效成分52.5%的噁酮·霜脲氰（杜邦抑快净）水分散粒剂喷雾，30g/亩，整个生长期喷施1次，安全间隔期7～10d。

主要虫害有白粉虱、红蜘蛛。

除悬挂粘板诱杀外，常用草木灰浸泡液喷洒，杀死白粉虱、红蜘蛛。也可用大蒜瓣捣碎成泥加等量水搅拌均匀，取原液再加水50倍喷雾，随配随用，效果明显。还可用新鲜番茄叶捣烂成泥加2～3倍清水浸泡5～6h，取其清液喷洒，可防治红蜘蛛。

（四）采收及后续管理

1. 采摘标准

（1）采摘的果实确保无病态，色泽鲜艳、品相正，同批次大小均匀呈原生态。

（2）不在露水多时采摘，采摘时要保持双手洁净，采摘工具要清洁、卫生、无污染等。

（3）保证果蒂整齐，包装时果实要摆放整齐，装箱、装袋重量要一致。

（4）辣椒椒长22～30cm，带蒂采摘，底茎3cm，无太大弯曲。

2. 检验

采收前7～15d停止施肥及一切化学农药的使用。生长期施过化学农药的辣椒，采摘前1～2d必须进行农药残留生物检测，合格后方可采摘，分级包装上市。

产品等级质量，检验方法与规则，包装与标志，运输等均严格按照绿色食品相关标准执行。

（五）其他

绿色食品生产要求建立田间技术档案，做好整个生产过程的全面记载，妥善保存，以备查阅。尤其是对绿色食品生产操作规程的修订和完善非常重要。

二十八、绿色食品青椒生产技术规程

（一）范围

本规程规定了绿色食品青椒生产的产地环境条件与栽培技术措施、收获及后续管理措施。

本规程只适合保护地绿色食品青椒生产。

（二）生产基地环境条件

环境质量：经监测符合《绿色食品产地环境质量标准》要求。

土壤条件：土壤耕层深厚、地势平坦、排灌方便、土壤结构适宜、理化性状良好、有机质含量高。

（三）绿色食品青椒栽培措施

本条款没有说明的栽培措施仍按常规栽培措施实施。

1. 培育无病虫壮苗

品种选择。选用抗病虫、抗性强、适应性广、商品性好、产量高的红罗丹青椒。拒绝使用转基因品种。工厂化育苗。

2. 定植

整地施肥。每亩施用优质腐熟粪肥 5 000kg，硫酸钾 30kg。然后深翻疏松土壤、整平、耙细，采取高畦栽培。

栽培密度。9 月上旬定植，畦宽 1m，1 畦栽双行，畦距 50cm，畦高 15cm，株距 40cm，行距 45～50cm，密度为 1 800～2 000株/亩，越冬茬温室生产，一年一茬。下茬与非茄果类作物轮作或晾茬。

3. 定植后的管理

（1）温度。

缓苗前：定植后 5～7d 一般不进行通风换气，以促根缓苗。温度一般保持在 28～30℃，不宜太高，如超过 35℃则必须通风降温。

缓苗后：昼夜温度均较缓苗前降低 2～3℃，以促进根部扩展，使秧苗健壮（即适当蹲苗 5d 左右），一般保持在 25～30℃。

结果期：冬季、早春通风换气应视室内温度而确定。白天午前 26～28℃，午后 28℃。夜晚 10 点前 18℃。青椒开花坐果期温度在 25～30℃最好，地温 17～25℃。

（2）湿度。空气湿度 50%～60%，土壤保持湿润（湿而不黏），湿度 70%～80%，忌大水漫灌，宜小水勤浇。

低温高湿季节尽可能加强通风排湿，以减少发病机会。

（3）追肥。12 月 1 日追生态有机无机肥，用量 30kg/亩。

（四）病虫害防治

1. 物理防治

设施保护：在放风口用防虫网封闭，夏季上遮阳网。

驱避蚜虫：挂银灰膜条或铺银灰膜驱避蚜虫。

2. 化学防治

炭疽病：12 月 5 日用 50% 多菌灵可湿性粉剂喷雾防治 1 次，70g/亩。安全间隔期 7d。

疫病：10 月 5 日用 58% 甲霜灵—锰锌可湿性粉剂喷雾防治 1 次，150g/亩。安全间隔期 1d。

病毒病：11 月 20 日用 20% 病毒 A 可湿性粉剂喷雾防治 1 次，120g/亩。安全间隔期 7d。

蚜虫：9 月 25 日用 50% 敌敌畏乳油喷雾防治 1 次，50g/亩。安全间隔期 5d。

（五）收获及后续管理

包装：用于装青椒的纸箱整洁、干燥、牢固、美观、无污染、无异味、无虫蛀、无腐烂、无霉变现象，无受潮离层现象。按青椒的规格包装。每批青椒的包装规格、单位、毛重一致。包装上标明品名、规格、毛重、净重、产地、采摘及包装日期等，字迹清晰、完整、无误。

运输：装运时轻装、轻卸、严防机械损伤，运输工具清洁、卫生、无污染。

贮藏：严防暴晒、雨淋及有毒物质的污染。库内码放保证气流均匀畅通。

（六）其他

绿色食品生产要求建立田间技术档案，做好整个生产过程的全面记载，妥善保存，以备查阅。尤其是对绿色食品生产操作规程的修订和完善非常重要。

二十九、绿色食品马铃薯生产操作规程

（一）要求

产地条件符合绿色食品产地环境标准。

（1）避开厂矿、医院、无工业“三废”污染及地方病高发区。

（2）对土壤、水和大气监测合格。

（3）上游没有对基地环境与水源构成污染源。

（4）基地距主干公路200m以外，防止汽车尾气及有害物质的污染。

（二）品种与茬口

1. 品种选择

选用中早熟、高产优质、抗晚疫病、耐病毒的品种，以脱病毒种薯为最佳。如早大白、东农330。

2. 茬口

辽宁朝阳地区属马铃薯一季区，前茬以葱蒜类、黄瓜最佳，其次是禾谷类作物与大豆。不宜与茄类作物和根菜类轮作。

（三）整地与施肥

马铃薯块茎的生长对氧气有较高的要求，因此须选富含有机质的沙壤地或壤土、排水良好的田块栽培马铃薯。犁耕灭茬、深翻晒垄。结合施基肥做60cm垄，每亩施腐熟的有机肥5 000kg，拌匀沟施。禁止施用有害的城市垃圾和污泥。

（四）种薯处理

1. 暖种晒种

5月下旬播种，播前30d将种薯放在20℃的温室或房间内暖种催芽，以15d顶芽有0.5～1cm时，温度降至12～15℃，并给予光照进行晒种、抑制芽伸长。

2. 切块

将薯芽全部萌动了的种薯，刀口靠近芽眼，成立体三角形芽块带1～2芽眼，重量25～30g，每千克种薯切40～60块，剔除病薯。

（五）种植密度

垄作行距为60～80cm，畦作行距为45～50cm，株距为20～25cm，每亩保苗5 000株左右。

以垄作为主，4月上旬开始开沟栽植，后培土成垄，盖土厚约10cm，播种后可以覆盖地膜，促进早熟。

（六）田间管理

（1）播种后10～15d，如遇严重春旱，需浇一次小水，地面见干及时耙松土面和锄灭杂草。出苗前遇雨，雨后及时进行松土，防止板结。

（2）出苗后管理。

①幼苗期管理。马铃薯幼苗期短促，苗出齐后随浇水进行追肥，或先追肥后浇水，在6月30

日前追施尿素10kg/亩。垄间进行深锄中耕，浅培土，以培住第一片单叶为准。

②发棵期管理。发棵初期浇水结合培土进行中耕，加深行间松土层。发棵后期当植株现蕾并将封行前，进行大培土或垄间深中耕，以利控秧促薯。

③结薯期管理。开花后进入结薯盛期，土壤应保持湿润状态，遇旱要经常浇水，遇雨要及时排水，10月20日收获前5～7d停止浇水，以利薯皮老化。

（七）病虫害防治

（1）使用脱毒种薯。种薯出窑后或播种前彻底挑除冻、伤、病薯，注意挑除眼变黑干枯和外皮爆裂的病薯。

（2）防止切刀传染，切刀要在开水中煮5min后使用。

（3）注意施肥灌水，雨季排水，及早拔除病株。

（4）病虫害综合防治，应以农业防治为主，具体做法采用脱毒种薯，轮作、换茬。

（八）采收及后续管理

（1）采收：采收过程中所用工具要清洁、卫生、无污染。

（2）包装、储运：包装、运输和贮存等严格按照《绿色食品包装、储运标准》执行。

三十、绿色食品马铃薯生产技术规程

（一）范围

本规程规定了绿色食品马铃薯生产的产地环境条件与栽培技术措施、收获及后续管理措施。

本规程适合保护地绿色食品马铃薯生产。

（二）生产基地环境条件

环境质量：经监测符合《绿色食品产地环境质量标准》要求。

土壤条件：土壤耕层深厚，地势平坦，排灌方便，土壤结构适宜、理化性状良好，有机质含量高。

本条款没有说明的栽培措施仍按常规栽培措施实施。

（三）绿色食品马铃薯栽培措施

地块选择：选择地势平坦、排灌方便、土层深厚、土质疏松、富含有机质、保水、保肥性好的地块。

品种选择：选荷兰7、荷兰15、早大白、东农330土豆作为主栽品种。

整地施肥：早春整地，每亩施腐熟农家肥3 000kg，翻耕入土，做成畦。畦宽1.3m，高25cm。畦面平整，土块细碎，畦面中间略高。每畦种两行，行距50cm，株距30cm。

播种：薯块芽尖向下排放，覆土5～6cm，定植后覆盖地膜。

种薯处理：选择中小薯作种，薯形规整，薯皮细致柔嫩光滑为宜。

在3月上旬（播前25～30d），将种薯出窖，然后摊在室内近阳光处或室外背风向阳处，干铺2～3层，上下各铺3～4层细沙，温度保持在15～20℃，湿度保持在85%～90%，夜间注意防寒，3～5d翻动1次，均匀见光，催紫芽。

种薯切块，每个薯块最少有1～2个芽眼。切薯工具使用前消毒用开水浸烫，防止薯块染病。

播种：4月上旬播种。

当土壤10cm深温度稳定通过5℃时，及时播种。播种以垄作为主，行距60～70cm，株距20～35cm为宜，覆土厚度不应小于7～9cm，采用深开沟、浅覆土的方法，利于出苗，苗全整齐一致。晚熟品种及肥力较低的地块适当稀植，亩保苗3 500～4 000株。

田间管理：马铃薯栽植后立即镇压，以减少土壤空隙，防止跑墒，使下层土壤水分上升，供给马铃薯发芽需要。

及时铲趟，疏松土壤和消灭杂草，为植株生长和块茎形成增重创造良好的环境条件。

施肥：块茎膨大期：亩施有机三元复合肥15kg。

浇水：出苗期不宜浇水，防止烂种。块茎形成期及时适量浇水。块茎膨大期保持土壤湿润，忌大水漫灌。雨后及时排干沟内积水，采收前7d不浇水。

（四）病虫害防治

晚疫病：50%多菌灵可湿性粉剂600～800倍稀释液，喷施预防。

（五）采收及后续管理

采收：当田间茎叶2/3变黄时，块茎成熟，容易与匍匐茎分离，周皮变硬时是最佳收获时期。

8月份起收，收获后进行堆放，使块茎散热、去湿、表皮增厚。夜间气温降至零下时，清选入窖。

适时采收，按收购标准分级，随即装箱、称重，运回原料库，每箱自然放满不能挤压。

采收过程中所用工具要清洁、卫生、无污染。

包装：用于装马铃薯的纸箱整洁、干燥、牢固、美观、无污染、无异味、无虫蛀、无腐烂、无霉变现象，无受潮离层现象。按马铃薯的规格包装。每批马铃薯的包装规格、单位、毛重一致。包装上标明品名、规格、毛重、净重、产地、采摘及包装日期等，字迹清晰、完整、无误。

运输：装运时轻装、轻卸、严防机械损伤，运输工具清洁、卫生、无污染。

贮藏：严防暴晒、雨淋及有毒物质的污染。库内码放保证气流均匀畅通。

（六）其他

绿色食品生产要求建立田间技术档案，做好整个生产过程的全面记载，妥善保存，以备查阅。尤其是对绿色食品生产操作规程的修订和完善非常重要。

三十一、绿色食品毛豆生产技术规程

（一）范围

本规程规定了绿色食品毛豆生产的产地环境条件与栽培技术措施、收获及后续管理措施。

本规程适用于露地绿色食品毛豆生产。

（二）基地环境条件

环境质量：经监测符合《绿色食品产地环境质量标准》要求。

土壤条件：耕层深厚、地势平坦、排灌方便、土壤结构适宜、理化性状良好、有机质含量高。

水质条件：没有工矿污染的地下水。

本条款没有说明的栽培措施，仍按常规栽培措施实施。

（三）绿色食品毛豆栽培措施

（1）地块选择。选择地势平坦、排灌方便、土层深厚、土质疏松、富含有机质、保水、保肥性好的地块。

（2）品种选择。精选新品“292”等大豆作为主栽品种，禁止使用转基因品种。

（3）播种方法及要求。结合整地每亩施1 000kg优质腐熟农家肥。在5月中旬至6月上旬播种，播种量为每亩4kg，开沟播种，沟深度15cm，覆土3cm，株行距50cm×30cm，播种时每穴播2～3粒，穴保苗2株，亩保苗9 000株。

（4）田间管理。

①浇水。出苗后15d浇水一次，以后根据情况适时浇水；毛豆结荚后，加大土壤水分含量，保持豆地湿度。

②追肥、培土。开花结荚前结合中耕培土进行追肥，亩施钾肥10kg。

（四）采收及后续管理

采收：当毛豆长至腊熟期，豆荚饱满，全部为黄绿色时，及时采收。采收过程中所用工具要清洁、卫生、无污染。按收购标准分级，随即装箱、称重，运回原料库，每箱自然放满不能挤压。

包装：用于装毛豆的纸箱整洁、干燥、牢固、美观、无污染、无异味、无虫蛀、无腐烂、无霉变现象，无受潮离层现象。按毛豆的规格包装。每批毛豆的包装规格、单位、毛重一致。包装上标明绿色食品产品品名、规格、毛重、净重、产地、采摘及包装日期等，字迹清晰、完整、无误。

运输：装运时轻装、轻卸、严防机械损伤，运输工具清洁、卫生、无污染。

贮藏：严防暴晒、雨淋及有毒物质的污染。库内码放保证气流均匀畅通。

（五）其他

绿色食品生产要求建立田间技术档案，做好整个生产过程的全面记载，妥善保存，以备查阅。尤其是对绿色食品生产操作规程的修订和完善非常重要。

三十二、绿色食品南瓜种植操作规程

（一）生产基地环境条件

环境质量：生产基地需通过绿色食品环评，适合种植绿色食品南瓜。

土壤条件：土壤耕层深厚、地势平坦、排灌方便、土壤结构适宜、理化性状良好、有机质含量高。

（二）绿色食品南瓜栽培措施

1. 培育无病虫壮苗

（1）品种选择。选用抗性强、适应性广、商品性好、产量高的南瓜品种，根据本地区实际情况，可选择的品种有板栗南瓜和蜜本南瓜。

（2）种子处理。温汤浸种，将种子浸在55℃温水中不断搅拌10～15min，等温度降至室温时，再浸入30℃温水中浸泡4～5h，用清水搓洗4～5遍，捞出甩干装入纱布袋中。在常温下催芽48h，当有60%种子出芽后播种。可杀死种子中的致病菌，提高产量。

2. 播种

结合整地施肥。4月上旬播种。结合整地亩施腐熟农家肥5 000kg，硫酸钾10kg。起垄做畦，垄间距1.2m，垄面覆膜，提高地温。当土层深10cm处地温稳定在12℃以上时进行播种。株距35cm。单株定植，亩保苗1 200株左右。

3. 播种后管理

灌水，上午灌水。整枝，田间管理及时整枝打杈、领蔓，及时摘除老叶和病叶。

（三）病虫害防治

（1）农业防治。及时拔除重病株，摘除病叶、病果，带出田外烧毁或深埋。与叶菜类或豆科植物轮作。

（2）化学防治。

炭疽病：用80%炭疽福美可湿性粉剂于5月中旬喷雾防治1次，100g/亩。

蚜虫：用2.5%的溴氰菊酯乳油于7月中旬喷雾1次，20ml/亩。

（四）采收及后期管理

8 月下旬开始采收，采收过程中所用工具要清洁、卫生、无污染。

分装、运输、贮存：按合同统一收购。采用符合绿色食品标准的包装物包装。包装材料结实，不泄漏，标明品种名称、产地、种植户编号、重量。运输工具卫生、干燥、严禁与其他物质混运。

（五）其他

绿色食品生产要求建立田间技术档案，做好整个生产过程的全面记载，妥善保存，以备查阅。尤其是对绿色食品生产操作规程的修订和完善非常重要。

三十三、绿色食品平菇栽培技术规程

（一）栽培场地

栽培平菇的方式主要是袋栽，塑料袋栽培在塑料大棚进行。栽培场地是水泥地面或者铺薄膜的地面，栽培前必须打扫干净，对老菇棚在栽培前一周要做好消毒，每亩用硫黄粉 5kg。密闭菇棚熏蒸 48h 后通风。

（二）平菇袋栽技术

工艺流程：培养料的配制→装袋→灭菌→冷却→接种→菌丝期管理→出菇管理→采菇。

原料准备：主料：玉米芯 32%、木屑 50%。辅料：麦麸 12%、玉米面 3%、石膏 1%、豆饼 2%。把准备好的主料和辅料充分拌匀，控制含水量 60%、pH 值 7.5。

装袋：料配好后即可装袋。塑料袋规格宽为 22～24cm、长 45cm 左右。先将袋的一头封好，然后装料，装满后将袋口封好。

灭菌：将装好料的袋放入灭菌锅进行灭菌。灭菌方法：用砖、水泥砌土炉灶，灶的铁锅上面砌成方形池状结构，内径一般为 1m×1m×1.5m，侧面留可开关的密封度好的门，内设 3～4 层床架，供灭菌时放置塑料袋。灭菌时，先在锅内加水，然后将装好料的袋叠放在灶内的床架上，将门封好，猛火加热，灶内温度升至 100℃时开始计时，维持 12h 左右停止加热。冷却后将袋搬入接种室。

接种：与栽培接种相似。一般每瓶 750ml 的栽培种可接种 8 袋培养料（两头均要接种）。接种后将袋口封好。

菌丝期管理：在大棚内将接好种的塑料袋放在上面，逐层堆放 6 层左右。堆好后应经常检查堆中温度，一般不能超过 30℃，温度太高降低堆积高度并适当通风降温。控制在 25℃左右，培养 20～25d 菌丝长满全袋。接种后 30d 左右开始有幼菇形成。

出菇期管理：有幼菇出现时，及时打开袋口，适当增加通风，加大空气相对湿度到 90% 左右，每天喷水 3～4 次。经 5～10d 即可采收，采完第一潮菇后，经 10d 左右可出第二潮菇。一般可收 3～4 潮菇，整个周期约 70d 左右。

采收：平菇菌盖基本展开，颜色由深变浅，是平菇的最佳收获期。采菇时，通常将整丛菇采下，采下后用小刀切除基部的杂质。轻拿轻放装入纸箱。运输工具清洁、卫生。

（三）病害及防治

杂菌污染常见的有木霉、绿霉、黄霉、根霉等。防治方法：选用无霉变的材料，培养料要进行堆制发酵并进行灭菌处理，栽培场地要严格消毒，发现有污染菌要及时清理出去。适当通风防止温度过高、湿度过大。

生理性病害：小菇太多时，会有部分死亡，主要是营养不足饥饿死亡；过早喷水或温度过高、湿度太大亦会引起小菇死亡；大脚菇是因为通气不良，二氧化碳浓度过高造成；幼菇枯萎是培养料过干或空气湿度偏低。喷水加湿调整空气湿度。

虫害：平菇的主要虫害是菇蝇，在搬动过程中防止塑料袋破损，注意封闭棚门，就能起到防治效果。

（四）其他

绿色食品生产要求建立田间技术档案，做好整个生产过程的全面记载，妥善保存，以备查阅。尤其是对绿色食品生产操作规程的修订和完善非常重要。

三十四、绿色食品香菇生产技术操作规程

（一）范围

本标准规定了绿色食品香菇生产的产地条件、栽培技术措施、收获等要求。

（二）环境条件

栽培场地：栽培香菇的方式主要是袋栽，塑料袋栽培在塑料大棚进行。栽培场地是水泥地面或者铺薄膜的地面，栽培前必须打扫干净，对老菇棚在栽培前一周要做好消毒，每亩用硫黄粉 5kg。密闭菇棚熏蒸 48h 后通风。

产地条件：菇房、菇场的大气、水质、土壤条件均符合绿色食品产地要求。

（三）栽培技术措施

培养基选择：培养基宜选用不含芳香油类抑菌物质的锯木屑为原料。

菌种（菌株）：选用适合当地气候条件的遗传稳定、抗逆性好、抗杂菌、抗病虫能力强的优质高产香菇菌种。

菌种质量：菌丝体生长均匀，洁白浓密，生长旺健；无杂菌菌落，无拮抗现象，无籽实体原基；有香菇菌种特有的香味，无酸、臭、霉等异味。

1. 袋料栽培香菇

塑料袋与规格：聚丙烯（PP）袋或聚乙烯（PE）袋，规格：（50～55）cm×（15～24）cm×（0.045～0.06）cm。高压灭菌宜选用聚丙烯袋，常压灭菌宜选用聚乙烯袋。

培养基配方：生产者可根据当地原材料和香菇营养需求确定配方，碳氮比应为（25～40）：1。生产用水须符合 NY/T 391 的要求。

粗木屑 78%、谷糠 8%、麦麸 7%、玉米面 5%、石膏粉 1%、糖 1%，含水量 62%～65%。

拌料装袋：按照生产量和培养基配方称料。手工或机械翻拌均匀，并逐步加水至培养基含水 60%～65%，pH 值 7～7.5。用装袋机装袋，小袋每袋装湿料 1.6～2.0kg，大袋每袋装湿料 3.5～4.0kg，用塑料绳或线绳扎紧袋口，呈棒状。

灭菌与冷却：在装袋当天灭菌。常压灭菌达 98～100℃后保持 12～15h；高压蒸气灭菌 121℃、0.11Mpa、2h。灭菌后送入无菌室冷却至室温，待接种。

接种季节：根据品种特性和栽培目的，适时接种。

人工接种：在接菌前，对接菌室用优氯净消毒粉进行熏蒸消毒一次。时间在 3 月。在接种室、接种箱或超净工作台上接种。用石灰水对接种环境消毒。采用单面 4 孔式接种，每孔接种量 3～4g。接种后立即用套袋封口。

2. 发菌管理

发菌：接种后将菌袋移入培养室，避光发菌。菌袋呈井字形堆放，可堆叠 3～6 层，调温至 18～24℃，RH（空气相对湿度）60%～70%，培养 60～80d，至菌袋发菌成熟。

清除杂菌：接种后第 7d、第 15d 各进行一次菌袋翻堆与检查，将污染杂菌的菌袋剔除并作销毁处理。

3. 转色管理

场地：在水源充足、排灌方便的地方，搭盖高 2.2～2.5m 的阴棚，每万袋需要 $500m^2$，阴棚上遮盖黑色遮阳网。

4. 适时转色

前期：脱袋后 5～7d，保湿（RH 80%～90%）调温（19～23℃），诱发气生菌丝，至菌筒表面出现白色晶莹水珠。

中期：出现白色水珠之后的 3～5d，揭膜通风与盖膜保湿相间管理，逐步增加每天的通风次数和持续时间，辅以 50～200lx 光照，由转色前期的每天通风 2～3 次，每次 20～30min，增加到每天 4～6 次，每次 30～40min，菌筒表面白色水珠逐渐变成黄褐色至酱色。

后期：菌棒入棚后，8 月 15 日左右脱袋后三天用克霉先锋 8 号喷雾，用来预防绿霉。

脱袋后 20d 左右，菌筒表面颜色由浅变深，菌皮龟裂成花斑时，表示香菇原基已经形成，适时加大温差刺激，催蕾出菇。白天温度 20℃以下时盖膜升温，夜间揭膜，增大昼夜温差，连续 3～4d 用 7～10℃的温差刺激，促使部分原基发育成菇蕾。

5. 出菇管理

（1）秋菇管理。调温至 10～20℃，RH 75%～95%，光照 50～200lx，使菇蕾逐步长大，必要时采用空间喷雾法间接补水保湿。

采收两批香菇之后，待菌筒菇痕处菌丝发白，可进行刺筒补水，然后给予变温刺激催蕾。秋菇可采收 3～4 批，占总产量的 30%～50%。

（2）春菇管理。

越冬管理：每年 12 月至翌年 2 月气温常在 10℃以下，RH＜60%，菇场仅有零星菇蕾，此间可采用直接覆膜法，保温保湿，养菌越冬。春季日平均气温高于 12℃时，即可进行春菇管理。

刺筒补水：越冬后菌筒含水量正常为 30%～35%，菌丝体呈半休眠状态，必须补水，使菌筒充分吸水，以满足出菇时的水分需求，补水方法同秋菇管理。

变温催菇：早春菌筒补水后，除去顶棚部分遮阴物，增加棚内温度及光照，增加昼夜温差，诱导原基发育成菇蕾。

冬菇管理：调温至 8～20℃，RH 70%～90%，光照 50～200lx。抓住低温偏干天气（RH 65%～75%），培育柄短肉厚、菇盖龟裂的优质香菇——花菇。

（四）收获及后续管理

适时采收：香菇子实体长至 5～8 分成熟时，即可采收。以干菇上市，应在子实体 5～6 分成熟（内菌膜部分破裂）时采收；以鲜菇就近上市，在 7～8 分成熟（内菌膜完全破裂，菇盖边缘仍明显内卷）时采收；以鲜菇远销，在 6～7 分成熟时采收为宜。采收时不可触摸菌褶，握住菌柄基部旋下香菇即可。采收的香菇轻轻放入篓内，并及时倒在烤筛或席片上，单层摊开。

用于装香菇的纸箱要求整洁、干燥、牢固、美观、无污染、无异味、无虫蛀、无腐烂、无霉变现象，无受潮离层现象。

按香菇的规格包装，分别为每箱 2kg。

每批香菇的包装规格、单位、毛重一致。

包装上应标明名称、规格、毛重、净重、产地，字迹清晰、完整、无误。

包装箱上有醒目的绿色食品标志、产品的包装、贮运必须符合《绿色食品包装贮运标准》。

装运时做到轻装、轻卸、严防机械损伤，运输工具清洁、卫生、无污染。

运输时防雨淋、注意通风散热，按规格分别运输。

（五）其他

绿色食品香菇的生产全过程要求建立田间技术档案，做好整个生产过程的全面记载，妥善保存，以备查阅。尤其是对绿色食品香菇生产操作规程的修订和完善非常重要。

三十五、绿色食品西兰花生产技术规程

（一）范围

本规程规定了绿色食品西兰花生产的产地环境条件与栽培技术措施、收获及后续管理措施。

本规程适用于保护地绿色食品西兰花生产。

（二）基地环境条件

环境质量：经监测符合《绿色食品产地环境质量标准》要求。

土壤条件：耕层深厚、地势平坦、排灌方便、土壤结构适宜、理化性状良好、有机质含量高。

水质条件：没有工矿污染的地下水。

本条款没有说明的栽培措施，仍按常规栽培措施实施。

（三）绿色食品西兰花栽培措施

地块选择：选择地势平坦、排灌方便、土层深厚、土质疏松、富含有机质、保水、保肥性好的地块。

品种选择：精选国产绿风作为主栽品种，拒绝使用转基因品种。

育苗：选用植株生长势强，株形直立紧凑，叶片深绿色，蜡质多，花球颜色深绿，紧实，花蕾小，花球大，球形美观，耐运输的品种。播前结合翻地，每平方米苗床施腐熟过筛的农家肥 15kg，有机三元复合肥 20kg。播种育苗时间为 2 月下旬。播种前浇足底水，均匀地撒播种子，上覆 1cm 厚的细沙，覆上地膜。

苗期管理：当小苗出土后，撤掉地膜，及时喷水，保持土壤湿润状态，防止水分过多或干旱。

壮苗移栽标准：具有 4 ~ 5 片真叶、子叶完好、叶色鲜绿、茎叶健壮、无病虫为害、根系发达呈白色，与基质凝结完好。苗龄 35d 左右即可定植。

整地施肥：亩施优质腐熟的农家肥 3 000kg，有机三元复合肥 10kg 做基肥，然后翻耕均匀，整平后做畦（垄），畦宽 130cm、高 30cm、沟宽 40cm，畦面细碎、中间略高。垄面覆盖 90cm 的地膜待定植。

定植：4 月上旬定植。移栽前将苗按大小分级，壮苗和弱苗分开，带土移栽。每畦定植双行，排列采用拐子型，行距 45cm、株距 35cm、单株定植，每亩保苗 2 700 ~ 3 000株，定植深度以苗坨栽入土中 5cm 左右为宜，栽后稍压苗坨四周土壤。

定植后管理：定植后及时浇定根水，浸透畦土，促进缓苗；缓苗后至现花蕾前适当控水促进根系生长。现花蕾后至花球生长期，保证水分供应促进花球生长，防止缺水造成减产；采收前适当控水以利提高花球的耐贮性。生长期如遇降大雨，或灌水超过浸泡时间后应及时排水，防止田间积水造成生长不良。定植后 15 ~ 20d，莲座期每亩追施有机三元复合肥 5kg，促进生长。现花蕾前每亩穴施有机三元复合肥 10kg，施于株间深度 8 ~ 10cm，施后盖土，促进花球生长。花球生长期，花蕾侧枝也逐步生长，及时彻底去除侧枝，以免影响主花球的生长和商品质量，去侧枝在露水干后进行，避免伤口感染。

（四）病害防治

霜霉病：清理田间残枝落叶，耕翻土壤，避免与同科蔬菜连作或间套作。药剂防治可喷多菌灵 600 倍液防治，100g/亩。

（五）采收及后续管理

采收：采收过程中所用工具清洁、卫生、无污染。分次采收，当一部分植株主花球充分长大直

径 10 ~ 13cm，但尚未散花时及时采收，将花球连同肥嫩的一部分花茎割下，一般保留 2 ~ 3 片叶护花。按收购标准分级，随即装箱、称重，运回原料库。采用胶筐装运，每筐装花球 24 个，每筐装满后上面覆盖叶片。

包装：用于装西兰花的纸箱整洁、干燥、牢固、美观、无污染、无异味、无虫蛀、无腐烂、无霉变现象，无受潮离层现象。按西兰花的规格包装。每批西兰花的包装规格、单位、毛重一致。包装上标明绿色食品产品申报品名、规格、毛重、净重、产地、采摘及包装日期等，字迹清晰、完整、无误。

运输：装运时轻装、轻卸、严防机械损伤，运输工具清洁、卫生、无污染。

贮藏：严防暴晒、雨淋及有毒物质的污染。库内码放保证气流均匀畅通。

（六）其他

绿色食品西兰花生产要求建立田间技术档案，做好整个生产过程的全面记载，妥善保存，以备查阅。尤其是对绿色食品西兰花生产操作规程的修订和完善非常重要。

三十六、绿色食品芹菜生产技术规程

（一）地块选择

选择地势平坦、排灌方便、土层深厚、土质疏松、富含有机质、保水、保肥性好的地块。

（二）栽培技术措施

品种选择：精选“金黄芹菜”作为主栽品种，拒绝使用转基因品种。

育苗：先育苗后移栽。如要求在 11—12 月和翌年 1—2 月上市的，播种期为 6 月上、中旬。苗龄 75 ~ 85d。

适期定植：有 7 ~ 8 片真叶时，移植大田，定植密度（30 ~ 35）cm ×（20 ~ 25）cm，每亩约栽 8 000株，于晴天傍晚进行定植，带土移栽，最好分级栽植，栽植深度以露出心叶为宜。

定植管理：西芹根系主要分布在浅土层，吸收能力较弱，且生长期长，需肥量大。基肥每亩用量：腐熟有机肥 5 000kg，复合肥 20kg，过磷酸钙 30 ~ 50kg。

定植后缓苗期，应保持土壤湿润，注意遮阳，防止烈日暴晒。进入生长期后，应加强肥水管理，勤施薄肥，不断供给腐熟有机肥和磷钾肥。定植后，进入旺长期，肥水齐攻，每隔 1 周左右重施 1 次肥。同时结合叶面喷施 0. 2% 磷酸二氧钾和 0. 2% 硼肥，以防叶柄开裂。

（三）病害防治

叶斑病用 50% 可湿性多菌灵粉剂 600 倍液喷施一次。100g/亩。

（四）采收及后续管理

采收：定植后 80d 左右即可采收，亩产量可达 3 000kg。

包装：装芹菜的纸箱整洁、干燥、牢固、美观、无污染、无异味、无虫蛀、无腐烂、无霉变现象，无受潮离层现象。按芹菜的规格包装，每箱为 10kg。每批芹菜的包装规格、单位、毛重一致。包装上标明绿色食品申报产品品名、规格、毛重、净重、产地、采摘及包装日期等，字迹清晰、完整、无误。

运输：装运时轻装、轻卸、严防机械损伤，运输工具清洁、卫生、无污染。

贮藏：严防暴晒、雨淋及有毒物质的污染。库内码放保证气流均匀畅通。

（五）其他

绿色食品生产要求建立田间技术档案，做好整个生产过程的全面记载，妥善保存，以备查阅。尤其是对绿色食品生产操作规程的修订和完善非常重要。

三十七、绿色食品洋葱生产操作技术规程

（一）地块选择

选择地势平坦、排灌方便、土层深厚、土质疏松、富含有机质、保水、保肥性好的地块。

（二）栽培技术措施

品种选择：精选红叶晚生作为主栽品种，拒绝使用转基因品种。

育苗：采用日光温室育苗。4月上旬播种，干籽直播。

整地做畦：先将土地旋耕、耙细，然后做畦。种法为畦上播种，畦宽1.5m，沟宽0.25～0.3m，将畦面做平，并用木板刮平、刮细，无土块和坑洼，事先在棚内将苫土筛好备足。浇足底墒水。

播种、施肥：每亩播种量为150g，播种时先将种子按畦台数平均分好，每台一份，将菌肥同时也按台数分好，用细干土拌匀（每亩2kg菌肥，菌肥是“农大哥复合生物肥”），先将拌好的菌肥均匀地撒到畦面上，然后播种。洋葱种籽粒比较小，将每个台面分好的种子用手均匀的撒在畦面上，先少撒，多撒几遍，直到撒匀和将每份种子撒完为止。播完种子后，马上覆土。将事先筛好的细土，用细筛再筛到畦面上，要求均匀一致，厚薄一致，覆土厚度为0.5cm，将种子全部盖严。覆膜提高地温和保持土壤墒情，使种子快速出苗。

苗期管理：出苗前要保持土壤湿润，苗齐后7～10d浇水一次，8～10d即可出苗。棚温保持在20～25℃，后期炼苗一周，温度保持在13～23℃，结合除草进行间苗或拔除劣苗。当苗高达到21～25cm，“三叶一心”时，就可以移植，苗期50～60d。

定植：4月上旬定植。亩施优质腐熟农家肥3 000kg，施肥后深翻20cm，耙平后做畦。

选苗分级定植：采用地膜覆盖，按大、中、小苗分级分畦定植，淘汰病、弱、残苗，亩保苗30 000株。

定植后管理：缓苗后，每亩追施有机三元复合肥10kg，缓苗1个月后，每亩追施尿素10～15kg。鳞茎开始膨大后，叶片大约8片，追施钾肥，每亩10kg，此后严禁用肥。小水灌溉，切忌大水灌溉。结合中耕进行除草，中耕宜浅，不伤鳞茎。

（三）病虫害防治

地蛆：用敌百虫，50g/亩。在种植灌水时，直接灌注预防地蛆的发生。

（四）采收及后续管理

采收：当大部分洋葱叶子倒伏后3～4d即可采收。一般叶片呈半枯萎状态为最佳收获期。采收方法：选在晴天，把洋葱连根拔起，在田间晒3～4d，使外皮达到干燥即可。收获后从假茎部留2～3寸割断，放在通风处阴干。

采收过程中所用工具，要清洁、卫生、无污染。

包装：用于装洋葱的纸箱（丙纶丝袋）整洁、干燥、牢固、美观、无污染、无异味、无虫蛀、无腐烂、无霉变现象，无受潮离层现象。按洋葱的规格包装。每批洋葱的包装规格、单位、毛重一致。包装上标明品名、规格、毛重、净重、产地、采摘及包装日期等，字迹清晰、完整、无误。

运输：装运时轻装、轻卸、严防机械损伤，运输工具清洁、卫生、无污染。

贮藏：严防暴晒、雨淋及有毒物质的污染。库内码放保证气流均匀畅通。

（五）其他

绿色食品生产要求建立田间技术档案，做好整个生产过程的全面记载，妥善保存，以备查阅。尤其是对绿色食品生产操作规程的修订和完善非常重要。

三十八、绿色食品大枣生产操作规程

（一）范围

本规程规定了绿色食品大枣生产的产地环境条件与栽培技术措施、收获及后续管理措施。

本规程适用于保护地绿色食品大枣生产。

（二）基地环境条件

环境质量：经监测符合《绿色食品产地环境质量标准》要求。

土壤条件：耕层深厚、地势平坦、排灌方便、土壤结构适宜、理化性状良好、有机质含量高。

水质条件：没有工矿污染的地下水。

本条款没有说明的栽培措施，仍按常规栽培措施实施。

（三）绿色食品大枣栽培措施

1. 地块选择

选择土壤耕层深厚，理化性状好，没有污染，排灌方便的地块建立枣园，为大枣生产基地。

2. 品种选择

选择高产优质、口感好、抗病性强的当地主栽品种——大平顶枣。

3. 土、肥、水管理

枣园土壤管理不断改良土壤的物理化学性质，协调土壤中气、肥、水、温度的相互关系，创造有利于枣树生长发育的稳定环境。

（1）整修台田。早春进行台田整修，防止水土流失，为生长灌溉做好准备。

（2）早春顶凌刨盘。提高果园地温，促进根系活动，减少水分蒸发，有利蓄水保墒，深度10～15cm，距树干25～100cm。

（3）清耕。防止其他作物对枣树争水争肥，减轻病虫害寄生场所，全园实行清耕。

（4）秋季适当深耕。树盘可普遍翻耕25cm，促进根系生长，有利于保墒和根系越冬。

（5）放树窝子。结合秋后压青，施有机肥，在树冠外围投影处挖深70～80cm，宽40～60cm小形沟，表土与底土要分别放置，先填表土，后填底土。

果园施肥管理施肥是调整大枣营养水平的重要手段，合理的施肥技术是大枣优质生产的基本保证。

（1）基肥。4月中旬，穴施腐熟农家肥3 000kg/亩（约每株50kg）；10月中旬，放树窝子，沟施腐熟农家肥3 000kg/亩（约每株50kg）。每次施肥深度25～30cm，距树干30～80cm开沟，施肥后覆土。

（2）追肥。采取根外喷肥方法，经济有效，树体吸收快，利用率高。6月下旬、7月上旬，喷两次磷酸二氢钾，每次浓度为0.2%，用量0.1kg/亩。

4. 果园灌水

土壤水分多少对枣树的生长发育有着重要影响，枣树缺水生长发育就要受到阻碍，所以早春要搞好枣树灌溉设施的保护。根据土壤墒情，适时灌溉，枣园田间持水量前期应保持70%左右，后期应保持在50%～60%，采收前期，灌水过多，易造成裂果，应适当控水，有利于提高果品质量。

（1）春灌。土壤解冻后，立即灌水，以提高萌芽和坐果率，灌水时间应在4月中旬左右。

（2）生长季灌水。视墒情定浇水量，一般情况下浇小水满足枣树生长发育即可。干旱时灌透水，以确保正常生长发育，6月初和7月初各灌一次透水，能提高坐果率和加快果实膨大。

（3）后期灌水。

①对盛果期枣树可进行冬灌，利于枣树休眠，安全越冬。

②对幼树和初果树10月末灌一次越冬水。

③灌水应在采摘后进行。绝对不能在果实采摘前进行，以防止裂果，影响果品质量，且不易贮藏。

5. 整形修剪

整形修剪是为了调节树体生长与结果的矛盾，改善树体通风透光条件，达到高产、优质、稳产壮树的目的。

（1）冬剪。主要是保持健壮树势，调整好全园光照，严防小区郁闭，要注意培养和更新结果枝组，调整好果叶芽的比例。但冬季修剪量小，甚至可以不修剪。

（2）夏剪。夏季叶片较多，开花量大，树体消耗大量的营养物质，及时抹芽，摘心、疏枝可以节省树体营养消耗，使树体和枝条生长加快，同时保持适当枝叶密度，有利于早成形、早结果。

（3）定干。为控制第一层主枝高度，主干定到60cm左右为宜。

（4）疏枝。疏徒长枝、轮生枝、交叉枝、并生枝和重叠密枝。

（5）回缩。对一些下垂的，骨干回缩，抬高枝干角度，增强生长势，一般回缩到生命力较强的大股壮芽处。

（6）更新结果枝。采取先养后去，或先去后养的方法，去除老枝，培养新枝。

6. 提高坐果率

（1）抑制营养生长。可采取断根，摘心、剪除发育枝顶芽。

加强肥水管理等，可提高树体营养水平，使得有较多的养分供给花朵需要，提高坐果率。

（2）花期喷水。花期空气湿度低于60%～70%时，影响受精坐果，可以喷清水2～3次，提高空气湿度，促进坐果。

（3）枣园放蜂。枣授粉是通过昆虫传播的，试验证明，枣园放蜂，可提高坐果率20%左右。

（四）病虫害防治

重点防治桃小食心虫，可用25%BT杀虫剂1 000倍液，喷雾一次，防治时间7月上旬。

（五）采收及后续管理

采收过程中所用工具要清洁、卫生、无污染。采收时间9月中旬至10月上旬。

1. 包装

（1）用于装枣的纸箱要求整洁、干燥、牢固、美观、无污染、无异味、无虫蛀、无腐烂、无霉变现象，无受潮离层现象。

（2）按枣的规格包装，分别为每箱2.5kg和每箱5kg。

（3）每批枣的包装规格、单位、重量一致。

（4）包装上标明品名、规格、净重、产地、生产者、采摘及包装日期等，字迹清晰、完整、无误。

（5）包装容器上有醒目的绿色食品标志，产品的包装、贮运必须符合《绿色食品包装贮运标准》。

2. 运输

（1）装运时做到轻装、轻卸、严防机械损伤，运输工具清洁、卫生、无污染。

（2）运输时防冻、防雨淋，注意通风散热，运输的适宜温度为8～15℃，相对湿度70%～80%。

3. 贮藏

（1）严防暴晒、雨淋、冻害及有毒物质的污染。

（2）按规格分别贮藏。

（3）最佳贮藏温度为 -1 ~ -2℃，空气相对湿度为 80% ~90%，库内码放应保证气流均匀畅通。

（六）其他

绿色食品生产要求建立田间技术档案，做好整个生产过程的全面记载，妥善保存，以备查阅。尤其是对绿色食品生产操作规程的修订和完善非常重要。

三十九、绿色食品大铃铛枣生产操作规程

（一）土壤条件

土壤耕层深厚，理化性状好，没有污染，有机质含量 20g/kg 以上，pH 值 6 ~7.5；速效氮含量 60mg/kg 以上，有效磷含量 20g/kg 以上，速效钾含量 100mg/kg 以上，土壤含盐量不高于 3g/kg。

（二）栽培技术措施

1. 品种选择

选择高产优质、口感好、抗病性强的当地主栽品种——大铃铛枣。

2. 土、肥、水管理

枣园土壤管理：主要在于不断改良土壤的物理化学性质，协调土壤中气、肥、水、温度的相互关系，创造一个有利于枣树生长发育的稳定环境。

整修台田：早春进行台田整修，防止水土流失，为生长灌溉做好准备。

早春顶凌刨盘：提高果园地温，促进根系活动，减少水分蒸发，有利蓄水保墒，深度 10 ~15cm，距树干 25cm。

清耕：防止其他作物对枣树争水争肥，减轻病虫害寄生场所，全园实行清耕。

秋季适当深耕：枣树可普遍翻耕 20cm，促进根系生长，有利于保墒和根系越冬。

放树窝子：结合早秋后压青，施有机肥，在树冠外围投影处挖深 70 ~80cm，宽 40 ~60cm 小形沟，表土与底土要分别放置，加填表土，后填底土。

果园施肥管理：施肥是调整大枣营养水平的重要手段，合理的施肥技术是大枣优质生产的基本保证。

基肥：4 月中旬，浇灌沼气液 3 000kg/亩；8 月中旬，浇灌沼气液 3 000kg/亩。

追肥：采取根外喷肥方法，经济有效，施肥吸收快，利用率高。6 月下旬、7 月上旬，喷两次磷酸二氢钾，每次浓度为 0.2%，用量 0.1kg/亩。

3. 果园灌水

土壤水分多少对枣树的生长发育有着重要影响，枣树缺水生长发育就要受到阻碍，所以早春要搞好枣树灌溉设施的保护。根据土壤墒情，适时灌溉，枣园田间持水量前期应保持 70% 左右，后期应保持在 50% ~60%，采收前期，灌水过多，易造成裂果，应适当控水，有利于提高果品质量。

春灌：土壤解冻后，立即灌水，以提高萌芽和坐果率，灌水时间应在 4 月中旬左右。

生长季灌水：视墒情定浇水量，一般情况下浇小水满足枣树生长发育即可。干旱时灌透水，以确保正常生长发育，6 月初和 7 月初各灌一次透水，能提高坐果率和加快果实膨大。

4. 后期灌水

对盛果期枣树可进行冬灌，利于枣树休眠，安全越冬。

对幼树和初果树 10 月末灌一次越冬水。

灌水应在采摘后，绝对不能在即将采摘前进行，以防止裂果。同时，影响果品质量，且不易贮藏。

5. 整形修剪

整形修剪是调节树体生长、结果矛盾、改善树体通风透光条件，达到高产、优质、稳产壮树的目的。

冬剪：主要任务是保持健壮树势，调整好全园光照，严防小区郁闭，要注意培养和更新结果枝组，调整好果叶芽的比例。但冬季修剪量小，甚至可以不修剪。

夏剪：夏季叶片较多，开花量大，需要消耗大量的营养物质，及时抹芽，摘心、疏枝可以节省树体营养消耗，使树体和枝条生长加快，同时保持适当枝叶密度，有利于早成形、早结果。

定干：为控制第一层主枝高度，主干定到60cm左右为宜。

疏枝：疏徒长枝、轮生枝、交叉枝、并生枝和重叠密枝。

回缩：对一些下垂的，骨干回缩，抬高枝干角度，增强生长势，一般回缩到生命力较强的大股壮芽处。

更新结果枝：采取先养后去，或先去后养的方法，去除老枝，培养新枝。

6. 提高坐果率

抑制营养生长，可采取断根，摘心、剪除发育枝顶芽，加强肥水管理等，可提高树体营养水平，使得有较多的养分供给花朵需要，提高坐果率。

花期喷水，花期空气湿度低于60%～70%时，影响受精坐果，可以喷清水2～3次，提高空气湿度，促进坐果。

枣园放蜂，枣授粉是通过昆虫传播的，试验证明，枣园放蜂，可提高坐果率20%左右。

（三）病虫害防治

虫害：桃小食心虫，用25%高效氯氟氢菊酯12～20g/亩，25%灭幼脲3号胶悬剂800倍液喷雾一次，防治时间6月下旬至7月中旬。蛾螨灵：25%灭幼脲3号和15%扫螨净复配而成。除灭幼脲3号的防治对象外，还可防治红蜘蛛。抑太保（定虫隆）5%抑太保乳油1 500倍液喷雾，可防治食心虫等。

（四）采收及后续管理

采收：采收过程中所用工具要清洁、卫生、无污染。采收时间9月中旬至10月上旬。

包装：用于装枣的纸箱要求整洁、干燥、牢固、美观、无污染、无异味、无虫蛀、无腐烂、无霉变现象，无受潮离层现象。按枣的规格包装，分别为每箱5kg和每箱10kg。每批枣的包装规格、单位、毛重一致。包装上应标明品名、规格、毛重、净重、产地、生产者、采摘及包装日期等，字迹清晰、完整、无误。包装容器上有醒目的绿色食品标志，产品的包装、贮运必须符合《绿色食品包装贮运标准》。

运输：装运时做到轻装、轻卸、严防机械损伤，运输工具清洁、卫生、无污染、防冻、防雨淋、注意通风散热，运输的适宜温度为8～15℃，相对湿度70%～80%。

贮藏：严防暴晒、雨淋、冻害及有毒物质的污染。按规格分别贮藏。枣园已建成大枣保鲜库，可贮大枣。最佳贮藏温度为－2～－1℃，空气相对湿度为80%～90%，库内码放保证气流均匀畅通。

（五）其他

绿色食品生产要求建立田间技术档案，做好整个生产过程的全面记录，妥善保存，以备查阅。尤其是对绿色食品生产操作规程的修订和完善非常重要。

四十、绿色食品草莓生产技术规程

(一) 选择适宜的土壤环境

选择地势平担，排灌方便，地下水位较低，土层深厚疏松、肥沃、透水气良好的沙质或壤质土壤，灌溉水、土壤和空气质量符合绿色食品标准 NY/T 391 的规定。

(二) 品种选择

保护地栽培的品种以应选择生长势强，坐果率高，耐寒、耐阴、抗白粉病、休眠期较短的优良品种研森 99。

(三) 种苗选择

选择定点培育的无病虫的健壮栽植苗备栽。

(四) 定植

1. 定植前准备

施肥，整地前每亩施腐熟有机肥 5 000kg，硫酸钾 10kg；制作高垄，精细整地，按垄面宽 50cm，垄沟宽 30cm，垄高 15～20cm 制作高垄。然后覆地膜，周围用土压紧，待栽。

2. 适期定植

草莓保护地栽培均在秋季定植，即 9 月 10—15 日选择傍晚定植。按垄栽两行，株距 15cm 进行定植。密度为 10 000株/亩。

(五) 科学管理

1. 温度和湿度管理

现蕾前后。白天棚室内温度保持在 25～28℃，夜间保持 5～10℃；开花结果期 24～26℃，夜间保持 5～8℃；采果期 20～24℃，夜间保持 5℃左右。超过 30℃通风。进入冬季，保持棚内温度最低在 5℃以上。棚内湿度过高应时及时通风。

2. 肥水管理

定植后立即灌水，使土壤保持湿润并起到降温作用，直至秧苗成活为止。追肥从花序现蕾开始后追肥一次。每亩用尿素 2.5kg。

3. 植株整理

及时摘除侧芽、老叶、黄叶、病叶和葡萄茎、级序高的花蕾、少数小果及畸形果。

4. 辅助授粉

冬季和早春温度低，棚室很少通风，同时昆虫活动少，影响草莓授粉授精。每半亩棚室放置一箱（三框）蜜蜂，进行辅助授粉。

(六) 病虫害防治

1. 主要病虫害

草莓主要病虫害有：白粉病、蓟马。

2. 防治原则

坚持预防为主，综合防治的原则。以农业防治、物理防治、生物防治为主，化学防治为辅。

3. 农业防治

选用抗病品种，培育健壮秧苗，加强栽培管理，日光土壤消毒。合理轮作，清洁田园。

4. 化学防治

（1）白粉病。11 月 10 日用 15% 三唑酮可湿性粉剂喷雾，用量 75g/年，安全间隔期 20d。每季只使用一次。

(2) 蓟马。整个生长期挂篮板诱杀蓟马成虫。

(七) 采收

在果面三分之二转红、肉质变软时及时分批采收。

四十一、绿色食品日光温室葡萄生产技术规程

(一) 范围

本规程规定绿色食品日光温室葡萄生产的产地环境条件与栽培技术措施、收获及后续管理措施。

本规程适用于保护地绿色食品“葡萄”的安全生产。

(二) 基地环境条件

棚址选择：葡萄大棚选择背风、向阳的地方，附近无污染源及其他不利条件，地形平整，有灌溉和排水条件。

环境质量：经监测符合《绿色食品产地环境质量标准》要求。

土壤条件：土壤耕层深厚、疏松肥沃，地势高燥，排灌方便，土壤结构适宜、理化性状良好，有机质含量高。

水质条件：没有工矿污染的地下水。

(三) 绿色食品葡萄栽培技术措施

本条款没有说明的栽培措施仍按常规栽培措施实施。

品种选择：选用抗病性强的茉莉香品种，拒绝使用转基因品种。

日光温室建造：日光温室建有立柱，墙体为土墙，温室座向为座北朝南。

开挖定植沟：葡萄定植前要开挖定植沟，做到上下一致，沟坡面垂直，熟土与生土分开放置。扣棚膜闷晒3d，使室内温度达到40℃以上，以便增温、杀虫杀菌。

回填定植沟：先把碎秸秆掺少许熟土回填到15～20cm深。每亩施充分腐熟的畜禽粪8～10m^3，然后回填20～30cm熟土，整个大棚内灌一次透水，使沟内土壤沉实。沉实后，用熟土起高垄，将苗木栽植在垄上。

1. 栽植

苗木准备及栽前处理：栽植前用清水浸泡8～12h，剪去过长根系，保留10～15cm。在整个栽植过程中，随栽随取，保持苗木湿润，避免风吹日晒。

栽植密度：株距50cm，大行距200cm，小行距40cm。亩栽苗1 800株左右。

栽植穴：挖30cm×30cm×30cm的定植穴。

栽植要求：在定植穴中间堆起5～8cm高的土堆，踩实，剪去苗木过长根系，将苗木直立放在土堆顶端，根系向四周舒展，填土压实，选用腐熟有机肥、熟土、细沙按1∶1∶1配比土壤，并在株距间开10～15cm深的小沟，浇小水覆膜，保证土壤温度。

2. 植株管理

支拱：在枝蔓上，用竹竿支一小拱，扣上塑料膜，保温保湿，易于萌发。

抹芽、定梢：当葡萄芽长到5～6cm时，抹去双芽、弱芽、位置不当的芽。当新梢长到15～20cm定梢，去弱，留中庸芽。

绑蔓、摘心：当新稍长到30cm左右时，开始绑蔓，15～20cm留一个新梢，在花前10～15d进行摘心，每结果枝留3～5片叶进行摘心。

去副梢：除顶端副梢外，其他副梢全部去除。集中营养，以利果实生长。

修穗：一枝一穗，去副穗，掐穗尖，按照技术要求留穗型及果量。

疏果：在幼果期根据果穗大小疏果，去除过密、幼小、畸形果。

3. 温湿度管理

温度管理：栽植后半个月内，温度控制在10～20℃，待芽体全部变绿卷帘后，用通风口来调节温度，将温度控制在28℃左右。连续5d棚外的夜间温度在12℃以上，就可以揭去棚膜，露地生长。

湿度管理：萌芽至花序伸出期，棚内相对空气湿度应控制在85%左右；花序伸出后，棚内相对空气湿度应控制在70%左右；开花至坐果期，棚内相对空气湿度应控制在65%～70%；坐果后，棚内相对空气湿度应控制在75%～80%。

4. 水肥管理

施肥：生产基地全部应用秸秆生物降解技术。每年施一次基肥，主要以腐熟的优质有机肥（鸡粪、牛粪）为主，每亩施有机肥4 000kg。开沟、菌种活化、铺秸秆施充分腐熟的有机肥、撒菌种、覆土、浇水。追肥两次，第一次在芽萌动时每亩追施生态有机肥17kg，第二次在果粒达到黄豆粒大小时追施生态有机肥每亩17kg。

浇水：生长期浇水以小水为主，当果粒达到黄豆粒大小时，每10d浇一次透水，浇2～3次，视土壤情况而定。

（四）病虫害防治

1. 农业防治

加强田间管理，通过对肥水管理，合理控制负载量，避免大小年，保持树势健壮，提高树体对病虫害的抵抗能力；改善园间通风、透光条件，恶化病虫生存环境；清洁田园，刮除老蔓老皮，中耕除草，病虫枝叶果实一律带出果园集中烧毁，压低病虫发生基数。

2. 物理防治

诱杀成虫，于4月上旬在果园内安装黑光灯、频振式或太阳能杀虫灯、糖醋液诱杀害虫。人工捕杀，于傍晚金龟子成虫发生期，利用其假死习性人工振落捕杀。

3. 化学防治

霜霉病：在葡萄发病初或发病前用80%波尔多液可湿性粉剂300～400倍液喷雾防治1次，2 000～2 667g/kg。

（五）采收及后续管理

采收：采收时一只手托住果穗，另一只手用圆头剪刀将果穗从贴近母枝处剪下，要轻拿轻放。整修果穗，剪除腐烂粒、病粒、不成熟粒、畸形粒，再根据大小、着色程度等指标，分等级包装。

包装：用于装葡萄的纸箱整洁、干燥、牢固、美观、无污染、无异味、无虫蛀、无腐烂、无霉变现象，无受潮离层现象。每批葡萄的包装规格、单位、毛重一致。包装上标明品名、规格、毛重、净重、产地、采摘及包装日期等，字迹清晰、完整、无误。

运输：装运时轻装、轻卸、严防机械损伤，运输工具清洁、卫生、无污染。

贮藏：严防暴晒、雨淋及有毒物质的污染。库内码放保证气流均匀畅通。

（六）其他

绿色食品生产要求建立田间技术档案，做好整个生产过程的全面记载，妥善保存，以备查阅。尤其是对绿色食品生产操作规程的修订和完善非常重要。

四十二、绿色食品葡萄生产操作规程

（一）园址选择

葡萄园建在远离工业污染的地方（包括大气和水源污染）。地下水位在1.5m以下，土层深厚，有机质含量1.5%以上的地块。

（二）葡萄园土壤管理

（1）栽前要进行充分的土壤改良，根据土壤条件，增加有机质含量，并注意改善土壤的通透性。

（2）栽植后，每年秋季要进行深翻施肥。

（3）降雨或灌水后，及时浅翻栽植沟，并随时铲除杂草。

在栽植沟两侧隔年进行（当年一侧，下年另一侧）。

（三）葡萄园施肥

以春季施有机肥为主，5月中旬每亩施腐熟鸡粪5 000kg。生长季7月中旬喷一次500倍液磷酸二氢钾。

（四）葡萄园灌水

根据葡萄不同生长时期对水分的需求特点，确定灌水次数和灌水量。主要有：

（1）出土至开花前一周，需灌1~2次透水。

（2）浆果膨大期前后灌1~2次水，水量可根据降雨情况确定。

（3）采收后灌1次水。

（4）葡萄下架后灌1次防冻水。

生长季，田间土壤持水量保持在60%~70%，果实成熟期保持在50%~60%。花期注意控水。

（五）架式

篱架或小棚架。

（六）修剪

休眠期修剪采用短梢修剪，单枝更新，严格控制结果母枝上移，每亩留结果母枝3 000枝左右。

（七）花果及架台管理

（1）定花穗。在正常生长状态下，每个结果母枝抽全两个新梢，应在上位新梢上保留一穗花，其余花穗疏除。即保留一个结果枝，一个发育枝。每亩保留花穗3 000个左右。

（2）花前摘心。即在开花前一周，结果枝3~4叶摘心、发育枝保留8~10片叶摘去顶梢，并去掉副梢（顶端副梢除外）。

（3）花穗掐尖。花前一周将花穗尖（全穗1/4）掐去，并去掉副穗。

（4）随时控制架台，防止郁蔽。重点控制各级副梢旺长。

（八）病虫害防治

预防为主，综合防治。同时采用果实套袋，减少农药污染和病虫侵害。

防治霜霉病7月上旬喷布1：0.5：200的波尔多液1次；8月上旬用64%杀毒矾可湿性粉剂1 000倍液喷雾1次。

（九）采收及后续管理

根据葡萄品种固有的成熟特点，结合市场需求适时采收。当果粒全部达到黑紫色，可供鲜食采收。如果冬贮，晚些时间采收。采收在晴朗天气待露水干后进行，用剪刀剪断穗轴，轻拿轻放，按等级装箱，穗穗摆实，不窜动为度。放到通风阴凉处待运。采收工具清洁、卫生，包装箱内无尖凸物以防伤果。

（十）其他

绿色食品葡萄生产要求全过程记录并妥善保存。

四十三、绿色食品日光温室油桃生产技术操作规程

（一）范围

本规程规定了绿色食品油桃生产的产地环境条件、园地选择与规划、栽培技术措施、病虫害防治、采收及后续管理措施。

本规程适用于保护地绿色食品油桃的安全生产。

（二）产地环境条件

环境质量：经监测符合《绿色食品产地环境质量标准》要求。

土壤条件：产地及产地周围没有非金属或金属矿山，土壤未受到有毒有害物质侵染。土壤结构适宜、理化性状良好。

水质条件：基地生产用水要清洁、无污染，符合农田灌溉用水标准。

（三）园地选择与规划

园地选择：绿色食品油桃产地，应选择生态条件良好，远离污染源，并具有可持续生产能力的农业生产区域。

园地规划：选择地势较高、背风向阳、非盐碱地的沙壤土，地段要求水位较低，排灌方便，避免选择重茬地。土壤有机质含量要求大于1%。

（四）栽培技术措施

1. 品种和砧木选择

品种选择：选择适合当地生长的，抗病性强的优良品种。

砧木选择：选择当地适应性好的品种，毛桃、山桃等。

2. 栽植

栽植时间：春栽、秋栽均可，但以秋末冬初定植为宜。

栽植密度：根据品种、地势、土壤、树形等因素确定。一般株距2m，行距2m。

苗木选择：选择生长健壮、无病虫、芽眼饱满、根系发达的一年生或二年生成品苗，要有4个以上均匀分枝，侧根大于5条，侧根长度大于20cm，粗度大于0.5cm，根与茎上无干缩皱皮，接合部愈合良好，砧桩剪除，剪口环状愈合或完全愈合。

定植方法：定植前将苗木浸水12～24h，挖80cm×80cm×80cm的定植穴，每穴施入1份充分腐熟的农家肥（约15kg）与5份园土的混合土，再填入一层熟土，左右对准，栽种桃苗。

3. 土壤管理

深翻：果实采收后结合施基肥进行全园深翻，深度25～30cm，时间在11月中、下旬。

中耕：油桃园生长季降雨或灌水后，及时进行中耕松土，中耕深度5～10cm，以利调温保墒。

4. 施肥管理

基肥：生产基地全部应用秸秆生物降解技术。油桃采收后，亩施1 000～2 000kg腐熟猪粪或堆肥，开沟、菌种活化、铺秸秆施充分腐熟的有机肥、撒菌种、覆土、浇水。

追肥：全年追肥2次左右，第一次在萌芽前或新梢生长到20～30cm，每亩尿素5kg、磷酸二铵10kg，第二次在开花后，每亩施磷酸二铵10kg，施硫酸钾14kg。

5. 水分管理

在萌芽期、果实膨大期和落叶后封冻前应及时适量灌水。要求灌溉水无污染，采用节水灌溉。

6. 整形修剪

整形修剪要根据品种特性、树龄、生育时期、土壤、气候条件而异。油桃树形采用“Y”字形二主枝自然开心形整形。冬剪去除病虫枝，消除病僵果。加强油桃生长季修剪，拉枝开角，摘心，及时疏除冠内直立旺枝、密生枝和剪锯口处的萌蘖枝。

7. 花果管理

花期采取人工授粉和放蜜蜂等方法帮助授粉，并合理进行疏花疏果。定果量的原则是：长果枝留4~5个果，中果枝留3~4个果，短果枝留2~3个果，副梢果枝可酌情留1~2个果，花束状果枝如生长健壮枝可留1个果，预备枝不留果。

（五）病虫害防治

1. 农业防治

为桃树提供良好的肥水条件，提高桃树自身的抗病能力。及时剪除病虫枝、清除枯枝落叶、刮除树干翘皮，覆盖秸秆抑制病虫害的发生。

2. 物理防治

根据害虫生物学特性，采取糖醋液、树干缠草把和黑光灯等方法诱杀桃小食心虫、卷叶蛾、桃潜叶蛾、桃柱螟等害虫。

3. 生物防治

人工释放赤眼蜂，保护瓢虫、捕食螨等天敌，利用昆虫性外激素诱杀或干扰成虫交配。

4. 化学防治

穿孔病、缩叶病：在桃树发芽前用3~5波美度石硫合剂喷雾防治一次。石硫合剂的熬制：块状生石灰1份、粉末状硫黄2份、水13份。先用少量水把硫黄搅成糊状，把余下的水在铁锅内烧开后，加入硫黄糊，再烧开后，加入块状生石灰，保持沸腾40min，直到熬制药液呈棕红色为止。

（六）采收及后续管理

采收时期：果面开始泛白者为七成熟，大部分泛白、微红者为八成熟，全部泛白、红色并开始变软者为九成熟；远距离销售宜六成熟，进市场销售的桃子以八成熟为最佳，当地销售则以九成熟为宜。

采收方法：先将果袋底撕开一小口，确定成熟度，全掌握桃，均匀用力，稍微扭转，顺果枝侧上方摘下。注意不能用手指按压果实，以免果实受伤。

分级：先捡出病残果、畸形果，然后按大小、色泽和成熟度分成不同等级堆放。

包装：用于装桃的纸箱整洁、干燥、牢固、美观、无污染、无异味、无虫蛀、无腐烂、无霉变现象，无受潮离层现象。按桃的规格包装，每批桃的包装规格、单位、毛重一致。包装上标明品名、规格、毛重、净重、产地及包装日期等，字迹清晰、完整、无误。

运输：装运时轻装、轻卸、严防机械损伤，运输工具清洁、卫生、无污染。

贮藏：严防暴晒、雨淋及有毒物质的污染。库内码放保证气流均匀畅通。

（七）其他

绿色食品生产要求建立田间技术档案，做好整个生产过程的全面记载，妥善保存，以备查阅。尤其是对绿色食品生产操作规程的修订和完善非常重要。

四十四、绿色食品桃生产技术操作规程

（一）范围

本生产技术规程规定了绿色食品桃生产所要求的产品质量、产地选择、栽培技术、采收、分级和包装等生产技术。

（二）产品质量标准

质量标准符合绿色食品温带水果 NY/T 844—2010 的要求。

（三）产地环境选择

地下水位高，土层深厚，土壤肥沃，有机质含量高，排灌方便，周边无污染源，适宜桃树生长的平地或水平梯田栽植。

（四）栽培技术措施

（1）栽培技术。定植 3 年见果，第 5～15 年产量稳定在 1 500kg/亩左右。

（2）产量结构指标。单株产量 45～50kg，单株坐果≥250 个，单果重≥175g。

（3）形态结构指标。定植第 1 年，三大主枝基本形成；第 2 年，每一主枝的第一侧枝基本形成，树冠直径 2m，新枝有部分花芽形成；第 3 年，主干直径≥7cm，树冠直径 3m，挂果树≥80%；第 4 年，每一主枝上的两个侧枝配置完毕，树体主要骨架形成，树冠直径 3.5m。

（4）育苗。

砧木：选用适应性强、根系发达的野生毛桃。

接穗：在三年生以上无病的桃长果枝上，选择健壮的芽作接穗。

嫁接时间：9 月中、下旬，采用“T”字形芽接方法嫁接。

嫁接部位：在砧木挺直、光滑，离根颈 10cm 左右处。

（5）大田准备。

定植前的大田准备：深翻土壤，使之熟化，深度不浅于 30cm；按照行距，开好畦沟，沟宽 60cm，沟深 40cm，做到深沟高畦，畦面呈龟背形，并做到三沟（畦沟、腰沟、垄沟）配套。

园内道路设置：做到主干道和操作道配套，主干道贯穿整个果园，每隔 8m 配置一条 2m 宽与主干道垂直的操作道。

（6）定植。选用接芽饱满、生长健壮、根系发达、无病虫害的芽苗作定植苗。

定植时间：落叶后或早春萌芽前均可种植，但以秋末冬初定植为宜（11 月底至 12 月底）。

定植密度：行距 4m，株距 4m，42 株/亩。

栽植技术：栽植时做到深穴浅栽，定植穴深 40～45cm，宽 50～60cm，将穴内挖出的泥土用 1 份充分腐熟的有机肥（约 15kg）与 5 份园土充分拌匀后填入穴内，再填入一层熟土，然后栽上桃苗。栽植时剪除伤根部分，去除接芽以下芽。接芽朝向迎风面，根系自然伸展，扶正进行填土，栽植深浅以苗木原来的土痕稍高于畦面为宜，填土时切忌架空，使土壤与根系紧密接触，并及时浇水，植后次日用双脚踏实根系周围土壤，进行培土，在接芽上方 1～1.5cm 处剪砧，及时搭好三角保护架。

（7）定植后管理。萌芽后及时抹除野芽，保证接芽正常生长；当接芽新梢长至 30cm 时，用竹竿和布条将新梢绑扎扶直。

勤施薄施肥料，从萌芽期至 7 月，每月浇施 1～2 次 1：（3～4）的薄水粪，或 0.5% 的复合肥（忌用含硝态氮的），以促进新梢的旺盛生长。

多次摘心，加快树冠形成：第一次摘心（即定干）在 5 月下旬，接芽新梢长至 40cm 时进行，摘心长度约 35cm，促发二次枝；第二次摘心在 6 月中、下旬，当二次梢生长至 40cm 时进行，利用

三次梢扩大树冠。第二次摘心时按照自然开心形要求，选定三大主枝，用竹竿绑扎，对三主枝以外的枝条作为辅养枝处理，摘心并拉成水平状，使之缓和生长。

（8）整形修剪。

树形：采用自然开心形。主干高30～45cm，主干上三主枝错落着生，主枝间夹角120°左右，主枝基角55°～60°，腰角60°～70°，梢角40°～50°（封行时），使之基角大，腰角荡，梢角翘，主枝在延长中应转换造成小弯曲，同时应使三主枝的长势达到相对平衡。每主枝上配置2～3个侧枝，第一侧枝距主干枝约45cm，第二侧枝距第一侧枝40cm，侧枝角度应大于主枝角度，以70°～80°为宜，三大主枝上的同级侧枝应顺向排列，避免交叉。同时，应注意培养结果枝组，结果枝组有大、中、小不同类型，使之错落有序。除了主枝、侧枝以外的大枝，只要不影响树体的通风透光和骨干枝生长的情况下，加以控制，充分利用结果，造就大枝少而精的坚强骨架和形成小枝多、近、匀的立体结果格局。

（9）修剪。

冬季修剪：又称休眠期修剪（11月下旬至翌年2月底），应用的修剪方法有短截、长放、疏枝、回缩、拉枝、压枝等。对于幼树修剪，由于幼树在上海地区生长比较旺盛，因此，在培养树形骨架的同时，应适当轻剪，增加枝量，缓和树势。在修剪时，注意枝组更新复壮，运用抑前促后的方法，稳定结果部位，延缓结果部位的上升和外延。对成年树修剪，根据树势强弱而定，一般以短剪为主。

夏季修剪：又称生长期修剪，包括抹芽、摘心扭梢、剪梢等。对各级延伸枝剪口附近的竞争芽、疏除大枝锯口附近的徒长芽、三主枝主干以下的萌芽及砧上的萌蘖都应抹除，保证使用芽的正常生长。5月中旬，对徒长梢、骨干延伸梢的竞争梢应及时摘心、拧梢，控制徒长，保证骨干新梢的正常生长。6—7月继续搞好夏剪工作，改善树体通风透光，促进果实膨大和花芽分化，果实采收后根据树体通风透光条件再进行一次适度修剪，以利养分积累。

土、水、肥管理：桃在生产过程中选用绿色食品肥料使用准则NY/T 394的规定允许使用的肥料种类，并根据农技部门和果树专家指导的优化配方施肥技术进行科学合理施肥。优先使用优质有机肥料，减少化肥施用量，保持或增加土壤肥力和生物活性。

（10）土壤管理。

深耕：时间在10月中、下旬结合施基肥进行，深度在25～30cm。

中耕：一般结合除草、追肥进行，疏松土壤，促进根系生长。

间作和覆盖：幼树期，在桃树株、行间间作绿肥或牧草，有效防止杂草；炎热夏季，当作物长至一定高度，刈割后覆盖在桃树根干部，能有效缓解水分蒸发，保持土壤水分，促进果实生长。

（11）水肥管理。

灌水与排水：桃生产基地拥有自己独立的排灌系统，水质无污染。基地密布沟系和灌水管道，纵横交错，为排灌提供保证。在多雨季节，做到园内无积水；在夏季干旱时，通过灌水管道，保证水分供给，促进果实膨大。

施肥：成年桃树施肥因树势、品种而异，一般一年施肥四次，即基肥、催花芽肥、果实膨大肥和采后肥。

基肥：以有机肥为主，每亩成年桃树1 000kg左右（幼树500kg）的腐熟猪粪或堆肥。采用沟施。

催花芽肥：萌芽期，在根冠外围施入三混复合肥（N：P：K＝17：13：17），每株0.5～1.0kg。

果实膨大肥：6月中旬果实膨大时施三元复混肥50kg/亩。

果实采收后培肥：果实采收后，根据产量多少、长势强弱来决定追施肥数量。

（12）果实管理。为了提高单产，保证桃的质量，对果实采取严格的管理措施，使之达到优质、高产。

提高坐果率：加强采果后的管理，防止早期落叶，保持树势健壮，促进花芽分化和养分的积累。

对于无花粉或花粉少的品种，注意正确配置授粉品种；在气候恶劣的条件下，进行人工授粉，采集开花早、品质好的品种的花朵，筛选出花粉待用，到该品种开花时进行点花。

合理定果：为了使果实达到一定的统一规格，并避免果树产生大小年，挂果多时，应进行疏果，留果量的多少要根据树冠大小、结果枝类型、树势强弱、品种特性来确定，时间在5月上旬至中下旬分期进行，第二次生理落果基本结束时进行定果。首先疏除病虫果、畸形果、无叶果，留果量一般采用“1－2－1”原则，即中果枝留一个果，长果枝留二个果，短果枝留一个果。

套袋：为了使桃着色均匀、美观，免受病虫为害和农药污染，采用安全卫生、防水的纸袋进行套袋。套袋时间一般在5月20日前后，套袋前，统一喷一次药剂，防止病虫为害。

（五）病虫害防治

为了真正实现绿色食品，桃在生产过程中，对病虫草等有害生物坚决执行“预防为主，综合防治”的方针。

1. 主要病虫害

桃生产基地病害主要有炭疽病、缩叶病、细菌和真菌性穿孔病等；虫害主要有桃蚜、红蜘蛛、苹小卷叶蛾、梨小食心虫等。

2. 防治方法

生态防治：在桃园内种植蚕豆等蜜源植物，并减少广谱性农药的施用次数，保护天敌，从而增加天敌数量，利用自然界竞争来降低虫口数量。

农业防治：提供桃树良好的肥水条件，增强树势，提高桃树自身的抗病能力；及时清除枯枝落叶及杂草等病虫寄生物，降低病虫基数。

物理防治：生产基地内安装了高压频振式诱虫灯，对害虫成虫进行捕杀和预测预报。

生物防治：在基地果园内通过悬挂苹小卷叶蛾、梨小、桃潜叶蛾等害虫的性诱剂，对这些害虫的雄性成虫进行生物诱杀，从而减少交配，降低虫口基数，每棵树挂置1～2个黄色胶带或黄板涂抹黏着剂诱杀。

药物防治：桃树整个生长期不准使用化学农药。

允许使用矿物源农药、微生物和植物源农药。常用的矿物源药剂有（预制或现配）石硫合剂、波尔多液、氢氧化铜、松脂酸钠等。

严禁使用基因工程品种（产品）及制剂。

（六）采收及后续管理

适时采收，提高果品质量。

采收桃成熟度标准：果面开始泛白者为七成熟，大部分泛白、微红者为八成熟，全部泛白、红色并开始变软者为九成熟；远距离销售宜六成熟，进超市销售的桃子以八成熟为最佳，当地销售则以九成熟为宜。

采收方法：先将果袋底撕开一小口，确定成熟度；用手掌托住果实，满把握，向侧扳，不要扭转，连套袋一起摘下；注意不能用手指按压果实，以免果实受伤。

分级：剔除病虫果、受伤果和畸形果，按重量规格在自动分级机上分级。

包装：用于装桃的纸箱整洁、干燥、牢固、美观、无污染、无异味、无虫蛀、无腐烂、无霉变现象，无受潮离层现象。按桃的规格包装，每箱为＊＊kg。每批桃的包装规格、单位、毛重一致。包装上标明品名、规格、毛重、净重、产地及采摘、包装日期等，字迹清晰、完整、无误。包装应符合 NY/T 658 的要求。按包装大小分为两种规格。大包装采用双层瓦楞纸箱，内衬碎纸屑防震；小包装采用 PP 吸塑包装桃子，外面罩上保鲜膜。包装上注明商品名称、生产企业、执行标准、生产日期、保质期等。

运输：装运时轻装轻卸、严防机械损伤，运输工具清洁、卫生、无污染。

贮藏：严防暴晒、雨淋及有毒物质的污染。库内码放保证气流均匀畅通。

（七）其他

绿色食品生产要求建立田间技术档案，做好整个生产过程的全面记载，妥善保存，以备查阅。尤其是对绿色食品生产操作规程的修订和完善非常重要。

四十五、绿色食品大扁杏生产技术操作规程

（一）品种及苗木选择

适合辽宁省朝阳地区栽培的主要品种：优 2、丰仁、大银白、红太阳、一窝峰、龙王帽等优良品种，要求栽植 2 个品种以上（解决授粉）。

苗木选择生长健壮、分枝级次高的 2～3 年生大苗定植。

（二）栽植主要技术

栽植方法：按株行距 3m×4m 南北向整地，最好挖栽植沟，深 40cm，宽 40cm，定植前增施有机肥。

栽植时间：3 月末 4 月初采用覆膜方法栽植（苗木必须是冬贮苗），地理条件好的可提前到 3 月中旬。

（三）不同物候期温湿调控技术

大扁杏花期温度一般要求在 18～20℃，最高温度不超过 22℃，相对湿度不超过 60%，果实生长膨大期温湿度可适当放宽，但温度不超过 30℃，不低于 8℃。

（四）花期授粉技术

采用人工辅助授粉，放蜂授粉技术和不同品种相互授粉技术。具体操作：盛花期人工授粉和放蜂授粉。

（五）花果管理技术

花果管理技术主要指疏花疏果技术。3 年生株产按 5kg，5 年生按 10～15kg 定产。

（六）水肥管理技术

1. 灌水

3 月中下旬树体萌动前，在树冠投影外随行挖宽 0.4～0.5m 的灌溉沟，以后逐渐外扩。

无水利配套的果园，在树体周围沿树冠外缘等角挖 3～4 个环形沟，逐年换位，进行灌水。每株树灌水量在 40～100kg。灌后结合顶凌抱盘，压细平整。

2. 肥料管理

春施肥：结合春季灌水在开花前 15d 左右施肥，以提高坐果率。施肥方法：每亩施腐熟农家肥 3 000kg；时间：4 月上旬。

夏秋施肥：7 月中旬为花芽分化前期，每株施 0.3kg 磷酸二铵，辅以硫酸钾肥 0.05～0.1kg/株。

3. 整形修剪

整形：幼树定干高度 60～70cm 为宜，树形为自然开心型，主树 4～5 个，每个主枝上的结果枝

组依树龄大小、生长距离具体确定，枝组间距不得少于10cm，初果期树按着生位置合理去留。

修剪：初果期树前期总的修剪原则是少短截，多缓放，勤摘心，适当拉枝。

对当年枝条少短截，在保证枝组数量前提下能疏则疏。确定缓放的枝条要结合摘心严格控制徒长、旺长。拉枝的角度在45°左右为适宜。

（七）大扁杏病害防治技术

大扁杏栽培主要病害为树干流胶病。

（1）防治方法。培养树形，避免重度修剪。

（2）刮皮、涂白。每隔1～2年入冬前对树体刮白一次，消灭成虫卵、病菌。

结合刮皮涂白，方法：水18kg＋食盐1kg＋生石灰6～7kg＋石硫合剂原液1kg＋豆浆0.5kg，进行树干大枝、根颈及分杈处均匀涂抹。

树干流胶病在花前刮去胶块，进行人工处理。

（八）采收及后续管理

大扁杏采收在7月下旬，用果纸包好装箱，用于装大扁杏的纸箱整洁、干燥、牢固、美观、无污染、无异味、无虫蛀、无腐烂、无霉变现象，无受潮离层现象。按大扁杏的规格包装。每批大扁杏的包装规格、单位、毛重一致。包装上标明绿色食品申报产品品名、规格、毛重、净重、产地及采摘、包装日期等，字迹清晰、完整、无误。包装应符合NY/T 658的要求。按包装大小分为两种规格。大包装采用双层瓦楞纸箱，内衬碎纸屑防震；小包装采用PP吸塑包装大扁杏，外面罩上保鲜膜。包装上注明绿色食品、商品名称、生产企业、执行标准、采摘日期、保质期等。

运输：装运时轻装轻卸、严防机械损伤，运输工具清洁、卫生、无污染。

贮藏：严防暴晒、雨淋及有毒物质的污染。库内码放保证气流均匀畅通。

（九）其他

绿色食品生产要求建立田间技术档案，做好整个生产过程的全面记载，妥善保存，以备查阅。尤其是对绿色食品生产操作规程的修订和完善非常重要。

附件：绿色大扁杏生产作业历

3—4月

灌水：3月中下旬树体萌动前，在树冠投影外随行挖宽0.4～0.5m的灌溉沟，以后逐渐外扩。无水利配套的果园，在树体周围沿树冠外缘等角挖3～4个环形沟，逐年换位，进行灌水。每株树灌水量在40～100kg。灌后结合顶凌刨盘，压细平整。

春施肥：结合春季灌水在开花前15d左右施肥，以提高坐果率。施肥方法：每亩施腐熟农家肥3 000kg；时间：4月上旬。

病害防治：3月中下旬喷3～5波美度石硫合剂，防治流胶病等树体病害。

5—6月

树盘覆盖：于5月下旬至6月下旬之间进行，采用青草、秸秆对树盘覆盖，每株覆盖量为20～40kg，可显著提高土壤有机质含量。

用3 000倍氰戊菊酯，防治天幕毛虫、金龟子。

叶面喷肥：5月上旬喷施0.5%磷酸二氢钾一次，15d后进行第二次喷施。

7—9月

果实采收：大扁杏采收在7月下旬，用果纸包好装箱，并用带有绿色食品原料（大扁杏）的包装箱，入库保鲜贮藏适时销售运输。

施肥：7月中旬为花芽分化前期，每株施0.5kg磷酸二铵，辅以硫酸钾肥0.05～0.1kg/株。

秋冬季管理：10月至翌年2月

刮皮、涂白：每隔1～2年对树体刮白一次，消灭成虫卵、病菌。

结合刮皮涂白，方法：水18kg＋食盐1kg＋生石灰6～7kg＋石硫合剂原液1kg＋豆浆0.5kg，进行树干大枝、根颈及分杈处均匀涂抹。

整形修剪于树体进入休眠后，在1—2月进行。

整形：幼树定干高度60～70cm为宜，树形为自然开心型，主树4～5个，每个主枝上的结果枝组依树龄大小、生长距离具体确定，枝组间距不得少于10cm，初果期树按着生位置合理去留。

修剪：初果期前期总的修剪原则是少短截，多缓放，勤摘心，适当拉枝。

对当年枝条少短截，在保证枝组数量前提下能疏则疏。确定缓放的枝条要结合摘心严格控制徒长、旺长。拉枝角度在45°左右为适宜。

四十六、绿色食品苹果生产技术操作规程

（一）范围

本技术规程规定了苹果栽培的产地环境条件、园地规划、品种和砧木选择、栽植、肥水管理、整形修剪、花果管理、病虫害防治及采收运输等措施。

（二）产地环境条件

选择远离工矿企业（距离超过5km），无“三废”污染，地势平坦，土壤肥沃，地下水资源充足，光照资源丰富，生物呈现多样性，经监测符合绿色食品产地环境质量标准要求的地块。

（三）园地规划

栽植密度株行距为3m×4m，栽植坑长、宽、深0.8m×0.8m×0.8m，作业路和灌溉管路统一规划。

（四）栽培技术措施

1. 品种和砧木选择

选择抗逆性强、品质好，果型较好的大国光苹果做为种苗。嫁接采用海棠苗做砧木。

2. 栽植

采用春季（4月中旬）覆膜栽植方式。

3. 灌水

3月中下旬树体萌动前，在树冠投影外随行挖宽0.4～0.5m的灌溉沟，以后逐渐外扩。无水利配套的果园，在树体周围沿树冠外缘等角挖3～4个环形沟，逐年换位，进行灌水。每株树灌水量在40～100kg。灌后结合顶凌抱盘，压细平整。

4. 土肥水管理

（1）土壤管理。

整修台田：深秋和早春进行台田整修，防止水土流失，为截水灌溉做好准备。

早春顶凌刨盘：树盘内距树干20cm，深度为10cm，刨完搂细平整，以提高地温，促进根系活动，减少水分蒸发，利于蓄水保墒。

清耕覆盖：果园内不种植其他作物，全园实行清耕，早春用秸秆覆盖树盘，蓄水保墒，并为早秋深翻改土提供充足的有机肥。

深翻改土：结合早秋压青深翻改良土壤，在距树干2m处向外放射性挖深70～80cm，宽40～60cm小型沟，先填青草、秸秆等有机物或表土，后填底土。

（2）肥料管理。每年早春结合灌水施腐熟农家肥3 000kg/亩；早秋结合深翻改土压青增加土壤有机质含量；果实膨大期叶面喷施磷酸二氢钾，每亩喷施0.1kg，于6月下旬喷施。

(3) 水管理。早春花前一周春灌；果实膨大初期灌水一次；深秋（10月下旬）灌封冻水一次。

5. 刮皮、涂白

每隔1~2年对树体刮白一次，消灭成虫卵、病菌。

刮皮涂白方法：水18kg+食盐1kg+生石灰6~7kg+石硫合剂1kg+豆浆0.5kg，进行树干大枝、根颈及分杈处均匀涂抹。

6. 整形修剪

树形：采用基部三主枝邻近半园型修剪方式，上层3~4个主枝，层间距要达到80cm以上；早期树留2~3个辅养枝，盛早期树要少留或不留；主枝上不留背上枝组，重点培养背下或平斜枝组；对结果小枝组特别是果台副梢要逐年回缩复壮，防止结果枝组外移、产量不稳定等现象发生；叶花比要达50∶1，果与果的距离达到15cm以上。冬剪与夏剪相结合，冬剪促进生长，夏剪控制生长。

7. 花果管理

疏花疏果：疏花疏果是生产优质苹果的重要手段，必须做到多个花序留中心花或果。

果实套袋：采用GBL005型纸袋（国家保鲜中心生产绿达牌纸袋）在6月中下旬完成套袋。采前二周上午10点至下午3点摘除第一层袋；采前一周上午10点至下午3点摘除第二层袋。摘袋严禁阴雨天进行。

（五）病虫害防治

苹果食心虫：根据预测预报可采用20%氰戊菊酯乳油3 000倍液喷雾，于6月中旬防治一次。

（六）采收及后续管理

苹果采收在9月中旬至10月中旬，用果纸包好装箱，用于装苹果的纸箱整洁、干燥、牢固、美观、无污染、无异味、无虫蛀、无腐烂、无霉变现象，无受潮离层现象。按苹果的规格包装。每批苹果的包装规格、单位、毛重一致。包装上注明绿色食品、商品名称、生产企业、执行标准、采摘日期、保质期等。字迹清晰、完整、无误。包装应符合NY/T 658的要求。按包装大小分为两种规格。大包装采用双层瓦楞纸箱，内衬碎纸屑防震；小包装采用PP吸塑包装苹果，外面罩上保鲜膜。

运输：装运时轻装轻卸、严防机械损伤，运输工具清洁、卫生、无污染。

贮藏：严防暴晒、雨淋及有毒物质的污染。库内码放保证气流均匀畅通。

（七）其他

绿色食品生产要求建立田间技术档案，做好整个生产过程的全面记载，妥善保存，以备查阅。尤其是对绿色食品生产操作规程的修订和完善非常重要。

附件：绿色食品苹果生产作业历

3—4月

灌水

3月中下旬树体萌动前，在树冠投影外随行挖宽0.4~0.5m的灌溉沟，以后逐渐外扩。无水利配套的果园，在树体周围沿树冠外缘等角挖3~4个环形沟，逐年换位，进行灌水。每株树灌水量在40~100kg。灌后结合顶凌抱盘，压细平整。

春施肥

结合春季灌水在开花前15d左右施肥，以提高坐果率。施肥方法：每亩施腐熟农家肥3 000kg。时间：4月中旬。

5—6 月

树盘覆盖：于 5 月下旬至 6 月下旬进行，采用青草、秸秆对树盘覆盖，蓄水保墒，每株覆盖量为 20 ~ 40kg，可显著提高土壤有机质含量。

叶面喷肥：6 月下旬亩喷施磷酸二氢钾 0.1kg 一次。

病虫害防治

苹果食心虫：

根据预测预报可采用 20% 氰戊菊酯乳油 3 000倍液喷雾于 6 月中旬防治一次。

7—9 月

整修台田

深秋进行台田整修，防止水土流失，为截水灌溉做好准备。

深翻改土

结合早秋压青深翻改良土壤，在距树干 2m 处向外放射性挖深 70 ~ 80cm，宽 40 ~ 60cm 小型沟，先填青草、秸秆等有机物或表土，后填底土。

果实采收

果实于 9 月中旬至 10 月中旬进行采收，采收后用果纸包好装箱，并用带有绿色食品原料（苹果）的包装箱，入库保鲜贮藏适时销售运输。

10 月至翌年 2 月

刮皮、涂白

每隔 1 ~ 2 年对树体刮白一次，消灭成虫卵、病菌。

刮皮涂白方法：水 18kg + 食盐 1kg + 生石灰 6 ~ 7kg + 石硫合剂 1kg + 豆浆 0.5kg，进行树干大枝、根颈及分杈处均匀涂抹。

整形修剪

树形：采用基部三主枝邻近半园型修剪方式，上层 3 ~ 4 个主枝，层间距要达到 80cm 以上。

早期树留 2 ~ 3 个辅养枝，盛早期树要少留或不留。

主枝上不留背上枝组，重点培养背下或平斜枝组。

对结果小枝组特别是果台副梢要逐年回缩复壮，防止结果枝组外移、产量不稳定等现象发生。

叶花比要达 50 : 1 以上，果与果的距离达到 15cm 以上。

做好冬剪与夏剪相结合，明确冬剪促进生长、夏剪控制生长的平衡关系。

对当年枝条短截，在保证枝组数量前提下能疏则疏。确定缓放的枝条要结合摘心严格控制徒长、旺长。拉枝的角度在 45°左右为适宜。

四十七、绿色食品西瓜生产技术操作规程

（一）土壤条件

排水良好、土层深厚肥沃、疏松的沙壤土，有机质含量在 8% 以上，土壤 pH 值在 7 左右。

（二）栽培技术措施

1. 种子及处理

品种选择：选用抗逆性强、高产、品质优良的品种，如庆农 2 号、庆红宝、金花宝、粤 89—1、景黄宝、龙富京新一号等；纯度不低于 95%，净度不低于 98%，发芽率为 90% 以上，含水量不高于 12%。

晒种：播前 15d，晒种 2d。

2. 育苗

壮苗标准：苗龄期 30 ~ 40d，叶龄在 4 ~ 5 片叶，株高 10 ~ 15cm。

（1）浸种催芽、消毒。

温汤浸种：把种子放入55℃温水中烫种15min，并不断搅动，捞出立即放凉水中急速降温，然后用温水浸泡24h。

药剂浸种：用50%的多菌灵可湿性粉剂800倍液浸种消毒10～15min，然后捞出洗净，准备催芽。

催芽：消毒或浸泡好的种子，用清水浸泡24h后，投洗干净捞出，放在纱布上包好置于28～32℃的条件下催芽30h左右后，种子露白后即可准备播种。

（2）播种、播期。在日平均气温稳定通过15℃、棚温升到25℃时播种。

播法：在播种前一次性浇透苗床水，在营养钵或营养方块中央扎眼，将催芽的种子播下，覆土1.5cm。播种后注意保温保湿，提高出苗率。

播量：发芽率在90%以上的种子，每平方米播种量50～70g。

（3）育苗床选择。育苗床选择地势较高、通风透光良好的地方。采用塑料小拱棚内营养钵或营养块育苗。

（4）小拱棚规格。一般南北宽1.2～1.5m，东西长8～10m，深15～20cm。

（5）营养土配制。选用肥沃园田土或玉米田土60%，腐熟厩肥40%，每平方米营养土中加入硫酸钾0.5kg，拌匀备用。

（6）大棚育苗。用于早熟栽培，可将营养土装入营养钵中，营养钵高10～12cm，直径8～12cm。在棚内按1.2m×（5～6）m为一个育苗区整齐排列营养钵。

（7）小拱棚育苗。用于延后栽培，方法同大棚育苗。由于育苗期正处在高温强光照射和多雨季节，采用覆盖遮阳网，育苗效果较好。

（8）苗期管理。

温度管理：播种至出苗时要密封保温，床温保持在30～35℃；出苗50%以上时降低温度，白天温度20～25℃，夜间15～17℃。幼苗展开第一片真叶后，床温白天25～30℃，夜间17～20℃；4～5片真叶到定植前一周降温，锻炼幼苗，加大通风量。

水分管理：出苗前一般不浇水，出苗后根据床土湿度适当补充水分，不要大量浇灌，防止湿度过大引起沤根。

苗床除草：当幼苗长出2～3片真叶后，苗床杂草很多时进行人工除草。

追肥：苗期发现缺肥现象时，可以结合浇水进行少量冲施沼气液肥，或用0.1%～0.2%磷酸二氢钾叶面喷肥。

3. 选茬整地

选茬：前茬以葱蒜、秋白菜、大豆、小麦、玉米、高粱茬为宜。

选地：选择土壤疏松肥沃，保水保肥及排水良好的地块。一般选择沙壤土栽培为宜。

轮作：西瓜种植一般要进行3～5年的轮作，忌瓜类重茬、迎茬。

整地：大田整地实行秋翻秋起垄，翻深25cm以上。也可进行旋耕，翻旋结合，整平耙细起垄。

施肥：每亩施经无害化处理的优质农家肥料2 000～3 000kg，结合整地一次性施入。

起垄：采用高垄栽培，一般垄距为70cm，垄高15～20cm。

4. 大田移栽

移栽时间：日平均气温稳定通过10～13℃开始移栽，早栽培5月上旬小拱棚内定植；中栽培5月中下旬定植；延后栽培，7月15～20日移栽。

移栽规格：单行栽培，采用小高垄栽培，垄高15～20cm，垄宽70cm，垄面宽15cm，株行距0.5m×1.4m，采取1∶1栽培方式（种1垄空1垄）；双行栽培，采用小高畦栽培，畦高15～20cm，上宽50cm，底宽60～80cm，株行距0.5m×1.4m，两行西瓜向相反方向爬蔓，采取2∶2栽培方式

（种2垄空2垄）。亩保苗3 000株。

5. 田间管理

查田补栽：移栽后发现田间缺苗，应及时补栽以保证苗全。

灌水：定植时浇足底水，缓苗期不再浇水，伸蔓期浇一次小水，瓜膨大期浇一次大水。

追肥：植株伸蔓以后，需肥量增加，结合中耕亩冲施沼气液肥200kg伸蔓后期至坐果前适量追施沼气液肥200kg。幼瓜膨大时，追施沼气液肥200kg。还可用0.2%的磷酸二氢钾进行叶面喷洒。

整枝打杈：采用三蔓整枝，植株保留主、侧三蔓，选主蔓上的第2个雌花留瓜，在瓜前留10片叶掐尖，主蔓和所保留侧蔓上叶腋内萌发的枝芽要及时打掉，坐瓜后及时压蔓。

人工授粉：采用人工辅助授粉，以提高坐瓜率。每天上午6：00～9：00摘下当天开放的雄花，去掉花瓣，将花粉轻涂在雌花柱头上。

选瓜留瓜：在主蔓第二雌花节位留瓜，及时垫瓜、翻瓜，保证瓜型端正和皮色美观。

（三）病虫害防治

西瓜炭疽病：在发病初期及时摘除病叶，使用2%抗霉菌素（农抗120）水剂100mg/kg喷雾或50%施保功可湿性粉剂564～1 124g/hm^{2}防治。

西瓜枯萎病也称蔓割病：除采用嫁接换根外，可在发病前或发病初用50%多菌灵可湿性粉剂600倍液或70%甲基托布津可湿性粉剂800～1 000倍液灌根。

西瓜烂皮病（细菌性角斑病）：一是选择花皮或果皮颜色较深的品种；二是提早栽培，早熟躲病；三是药剂防治，在果实发病前，使用100万单位新植霉素粉剂10～14g/亩或53.8%可杀得干悬浮剂40～45g/亩。

蝼蛄：用毒谷毒杀。用90%的敌百虫30倍液0.15kg，加谷秕5kg制成毒谷。方法是先将谷秕抄半熟，凉后拌药，每亩用毒谷2～2.5kg，随播种施入定植穴内。也可用90%晶体敌百虫30倍液0.5kg，加炒的各种糠麸20kg左右，拌匀后加水，用手一攥稍出水即可，撒在幼苗周围。也可用照明电灯或设置黑光灯捕杀或诱杀成虫。

地老虎：以幼虫为害。4令以下的幼虫，用5kg麦麸炒香，拌入敌百虫热溶液，幼苗期进行诱杀。也可用80%敌敌畏乳油配成0.5%毒土或毒沙撒在被害瓜苗附近。

（四）采收及后续管理

1. 果实成熟标志

皮色鲜艳，花纹清晰，果面发亮，果要附近茸毛脱落，果顶开始发软，瓜面用手指弹时发出空浊音，现出本品种特有香味是为熟瓜。产品要求形态完整，表面清洁，无擦伤，无开裂，无农药等污染，无病虫害疤痕。

2. 包装及标志

包装容器整洁、干燥、牢固、美观、无污染、无异味。

包装上标明品名、规格、毛重、净含量、产地、生产者、采摘日期、包装日期。标有醒目的绿色食品标志。

3. 运输及贮藏

运输器具清洁、卫生、无污染，运输时防雨、防晒，注意通风散热；运输适宜温度4～6℃，空气相对湿度80%～85%。

贮藏温度5～7℃，空气相对湿度70%～80%，库内堆放应气流均匀畅通，贮藏期2～5d。

（五）其他

绿色食品生产要求建立田间技术档案，做好整个生产过程的全面记载，妥善保存，以备查阅。尤其是对绿色食品生产操作规程的修订和完善非常重要。

四十八、绿色食品南果梨生产技术操作规程

（一）范围

本规程规定绿色食品南果梨生产的产地环境条件、园地选建、栽植技术措施、病虫害防治、采收及后续管理措施。

本规程适用于绿色食品南果梨的安全生产。

（二）产地环境条件

环境质量：经监测符合《绿色食品产地环境质量标准》要求。

土壤条件：产地及产地周围没有非金属或金属矿山，土壤未受到有毒有害物质侵染。土壤结构适宜、理化性状良好。

水质条件：基地生产用水要清洁、无污染，符合农田灌溉用水标准。

园地选建：选择地下水位高，土层深厚，土壤肥沃，有机质含量高，排水灌溉方便，周边无污染源，环境条件适宜梨树生长的平地或水平梯田栽植。

（三）栽培技术措施

1. 栽植

整地：秋季挖长、宽、深各80cm的栽植坑，每株树施用腐熟的农家肥25kg（即2 775kg/亩），用表土按3：1的比例混匀后，填在树苗根系附近。下层土可以掺些秸秆或烂草，改良土壤通透性。

栽植密度：根据地形、地貌来确定株行距，等距离栽植。栽植永久型植株密度为株行距4m×3m或4m×4m、5m×2m，41～67株/亩。必须加强园田管理，增施有机肥，保证土壤肥沃和灌水条件。

授粉树配置：采用差量式配置方式，授粉树的品种选用苹果梨。授粉树与南果梨的配置比例为1：4或1：5。苹果梨与南果梨的最大距离不超过30m。采用每隔3～4行栽植1～2行授粉树。

栽植前处理：先将苗木进行必要的根系修剪，然后将苗木根部放入水中浸泡12～24h，使苗木充分吸水。栽植前根系蘸泥浆促进发根。

栽植时间：春季于土壤解冻后到苗木萌芽前栽植，一般为3月下旬到4月下旬。

栽植方法：苗木栽植时，嫁接口要高于地面5～10cm，枯桩剪口在背风面，踩实，灌足水，封堰，在苗高70～80cm处定干，配合覆膜、套袋（套到嫁接口以下），以提高成活率。

2. 栽后管理

树苗成活后，中耕3～5次，铲除杂草，通风透光，保持土壤持水量，达到地面无杂草。整个生长季节注意土壤墒情，如遇干旱及时灌水，宜采用滴灌、微喷、渗灌等节水灌溉措施。重点灌水时期为花前、花后、果实膨大期，越冬前全园灌一次冻水。在盛果期根据树的长势追施人粪尿50～100kg/株或硫酸钾20kg/株，树下挖沟施用。

3. 树盘管理

树盘是果树根系比较集中的地方，养分、水分供应的地方，同时也是害虫的滋生地，所以必须管好树盘。树盘的范围1～3年大约在2m以内，以后随着树龄的增长而不断扩大。

翻树盘：春秋两季翻树盘，春翻树盘应浅些，秋翻宜深些。距根干近处宜浅些，离根干远处宜深些，可结合追肥翻树盘。夏季锄草3～4次。树盘覆盖好处多，覆盖树盘可提高树盘的蓄水能力，增加土壤的有机成分，促进土壤团粒结构的形成，增加土壤有机质的含量，提高果树的产量及品质。覆盖物可选用玉米秸秆、蒿草等有机物。

4. 整形修剪

采用小冠疏层型，干高40～60cm，树高3～3.5m。有1个中心干，5个着生枝组，层间距离

80cm 左右，下层主枝基部开张角度 70°～80°，上层主枝基部开张角度为 60°左右。

幼龄期：以轻剪缓放、开张角度为主，除对中心干和主枝上的延长枝进行少量剪截外，其余枝条不剪截。疏去过密的直立徒长枝，对留下的枝条采用夏季修剪技术培养结果枝组，促成花芽，提早结果。

结果期：大量结果后要保持结果枝与营养枝适宜比例，一般维持在 1∶2～1∶3 之间。对树体高大的植株，要及时落头，控制外围枝与树冠上层枝量，提高冠内自然透光率。大年树重剪结果枝，轻剪发育枝，小年树重剪发育枝，轻剪结果枝。

衰老期：充分利用徒长枝更新树冠。对结果能力下降和枝龄老化的枝组要有计划地逐步疏除，采用回缩更新修剪的方法培养结果枝组。

5. 花果管理

授粉：开花前采集授粉品种苹果梨花粉，当全树中心花有 60%～70% 开放时，采用人工授粉和放蜂授粉。

疏花疏果：一般在花后一个月内完成，每隔 20～30cm 留一个强壮花序，每花序留 1～3 个好果，其余疏除。

（四）病虫害防治

（1）农业防治。秋末冬初清扫果园落叶、落果，集中烧毁。冬剪时剪除虫芽，在开花期摘除鳞片不脱落的被害花丛，幼果期摘除被害果，并把被害果装入纱网内，以保护天敌。合理修剪，以利通风透光，多施有机肥。

（2）物理防治。在成虫出土盛期，早晚气温低时摇动树体，下接布单或塑料膜等物，捕杀落下的成虫，捡净落果并焚烧或煮沸。可捕杀梨木虱、梨食心虫等害虫。

（3）生物防治。

梨食心虫：在梨园周围零星种植李子树，诱集梨小在李果内产卵以梨小食心虫诱芯为监测手段，在蛾子发生高峰后 1～2d，人工释放松毛赤眼蜂，每公顷 150 万头。

梨木虱：保护利用天敌。梨木虱的天敌有：花蝽、草蛉、瓢虫、寄生蜂等，以寄生蜂控制作用最大。避免在天敌发生盛期施用广谱性杀虫剂。

（4）化学防治。

梨黑星病：在梨树谢花后开始发现病芽梢时，用 50% 多菌灵可湿性粉剂 500～667 倍液喷雾防治 1 次，80～100g/亩，安全间隔期 28d。

梨食心虫、尺蠖：于害虫卵孵化初盛期、低龄幼虫期或孵化高峰期用苏云金杆菌悬浮剂 200 倍液喷雾防治 1 次，300～400mg/亩，即可达到防治效果。

梨木虱：于若虫盛发期用 10% 吡虫啉可湿性粉剂 2 000～2 500倍液喷雾防治 1 次，10～20g/亩，安全间隔期 14d。

（五）采收及后续管理

人工采收，南果梨成熟时，果梗与果梗之间产生离层，采收时用手将果实向上一托即可自然脱落，要保持果梗完好。同一株树上的果实，由于花期不一致，其果实成熟期也有不同，故应分期采收。采收过程中所有工具要清洁、卫生、无污染。

包装：人工挑选，不合格的南果梨挑出，合格的称量装箱。用于装南果梨的纸箱整洁、干燥、牢固、美观、无污染、无异味、无虫蛀、无腐烂、无霉变现象，无受潮离层现象。按南果梨的规格包装。每批的包装规格、单位、毛重一致。包装上标明绿色食品申报产品品名、规格、毛重、净重、产地、采摘及包装日期等，字迹清晰、完整、无误。

运输：装运时轻装轻卸、严防机械损伤，运输车辆、运输工具必须清洁、卫生、无污染。

贮藏：严防暴晒、雨淋及有毒物质的污染。仓库必须清洁卫生，通风良好，防鼠，防虫。库内码放保证气流均匀畅通。

（六）其他

绿色食品生产要求建立田间技术档案，做好整个生产过程的全面记载，妥善保存，以备查阅。尤其是对绿色食品生产操作规程的修订和完善非常重要。

四十九、绿色食品豆类生产操作规程

（一）范围

本标准规定了绿色食品豆类的产地环境、生产技术、病虫害防治、采收和生产档案。

本标准适用于绿色食品豆类的生产。

（二）生产基地的环境条件

环境质量：经监测符合《绿色食品产地环境质量标准》要求。

土壤条件：土壤耕层深厚、地势平坦、排灌方便、土壤结构适宜、理化性状良好、有机质量高。

（三）栽培技术措施

1. 品种的选择

选用适应性广、优质丰产、抗逆性强、商品性好的品种。种子质量应符合 GB 19630 有关规定。

2. 整地施肥

按当地种植习惯进行播前整地，制定三年轮作计划，结合整地施用腐熟农家肥做为基肥。

3. 播种

时间：根据当地气候条件和耕作制度，适期播种。

方法：一般单作条播，间作、套种或零星种植点播。

种植密度：一般单作每亩留苗 10 000株左右，每亩用种量 1.5～2.0kg，间作、套种视实际种植面积而定。

4. 田间管理

中耕除草：及时中耕除草，可在第一片复中展开后结合间苗进行第一次浅锄；第二片复叶展开后，结合定苗进行第二次中耕；分枝期结合培土进行第三次深中耕。

灌水排涝：在有条件的地区可在开花前灌水一次，结荚期再灌水一次。如水源紧张，应集中在盛花期灌水一次，在没有灌溉条件的地区，可行当调播种期，使豆类花荚期赶在雨季。若雨水过多应及时排涝。

施肥：每亩施用腐熟农家肥 3 000kg，尿素 4kg，磷酸二铵 25kg。

（四）病虫害防治

（1）豆类主要病虫害。主要病害有根腐病、病毒病等；主要虫害有地老虎、蚜虫等。

（2）防治原则。预防为主、综合防治，采用物理、生物防治和人工防治。

（3）农业防治方法。

①因地制宜选用抗（耐）病、虫品种。

②合理布理，与禾本科作物用或间作套种，深翻土地，清洁田园，清除病虫植株残体。

③适期播种，避开病虫害高发期。

④施用充分腐熟发酵的绿色食品专用肥。

（4）物理防治。

地老虎：用糖醋液或黑光灯诱杀成虫；将新鲜泡桐树叶用水浸泡湿后，于傍晚撒在田园间，每亩撒放 700 ~ 800 片叶子，第二天早晨扑杀幼虫。

螟虫类：用汞灯诱杀豆荚螟、豆野螟成虫。

蚜虫：在田间挂设银灰色塑膜条驱避。

（5）生物防治。保护利用田间捕食螨、寄生蜂等自然天敌。

（6）病害防治。

根腐病：农业措施，适当晚播，控制播深，一般播深不要超过 5cm，增施绿色肥，合理耕培土，实行深松，及时排除田间积水，改善土壤通气条件，防治地下害虫。

病毒病：选用抗病品种，建立无病留种田，选用无褐斑、饱满的豆粒作种子。加强肥水管理，培育健壮植株，增强抗病能力，及时防治蚜虫，从小苗期开始就要进行蚜虫的防治，防止和减少病毒的侵染。

（7）虫害防治。

地下害虫：深翻土壤，精耕细作，可降低虫密度。实行轮作，最好是水旱轮作。利用灯光诱杀成虫，人工挖杀幼虫。

蚜虫：及时铲除田边、沟边等地方杂草，产除虫源。利用银灰色膜避蚜和黄板诱杀。蚜虫的天敌种类较多，有瓢虫类、食蚜蝇，草蛉、蚜茧蜂、瘿蚊、蜘蛛等。尽量保护天敌，天敌数量大时，对其发生有一定抑制作用。

（五）采收

分次收获：植株上 70% 左右的豆类成熟后，开始采摘，以后每隔 6 ~ 8d 收摘一次。

一次性收获：植株上 80% 以上的荚成熟后收割。收获、晾晒后单独存放。

第三节　绿色食品原料生产技术操作规程

一、绿色食品原料玉米生产技术操作规程

（一）播种及苗期管理

（1）地块选择。选择地势平坦，排灌方便，离交通主干道 200m 以外适宜玉米生产的地块。

（2）整地。根据不同的地块和土壤结构采取不同的整地方法。一是对秋翻春起垄的地块。早春顶凌进行镇压保墒，起垄作业，起垄后及时进行镇压保墒，使垄面形成覆盖层，减少土壤水分蒸发；二是在有犁底层和土壤结构紧密的地块进行深耕，加厚活土层；三是在土壤紧密度较适宜的地块少耕或免耕，增加土壤保墒能力。

春整地要尽可能早，搅动土壤次数要少，深度要浅。对于 30cm 土层有底墒的要及时旋耕，能起垄的起垄，起垄后要及时镇压，防止跑墒。春整地要做到顶凌耙地，翻、耙、起垄、镇压连续作业。无翻耕条件地块，要采用重耙灭茬，耙、耢保墒。

（3）施肥。结合整地亩施腐熟有机肥 3 000kg，磷酸二铵 10kg，使耕层土壤和有机肥充分混合。

（4）种子选择及处理。选用适宜当地环境的品质优、产量高、抗逆性好、抗病性强，并通过国家或省级审定，生育期适中的优质玉米杂交种。播前晒种子，确保播种后吸水快，发芽早，出苗整齐，出苗率高，幼苗粗壮。

（5）播种。当 5 ~ 10cm 土层地温稳定 8 ~ 10℃ 时即可播种，大约在 4 月中旬，一般播种深度 5cm 左右，墒情好的稍浅些，墒情差的稍深一些，株距要匀，覆土要严。点播每穴 2 ~ 3 粒种子，精量播种每穴 1 ~ 2 粒。60cm 行距种植或大垄双行种植（大行距 80cm，小行 40cm）。

（6）查田补苗，及时补种或育苗移栽补苗。

（7）适时间苗、定苗。在3~4叶期进行间苗。定苗在5~6叶展开时完成，拔除小株、弱株、混杂株，留下健壮植株。定苗时不要求等株距留苗，个别缺苗地方可在定苗时就近留双株进行补偿，保证留下的玉米植株均匀一致。亩保苗3 500~4 000株。

（8）中耕除草。在定苗前进行浅锄2~3cm，定苗后进行浅趟，切忌压苗。在6~7叶时中耕除草和培土。一般定苗后进行2~3次中耕除草。

（9）及时除去分蘖。

（二）田间管理

（1）中耕除草、培土、去除杂株。

（2）追肥。7月上旬随中耕除草、培土亩追施15kg尿素。

（3）去除分蘖和病株。

（4）防洪排涝。

（三）及时收获

（1）籽粒表皮有光泽、质地变硬，即可收获。有条件地区实行机械收获，秸秆还田或青、黄贮。

（2）及时脱粒晾晒。

（四）田间清理

清洁田园，将秸秆集中处理，经高温发酵用作堆肥，减少病虫害初侵染来源；进行秋翻地。

（五）收购、包装、运输

企业或法人按合同统一收购。采用符合绿色食品标准的包装物包装。包装材料结实，不泄漏物料，并标明品种名称、产地、种植户编号、重量。运输工具卫生、干燥、严禁与其他物质混运。

附件：绿色食品原料玉米生产作业历

3—4月

1. 地块选择

应选择在远离污染源，距交通主干道200m以上适宜玉米生产的地块。合理轮作，预防病虫害的发生。

2. 整地

根据不同的地块和土壤结构采取不同的整地方法。一是对秋翻春起垄的地块，早春顶凌进行复垄作业，起垄后及时进行镇压保墒，使垄面形成覆盖层，减少土壤水分蒸发；二是在有犁底层和土壤较紧实的情况下进行深耕或深松，加厚活土层；三是在土壤紧密度较适宜的情况下实施少耕或免耕，增加土壤保墒能力。

春整地要尽可能早，搅动土壤次数要少，深度要浅。对于30cm土层有底墒的要及时旋耕，能起垄的起垄，起垄后要及时镇压，防止跑墒。春整地要做到顶凌耙地，顶替浆打垄，翻、耙、起垄、镇压连续作业。无条件翻耕地块，要采用重耙灭茬，耙、耢保墒。

3. 施肥

结合整地亩施腐熟有机肥3 000kg（必须达到附录A规定的卫生标准），磷酸二铵10kg；使耕层土壤和有机肥充分混合，土肥融合。

4. 种子准备

选用适宜当地环境的品质优、产量高、抗逆性好、抗病性强，并通过国家或省级审定，纯度不低于98%，净度不低于98%，发芽率不低于85%，水分不高于13%，生育期适中的优质玉米杂交种。

播前晒种1~2d，确保播种后吸水快，发芽早，出苗整齐，出苗率高，幼苗粗壮。

5. 播种

当5~10cm土层地温稳定在8~10℃时即可播种，一般在4月20—25日。一般播种深度5cm左右，墒情好稍浅，墒情差的稍深一些，株距要匀，覆土要严。

适期早播，避开病害发生高峰。播种量以点播每穴2~3粒种子，精量播种每穴1~2粒。播种形式采用50cm行距，株距45cm。

5月

（1）查田补苗，及时补种或育苗移栽补苗。

（2）适时间苗、定苗。在3~4叶期进行间苗，虫害严重可拖后到5~6叶期。定苗在5~6叶展开时完成，拔除小株、弱株、病株、混杂株，留下健壮植株。定苗时不要求等株距留苗，个别缺苗地方可在定苗时就近留双株进行补偿，保证留下的玉米植株均匀一致。

（3）中耕除草。在定苗前进行浅锄3~4cm，定苗后进行行间趟浅沟，切忌压苗。在6~7叶时中耕除草和培土。一般定苗后进行2~3次中耕除草。

（4）对弱苗和小苗追施少量速效氮肥，促其加快生长。

（5）及时除去分蘖。

6月

（1）中耕除草、培土。

（2）追肥。玉米拔节后10d内亩追施15kg尿素。

（3）去除分蘖和病株。

7月

（1）中耕除草、培土。

（2）防洪排涝。

8月

（1）浅耕锄草、拔除大草。

（2）防洪排涝、防止倒伏。

9月

籽粒出现光泽、变硬，乳线消失后，立即收获。有条件地区实行机械收获，秸秆还田或制作青、黄贮。

10—11月

及时脱粒晾晒；田间清理，清洁田园，将秸秆集中处理，经高温发酵用作堆肥，减少病虫害初侵染来源；进行秋翻地。

二、绿色食品原料大枣生产技术操作规程

（一）土壤条件

土壤耕层深厚，理化性状好，没有污染，有机质含量1.3%以上，pH值7~8；速效氮含量60mg/kg以上，有效磷含量20mg/kg以上，速效钾含量100mg/kg以上，土壤含盐量不高于3mg/kg。

（二）品种选择

选择高产优质、口感好、抗病性强的当地主栽品种——大平顶枣。

（三）技术管理规程

1. 土、肥、水管理

（1）枣园土壤管理。主要在于不断改良土壤的物理化学性质，协调土壤中气、肥、水、温度的

相互关系，创造一个有利于枣树生长发育的稳定环境。

整修台田：早春进行台田整修，防止水土流失，为生长灌溉做好准备。

早春顶凌创盘：提高果园地温，促进根系活动，减少水分蒸发，有利蓄水保墒，深度10～15cm，距树干25cm。

清耕：防止其他作物对枣树争水争肥，减轻病虫害寄生场所，全园实行清耕。

秋季适当深耕：枣树可普遍翻耕20cm，促进根系生长，有利于保墒和根系越冬。

放树窝子：结合早秋后压青，施有机肥，在树冠外围投影处挖深70～80cm，宽40～60cm小形沟，表土与底土要分别放置，加填表土，后填底土。

（2）果园施肥管理。施肥是调整大枣营养水平的重要手段，合理的施肥技术是大枣优质生产的基本保证。

基肥：4月中旬，穴施腐熟农家肥3 000kg/亩（约每株50kg）；10月中旬，放树窝子，沟施腐熟农家肥3 000kg/亩（约每株50kg）。每次施肥深度10～15cm，距树干30cm，施后覆土。在6月中旬，每亩地追施磷酸二铵22.5kg。

追肥：采取根外喷肥方法，经济有效，施肥吸收快，利用率高。6月下旬、7月上旬，喷两次磷酸二氢钾，每次浓度为0.2%，用量1kg/亩。喷尿素每次浓度为0.2%，用量1kg/亩。

（3）果园灌水。土壤水分多少对枣树的生长发育有着重要影响，枣树缺水生长发育就要受到阻碍，所以早春要搞好枣树灌溉设施的保护。根据土壤墒情，适时灌溉，枣园田间持水量前期应保持70%左右，后期应保持在50%～60%，采收前期，灌水过多，易造成裂果，应适当控水，有利于提高果品质量。

①春灌：土壤解冻后，立即灌水，以提高萌芽和坐果率，灌水时间应在4月中旬左右。

②生长季灌水：视墒情定浇水量，一般情况下浇小水满足枣树生长发育即可。干旱时灌透水，以确保正常生长发育，6月初和7月初各灌一次透水，能提高坐果率和加快果实膨大。

③后期灌水。

对盛果期枣树可进行冬灌，利于枣树休眠，安全越冬。

对幼树和初果树10月末灌一次越冬水。

灌水应在采摘后，绝对不能在即将采摘前进行，以防止裂果。同时，影响果品质量，且不易贮藏。

2. 整形修剪

整形修剪是调节树体生长、结果矛盾、改善树体通风透光条件，达到高产、优质、稳产壮树的目的。

冬剪：主要任务是保持健壮树势，调整好全园光照，严防小区郁闭，要注意培养和更新结果枝组，调整好果叶芽的比例。但冬季修剪量小，甚至可以不修剪。

夏剪：夏季叶片较多，开花量大，需要消耗大量的营养物质，及时抹芽，摘心、疏枝可以节省树体营养消耗，使树体和枝条生长加快，同时保持适当枝叶密度，有利于早成形、早结果。

定干：为控制第一层主枝高度，主干定到60cm左右为宜。

疏枝：疏徒长枝，轮生枝，交叉枝，并生枝和重叠密枝。

回缩：对一些下垂的，骨干回缩，抬高枝干角度，增强生长势，一般回缩到生命力较强的大股壮芽处。

更新结果枝：采取先养后去，或先去后养的方法，去除老枝，培养新枝。

3. 提高坐果率

（1）抑制营养生长。可采取断根，摘心、剪除发育枝顶芽，加强肥水管理等，可提高树体营养水平，使得有较多的养分供给花朵需要，提高坐果率。

（2）花期喷水。花期空气湿度低于60%～70%时，影响受精坐果，可以喷清水2～3次，提高空气湿度，促进坐果。

（3）枣园放蜂。枣授粉是通过昆虫传播的，试验证明，枣园放蜂，可提高坐果率20%左右。

（4）病虫害防治。

病害：重点防治枣锈病，可用25%粉锈宁可湿性粉剂，1 500倍液，喷雾一次，防治时间6月中旬。

虫害：重点防治桃小食心虫，可用辛硫磷40%乳油1 500倍液，喷雾一次，防治时间7月中旬。

（四）采收及后续管理

（1）采收过程中所用工具要清洁、卫生、无污染。采收时间9月中旬至10月上旬。

（2）包装。

①用于装枣的纸箱要求整洁、干燥、牢固、美观、无污染、无异味、无虫蛀、无腐烂、无霉变现象，无受潮离层现象。

②按枣的规格包装，分别为每箱2.5kg和每箱5.0kg。

③每批枣的包装规格、单位、毛重一致。

④包装上应标明品名、规格、毛重、净重、产地、生产者、采摘及包装日期等，字迹清晰、完整、无误。

⑤包装容器上有醒目的绿色食品标志，产品的包装、贮运必须符合《绿色食品包装贮运标准》。

（3）运输。

①装运时做到轻装、轻卸、严防机械损伤，运输工具清洁、卫生、无污染。

②运输时防冻、防雨淋、注意通风散热，运输的适宜温度为8～15℃，相对湿度70%～80%。

（4）贮藏。

①严防暴晒、雨淋、冻害及有毒物质的污染。

②按规格分别贮藏。采用大枣保鲜库分别贮藏。

③最佳贮藏温度为－2～－1℃，空气相对湿度为80%～90%，库内码放应保证气流均匀畅通。

（五）其他

绿色食品大枣生产要求全过程记录并妥善保存。

附件：绿色食品原料大枣栽培管理作业历

（一）休眠期（10月中旬至翌年4月）

（1）10月下旬或翌年3月中旬施基肥，成龄树每株施农家肥25～40kg，施肥后，有条件的要浇一次水。

（2）封冻前，深翻树盘25～30cm，拣拾虫茧、虫蛹。消灭在土中越冬的害虫。

（3）3月下旬至4月中旬全树喷施3～5波美度石硫合剂，防治红蜘蛛、枣粉蚧及枣壁虱等。

（4）春剪：疏枝，短截，回缩，除根蘖。

（二）4月下旬至6月上旬萌芽期至开花前期

1. 萌芽期

用黑光灯或杨树枝把诱杀枣黏虫成虫等害虫。

2. 展叶期

喷施灭幼脲3号2 000倍液，防治枣瘿蚊、红蜘蛛、舞毒蛾、龟蜡蚧。

3. 开花前期（5月下旬至6月上旬）

（1）结合追肥灌水一次，用0.2%～0.3%磷酸二氢钾溶液喷施叶面1～2次。

(2) 夏剪。抹芽，摘心，拿枝。

(三) 6月中旬至7月下旬花期至幼果期

(1) 追施1~2次腐熟人粪尿或豆饼水。若天旱，应结合追肥浇开花坐果水或催果水，并适时中耕锄草、压青。

(2) 盛花期喷施硼酸0.2%+磷酸二氢钾0.3%混合液（间隔期10d左右）2~3次，以提高坐果率。

(3) 夏剪。疏枝，摘心，拉枝，吊枝，别枝。

(四) 8月上旬至9月上旬果实膨大期

追施1~2次磷钾肥或草木灰等，若遇干旱少雨天气，应结合追肥，浇灌催果水，并适时中耕锄草、压青。

(五) 9月中旬至10月上旬果实成熟期

捡拾病虫果，集中销毁，减少病虫源。适时采摘。

三、绿色食品原料谷子生产技术操作规程

(一) 品种选择

根据本地区气候条件，土壤肥力状况，不同市场需求，选择适宜品种。如：山西大红谷、龙丰谷、金香玉等。

(二) 整地

精细整地，秋季进行翻地灭茬，及时耙压，早春雨水好，及时灭荒，挑合一次，以待播种。

(三) 种子处理

播种前将种子用风选或水选，除去秕籽，种前在阳光下晒种2d，杀死种子所带病菌，提高种子发芽率，促进发芽势。为了防治黑穗病，用15%三唑酮可湿性粉剂掺入米汤拌匀，按0.0004g/kg拌种，太阳下晒干，达到松散状，适合播种。

(四) 播种施肥

辽宁朝阳地区一般在5月1—20日播种为宜，谷子播种不宜深，一般为3~5cm，要避免重茬地，适时抢墒播种，每亩地施用有机肥2 000kg，作为基肥。

(五) 田间管理

提早间苗，间苗期在2~3叶期，犬牙或拐子型留苗，苗距3~5cm。合理密植是谷子增产的关键措施，谷子密植的原则是：肥地宜密，薄地宜稀。亩保苗3.5万~4万株。在谷子4~5叶期要进行铲地，铲除地里的杂草，避免杂草与谷子争夺水分、养分。谷子长到5~6叶期，要进行耘地，疏松土壤，有利于谷子的生长，谷子长到7叶期时，要进行趟地追肥，每亩地施用尿素15kg，同时要拔除谷子地中的杂株，以提高谷子的纯度。谷子抗旱能力非常强，整个生育期不需要灌水，自然降水就完全能够满足谷子的生长。

(六) 病虫害防治

谷子从种到收病虫害较少。主要是黏虫，为了防治黏虫：采用90%敌百虫原药喷雾一次。用量为120g/亩，时间为7月20日左右。

(七) 收获

谷子完全成熟后，适时收获，防止因风或过熟落粒减产，收获后单存、单贮，保证无杂质，提高产品质量。

（八）合理轮作

玉米—谷子轮作制。

四、绿色食品原料葡萄生产技术操作规程

（一）栽植时间

营养钵葡萄苗最适宜的栽植时间为5月10日至6月初，躲过晚霜越早越好，尽量延长生长时间，增加枝体生长量，为第一年的顺利越冬和第二年的结果奠定基础。

（二）栽植方式

采用大垄两行双壁立架栽植方式，具体株行距为3.5m×0.5m×0.5m，即大行距3.5m，栽植沟内小行距为0.5m，株距为0.5m，即每亩栽植葡萄总株数为760株。

（三）栽植方法

1. 选用优质苗木。营养钵苗达到三叶一心，即：有三片成熟的老叶、一个旺盛生长点，苗木高度10～15cm，根系发达、芽体饱满。

2. 栽植方法：先覆膜后栽植，定植前在沟内先覆盖地膜，栽植时用特制的与营养钵大小一致的打孔器（打孔器的制作方法是：用厚铁板作圆筒，下孔粗5.5cm（直径）上孔粗6.5cm，筒高12cm，在孔两侧焊手柄（长度以50～80cm为宜）即可。

按沟内小行距0.5m、株距0.5m打孔，苗木去除营养钵，带土坨放入孔内，幼苗基部与地面相平，然后用细土填埋空隙并压实，浇足水。栽时不要碰伤幼苗枝叶，土坨和孔周围土壤密接，底部不要“悬空”，要深栽浅埋，促苗生长。

（四）栽后管理

1. 引缚

栽植后进行立杆引缚，防止葡萄枝蔓随意生长或匍匐地面。

2. 主副梢管理

按独龙干整枝，每株保留一个主蔓延长生长，延长梢长到0.8～1.0m时摘心，顶端两个副梢留1～2片叶片，反复摘心，其余全部抹除。

主蔓上发出的副梢距地表0.3m以内的全部抹除，0.3m以上的留1～2片叶片反复摘心。

3. 肥水管理

追肥配合浇水，一年2～3次，做到前期赶、后期缓。前期以氮肥为主，促进植株营养生长，后期以磷、钾肥为主，减缓生长势，促进枝蔓成熟。第一次追肥在定植缓苗后20d左右（6月下旬），间隔20d再追一次，追肥部位距植株20～30cm。基肥于冬前或早春施入，每亩2 500kg为宜。

（1）新梢生长期应控制浇水和施肥，如土壤干旱，可在开花前10d左右浇水，浇透即可，不要过多，浇后要注意松土，开花期一般不浇水，新梢生长期一般不施氮肥，如因基肥不足，树势较弱时可施入少量磷肥，切不可施用大量尿素、硫铵等氮肥，否则将引起新梢徒长，从而加重落花落果。

（2）花前两周，叶面喷施0.2%～0.3%磷酸二氢钾水溶液，花前一周叶面喷施0.1%～0.2%硼砂或硼酸水溶液，对促进花器发育，提高坐果率效果较好，这种施肥方法节省肥料，见效快，操作方便，要按一定的浓度（不可过大）于晴朗无风天的早晨（露水干后）傍晚时喷肥（气温较低，溶液蒸发慢，易被吸收），炎热时喷易发生药害。

4. 新梢管理

赤霞珠新梢生长较旺，开花前如超过60cm，其坐果率便显著下降，开花前新梢长大多数为

50cm 为宜。

（1）抹芽定梢。

①新梢长 15cm 左右时，第一次抹芽定梢，依留枝密度，果枝与发育枝比例，去掉强旺梢、萌发晚的弱小枝条、多余的发育枝、过密的，位置不当的及副芽梢等，留下生长中庸、距离适当的新梢（要略多于计划留枝量）。

②新梢长到 30cm 左右，第二次抹芽定梢，根据积累的资料和经验，按计划产量决定留枝量。

③抹芽定梢：树势强者宜晚，留枝量宜略多（有利于缓合树势）；树势弱者，留枝量宜少（能节省养分）。

④注意主蔓基部靠近地面 40cm 以内不留梢，有利于通风透光和田间作业，如主蔓有空缺或需要更新时，要选留基部新梢培育预备蔓，在“瞎眼”附近要近量多留梢补空。

（2）开花期疏花序修整花序，一般 6 月初进行，壮梢留 2 个花序，中庸梢留一个花序，弱梢不留，要选择较弱的、中等大小的花序，并剪去穗尖（1/5～1/4）和副穗、穗肩，能使提早开花，提高坐果率（留下的要略多于计划的总穗数）。

（3）结果枝花前摘心并处理副梢（即打尖或打叉）。

- 最好在开花前 2～3d，花序上留 6～8 片叶摘心（摘去梢尖幼嫩的茎叶），花序以下的副梢全部贴根摘除，花序以上副梢留 1～2 片叶反复摘心（至坐果为止），摘心时强旺梢略早，中庸枝略晚，弱枝不摘心。
- 发育枝生长较旺的留 12 片叶左右摘心，生长中庸的也可不摘心，副梢可留 1～2 片叶摘除，摘心并处理副梢能减少梢尖幼叶生长对养分的消耗，使新梢的延长生长暂停，使树体的营养物质集中供给留下的叶片和花序生育之需要，对促进开花坐果大为有利。

（4）引缚新梢，掐卷须。随时剪掉卷须，可节省养分并便于管理，对延长梢要拉直后再引缚，对架面上新梢摘心后，如长势不过旺可任其自然，不引缚，对架面下部新梢要适当向两侧引缚，使分布均匀，通风透光，对于篱架上的新梢，一般可任其自然，对所有较强旺的梢要水平引缚，较弱者向斜上方引缚。

引缚新梢及枝蔓时应注意：塑料薄膜条及布条等绑在铁线或支柱上的一端要牢固，而绑在枝蔓或新梢上的一端要略松，要留有加粗生长的余地。

5. 幼果肥大生长至着色前的管理

此期管理对提高果实产量及果实品质都极为重要，应采取促进果实肥大生长，提高果实品质的技术措施。

（1）定穗，疏果粒。落花后 20d 左右（6 月下旬）在疏花序的基础上进一步定穗，即按计划选留适当数量的好果穗，去掉多余的果穗，除个别壮枝留 2 穗，个别弱枝不留果穗，一般是每果枝一穗果，每穗留果 40 粒左右，去掉较长的穗尖和过密的内部分枝，使留下的果穗穗形整齐、紧凑，果粒肥大，着色良好。

（2）肥水管理。坐果后果实迅速肥大生长，新梢又继续延长，需要充足的肥水，要根据雨水多少，掌握浇水量。

①坐果后：正值高温季节，如雨水不多，最好小水浇灌，每周一次，浇透即可，结合浇水追施 P、K 肥，最好用三料过石、磷酸二氢钾、草木灰等，如树势较弱也可用腐熟的豆饼、磷酸二铵等。

②硬核期：（果实内种子变硬），果粒生长缓慢应减少浇水量。

③着色前叶面喷施磷酸二氢钾水溶液 0.2%～0.3%，对促进着色、加速成熟效果良好，这时果粒开始软化，生长较快，需水较多，适当多灌水促使果粒肥大。

在浆果着色前，架面往往枝叶郁密，这时剪截过长的副梢和营养枝梢，剪去果穗附近部分已老化叶片（以架下树影有筛孔似的光为适度），对改善架面通风透光条件，增强光合作用，促进果粒着色，枝条生长充实，冬芽分化均为有利。

6. 成熟前后的管理

（1）控制浇水。将近成熟期要严格控制浇水，有利于提高含糖量，加速成熟，防止裂果。此期正值雨季，雨水多时要注意排水。

（2）秋施基肥。果实成熟采收后要尽早施基肥。

①肥料种类：最好用腐熟的鸡粪或鸡马粪混合使用，如用堆肥，猪圈粪等最好掺入过磷酸钙、草木灰、腐熟人粪尿、豆饼等，在缺硼的园地每亩可掺入2kg硼砂或硼酸更好，使肥料的成分完全。

②秋施基肥的好处：秋施基肥，因温度高，肥料分解快，有利于树体当年吸收利用，对于恢复树势增强营养物质的积累贮存，促进新梢成熟良好，以及翌年前期的生长发育均有益，而且根部因施肥而受伤也容易愈合。

③施基肥方法：最好在大多数根系分布范围内先取下约10cm厚的表土，将肥料混合均匀撒施后，用三齿钩刨地，使粪土混合并疏松土壤，大水浇灌后，晾晒1～2d再覆盖表土，搂平地面。

7. 越冬期管理

（1）冬季修剪（下架防寒前）。

①时期：冬季下架防寒前（一般在10月底11月初）。

②意义：对幼树是通过冬剪进行整形，使枝蔓布置合理，早成形、早丰产。对结果树是通过冬剪选留足够的良好结果母枝和芽眼，为下一年的丰产打基础，调节生长和结果关系，结合更新，淘汰病弱枝，促进树体健壮，控制结果部位外移，延长结果年限。

③合理留芽：一般盛果期葡萄冬季剪留芽多为计划留梢量的2倍为宜，对于强壮树、强梢要适当多留芽，弱树、弱梢适当少留芽。

④冬剪的方法：葡萄冬剪较为简单，朝阳地区一般采用龙干形整枝多以短梢修剪为主，方法简单，容易掌握，效果良好。

朝阳地区栽培的葡萄，主要采用龙干形整枝，结果枝组靠近主蔓，主蔓上没有其他分枝，冬剪时结果母枝更新方法大多采取单枝更新法，一般在每1m主蔓范围内，留3个结果枝组，每个结果枝组保留2个结果母枝，每个结果母枝剪留2～3个芽，这样每亩可留1万～1.5万个新梢，其中近2/3是结果枝，可保证每亩产果2 000kg左右。

结果枝组的管理：葡萄整形的同时，还要完成结果枝组的配置与培养，一般龙干整形，在主蔓上每隔20～30cm应配置1个结果枝组，结果枝组的培养方法如下：

a. 定植后至主蔓布满架面前，此时期以整形为主，尽量多留枝条以填补较大的架面空间，以利树体扩大，并为大量结果创造条件，此期主蔓上每米蔓段应留枝组5～6个，春天萌芽后，嫩梢长到能见花序时，按20cm的间距在主蔓上配置结果枝组，枝条过密处，在夏剪时可疏除部分细弱枝，枝条过稀处，夏剪时应早期重摘心，促其分枝，培养成枝组。

b. 进入盛果期后，整形任务基本完成，枝组培养和更新同时并举，此期主蔓上每米枝蔓留枝组数量要适当减少到3～4个，把位置不当、生长衰弱和过密的枝组疏除，留下的枝组，一般每个枝组保持有2个结果母枝，每一母枝留2～3个芽修剪，春天选2个健壮新梢，以后每年冬剪时采取单枝更新修剪，以保持结果枝组生长健壮。

c. 进入衰老期后，枝组要大量更新，从主蔓上潜伏芽发出的新梢来更新培养结果枝组，具体做法是：逐渐收缩枝组，把上位枝芽多剪去一些，多留下位枝芽，让母枝尽量向下位移，发现潜伏芽新梢，要多保留，有计划的疏除周围的一部分衰老枝组，以便培养潜伏芽梢成为新枝组。

冬季修剪后要彻底清扫果园，清除病枯枝叶和落果等，集中烧毁，消灭地面残留的病源菌虫卵等，准备下架培土防寒。

(2）埋土防寒。

①意义：在覆盖防寒土之前要灌防寒水，大水浇灌，如未秋施基肥，则应施基肥结合冬灌，冬灌对调节地温、缓和下年春旱极为有利。朝阳地区往往冬季少雪多风，特别是春季干旱风大，埋土防寒不仅能保护根系安全越冬，而且有利于枝蔓保水，防止枝蔓被风抽干，减少“瞎眼”。

②防寒时期：要在土地封冻前完成，一般在10月底11月初进行（立冬前后）。

③防寒方法：较常用的方法是地面埋土防寒，冬剪并喷药，浇灌防寒水后，有较重的霜冻时，将枝蔓下架，顺着行向理顺捆扎，为防止埋土时压折枝蔓，要在主蔓基部垫草把或土堆，待地面结冰时，用整捆的秫秸（用高粱秸覆盖，芽不易腐烂）顺放在枝蔓上，把枝蔓全部盖严后，两侧在各加两捆秫秸，要把高粱穗掐净，并撒些杀鼠药剂，以防鼠害，当土壤开始封冻时，往秫秸上面埋土，应分两次盖完，第一次把秫秸盖严即可（立冬前后），当气温逐渐下降将有大冻时第二次埋土（小冬前后），在朝阳地区秫秸上面埋土厚度应不少于40cm，防寒土堆宽应在上沿1.5m、下沿2.0m以上，幼树可略减。

④防寒时应注意的事项：

a. 埋土前秫秸及地面要晾干，否则芽眼易腐烂。

b. 防寒土湿度不易过大，不要用大的冻块土，埋土要拍碎、拍实，防止土块之间有空隙。

c. 取防寒土切不可离根太近，必须在离根至少1.2m以外的行间取土，防止根系受到损伤和冻害。

(五）病虫防治

(1）加强栽培管理。及时搭架定梢、绑蔓、摘心、合理施肥，雨后和浇水后及时中耕除草，注意排水防涝，合理间作（间作以矮秆豆科作物为主，原则是浇水及光照等方面不与葡萄生长相矛盾），增加植株抗病能力。

(2）药剂防治。从6月初开始，间隔10～15d喷一次200倍石灰半量式波尔多液，连续3次以上，可在雨季来临前（7月中旬）喷布58%瑞毒霉防治葡萄幼树的主要病害——霜霉病。

另外，葡萄虫害较轻，如发现可配合杀菌剂施用适量的杀虫剂。

冬剪下架后防寒前，喷布一次3～5波美度石硫合剂，消灭残留在树体上的病菌或虫卵。

第四节　有机食品生产技术操作规程

一、有机玉米种植技术规程

(一）基地选择

基地应符合有机食品产地环境标准要求。选择地势平坦、土壤结构合理、理化性好、有机质含量高于1%地块种植。

(二）品种选择

根据用途选用不同玉米品种作为主栽品种。

(三）整地

在前作收获后立即灭茬，进行早秋耕。耕地深度18～20cm，耕后立即耙耢。春耕时，结合施基肥早春耕，并做到翻、耙、压连续作业。利用基地农户养牛、养羊的条件，每亩施腐熟农家肥1 500～2 000kg。

(四）种子选择和处理

(1）统一购买的种子按计划下拨给生产基地。种子质量要达到籽粒饱满，符合国家种子分级标准，纯度和净度不低于98%，发芽率不低于90%，含水量不高于14%，种子不携带检疫对象。

（2）播前，将种子在阳光下晒2～3d。若种子表面有病菌孢子时，应采用温烫浸种灭菌，用50～55℃温水，浸泡4～5h。

（五）播种技术要求

1. 播种期

在5～10cm土层温度在10～12℃时播种，具体时间在5月中、上旬。

2. 播种方法

畜力播种采用垄作，机械播种采用平播，行距55～60cm，株距依密度而定。地力高的地块可采用大垄双行，“比空”方式种植。

3. 播种量

根据不同地块和品种的特点，分别采用条播、点播、粒量播种方式播种。条播每亩用种3～5kg；点播每亩用种2.5～3.5kg，粒量播种每亩用种1.5kg。

4. 播种深度

播种深度以5～10cm为宜，土干深些，土湿浅些。覆土厚薄一致，播后进行镇压。

5. 播种密度

播种密度因品种、土壤肥力、播种早晚、种植方式不同而异，一般为每亩3 000～4 500株。

（六）田间管理

（1）查田补苗。玉米出苗后要及时查苗。缺苗严重时要及时补种，不严重时可采用就近多留苗或移栽补苗。

（2）适时间苗、定苗。间苗宜早，间苗次数一般依田间出苗率、病虫害程度掌握。一次间苗、定苗，应在幼苗4～5片叶时进行。二次间苗，第一次在3～4片叶时疏苗，第二次在4～5片叶时定苗。

（3）中耕，铲趟要适时及早进行。定苗前和拔节前各铲趟一次。要将苗眼和苗旁的杂草铲净，铲后即趟地。

（七）病虫害防治

1. 病害防治

（1）要选择抗病品种为主栽品种。

（2）在玉米田间管理过程中，要及时清除田间遗留的病残株；人工清除地头和田间杂草。

2. 玉米螟

（1）农艺措施防治。要注意选用抗虫品种；处理越冬寄虫，在5月中旬以前对寄生有玉米螟的秸秆、根茬等用100g/m^3白僵菌粉剂封垛。

（2）生物防治。在玉米螟产卵始、盛、末期各放赤眼蜂1次，视虫情程度决定放蜂数量。每亩每次释放1万～3万头，卵盛期加大放蜂量；将含40亿～80亿/g孢子的菌粉1份，拌颗粒10～20份，于玉米心叶期以每亩1.5～2kg施在玉米顶叶内侧。

（3）物理防治。利用玉米螟避光性强的习性，用黑光灯诱杀成虫。在玉米螟成虫羽化初期开始，每晚9时到次日4时开灯。

（八）收获

（1）收获时间。9月末至10月，在玉米完熟后期，以黑层出现、乳线消失、苞叶枯松为收获标准，选在晴天收获。

（2）收获方法。采取站秆人工收获。不可地面堆放。

（3）晾晒脱粒。收获后要及时进行晾晒。籽粒含水量达到20%以下时脱粒，脱谷损失率不超过2%。脱粒后的籽粒要进行清选。

（4）质量要求。有机食品玉米要做到对不同品种单独收割、单独运输、单独脱粒、单独存放、单独加工、单独包装，防止与普通玉米混杂。

（九）其他

有机玉米生产的全过程，要建立田间生产技术档案，对农事操作要做好记录并妥善保存，以备查阅。

二、有机玉米馇加工操作规程

为保证产品质量，按照有机食品加工的质量要求，制定本操作规程，所有管理人员和工人必须遵照执行。

（一）加工原料检验

加工原料运入加工厂后，由检验室检验，待达到国家标准安全水分≤14%方可加工。要求每批产品必检，不准有漏检现象。

（二）加工过程

（1）准备。按照规程对加工设备维修，清洗并符合卫生管理的要求。

（2）起动机器。按顺序起动所有设备，待机械师检查所有设备正常运转后方可加工。

（3）投料。投料员仔细检查品种的标识后方可投料，投料要均匀，保证机器的正常运转。

（4）去石。经第一道提升后进入筛选组合去石机，筛去谷物中的秕粒和石子等杂物，谷物达到颗粒整齐，再流入吹式比重去石机，去除谷物中的“并肩石”。

（5）去皮。经第二道提升后，进入碾米机，技术员根据米的质量随时调整进料量的大小，经两道碾米后，检验员检查谷物脱皮率达到100%后方可进入下一道工序。

（6）破碎。去杂碾米经第四次提升进入破碎机破碎。技术员应随时检查破碎程度的大小，以便随时调整机器。

（7）经碾米、擦米以后的有机米温度较高，且米中还含有少量的米糠、面粉，必须筛选和风选，经第四道提升后，进入振动筛，筛掉加工过程中产生的碎米，经风机风选后进入包装室，经检验员检验合格后进入包装。做到每批产品检验合格后包装出厂。

（8）筛选分级。用平板震动筛进行筛选分级，按馇粒的大小分为大馇、中馇、小馇、细馇、面馇5种规格的玉米馇。

（三）包装、运输、贮存

（1）包装。采用符合国家标准包装物包装，包装材料结实，不泄漏物料，每小袋标明生产日期、批号，装箱后要查好数目，封箱要贴好标识。经检验合格后，进入合格区入库贮存或销售。

（2）运输。运输工具要求卫生、干燥，严禁与有毒及有异味的物品混运。

（3）贮存。成品库房经清洗、干燥、通风、无鼠、无虫害，成品堆放要有垫木，离地面15cm，离墙面20cm以上，仓库内不准放有毒、有害和腐败物质，仓库管理员作好防火、防潮工作，入库、出库要做好记录。

（四）加工流程简图

原料——→筛选——→去石——→脱壳——→碾米——→抛光——→风选——→精选——→包装——→入库。

三、有机玉米面加工操作规程

为保证产品质量，按照有机食品加工的质量要求，制定本操作规程，所有管理人员和工人必须遵照执行。

（一）加工原料检验

加工原料运入加工厂后，由检验室检验，待达到国家标准安全水分≤14%方可加工。要求每批产品必检，不准有漏检现象。

（二）加工过程

（1）准备。按照规程对加工设备维修，清洗并符合卫生管理的要求。

（2）起动机器。按顺序起动所有设备，待机械师检查所有设备正常运转后方可加工。

（3）投料。投料员仔细检查品种的标识后方可投料，投料要均匀，保证机器的正常运转。

（4）去石。玉米经第一道提升后进入筛选组合去石机，筛去玉米中的秕粒和石子等杂物，达到颗粒整齐，再流入吹式比重去石机，去除谷物中的“并肩石”。

（5）去皮。玉米经第二道提升后，进入碾米机，技术员根据米的质量随时调整进料量的大小，经两道碾米后，检验员检查玉米脱皮率达到100%后方可进入下一道工序。

（6）磨面。启动磨面机，待运转正常后填入去皮的玉米，磨出的面粉根据质量要求过筛、直至达到标准规格。

（三）包装、运输、贮存

（1）包装。采用符合国家标准包装物包装，包装材料结实，不泄漏物料，每小袋标明生产日期、批号，装箱后要查好数目，封箱要贴好标识。经检验合格后，进入合格区入库贮存或销售。

（2）运输。运输工具要求卫生、干燥，严禁与有毒及有异味的物品混运。

（3）贮存。成品库房经清洗、干燥、通风、无鼠、无虫害，成品堆放要有垫木，离地面15cm，离墙面20cm以上，仓库内不准放有毒、有害和腐败物质，仓库管理员作好防火、防潮工作，入库、出库要做好记录。

（四）加工流程简图

投料⟶提升⟶筛选⟶去石⟶提升⟶碾米1⟶碾米2⟶磨面⟶筛选⟶包装⟶检验⟶入库。

四、有机谷子种植技术规程

（一）基地选择

基地应符合有机食品产地环境标准要求。选择地势平坦、土壤结构合理、理化性好、有机质含量高于1%地块种植。

（二）整地

要求秋翻挑合整地，深翻地20～25cm，及时耙压，以利保墒。

（三）品种选择

生产的有机小米以自繁的山西大红谷等为主栽品种。

（四）播种

播种前将种子风选或水选，除去秕籽，种前在阳光下晒种3d，杀死种子所带病菌，提高种子发芽率，促进发芽势。

适宜种植谷子播期为5月下旬，中早品种应在5月中旬播种。亩播种量0.5kg。播种深度3～5cm。要避免重茬地，适时抢墒播种，每亩地施用腐熟的农家肥1 500～2 000kg。

（五）田间管理

提早间苗，间苗期在2～3叶期，犬牙或拐子型留苗，苗距3～5cm。合理密植是谷子增产的关键措施，谷子密植的原则是：肥地宜密、薄地宜稀。亩保苗3.5万～4万株。在谷子4～5叶期要进行铲地，铲除地里的杂草，避免杂草与谷子争夺水分、养分。谷子长到5～6叶期，要进行耘地，疏松土壤，有利于谷子的生长。在谷子吐穗前及时拔除谷子地中莠子和杂草，以提高谷子的纯度。谷子品种，抗旱能力非常强，整个生育期不需要灌水，自然降水就可以满足谷子的生长。

（六）病虫草害防治

谷子从种到收病虫害较少。①防治原则：以预防为主，综合防治；选用抗病品种，采用农业、生物技术防治。②主要病害防治：谷子白发病一般在孕穗期至灌浆期发生，发现病株连根拔除带出大田烧毁，并实行多次轮作倒茬。③主要虫害防治：粟灰螟一般在拔节后期发生，主要防治方法是在秋后焚烧根茬，人工灭虫。④草害防治：谷田杂草主要有灰灰菜，可结合三次中耕除草或去杂去劣时拔除。

（七）收购、包装、运输

谷子要适时收获，一般在9月15日左右进行，成熟标准为没有“青眼”时，收获时要求农户做到单割、单运、单晾、单打，单独存放。按种植谷子合同统一收购，谷子水分要达到国家标准的安全水分。采用符合国家标准的包装物包装，包装材料结实，不泄漏材料，要标明品种名称、产地、种植户编号、重量，由专用运输车辆运输。

（八）其他

有机谷子的生产全过程，要建立田间生产技术档案，全面记载农事活动并妥善保存，以备查阅。

五、有机小米加工操作规程

为保证产品质量，按照有机食品加工的质量要求，制定本操作规程，所有管理人员和工人必须遵照执行。

（一）加工原料检验

加工原料运入加工厂后，由检验室检验，待达到国家标准安全水分≤14%方可加工。要求每批产品必检，不准有漏检现象。

（二）加工过程

（1）准备。按照规程对加工设备维修，清洗并符合卫生管理的要求。

（2）起动机器。按顺序起动所有设备，待机械师检查所有设备正常运转后方可加工。

（3）投料。投料员仔细检查品种的标识后方可投料，投料要均匀，保证机器的正常运转。

（4）去石。谷物经第一道提升后进入筛选组合去石机，筛去谷物中的秕粒和石子等杂物，谷物达到颗粒整齐，再流入吹式比重去石机，去除谷物中的“并肩石”。

（5）去皮。谷物经第二道提升后，进入碾米机，技术员根据米的质量随时调整进料量的大小，经两道碾米后，检验员检查谷物脱皮率达到100%后方可进入下一道工序。

（6）抛光。经第三道提升后，进行抛光，进料后随时检查抛光效果。

（7）经碾米、擦米以后的有机米温度较高，且米中还含有少量的米糠，必须筛选和风选，经第四道提升后，进入振动筛，筛掉加工过程中产生的碎米，经风机风选后进入包装室，经检验员检验合格后进入包装。做到每批产品检验合格后包装出厂。

（三）包装、运输、贮存

（1）包装。采用符合国家标准包装物包装，包装材料结实，不泄漏物料，每小袋标明生产日期、批号，装箱后要查好数目，封箱要贴好标识。经检验合格后，进入合格区入库贮存或销售。

（2）运输。运输工具要求卫生、干燥，严禁与有毒及有异味的物品混运。

（3）贮存。成品库房经清洗、干燥、通风、无鼠、无虫害，成品堆放要有垫木，离地面15cm，离墙面20cm以上，仓库内不准放有毒、有害和腐败物质，仓库管理员作好防火、防潮工作，入库、出库要做好记录。

（四）加工流程简图

原料⟶筛选⟶去石⟶脱壳⟶碾米⟶抛光⟶风选⟶精选⟶包装⟶入库。

六、有机高粱种植技术规程

（一）基地选择

基地应符合有机食品产地环境标准要求。选择地势平坦、土壤结构合理、理化性好、有机质含量高于1%地块种植。

（二）品种选择

精选粒白、适口性好的高粱品种“6A”为主栽品种。

（三）整地

耕翻整地，秋耕宜深，春耕宜浅，深度以20～25cm为宜。耕翻后要及时耙压整地，做到耙碎坷垃，平整地面，保蓄水分，给播种和发芽创造良好条件。

（四）种子选择和处理

（1）统一购买种子按计划下拔给生产基地。种子质量要达到籽粒饱满，符合国家种子分级标准，纯度和净度不低于98%，发芽率不低于95%，种子不携带检疫对象。

（2）播前，将种子在阳光下晒2～4d，提高种子生活力；用50～52℃温水浸种催芽，促种子播后快发芽，快出苗。

（五）播种

1. 播种期

在5cm土层温度稳定在8～10℃以上时播种，具体时间在4月下旬或5月上旬，早熟品种可在5月中旬播种。

2. 播种方法

根据生产条件，可采用机械平播或垄播。畜力播种，要注意开沟深浅一致，覆土均匀，覆土后表土要平，及时镇压，防止跑墒。在土壤干旱时，要采用“抢墒播种”“借墒播种”等措施，以保苗齐苗全。

3. 播种量

根据生产基地土质情况和所选高粱品种的特点，亩播种量为2kg左右，如遇墒情差、整地质量不好的情况时，播种量还应适当增加。

4. 播种深度

播种深度一般以3～5cm为宜，在具体确定播种深度时，应考虑土质，整地质量，土壤含水量和温度条件。土壤墒情好，可适当浅播。土壤干旱宜深播借墒。土质黏重应浅播。疏松的沙质土不易保墒，可适当深播。

5. 播种密度

播种密度因品种、土壤肥力、播期早晚、种植方式不同而异，一般为6 000～7 000株。

（六）田间管理

（1）查苗补苗。高粱出苗后要及时查苗。缺苗严重时要及时补种，不严重时可采用就近多留苗或移栽补苗。

（2）适时间苗、定苗。间苗宜早，间苗次数一般依田间出苗率、病虫害程度掌握。一次间苗定苗，应在幼苗4～5片叶时进行。二次间苗，第一次在3～4片叶时疏苗，第二次在5～6片叶时定苗。

（3）中耕、铲趟要适时及早进行。定苗前和拔节前各铲趟一次。要将苗眼和苗旁的杂草铲净，铲后即趟地。

（七）病虫草害防治

（1）选择抗病的高粱品种为主栽品种。

（2）在高粱田间管理过程中，要及时清除田间遗留的病残株，清除地头和田间杂草。

（3）遇有病虫害发生时，采用生物和物理防治措施处理。

（八）收购、包装、运输

高粱要适时收获，一般在9月中下旬进行。收获时要求农户做到单割、单运、单晾、单打、单独存放。

按高粱种植合同统一收购，高粱水分要达到国家标准的安全水分。采用国家标准的包装物包装、包装材料结实，不泄漏物料，要标明品种名称、产地、种植户编号、重量。由专用运输车辆运输。

（九）其他

有机高粱的生产全过程，要求建立田间生产技术档案，全面记载农事活动并妥善保存，以备查阅。

七、有机高粱米加工操作规程

为保证产品质量，按照有机食品加工的质量要求，制定本操作规程，所有管理人员和工人必须遵照执行。

（一）加工原料检验

加工原料运入加工厂后，由检验室检验，待达到国家标准安全水分≤14%方可加工。要求每批产品必检，不准有漏检现象。

（二）加工过程

（1）准备。按照规程对加工设备维修，清洗并符合卫生管理的要求。

（2）起动机器。按顺序起动所有设备，待机械师检查所有设备正常运转后方可加工。

（3）投料。投料员仔细检查品种的标识后方可投料，投料要均匀，保证机器的正常运转。

（4）去石。谷物经第一道提升后进入筛选组合去石机，筛去谷物中的秕粒和石子等杂物，谷物达到颗粒整齐，再流入吹式比重去石机，去除谷物中的“并肩石”。

（5）去皮。谷物经第二道提升后，进入碾米机，技术员根据米的质量随时调整进料量的大小，经两道碾米后，检验员检查谷物脱皮率达到100%后方可进入下一道工序。

（6）抛光。经第三道提升后，进行抛光，进料后随时检查抛光效果。

（7）经碾米、擦米以后的有机米温度较高，且米中还含有少量的米糠，必须筛选和风选，经第四道提升后，进入振动筛，筛掉加工过程中产生的碎米，经风机风选后进入包装室，经检验员检验合格后进入包装。做到每批产品检验合格后包装出厂。

（三）包装、运输、贮存

（1）包装。采用符合国家标准包装物包装，包装材料结实，不泄漏物料，每小袋标明生产日期、批号，装箱后要查好数目，封箱要贴好标识。经检验合格后，进入合格区入库贮存或销售。

（2）运输。运输工具要求卫生、干燥，严禁与有毒及有异味的物品混运。

（3）贮存。成品库房经清洗、干燥、通风、无鼠、无虫害，成品堆放要有垫木，离地面15cm，离墙面20cm以上，仓库内不准放有毒、有害和腐败物质，仓库管理员作好防火、防潮工作，入库、出库要做好记录。

（四）加工流程简图

原料──→筛选──→去石──→脱壳──→碾米──→抛光──→风选──→精选──→包装──→入库。

八、有机黍子种植技术规程

（一）基地选择

基地应符合有机食品产地环境标准要求。选择地势平坦、土壤结构合理、理化性好、有机质含量高于1%地块种植。

（二）整地

要求秋翻秋挑合理整地，深翻地20～25cm，及时耙压，以利保墒。

（三）品种选择

有机黍子以农家品种大红黍等为主栽品种。

（四）播种

播种前将种子风选或水选，除去秕粒，种前在阳光下晒种3d，杀死种子所带病菌，提高种子发芽率，促进发芽势。

适宜种植黍子的播期为5月中、下旬。亩播种量0.5～1kg，播种深度3～5cm。要适时抢墒播种，每亩地施用腐熟的农家肥1 500～2 000kg。

（五）田间管理

适时间苗，间苗期一般在2～3叶期。亩留苗2.0万～2.5万株。在黍子4～5叶期要进行铲地，铲除地里的杂草，减少水分、养分的无效损耗。黍子长到5～6叶期，要进行耘地，疏松土壤，有利于黍子的生长。黍子属于耐旱作物，自然降水即可满足生长发育需要。

（六）病虫草害防治

黍子种植面积小，易于轮作倒茬，且多种在坡地，基本没有大的病虫害发生。因此，采用农业、生物技术防治措施即可解决病虫害问题。杂草结合铲地、耘地即可去除。

（七）收获、包装、运输

黍子要适时收获，一般在9月上旬左右进行，不要过早，以免减产；收获时要求农户做到单割、单运、单晾、单打、单独存放。

按种植黍子合同统一收购，黍子水分要达到国家标准的安全水分。采用国家标准的包装物包装，包装材料结实，不泄漏物料，要标明品种名称、产地、种植户编号、重量。由专用运输车辆运输。

（八）其他

有机黍子的生产全过程，要求建立田间生产技术档案，全面记载农事活动并妥善保存，以备查阅。

九、有机大黄米加工操作规程

为保证产品质量，按照有机食品加工的质量要求，制定本操作规程，所有管理人员和工人必须遵照执行。

（一）加工原料检验

加工原料运入加工厂后，由检验室检验，待达到国家标准安全水分≤14%方可加工。要求每批产品必检，不准有漏检现象。

（二）加工过程

（1）准备。按照规程对加工设备维修，清洗并符合卫生管理的要求。

（2）起动机器。按顺序起动所有设备，待机械师检查所有设备正常运转后方可加工。

（3）投料。投料员仔细检查品种的标识后方可投料，投料要均匀，保证机器的正常运转。

（4）去石。谷物经第一道提升后进入筛选组合去石机，筛去谷物中的秕粒和石子等杂物，谷物达到颗粒整齐，再流入吹式比重去石机，去除谷物中的“并肩石”。

（5）去皮。谷物经第二道提升后，进入碾米机，技术员根据米的质量随时调整进料量的大小，经两道碾米后，检验员检查谷物脱皮率达到100%后方可进入下一道工序。

（6）抛光。经第三道提升后，进行抛光，进料后随时检查抛光效果。

（7）经碾米、擦米以后的有机米温度较高，且米中还含有少量的米糠，必须筛选和风选，经第四道提升后，进入振动筛，筛掉加工过程中产生的碎米，经风机风选后进入包装室，经检验员检验合格后进入包装。做到每批产品检验合格后包装出厂。

（三）包装、运输、贮存

（1）包装。采用符合国家标准包装物包装，包装材料结实，不泄漏物料，每小袋标明生产日期、批号，装箱后要查好数目，封箱要贴好标识。经检验合格后，进入合格区入库贮存或销售。

（2）运输。运输工具要求卫生、干燥，严禁与有毒及有异味的物品混运。

（3）贮存。成品库房经清洗、干燥、通风、无鼠、无虫害，成品堆放要有垫木，离地面15cm，离墙面20cm以上，仓库内不准放有毒、有害和腐败物质，仓库管理员作好防火、防潮工作，入库、出库要做好记录。

（四）加工流程简图

原料⟶筛选⟶去石⟶脱壳⟶碾米⟶抛光⟶风选⟶精选⟶包装⟶入库。

十、有机大黄米面加工操作规程

为保证产品质量，按照有机食品加工的质量要求，制定本操作规程，所有管理人员和工人必须遵照执行。

（一）加工原料检验

加工原料运入加工厂后，由检验室检验，待达到国家标准安全水分≤14%方可加工。要求每批产品必检，不准有漏检现象。

（二）加工过程

（1）准备。按照规程对加工设备维修，清洗并符合卫生管理的要求。

（2）起动机器。按顺序起动所有设备，待机械师检查所有设备正常运转后方可加工。

（3）投料。投料员仔细检查品种的标识后方可投料，投料要均匀，保证机器的正常运转。

（4）去石。黍子经第一道提升后进入筛选组合去石机，筛去黍子中的秕粒和石子等杂物，达到颗粒整齐，再流入吹式比重去石机，去除黍子中的“并肩石”。

（5）去皮。玉米经第二道提升后，进入碾米机，技术员根据米的质量随时调整进料量的大小，经两道碾米后，检验员检查黍子脱皮率达到100%后方可进入下一道工序。

（6）磨面。启动磨面机，待运转正常后填入大黄米，磨出的面粉根据质量要求过筛、直至达到标准规格。

（三）包装、运输、贮存

（1）包装。采用符合国家标准包装物包装，包装材料结实，不泄漏物料，每小袋标明生产日期、批号，装箱后要查好数目，封箱要贴好标识。经检验合格后，进入合格区入库贮存或销售。

（2）运输。运输工具要求卫生、干燥，严禁与有毒及有异味的物品混运。

（3）贮存。成品库房经清洗、干燥、通风、无鼠、无虫害，成品堆放要有垫木，离地面 15cm，离墙面 20cm 以上，仓库内不准放有毒、有害和腐败物质，仓库管理员作好防火、防潮工作，入库、出库要做好记录。

（四）加工流程简图

投料⟶提升⟶筛选⟶去石⟶提升⟶碾米 1 ⟶碾米 2 ⟶磨面⟶筛选⟶包装⟶检验⟶入库。

十一、有机黑豆种植技术规程

（一）基地选择

基地应符合有机食品产地环境标准要求。选择地势平坦、土壤结构合理、理化性好、有机质含量高于 1% 地块种植。

（二）整地

实行伏秋深松起垄。土壤水分适宜的条件下，可进行耙后直接起垄，耙深 12 ~ 15cm；采取深松整地的，深松 35cm；平翻整地的，深翻 18 ~ 20cm。做到耕层土壤细碎、疏松，地面平整，每平方米耕层内直径 3cm 的土块不超过 3 个，达到播种状态。

（三）品种选择

所用种子为好的黑豆品种北海道大粒为主栽品种。种子的纯度达到 99%、净度达到 98%、发芽率达到 98%，质量已达到国家种籽分级标准（二级）。

播种前晒种 3d，以提高种子的发芽率，促进发芽势。

（四）施肥

施腐熟农家肥的。结合整地或播种将经过腐熟过的农家肥均匀施入垄内。亩用 700 ~ 1 000kg，黑豆需肥量较少，且有根瘤菌固氮。

（五）播种

本基地一般在 5 月下旬播种，亩用种子 5 ~ 7kg，垄距 45 ~ 50cm，一般采取穴播，即穴距 9 ~ 12cm，每穴 3 ~ 5 粒。播种深度一般为 3 ~ 5cm。

（六）田间管理

1. 铲趟管理

铲前垄沟深松或趟一犁，整个生育期做到三铲三趟。第一次趟深 15cm；第二次不晚于分枝期，趟深 10 ~ 12cm；第三次在封垄前，趟深 10cm，培土达到第一复叶节。

2. 除草

采用人工除草。黑豆真叶期至第一片复叶前，两次人工除草，第三次人工除草在始花期，秋后除一遍大草。

3. 防治病虫害

常见病害有黑豆灰斑病等。以农业措施防治为主，进行综合防治。选育抗病优良品种，选用无病植株留种；科学轮作，减少菌源；加强田间管理，提高植株抗病能力。

常见虫害有大豆食心虫等。采取综合防治措施，及时深翻，消灭越冬虫源；8 月中旬，在田间一次或两次释放赤眼蜂，每公顷 30 万～45 万头，在幼虫脱壳期用白僵菌 7.5kg 细土 90kg 施地面；加强中后期田间管理；及时收获，及时脱粒。

（七）收获

1. 收获时期

人工收获最佳时期在黑豆黄熟期，黑豆叶片脱落 80%，豆粒归圆，进行收获；植株叶柄全部脱落，种子变硬，有摇铃声，为机械收获的最佳时期。

2. 收获方法

采用人工收获和机械收获的方法。人工收获要求做到割茬低、不丢枝、不掉荚，放铺规整，及时拉打，综合损失率小于 2%；机械收获要求综合损失率小于 3%。

3. 质量要求

有机食品黑豆要做到对不同品种单独收割、单独运输、单独脱粒、单独贮藏、单独加工、单独包装，防止与普通黑豆混杂。脱粒后统一过筛，清除杂质、瘪豆，分级，过筛使粒度均一。产品质量符合有机食品黑豆质量标准，破碎率小于 2%，杂质小于 1%，虫蚀率小于 1%，青豆率小于 2%，含水量小于 15%。

（八）其他

有机黑豆的生产过程，要建立田间生产技术档案，全面记载农事活动并妥善保存，以备查阅。

十二、有机黑豆加工操作规程

为保证产品质量，按照有机食品加工的质量要求，制定本操作规程，所有管理人员和工人必须遵照执行。

（一）加工原料检验

加工原料运入加工厂后，由检验室检验，待达到国家标准安全水分≤14% 方可加工。要求每批产品必检，不准有漏检现象。

（二）加工过程

（1）准备。按照规程对加工设备维修，清洗并符合卫生管理的要求。

（2）起动机器。按顺序起动所有设备，待机械师检查所有设备正常运转后方可加工。

（3）投料。投料员仔细检查品种的标识后方可投料，投料要均匀，保证机器的正常运转。

（4）去石。豆类经第一道提升后进入筛选组合去石机，筛去豆类中的秕粒和石子等杂物，豆类达到颗粒整齐，再流入吹式比重去石机，去除谷物中的“并肩石”。

（5）磁选。启动永磁滚筒；检查豆类中不允许有螺丝螺母、铁钉铁丝等含铁物。

（三）包装、运输、贮存

（1）包装。采用符合国家标准包装物包装，包装材料结实，不泄漏物料，每小袋标明生产日期、批号，装箱后要查好数目，封箱要贴好标识。经检验合格后，进入合格区入库贮存或销售。

（2）运输。运输工具要求卫生、干燥，严禁与有毒及有异味的物品混运。

（3）贮存。成品库房经清洗、干燥、通风、无鼠、无虫害，成品堆放要有垫木，离地面 15cm，离墙面 20cm 以上，仓库内不准放有毒、有害和腐败物质，仓库管理员作好防火、防潮工作，入库、出库要做好记录。

（四）加工流程简图

原料⟶筛选⟶去石⟶去杂⟶风选⟶精选⟶包装⟶入库。

十三、有机黑芝麻种植技术规程

（一）基地选择

基地应符合有机食品产地环境标准要求。选择地势平坦、土壤结构合理、理化性好、有机质含量高于1%地块种植。前茬作物以玉米、高粱为主，严禁重茬。

（二）整地

要求秋翻挑合整地，深翻地20~25cm，及时耙压，以利保墒。

（三）栽培技术措施

1. 品种选择

以自繁的本地黑芝麻为主栽品种或品质优良的有机黑芝麻种子。

2. 播种

种子处理：黑芝麻种子的质量标准是：品种纯、籽粒饱满、发芽率高、无病虫、无杂质。

选种：选种可采用风选或水选。风选用簸箕即可，去除秕粒、小粒和杂质。水选是用清水漂选，除去浮在水面的秕粒和杂质，饱满种子阴干后播种。

晒种：晒种能打破种子的休眠期，提高种子活力，增强发芽势，使之出苗整齐，幼苗健壮。于播种前暴晒1~2d即可。切忌在水泥地面和金属器具内晒种，否则会因温度过高而烫伤种子。

播种期：黑芝麻种子发芽出苗需要稳定的适温，播种不能过早。过早播种出苗不齐，出苗后气温低于14℃，即受冷害。种子发芽的最低温度为15℃，春播芝麻在5cm土层地温稳定在16~18℃时播种为宜。播种量控制在0.4~0.5kg/亩为宜。

播种方法：在精细整地和具备一定墒情的基础上，可以采用深开沟浅覆土的播种方法。即把种子撒在较深层的湿土上，覆土3cm，播后及时镇压保墒，只要保证播种各环节的质量，则可以出苗。黑芝麻种子粒小，用种量较少，点种难以控制，往往撒不均匀。在种子中掺入部分豆饼、葵花籽饼等饼肥的碎颗粒，利于播种均匀和控制播种量。还兼有种肥的作用。每亩地施用腐熟的农家肥3 000kg以上，于播种的同时开沟条施。

3. 田间管理

耙地：若表土板结，黑芝麻出苗困难。播种后遇大雨，天晴地表稍干则应顺垄耙松表土，以利于出苗。如果地表板结发生在幼芽顶土期，要轻耙，以防止损伤幼芽。

间苗定苗：及时间苗、定苗。在1对真叶期间苗、2~3对真叶期定苗为宜。

中耕除草：黑芝麻幼苗生长缓慢，易被杂草覆盖，中耕除草须早些进行。在第1对真叶期，结合间苗则应中耕，浅锄松土保墒和清除杂草，以促进幼苗的生长。第二次中耕在2~3对真叶期结合定苗进行。此期芝麻根系生长加快，需要疏松的土壤条件，耕深6~7cm为宜。第三次中耕在4~5对真叶期进行，主要是疏松土壤和消灭杂草，为植株的健壮生长创造良好的土壤环境。此期耕深增加到10cm左右，并进行培土。在封垄前进行最后一次中耕，深趟高培土，除疏松土壤利于植株的生长外，兼助于减轻倒伏。

打顶尖：黑芝麻适时打顶尖可以调节体内养分的分配，利于植株上部蒴果的发育，有较好的增产效果。打顶尖的适期是在开花末期，茎顶端出现“黄梢尖”时进行，只打顶尖，不能打掉叶片，否则会减少光合面积，影响光合产物的合成与积累。

（四）病虫草害防治

从整体生态系统考虑，运用综合防治措施，创造不利于病虫草孳生和有利于各种天敌繁衍的环境条件，保持生态系统平衡和生物的多样化，以减少病虫害的发生。做好病虫害预测预报，有针对性地采取各种预防措施。以物理和人工防治为主。

（五）收获

黑芝麻是无限开花无限结实的作物，同一植株，开花很不集中，成熟不一致，应确定收获适期。适期收获的标志是：植株基部有1～2个蒴果裂开，中下部蒴果内的种子已经饱满，呈现本品种固有的色泽。收获宜在早晨或阴天进行，以减少落粒。收割后捆成15～20cm粗的小捆，在场院竖架立晒，待大部分蒴果开裂后，倒拿小捆敲打则可落粒。反复立晒、敲打3～4次，即能将籽粒脱尽。去除杂质和秕粒，当种子含水量降到7%以下时，按种植合同统一收购。包装材料符合有机食品标准，运输过程避免有害物质污染。

（六）其他

有机黑芝麻的生产全过程，要建立田间生产技术档案，全面记载农事活动并妥善保存，以备查阅。

十四、有机黑芝麻加工操作规程

为保证产品质量，按照有机食品加工的质量要求，制定本操作规程，所有管理人员和工人必须遵照执行。

（一）加工原料检验

加工原料运入加工厂后，由检验室检验，待达到国家标准安全水分≤14%方可加工。要求每批产品必检，不准有漏检现象。

（二）加工过程

（1）准备。按照规程对加工设备维修，清洗并符合卫生管理的要求。

（2）起动机器。由电控师打开琴式电力操纵台，按顺序起动所有设备，待机械师检查所有设备正常运转后方可加工。

（3）投料。投料员仔细检查品种的标识后方可投料，投料要均匀，保证机器的正常运转。

（4）去石。黑芝麻经第一道提升后进入筛选组合去石机，筛去芝麻中的秕粒和石子等杂物，黑芝麻达到颗粒整齐，再流入吹式比重去石机，去除芝麻中的“并肩石”。

（5）磁选。启动永磁滚筒；检查黑芝麻中不允许有螺丝螺母、铁钉铁丝等含铁物。

（三）包装、运输、贮存

（1）包装。采用符合国家标准包装物包装，包装材料结实，不泄漏物料，每小袋标明生产日期、批号，装箱后要查好数目，封箱要贴好标识。经检验合格后，进入合格区入库贮存或销售。

（2）运输。运输工具要求卫生、干燥，严禁与有毒及有异味的物品混运。

（3）贮存。成品库房经清扫、干燥、通风、无鼠、无虫害，成品堆放要有垫木，离地面15cm，离墙面20cm以上，仓库内不准放有毒、有害和腐败物质，仓库管理员作好防火、防潮工作，入库、出库要做好记录。

（四）加工流程简图

原料──→筛选──→去石──→去杂──→风选──→成品──→包装──→入库。

十五、有机绿豆种植技术规程

（一）基地选择

基地应符合有机食品产地环境标准要求。选择地势平坦、土壤结构合理、理化性好、有机质含量高于1%地块种植。

（二）整地

要求秋翻秋挑合整地，深翻地 20～25cm，及时耙压，以利保墒。

（三）品种选择

有机绿豆以“中绿 1 号”等绿豆为主栽品种。

（四）播种

播种前将种子风选或水选，除秕粒虫粒，种前在阳光下晒种 3d，杀死种子所带病菌，提高种子发芽率，促进发芽势。

种植绿豆播期为 5 月中、下旬。亩播种量 2.5～3.5kg，播种深度 3～5cm。要适时抢墒播种，每亩地施用腐熟的农家肥 700～1 000kg，即可满足绿豆生长发育需要。

（五）田间管理

适时间苗，一般在两叶一心时间苗，亩留苗应在 1 万～1.5 万株，在绿豆生长发育中期，要进行铲地，疏松土壤，铲除地里的杂草，提高土壤的通透性，避免杂草与绿豆争夺水分、养分。后期要及时采摘收获。

（六）病虫草害防治

做到以预防为主，综合防治，选用抗病品种，采用农业、生物技术防治。绿豆种植面积较小，易于轮作倒茬，且多种在坡地，一般没有大的病虫害发生。没有伴生杂草，结合铲地去除杂草即可。

（七）收购、包装、运输

绿豆要适时采摘收获，一般在 9 月上、中旬收获，收获要及时，避免豆夹爆裂造成减产。收获时要求农户单收、单运、单晾、单打、单独存放。

按种植绿豆合同统一收购，绿豆水分要达到国家标准的安全水分。采用符合国家标准的包装物包装，包装材料结实，不泄漏物料，要标明品种名称、产地、种植户编号、重量。由专用运输车辆运输。

（八）其他

有机绿豆的生产过程，要建立田间生产技术档案，全面记载农事活动并妥善保存，以备查阅。

十六、有机绿豆加工操作规程

为保证产品质量，按照有机食品加工的质量要求，制定本操作规程，所有管理人员和工人必须遵照执行。

（一）加工原料检验

加工原料运入加工厂后，由检验室检验，待达到国家标准安全水分≤14% 方可加工。要求每批产品必检，不准有漏检现象。

（二）加工过程

（1）准备。按照规程对加工设备维修，清洗并符合卫生管理的要求。

（2）启动机器。按顺序起动所有设备，待机械师检查所有设备正常运转后方可加工。

（3）投料。投料员仔细检查品种的标识后方可投料，投料要均匀，保证机器的正常运转。

（4）去石。豆类经第一道提升后进入筛选组合去石机，筛去豆类中的秕粒和石子等杂物，豆类达到颗粒整齐，再流入吹式比重去石机，去除谷物中的“并肩石”。

（5）磁选。启动永磁滚筒；检查豆类中不允许有螺丝螺母、铁钉铁丝等含铁物。

（三）包装、运输、贮存

（1）包装。采用符合国家标准包装物包装，包装材料结实，不泄漏物料，每小袋标明生产日期、批号，装箱后要查好数目，封箱要贴好标识。经检验合格后，进入合格区入库贮存或销售。

（2）运输。运输工具要求卫生、干燥，严禁与有毒及有异味的物品混运。

（3）贮存。成品库房经清洗、干燥、通风、无鼠、无虫害，成品堆放要有垫木，离地面15cm，离墙面20cm以上，仓库内不准放有毒、有害和腐败物质，仓库管理员作好防火、防潮工作，入库、出库要做好记录。

（四）加工流程简图

原料——→筛选——→去石——→去杂——→风选——→精选——→包装——→入库。

十七、有机荞麦种植技术规程

（一）基地选择

基地应符合有机食品产地环境标准要求。选择地势平坦、土壤结构合理、理化性好、有机质含量高于1%地块种植。

（二）整地

荞麦是双子叶植物，出土能力弱，适宜在松软细碎、排水良好的沙质土壤栽培。因此荞麦要精细整地，消灭杂草，保持土壤适宜的水分，为荞麦生长发育创造一个适宜的环境。

（三）种子处理

荞麦种子寿命很短，隔年就失去生活力。首先选用新鲜的自繁自育的农家荞麦作种子以提高发芽率和发芽势。选用种子时应注意：内皮绿色的，发芽率和生活力高，适宜作种用；内皮黄色的，发芽率和生活力低，不宜作种用。播种之前应进行选种和浸种，以提高种子发芽力。选种可采用风选、筛选、泥水选种10min。也可在播种前进行晒种2～4d，晒种对于提早出苗、增加产量有良好作用。

（四）适时播种

荞麦播种期掌握霜前能成熟的原则，一般在6月上、中旬播种为宜。每亩播种量为2.5～3.5kg。播种不宜太深，覆土3cm左右，黏土稍深。

（五）施肥

荞麦虽然耐瘠薄，但要获得高产，仍需施肥。荞麦生育期短，应重施基肥，每亩施腐熟农家肥1 500kg以上。

（六）田间管理

荞麦播种后，若遇雨，地表将发生板结，应及时划破地皮，以利幼苗出土，苗高7～10cm时，进行第一次铲地，同时适当间苗，把较弱的细弱幼苗除掉，保证苗匀苗壮。苗高30cm时，进行第二次铲地，并结合趟地培土。

荞麦是异花授粉作物，花粉的传播主要依靠昆虫、蜜蜂。每3亩荞麦放1箱蜜蜂，可以大大提高荞麦授粉率。在无蜜蜂的地方，则要采取人工辅助授粉，以提高荞麦受精结实率。方法是，在开花盛期的上午8～11时，用两端系着绳子的软布条，由两人拉着，让布条顺着植株顶部轻轻拂过，使植株晃动，即可起到辅助授粉的作用。人工辅助授粉每隔2～3d进行一次，如能进行2～3次，其增产幅度可达10%～20%。荞麦一般无病、虫害，可铲趟或人工除草即可。

（七）收获

荞麦开花期较长，种子成熟极不一致，先成熟的种子容易脱落，所以当全株籽实有2/3呈现黑褐色时就应收割。选作种用的荞麦种子，以浓黑色、颗粒较小的为佳，要充分晒干，贮在通风良好的地方。收获时要求农户单收、单运、单晾、单打、单独存放。

（八）其他

有机荞麦生产过程，要建立田间生产技术档案，全面记载农事活动并妥善保存，以备查阅。

十八、有机荞麦米加工操作规程

为保证产品质量，按照有机食品加工的质量要求，制定本操作规程，所有管理人员和工人必须遵照执行。

（一）加工原料检验

加工原料运入加工厂后，由检验室检验，待达到国家标准安全水分≤14%方可加工。要求每批产品必检，不准有漏检现象。

（二）加工过程

（1）准备。按照规程对加工设备维修，清洗并符合卫生管理的要求。

（2）起动机器。按顺序起动所有设备，待机械师检查所有设备正常运转后方可加工。

（3）投料。投料员仔细检查品种的标识后方可投料，投料要均匀，保证机器的正常运转。

（4）去石。麦类经第一道提升后进入筛选组合去石机，筛去麦类中的秕粒和石子等杂物，麦类达到颗粒整齐，再流入吹式比重去石机，去除谷物中的“并肩石”。

（5）去皮。谷物经第二道提升后，进入碾米机，技术员根据米的质量随时调整进料量的大小，经两道碾米后，检验员检查谷物脱皮率达到100%后方可进入下一道工序。

（6）抛光。经第三道提升后，进行抛光，进料后随时检查抛光效果。

（7）经碾米、擦米以后的有机米温度较高，且米中还含有少量的米糠、面粉，必须筛选和风选，经第四道提升后，进入振动筛，筛掉加工过程中产生的碎米，经风机风选后进入包装室，经检验员检验合格后进入包装。做到每批产品检验合格后包装出厂。

（三）包装、运输、贮存

（1）包装。采用符合国家标准包装物包装，包装材料结实，不泄漏物料，每小袋标明生产日期、批号，装箱后要查好数目，封箱要贴好标识。经检验合格后，进入合格区入库贮存或销售。

（2）运输。运输工具要求卫生、干燥，严禁与有毒及有异味的物品混运。

（3）贮存。成品库房经清洗、干燥、通风、无鼠、无虫害，成品堆放要有垫木，离地面15cm，离墙面20cm以上，仓库内不准放有毒、有害和腐败物质，仓库管理员作好防火、防潮工作，入库、出库要做好记录。

（四）加工流程简图

原料⟶筛选⟶去石⟶脱壳⟶破碎⟶风选⟶精选⟶包装⟶入库。

十九、有机荞麦面加工操作规程

为保证产品质量，按照有机食品加工的质量要求，制定本操作规程，所有管理人员和工人必须遵照执行。

（一）加工原料检验

加工原料运入加工厂后，由检验室检验，待达到国家标准安全水分≤14%方可加工。要求每批产品必检，不准有漏检现象。

（二）加工过程

（1）准备。按照规程对加工设备维修，清洗并符合卫生管理的要求。

（2）起动机器。按顺序起动所有设备，待机械师检查所有设备正常运转后方可加工。

（3）投料。投料员仔细检查品种的标识后方可投料，投料要均匀，保证机器的正常运转。

（4）去石。麦类经第一道提升后进入筛选组合去石机，筛去麦类中的秕粒和石子等杂物，麦类达到颗粒整齐，再流入吹式比重去石机，去除谷物中的“并肩石”。

（5）去皮。谷物经第二道提升后，进入碾米机，技术员根据米的质量随时调整进料量的大小，经两道碾米后，检验员检查谷物脱皮率达到100%后方可进入下一道工序。

（6）磨面。启动磨面机，待运转正常后填入去皮的荞麦，磨出的面粉根据质量要求过筛、直至达到标准规格。

（三）包装、运输、贮存

（1）包装。采用符合国家标准包装物包装，包装材料结实，不泄漏物料，每小袋标明生产日期、批号，装箱后要查好数目，封箱要贴好标识。经检验合格后，进入合格区入库贮存或销售。

（2）运输。运输工具要求卫生、干燥，严禁与有毒及有异味的物品混运。

（3）贮存。成品库房经清洗、干燥、通风、无鼠、无虫害，成品堆放要有垫木，离地面15cm，离墙面20cm以上，仓库内不准放有毒、有害和腐败物质，仓库管理员作好防火、防潮工作，入库、出库要做好记录。

（四）加工流程简图

投料⟶提升⟶筛选⟶去石⟶提升⟶碾米1⟶碾米2⟶磨面⟶筛选⟶包装⟶检验⟶入库。

二十、有机（糙米）稻种植技术规程

（一）产地选择

选择土壤耕层深厚、肥沃、通透性能好，土壤中性偏酸、有机质含量高，具有较好的保水保肥能力，有害物质控制在《有机食品产地环境质量现状评价技术导则》规定的范围内。

（二）品种选用

1. 品种选用的基本原则和要求

有机食品糙米稻品种应尽量做到优质性、适应性、丰产性、抗逆性相统一。

2. 种子质量要求

为了保证有机食品糙米稻生产的种子，应严格按照粮食种子质量标准GB 4044—84的糙米稻二级以上良种标准执行，即种子纯度不低于98%、净度不低于97%。发芽率：粳稻不低于93%；含水量14.5%以下。实行统一购种、统一发放。

（三）培育壮秧技术

壮秧是有机食品糙米稻获得高产的前提，应抓好主要的技术环节。

1. 种子处理

（1）晒种。浸种前选晴朗、温暖天气，放在背风向阳处，每天上午8时至下午3时，连续晒种2～3d。

（2）选种。风选：用簸箕或风车吹，将空壳、草籽、草叶等杂物选出。

（3）浸种。稻种放在清水中泡种，水温30℃，泡种2～3d，20℃需3～4d，10℃则需8d，每天要上下翻动一次，一直到种子吸足水分为止。

2. 整地做床

（1）秧田选择。选背风向阳、地势平坦、地力肥沃、灌排水方便的旱田或园田地，也可选通透性好的田育苗。

（2）整地。春季解冻后，用锹浅翻或手扶拖拉机旋耕后，除净残茬、找平。

（3）做床。启闭式床宽1.8m，床长10～15m，步道沟40cm，按规格做好床后，反复平整床面。

3. 营养土配制

营养土要看土质肥沃程度进行配制，一般情况下用60%～70%的肥沃土（园田土）与30%～40%充分腐熟优质农家肥充分混合，过筛混拌均匀。

4. 播种

（1）播种期。在塑料薄膜保温的情况下，气温稳定通过5℃时，可适当延迟播种，目前推广的中晚熟品种在4月上旬播种为宜。

（2）播量。钵盘苗，每孔播3～5粒种子，常规育苗每平方米播催芽种子300～400g。

5. 苗田管理

（1）温度管理。立针前以保温为主，保持膜内30℃左右促进出苗，秧苗长到1.5～2叶期时，要注意降温炼苗，膜内温度控制在25℃左右，超过25℃应揭开两头通风降温，当秧苗长到三叶期时，好天昼揭夜盖炼好苗，气温稳定在10℃左右时，即可揭除薄膜，提倡无纺布覆盖糙米稻育苗技术可减轻通风炼苗用工，又能培育理想秧苗。

（2）水分管理。在播种时浇足底水基础上，一般出苗前不用浇水，如发现水分不足，床面局部干燥变白，应及时浇水秧苗青头时，一般补浇一次水，1叶1心时，结合通风炼苗浇水，以后酌情浇水，揭膜后，缺水时及时补水，插秧前5～7d进行晒床蹲苗。

（四）本田管理技术

1. 整地

适当提早翻地，提倡一年翻耕、二年旋耕，旋翻结合加深耕层，实行旱整地，适时泡田，耙后田面平整，寸水不露泥。

2. 移栽

（1）移栽期。当气温稳定达到14℃时，秧苗达到3.5～4.5片叶时，即可移栽，适时移栽期为5月初至5月25日结束。

（2）插秧密度。在壮秧的基础上，常规移栽一般行穴距为30cm×（15～20）cm，每穴2～3苗，大垄双行稀植栽培行穴距为（30～40）cm×（15～18）cm，每穴2～3苗。钵盘苗手插，每苗25盘左右，1万～1.2万穴/亩。

（3）插秧质量。要求无论大苗、小苗，插秧都要做到浅、稳、直、匀，不丢穴，不缺苗。

3. 施肥

翻地前（4月中旬）亩施腐熟农家肥（家畜圈粪）4 000kg，均匀撒施结合旋耕达到全层施肥。

4. 合理灌溉

（1）灌溉水质要求。应符合国家灌溉水质要求规定。

（2）管水原则。有机食品糙米稻生产的科学管水应根据糙米稻不同时期的需量采取浅灌和湿润管理及晒田，促进糙米稻向健壮生长，形成高产群体方向发展。合理灌溉的一般原则是浅水缓苗、浅湿分蘖、够苗晒田、浅水孕穗，干湿壮粒，防止断水过早、干旱早衰。

（3）灌溉方法。插秧后保持浅湿管理有利缓苗促进分蘖，分蘖够苗时开始晒田，控上促下，减少无效分蘖，提高成穗率，缩短底节，增强抗倒能力，晒田复水后采用前水不见后水的灌溉方法，尽量减少灌水次数，伏雨频繁季节，挖开排水口，降低水层深度利于减轻纹枯病发生，灌浆至成熟阶段要避免长时间断水，9 月 15 日左右灌一次透水保后熟提高米质和产量。

（五）综合防治病虫草害技术

杂草防除，以农业措施除草为主，适时延晚翻地，细致耙地防除已萌发的杂草，插后适当深水扶苗，控制杂草生长。控制杂草种源传播，有机食品稻田池埂、水渠上的杂草，采用种植豆科作物压草，用人工防除田埂、水渠上杂草，控制杂草种源传播危害。

（六）收获

10 月上旬适时收获，保证优质糙米稻的适口性和食味，一般达到九成熟收获最佳，做好田间降水，应在收割时扎小捆，勤翻晒干后及时脱谷（单打单收），防霉变黄，影响食味品质，切忌在沥青公路上脱粒，以免造成污染。

（七）其他

有机糙米稻的生产全过程，要建立田间生产技术档案，全面记载农事活动并妥善保存，以备查阅。

二十一、有机糙米稻加工操作规程

为保证产品质量，按照有机食品加工的质量要求，制定本操作规程，所有管理人员和工人必须遵照执行。

（一）加工原料检验

加工原料运入加工厂后，由检验室检验，待达到国家标准安全水分≤14% 方可加工。要求每批产品必检，不准有漏检现象。

（二）加工过程

（1）准备。按照规程对加工设备维修，清扫并符合卫生管理的要求。

（2）起动机器。由电控师打开琴式电力操纵台，按顺序起动所有设备，待机械师检查所有设备正常运转后方可加工。

（3）投料。投料员仔细检查品种的标识后方可投料，投料要均匀，保证机器的正常运转。

（4）去石。谷物经第一道提升后进入筛选组合去石机，筛去谷物中的秕粒和石子等杂物，谷物达到颗粒整齐，再流入吹式比重去石机，去除谷物中的“并肩石”。

（5）去皮。谷物经第二道提升后，进入碾米机，技术员根据米的质量随时调整进料量的大小，经两道碾米后，检验员检查谷物脱皮率达到 100% 后方可进入下一道工序。

（6）抛光。经第三道提升后，进行抛光，进料后随时检查抛光效果，经过两次抛光，达到免淘。

（7）经碾米、擦米以后的有机米温度较高，且米中还含有少量的米糠，必须筛选和风选，经第四道提升后，进入振动筛，筛掉加工过程中产生的碎米，经风机风选后进入包装室，经检验员检验合格后进入包装。做到每批产品检验合格后包装出厂。

（三）包装、运输、贮存

（1）包装。采用符合国家标准包装物包装，包装材料结实，不泄漏物料，每小袋标明生产日期、批号，装箱后要查好数目，封箱要贴好标识。经检验合格后，进入合格区入库贮存或销售。

（2）运输。运输工具要求卫生、干燥，严禁与有毒及有异味的物品混运。

（3）贮存。成品库房经清扫、干燥、通风、无鼠、无虫害，成品堆放要有垫木，离地面 15cm，离墙面 20cm 以上，仓库内不准放有毒、有害和腐败物质，仓库管理员作好防火、防潮工作，入库、出库要做好记录。

（四）加工流程简图

原料──→筛选──→去石──→脱壳──→去杂──→抛光──→风选──→成品──→包装──→入库。

二十二、有机白沙花生种植技术规程

（一）基地选择

基地应符合有机食品产地环境标准要求。选择地势平坦、土壤结构合理、理化性好、有机质含量高于1%地块种植。

（二）整地

要求秋翻秋挑合整地，深翻地20～25cm，及时耙压，以利保墒。

（三）品种选择

播种前精选种子，选色泽新鲜、粒大饱满、无毒变伤残的籽仁做种用。

（四）播种

5cm地温稳定在15℃以上，即可播种，而以地温稳定在16～18℃时，出苗快而整齐。白沙花生播期为4月下旬。亩播种量18kg左右，播种深度4～5cm。要适时抢墒播种，每亩地施用腐熟的农家肥1 500kg左右，即可满足白沙花生生长发育需要。

（五）田间管理

（1）清棵。清棵是指花生基本齐苗进行第一次中耕时，将幼苗周围的表土扒开，使子叶直接曝光的一种田间操作方法。

（2）中耕除草。花生株丛矮，又有阴雨天小叶闭合的习性，因此与杂草竞争能力不强，常形成“荒草”。花生生长期间中耕3～4次：第一次在齐苗后结合清棵进行；第二次在团棵时进行；最后一次应在下针、封垄前不久进行。

（六）病虫草害防治

做到以预防为主，综合防治，选用抗病品种，采用农业、生物技术防治。花生种植面积较小，易于轮作倒茬，且多种在坡地，一般没有大的病虫害发生。

（七）收获与贮藏

白沙花生要适时采摘收获，一般在9月中旬收获，收获要及时。新收获的花生荚果含水45%～65%，呼吸强度大，易发热，极易受霉菌和细菌侵染，霉烂变质，种子劣变，活力下降。所以必须使荚果尽快晒干，防止发热、霉变。

荚果的安全贮藏含水量是10%。北方地区相对湿度小，气温又低，只要入仓时晒干到10%的含水量，注意贮藏场所的通风，便能安全贮藏。

（八）其他

有机白沙花生的生产过程，要建立田间生产技术档案，全面记载农事活动并妥善保存，以备查阅。

二十三、有机白沙花生米加工操作规程

为保证产品质量，按照有机食品加工的质量要求，制定本操作规程，所有管理人员和工人必须遵照执行。

（一）加工原料检验

加工原料运入加工厂后，由检验室检验，待达到国家标准安全水分≤14%方可加工。要求每批产品必检，不准有漏检现象。

（二）加工过程

（1）准备。按照规程对加工设备维修，清洗并符合卫生管理的要求。

（2）起动机器。由电控师打开琴式电力操纵台，按顺序起动所有设备，待机械师检查所有设备正常运转后方可加工。

（3）投料。投料员仔细检查品种的标识后方可投料，投料要均匀，保证机器的正常运转。

（4）去石。豆类经第一道提升后进入筛选组合去石机，筛去豆类中的秕粒和石子等杂物，豆类达到颗粒整齐，再流入吹式比重去石机，去除谷物中的“并肩石”。

（5）磁选。启动永磁滚筒；检查豆类中不允许有螺丝螺母、铁钉铁丝等含铁物。

（三）包装、运输、贮存

（1）包装。采用符合国家标准包装物包装，包装材料结实，不泄漏物料，每小袋标明生产日期、批号，装箱后要查好数目，封箱要贴好标识。经检验合格后，进入合格区入库贮存或销售。

（2）运输。运输工具要求卫生、干燥，严禁与有毒及有异味的物品混运。

（3）贮存。成品库房经清洗、干燥、通风、无鼠、无虫害，成品堆放要有垫木，离地面15cm，离墙面20cm以上，仓库内不准放有毒、有害和腐败物质，仓库管理员作好防火、防潮工作，入库、出库要做好记录。

（四）加工流程简图

原料⟶筛选⟶去石⟶去杂⟶抛光⟶风选⟶成品⟶入库。

二十四、有机白腰花豆种植技术规程

（一）基地选择

基地应符合有机食品产地环境标准要求。选择地势平坦、土壤结构合理、理化性好、有机质含量高于1%地块种植。

（二）整地

要求秋翻秋挑合整地，深翻地20~25cm，及时耙压，以利保墒。

（三）品种选择

所用种子为自繁自育的农家种子，以大粒白腰花豆为主栽品种。

（四）播种

播种前将种子风选或水选，除秕粒、虫粒，种前在阳光下晒种3d，杀死种子所带病菌，提高种子发芽率，促进发芽势。

种植白腰花豆播期为5月中、下旬。亩播种量3~4kg，播种深度3~5cm。要适时抢墒播种，每亩地施用腐熟的农家肥700~1 000kg，即可满足白腰花豆生长发育需要。

（五）田间管理

适时间苗，一般在两叶一心时间苗，亩留苗应在1万~1.5万株，在白腰花豆生长发育中期，要进行铲地，疏松土壤，铲除地里的杂草，提高土壤的通透性，避免杂草与白芸豆争夺水分、养分。后期要及时采摘收获。

（六）病虫草害防治

做到以预防为主，综合防治，选用抗病品种，采用农业、生物技术防治。白腰花豆种植面积较小，易于轮作倒茬，且多种在坡地，一般没有病虫害发生。没有伴生杂草，结合铲地去除杂草即可。

（七）收购、包装、运输

白腰花豆要适时采摘收获，一般在9月中旬收获，收获要及时，避免豆夹爆裂造成减产。收获时要求农户单收、单运、单晾、单打、单独存放。

按种白腰花豆合同统一收购，白腰花豆水分要达到国家标准的安全水分。采用符合国家标准的包装物包装，包装材料结实，不泄漏物料，要标明品种名称、产地、种植户编号、重量。由专用运输车辆运输。

（八）其他

有机白腰花豆的生产过程，要建立田间生产技术档案，全面记载农事活动并妥善保存，以备查阅。

二十五、有机白腰花豆加工操作规程

为保证产品质量，按照有机食品加工的质量要求，制定本操作规程，所有管理人员和工人必须遵照执行。

（一）加工原料检验

加工原料运入加工厂后，由检验室检验，待达到国家标准安全水分≤14%方可加工。要求每批产品必检，不准有漏检现象。

（二）加工过程

（1）准备。按照规程对加工设备维修，清洗并符合卫生管理的要求。

（2）起动机器。按顺序起动所有设备，待机械师检查所有设备正常运转后方可加工。

（3）投料。投料员仔细检查品种的标识后方可投料，投料要均匀，保证机器的正常运转。

（4）去石。豆类经第一道提升后进入筛选组合去石机，筛去豆类中的秕粒和石子等杂物，豆类达到颗粒整齐，再流入吹式比重去石机，去除谷物中的“并肩石”。

（5）磁选。启动永磁滚筒；检查豆类中不允许有螺丝螺母、铁钉铁丝等含铁物。

（三）包装、运输、贮存

（1）包装。采用符合国家标准包装物包装，包装材料结实，不泄漏物料，每小袋标明生产日期、批号，装箱后要查好数目，封箱要贴好标识。经检验合格后，进入合格区入库贮存或销售。

（2）运输。运输工具要求卫生、干燥，严禁与有毒及有异味的物品混运。

（3）贮存。成品库房经清洗、干燥、通风、无鼠、无虫害，成品堆放要有垫木，离地面15cm，离墙面20cm以上，仓库内不准放有毒、有害和腐败物质，仓库管理员作好防火、防潮工作，入库、出库要做好记录。

（四）加工流程简图

原料⟶筛选⟶去石⟶去杂⟶风选⟶精选⟶包装⟶入库。

二十六、有机白芸豆种植技术规程

（一）基地选择

基地应符合有机食品产地环境标准要求。选择地势平坦、土壤结构合理、理化性好、有机质含量高于1%地块种植。

（二）整地

要求秋翻秋挑合整地，深翻地20～25cm，及时耙压，以利保墒。

（三）品种选择

所用种子为自繁自育的农家种子，以大粒白芸豆为主栽品种。

（四）播种

播种前将种子风选或水选，除秕粒、虫粒，种前在阳光下晒种3d，杀死种子所带病菌，提高种子发芽率，促进发芽势。

种植白芸豆播期为5月中、下旬。亩播种量3～4kg，播种深度3～5cm。要适时抢墒播种，每亩地施用腐熟的农家肥700～1 000kg，即可满足白芸豆生长发育需要。

（五）田间管理

适时间苗，一般在两叶一心时间苗，亩留苗应在1万～1.5万株，在白芸豆生长发育中期，要进行铲地，疏松土壤，铲除地里的杂草，提高土壤的通透性，避免杂草与白芸豆争夺水分、养分。后期要及时采摘收获。

（六）病虫草害防治

做到以预防为主，综合防治，选用抗病品种，采用农业、生物技术防治。芸豆种植面积较小，易于轮作倒茬，且多种在坡地，一般没有病虫害发生。没有伴生杂草，结合铲地去除杂草即可。

（七）收购、包装、运输

白芸豆要适时采摘收获，一般在9月中旬收获，收获要及时，避免豆夹爆裂造成减产。收获时要求农户单收、单运、单晾、单打、单独存放。

按种白芸豆合同统一收购，白芸豆水分要达到国家标准的安全水分。采用符合国家标准的包装物包装，包装材料结实，不泄漏物料，要标明品种名称、产地、种植户编号、重量。由专用运输车辆运输。

（八）其他

有机白芸豆的生产过程，要建立田间生产技术档案，全面记载农事活动并妥善保存，以备查阅。

二十七、有机白芸豆加工操作规程

为保证产品质量，按照有机食品加工的质量要求，制定本操作规程，所有管理人员和工人必须遵照执行。

（一）加工原料检验

加工原料运入加工厂后，由检验室检验，待达到国家标准安全水分≤14%方可加工。要求每批产品必检，不准有漏检现象。

（二）加工过程

（1）准备。按照规程对加工设备维修，清洗并符合卫生管理的要求。

（2）起动机器。按顺序起动所有设备，待机械师检查所有设备正常运转后方可加工。

（3）投料。投料员仔细检查品种的标识后方可投料，投料要均匀，保证机器的正常运转。

（4）去石。豆类经第一道提升后进入筛选组合去石机，筛去豆类中的秕粒和石子等杂物，豆类达到颗粒整齐，再流入吹式比重去石机，去除谷物中的“并肩石”。

（5）磁选。启动永磁滚筒；检查豆类中不允许有螺丝螺母、铁钉铁丝等含铁物。

（三）包装、运输、贮存

（1）包装。采用符合国家标准包装物包装，包装材料结实，不泄漏物料，每小袋标明生产日期、批号，装箱后要查好数目，封箱要贴好标识。经检验合格后，进入合格区入库贮存或销售。

（2）运输。运输工具要求卫生、干燥，严禁与有毒及有异味的物品混运。

（3）贮存。成品库房经清洗、干燥、通风、无鼠、无虫害，成品堆放要有垫木，离地面 15cm，离墙面 20cm 以上，仓库内不准放有毒、有害和腐败物质，仓库管理员作好防火、防潮工作，入库、出库要做好记录。

（四）加工流程简图

原料──→筛选──→去石──→去杂──→风选──→成品──→精选──→包装──→入库。

二十八、有机稻（黑米）种植技术规程

（一）产地选择

选择土壤耕层深厚、肥沃、通透性能好，土壤中性偏酸、有机质含量高，具有较好的保水保肥能力，有害物质控制在《有机食品产地环境质量现状评价技术导则》规定的范围内。

（二）品种选用

1. 品种选用的基本原则和要求

有机食品（黑米）稻品种应尽量做到优质性、适应性、丰产性、抗逆性相统一。

2. 种子质量要求

为了保证有机食品香稻生产的种子，应严格按照粮食种子质量标准 GB 4044—84 的水稻二级以上良种标准执行，即种子纯度不低于98%、净度不低于97%。发芽率：粳稻不低于93%；含水量：14.5%以下。实行统一购种、统一发放。

（三）培育壮秧技术

壮秧是有机食品（黑米）水稻获得高产的前提，应抓好主要的技术环节。

1. 种子处理

（1）晒种。浸种前选晴朗、温暖天气，放在背风向阳处，每天上午 8 时至下午 3 时，连续晒种 2～3d。

（2）选种。风选：用簸箕或风车吹，将空壳、草籽、草叶等杂物选出。

（3）浸种。稻种放在清水中泡种，水温 30℃，泡种 2～3d，20℃需 3～4d，10℃则需 8d，每天要上下翻动一次，一直到种子吸足水分为止。

2. 整地做床

（1）秧田选择。选背风向阳、地势平坦、地力肥沃、灌排水方便的旱田或园田地，也可选通透性好的田育苗。

（2）整地。春季解冻后，用锹浅翻或手扶拖拉机旋耕后，除净残茬、找平。

（3）做床。启闭式床宽 1.8m，床长 10～15m，步道沟 40cm，按规格做好床后，反复平整床面。

3. 营养土配制

营养土要看土质肥沃程度进行配制，一般情况下用 60%～70%的肥沃土（园田土）与 30%～40%充分腐熟优质农家肥充分混合，过筛混拌均匀。

4. 播种

（1）播种期。在塑料薄膜保温的情况下，气温稳定通过 5℃时，可适当延迟播种，目前推广的

中晚熟品种在4月上旬播种为宜。

（2）播量。钵盘苗，每孔播3～5粒种子，常规育苗每平方米播催芽种子300～400g。

5. 苗田管理

（1）温度管理。立针前以保温为主，保持膜内30℃左右促进出苗，秧苗长到1.5～2叶期时，要注意降温炼苗，膜内温度控制在25℃左右，超过25℃应揭开两头通风降温，当秧苗长到三叶期时，好天昼揭夜盖炼好苗，气温稳定在10℃左右时，即可揭除薄膜，提倡无纺布覆盖香稻育苗技术可减轻通风炼苗用工，又能培育理想秧苗。

（2）水分管理。在播种时浇足底水基础上，一般出苗前不用浇水，如发现水分不足，床面局部干燥变白，应及时浇水秧苗青头时，一般补浇一次水，1叶1心时，结合通风炼苗浇水，以后酌情浇水，揭膜后，缺水时及时补水，插秧前5～7d进行晒床蹲苗。

（四）本田管理技术

1. 整地

适当提早翻地，提倡一年翻耕、二年旋耕，旋翻结合加深耕层，实行旱整地，适时泡田，耙后田面平整，寸水不露泥。

2. 移栽

（1）移栽期。当气温稳定达到14℃时，秧苗达到3.5～4.5片叶时，即可移栽，适时移栽期为5月初至5月25日结束。

（2）插秧密度。在壮秧的基础上，常规移栽一般行穴距为30cm×（15～20）cm，每穴2～3苗，大垄双行稀植栽培行穴距为（30～40）cm×（15～18）cm，每穴2～3苗。钵盘苗手插，每苗25盘左右，1万～1.2万穴/亩。

（3）插秧质量。要求无论大苗、小苗，插秧都要做到浅、稳、直、匀，不丢穴，不缺苗。

3. 施肥

翻地前（4月中旬）亩施腐熟农家肥（家畜圈粪）4 000kg，均匀撒施结合旋耕达到全层施肥。

4. 合理灌溉

（1）灌溉水质要求。应符合国家灌溉水质要求规定。

（2）管水原则。有机食品（黑米）水稻生产的科学管水，应根据（黑米）水稻不同时期的需量采取浅灌和湿润管理及晒田，促进（黑米）水稻向健壮生长，形成高产群体方向发展。合理灌溉的一般原则是浅水缓苗、浅湿分蘖、够苗晒田、浅水孕穗，干湿壮粒，防止断水过早，干旱早衰。

（3）灌溉方法。插秧后保持浅湿管理有利缓苗促进分蘖，分蘖够苗时开始晒田，控上促下，减少无效分蘖，提高成穗率，缩短底节，增强抗倒能力，晒田复水后采用前水不见后水的灌溉方法，尽量减少灌水次数，伏雨频繁季节，挖开排水口，降低水层深度利于减轻纹枯病发生，灌浆至成熟阶段要避免长时间断水，9月15日左右灌一次透水保后熟提高米质和产量。

（五）综合防治病虫草害技术

杂草防除，以农业措施除草为主，适时延晚翻地，细致耙地防除已萌发的杂草，插后适当深水扶苗，控制杂草生长，控制杂草种源传播，有机食品香稻田池埂、水渠上的杂草，采用种植豆科作物压草，用人工防除田埂、水渠上杂草，控制杂草种源传播危害。

（六）收获

10月上旬适时收获，保证优质（黑米）水稻的适口性和食味，一般达到九成熟收获最佳，做好田间降水，应在收割时扎小捆，勤翻晒干后及时脱谷（单打单收），防霉变黄，影响食味品质，切忌在沥青公路上脱粒，以免造成污染。

（七）其他

有机（黑米）稻的生产全过程，要建立田间生产技术档案，全面记载农事活动并妥善保存，以备查阅。

二十九、有机黑米稻加工操作规程

为保证产品质量，按照有机食品加工的质量要求，制定本操作规程，所有管理人员和工人必须遵照执行。

（一）加工原料检验

加工原料运入加工厂后，由检验室检验，待达到国家标准安全水分≤14%方可加工。要求每批产品必检，不准有漏检现象。

（二）加工过程

（1）准备。按照规程对加工设备维修，清扫并符合卫生管理的要求。

（2）起动机器。由电控师打开琴式电力操纵台，按顺序起动所有设备，待机械师检查所有设备正常运转后方可加工。

（3）投料。投料员仔细检查品种的标识后方可投料，投料要均匀，保证机器的正常运转。

（4）去石。谷物经第一道提升后进入筛选组合去石机，筛去谷物中的秕粒和石子等杂物，谷物达到颗粒整齐，再流入吹式比重去石机，去除谷物中的“并肩石”。

（5）去皮。谷物经第二道提升后，进入碾米机，技术员根据米的质量随时调整进料量的大小，经两道碾米后，检验员检查谷物脱皮率达到100%后方可进入下一道工序。

（6）抛光。经第三道提升后，进行抛光，进料后随时检查抛光效果，经过两次抛光，达到免淘。

（7）经碾米、擦米以后的有机米温度较高，且米中还含有少量的米糠，必须筛选和风选，经第四道提升后，进入振动筛，筛掉加工过程中产生的碎米，经风机风选后进入包装室，经检验员检验合格后进入包装。做到每批产品检验合格后包装出厂。

（三）包装、运输、贮存

（1）包装。采用符合国家标准包装物包装，包装材料结实，不泄漏物料，每小袋标明生产日期、批号，装箱后要查好数目，封箱要贴好标识。经检验合格后，进入合格区入库贮存或销售。

（2）运输。运输工具要求卫生、干燥，严禁与有毒及有异味的物品混运。

（3）贮存。成品库房经清扫、干燥、通风、无鼠、无虫害，成品堆放要有垫木，离地面15cm，离墙面20cm以上，仓库内不准放有毒、有害和腐败物质，仓库管理员作好防火、防潮工作，入库、出库要做好记录。

（四）加工流程简图

原料⟶筛选⟶去石⟶脱壳⟶去杂⟶抛光⟶风选⟶成品⟶包装⟶入库。

三十、有机豇豆种植技术规程

（一）基地选择

基地应符合有机食品产地环境标准要求。选择地势平坦、土壤结构合理、理化性好、有机质含量高于1%地块种植。

（二）整地

要求秋翻秋挑合整地，深翻地20～25cm，及时耙压，以利保墒。

（三）品种选择

所用种子为自繁自育的农家种子，以大粒红奶花豆为主栽品种。

（四）播种

播种前将种子风选或水选，除秕粒、虫粒，种前在阳光下晒种3d，杀死种子所带病菌，提高种子发芽率，促进发芽势。

种植红奶花豆播期为5月中、下旬。亩播种量3～4kg，播种深度3～5cm。要适时抢墒播种，每亩地施用腐熟的农家肥700～1 000kg，即可满足红奶花豆生长发育需要。

（五）田间管理

适时间苗，一般在两叶一心时间苗，亩留苗应在1万～1.5万株，在红奶花豆生长发育中期，要进行铲地，疏松土壤，铲除地里的杂草，提高土壤的通透性，避免杂草与白芸豆争夺水分、养分。后期要及时采摘收获。

（六）病虫草害防治

做到以预防为主，综合防治，选用抗病品种，采用农业、生物技术防治。红奶花豆种植面积较小，易于轮作倒茬，且多种在坡地，一般没有大的病虫害发生。没有伴生杂草，结合铲地去除杂草即可。

（七）收获、包装、运输

红奶花豆要适时采摘收获，一般在9月中旬收获，收获要及时，避免豆夹爆裂造成减产。收获时要求农户单收、单运、单晾、单打、单独存放。

按种红奶花豆合同统一收购，红奶花豆水分要达到国家标准的安全水分。采用符合国家标准的包装物包装，包装材料结实，不泄漏物料，要标明品种名称、产地、种植户编号、重量。由专用运输车辆运输。

（八）其他

有机红奶花豆的生产过程，要建立田间生产技术档案，全面记载农事活动并妥善保存，以备查阅。

三十一、有机豇豆加工操作规程

为保证产品质量，按照有机食品加工的质量要求，制定本操作规程，所有管理人员和工人必须遵照执行。

（一）加工原料检验

加工原料运入加工厂后，由检验室检验，待达到国家标准安全水分≤14%方可加工。要求每批产品必检，不准有漏检现象。

（二）加工过程

（1）准备。按照规程对加工设备维修，清洗并符合卫生管理的要求。

（2）起动机器。按顺序起动所有设备，待机械师检查所有设备正常运转后方可加工。

（3）投料。投料员仔细检查品种的标识后方可投料，投料要均匀，保证机器的正常运转。

（4）去石。豆类经第一道提升后进入筛选组合去石机，筛去豆类中的秕粒和石子等杂物，豆类达到颗粒整齐，再流入吹式比重去石机，去除谷物中的“并肩石”。

（5）磁选。启动永磁滚筒；检查豆类中不允许有螺丝螺母、铁钉铁丝等含铁物。

（三）包装、运输、贮存

（1）包装。采用符合国家标准包装物包装，包装材料结实，不泄漏物料，每小袋标明生产日期、批号，装箱后要查好数目，封箱要贴好标识。经检验合格后，进入合格区入库贮存或销售。

（2）运输。运输工具要求卫生、干燥，严禁与有毒及有异味的物品混运。

（3）贮存。成品库房经清洗、干燥、通风、无鼠、无虫害，成品堆放要有垫木，离地面 15cm，离墙面 20cm 以上，仓库内不准放有毒、有害和腐败物质，仓库管理员作好防火、防潮工作，入库、出库要做好记录。

（四）加工流程简图

原料⟶筛选⟶去石⟶去杂⟶风选⟶精选⟶包装⟶入库。

三十二、有机红小豆种植技术规程

（一）基地选择

基地应符合有机食品产地环境标准要求。选择地势平坦、土壤结构合理、理化性好、有机质含量高于 1% 地块种植。

（二）整地

要求秋翻秋挑合整地，深翻地 20～25cm，及时耙压，以利保墒。

（三）品种选择

所用种子为自繁自育的农家种子，以“大粒红小豆”等红小豆为主栽品种。

（四）播种

播种前将种子风选或水选，除秕粒、虫粒，种前在阳光下晒种 3d，杀死种子所带病菌，提高种子发芽率，促进发芽势。

种植红小豆播期为 5 月中、下旬。亩播种量 3～4kg，播种深度 3～5cm。要适时抢墒播种，每亩地施用腐熟的农家肥 700～1 000kg，即可满足红小豆生长发育需要。

（五）田间管理

适时间苗，一般在两叶一心时间苗，亩留苗应在 1 万～1.5 万株，在红小豆生长发育中期，要进行铲地，疏松土壤，铲除地里的杂草，提高土壤的通透性，避免杂草与红小豆争夺水分、养分。后期要及时采摘收获。

（六）病虫草害防治

做到以预防为主，综合防治，选用抗病品种，采用农业、生物技术防治。红小豆种植面积较小，易于轮作倒茬，且多种在坡地，一般没有病虫害发生。没有伴生杂草，结合铲地去除杂草即可。

（七）收获、包装、运输

红小豆要适时采摘收获，一般在 9 月中旬收获，收获要及时，避免豆荚爆裂造成减产。收获时要求农户单收、单运、单晾、单打、单独存放。

按种植红小豆合同统一收购，红小豆水分要达到国家标准的安全水分。采用符合国家标准的包装物包装，包装材料结实，不泄漏物料，要标明品种名称、产地、种植户编号、重量。由专用运输车辆运输。

（八）其他

有机红小豆的生产过程，要建立田间生产技术档案，全面记载农事活动并妥善保存，以备查阅。

三十三、有机红小豆加工操作规程

为保证产品质量，按照有机食品加工的质量要求，制定本操作规程，所有管理人员和工人必须遵照执行。

（一）加工原料检验

加工原料运入加工厂后，由检验室检验，待达到国家标准安全水分≤14%方可加工。要求每批产品必检，不准有漏检现象。

（二）加工过程

（1）准备。按照规程对加工设备维修，清洗并符合卫生管理的要求。

（2）起动机器。按顺序起动所有设备，待机械师检查所有设备正常运转后方可加工。

（3）投料。投料员仔细检查品种的标识后方可投料，投料要均匀，保证机器的正常运转。

（4）去石。豆类经第一道提升后进入筛选组合去石机，筛去豆类中的秕粒和石子等杂物，豆类达到颗粒整齐，再流入吹式比重去石机，去除谷物中的“并肩石”。

（5）磁选。启动永磁滚筒；检查豆类中不允许有螺丝螺母、铁钉铁丝等含铁物。

（三）包装、运输、贮存

（1）包装。采用符合国家标准包装物包装，包装材料结实，不泄漏物料，每小袋标明生产日期、批号，装箱后要查好数目，封箱要贴好标识。经检验合格后，进入合格区入库贮存或销售。

（2）运输。运输工具要求卫生、干燥，严禁与有毒及有异味的物品混运。

（3）贮存。成品库房经清洗、干燥、通风、无鼠、无虫害，成品堆放要有垫木，离地面15cm，离墙面20cm以上，仓库内不准放有毒、有害和腐败物质，仓库管理员作好防火、防潮工作，入库、出库要做好记录。

（四）加工流程简图

原料⟶筛选⟶去石⟶去杂⟶风选⟶成品⟶精选⟶包装⟶入库。

三十四、有机红腰花豆种植技术规程

（一）基地选择

基地应符合有机食品产地环境标准要求。选择地势平坦、土壤结构合理、理化性好、有机质含量高于1%地块种植。

（二）整地

要求秋翻秋挑合整地，深翻地20～25cm，及时耙压，以利保墒。

（三）品种选择

所用种子为自繁自育的农家种子，以大粒红腰花豆为主栽品种。

（四）播种

播种前将种子风选或水选，除秕粒、虫粒，种前在阳光下晒种3d，杀死种子所带病菌，提高种子发芽率，促进发芽势。

种植红腰花豆播期为5月中、下旬。亩播种量3～4kg，播种深度3～5cm。要适时抢墒播种，每亩地施用腐熟的农家肥700～1 000kg，即可满足红腰花豆生长发育需要。

（五）田间管理

适时间苗，一般在两叶一心时间苗，亩留苗应在1万～1.5万株，在红腰花豆生长发育中期，要进行铲地，疏松土壤，铲除地里的杂草，提高土壤的通透性，避免杂草与白芸豆争夺水分、养分。后期要及时采摘收获。

（六）病虫草害防治

做到以预防为主，综合防治，选用抗病品种，采用农业、生物技术防治。红腰花豆种植面积较小，易于轮作倒茬，且多种在坡地，一般没有大的病虫害发生。没有伴生杂草，结合铲地去除杂草即可。

（七）收获、包装、运输

红腰花豆要适时采摘收获，一般在9月中旬收获，收获要及时，避免豆荚爆裂造成减产。收获时要求农户单收、单运、单晾、单打、单独存放。

按种红腰花豆合同统一收购，红腰花豆水分要达到国家标准的安全水分。采用符合国家标准的包装物包装，包装材料结实，不泄漏物料，要标明品种名称、产地、种植户编号、重量。由专用运输车辆运输。

（八）其他

有机红腰花豆的生产过程，要建立田间生产技术档案，全面记载农事活动并妥善保存，以备查阅。

三十五、有机红腰花豆加工操作规程

为保证产品质量，按照有机食品加工的质量要求，制定本操作规程，所有管理人员和工人必须遵照执行。

（一）加工原料检验

加工原料运入加工厂后，由检验室检验，待达到国家标准安全水分≤14%方可加工。要求每批产品必检，不准有漏检现象。

（二）加工过程

（1）准备。按照规程对加工设备维修，清洗并符合卫生管理的要求。

（2）起动机器。按顺序起动所有设备，待机械师检查所有设备正常运转后方可加工。

（3）投料。投料员仔细检查品种的标识后方可投料，投料要均匀，保证机器的正常运转。

（4）去石。豆类经第一道提升后进入筛选组合去石机，筛去豆类中的秕粒和石子等杂物，豆类达到颗粒整齐，再流入吹式比重去石机，去除谷物中的“并肩石”。

（5）磁选。启动永磁滚筒；检查豆类中不允许有螺丝螺母、铁钉铁丝等含铁物。

（三）包装、运输、贮存

（1）包装。采用符合国家标准包装物包装，包装材料结实，不泄漏物料，每小袋标明生产日期、批号，装箱后要查好数目，封箱要贴好标识。经检验合格后，进入合格区入库贮存或销售。

（2）运输。运输工具要求卫生、干燥，严禁与有毒及有异味的物品混运。

（3）贮存。成品库房经清洗、干燥、通风、无鼠、无虫害，成品堆放要有垫木，离地面15cm，离墙面20cm以上，仓库内不准放有毒、有害和腐败物质，仓库管理员作好防火、防潮工作，入库、出库要做好记录。

（四）加工流程简图

原料⟶筛选⟶去石⟶去杂⟶风选⟶精选⟶包装⟶入库。

三十六、有机红芸豆种植技术规程

（一）基地选择

基地应符合有机食品产地环境标准要求。选择地势平坦、土壤结构合理、理化性好、有机质含量高于1%地块种植。

（二）整地

要求秋翻秋挑合整地，深翻地20～25cm，及时耙压，以利保墒。

（三）品种选择

所用种子为自繁自育的农家种子，以大粒红芸豆为主栽品种。

（四）播种

播种前将种子风选或水选，除秕粒、虫粒，种前在阳光下晒种3d，杀死种子所带病菌，提高种子发芽率，促进发芽势。

种植红芸豆播期为5月中、下旬。亩播种量3～4kg，播种深度3～5cm。要适时抢墒播种，每亩地施用腐熟的农家肥700～1 000kg，即可满足红芸豆生长发育需要。

（五）田间管理

适时间苗，一般在两叶一心时间苗，亩留苗应在1万～1.5万株，在红芸豆生长发育中期，要进行铲地，疏松土壤，铲除地里的杂草，提高土壤的通透性，避免杂草与红芸豆争夺水分、养分。后期要及时采摘收获。

（六）病虫草害防治

做到以预防为主，综合防治，选用抗病品种，采用农业、生物技术防治。红芸豆种植面积较小，易于轮作倒茬，且多种在坡地，一般没有病虫害发生。没有伴生杂草，结合铲地去除杂草即可。

（七）收获、包装、运输

红芸豆要适时采摘收获，一般在9月中旬收获，收获要及时，避免豆夹爆裂造成减产。收获时要求农户单收、单运、单晾、单打、单独存放。

按种红芸豆合同统一收购，红芸豆水分要达到国家标准的安全水分。采用符合国家标准的包装物包装，包装材料结实，不泄漏物料，要标明品种名称、产地、种植户编号、重量。由专用运输车辆运输。

（八）其他

有机红芸豆的生产过程，要建立田间生产技术档案，全面记载农事活动并妥善保存，以备查阅。

三十七、有机红芸豆加工操作规程

为保证产品质量，按照有机食品加工的质量要求，制定本操作规程，所有管理人员和工人必须遵照执行。

（一）加工原料检验

加工原料运入加工厂后，由检验室检验，待达到国家标准安全水分≤14%方可加工。要求每批产品必检，不准有漏检现象。

（二）加工过程

（1）准备。按照规程对加工设备维修，清洗并符合卫生管理的要求。

（2）启动机器。按顺序起动所有设备，待机械师检查所有设备正常运转后方可加工。

（3）投料。投料员仔细检查品种的标识后方可投料，投料要均匀，保证机器的正常运转。

（4）去石。豆类经第一道提升后进入筛选组合去石机，筛去豆类中的秕粒和石子等杂物，豆类达到颗粒整齐，再流入吹式比重去石机，去除谷物中的“并肩石”。

（5）磁选。启动永磁滚筒；检查豆类中不允许有螺丝螺母、铁钉铁丝等含铁物。

（三）包装、运输、贮存

（1）包装。采用符合国家标准包装物包装，包装材料结实，不泄漏物料，每小袋标明生产日期、批号，装箱后要查好数目，封箱要贴好标识。经检验合格后，进入合格区入库贮存或销售。

（2）运输。运输工具要求卫生、干燥，严禁与有毒及有异味的物品混运。

（3）贮存。成品库房经清洗、干燥、通风、无鼠、无虫害，成品堆放要有垫木，离地面15cm，离墙面20cm以上，仓库内不准放有毒、有害和腐败物质，仓库管理员作好防火、防潮工作，入库、出库要做好记录。

（四）加工流程简图

原料——→筛选——→去石——→去杂——→风选——→成品——→精选——→包装——→入库。

三十八、有机黄豆种植技术规程

（一）基地选择

基地应符合有机食品产地环境标准要求。选择地势平坦、土壤结构合理、理化性好、有机质含量高于1%地块种植。

（二）整地

实行伏秋深松起垄。土壤水分适宜的条件下，可进行耙后直接起垄，耙深12～15cm；采取深松整地的，深松35cm；平翻整地的，深翻18～20cm。做到耕层土壤细碎、疏松，地面平整，每平方米耕层内直径3cm的土块不超过3个，达到播种状态。

（三）品种选择

所用种子为自繁自育的农家种子或品质优良的有机种子。种子的纯度达到99%、净度达到98%、发芽率达到98%，质量已达到国家种籽分级标准（二级）。

播种前晒种3d，以提高种子的发芽率，促进发芽势。

（四）施肥

施腐熟农家肥。结合整地或播种将经过腐熟过的农家肥均匀施入垄内，亩用700～1 000kg，黄豆需肥量较少，且有根瘤菌固氮。

（五）播种

一般在5月下旬播种，亩用种子5～7kg，垄距45～50cm，一般采取穴播，即穴距9～12cm，每穴3～5粒。播种深度一般为3～5cm。

（六）田间管理

1. 铲趟管理

铲前垄沟深松或趟一犁，整个生育期做到三铲三趟。第一次趟深15cm；第二次不晚于分枝期，趟深10～12cm；第三次在封垄前，趟深10cm，培土达到第一复叶节。

2. 除草

采用人工除草。黄豆真叶期至第一片复叶前，两次人工除草，第三次人工除草在始花期，秋后除一遍大草。

3. 防治病虫害

常见病害有黄豆灰斑病等。以农业措施为主，进行综合防治。选育抗病优良品种，选用无病植株留种；科学轮作，减少菌源；加强田间管理，提高植株抗病能力。

常见虫害有大豆食心虫等。采取综合防治措施，及时深翻，消灭越冬虫源；8 月中旬，在田间一次或两次释放赤眼蜂，每公顷 30 万 ~45 万头，在幼虫脱壳期用白僵菌 7.5kg 细土 90kg 施地面；加强中后期田间管理；及时收获，及时脱粒。

（七）收获及后续管理

1. 收获时期

人工收获最佳时期在黄豆黄熟期，黄豆叶片脱落达到 80%，豆粒归圆，进行收获；植株叶柄全部脱落，种子变硬，有摇铃声，为机械收获的最佳时期。

2. 收获方法

采用人工收获和机械收获的方法。人工收获要求做到割茬低、不丢枝、不掉荚，放铺规整，及时拉打，综合损失率小于 2%；机械收获要求综合损失率小于 3%。

3. 质量要求

有机食品黄豆要做到对不同品种单独收割、单独运输、单独脱粒、单独贮藏、单独加工、单独包装，防止与普通黄豆混杂。脱粒后统一过筛，清除杂质、瘪豆，分级，过筛使粒度均一。产品质量符合有机食品大豆质量标准，破碎率小于 2%，杂质小于 1%，虫蚀率小于 1%，青豆率小于 2%，含水量小于 15%。

（八）其他

有机黄豆的生产过程，要建立田间生产技术档案，全面记载农事活动并妥善保存，以备查阅。

三十九、有机黄豆加工操作规程

为保证产品质量，按照有机食品加工的质量要求，制定本操作规程，所有管理人员和工人必须遵照执行。

（一）加工原料检验

加工原料运入加工厂后，由检验室检验，待达到国家标准安全水分≤14% 方可加工。要求每批产品必检，不准有漏检现象。

（二）加工过程

（1）准备。按照规程对加工设备维修，清洗并符合卫生管理的要求。

（2）起动机器。按顺序起动所有设备，待机械师检查所有设备正常运转后方可加工。

（3）投料。投料员仔细检查品种的标识后方可投料，投料要均匀，保证机器的正常运转。

（4）去石。豆类经第一道提升后进入筛选组合去石机，筛去豆类中的秕粒和石子等杂物，豆类达到颗粒整齐，再流入吹式比重去石机，去除谷物中的“并肩石”。

（5）磁选。启动永磁滚筒；检查豆类中不允许有螺丝螺母、铁钉铁丝等含铁物。

（三）包装、运输、贮存

（1）包装。采用符合国家标准包装物包装，包装材料结实，不泄漏物料，每小袋标明生产日期、批号，装箱后要查好数目，封箱要贴好标识。经检验合格后，进入合格区入库贮存或销售。

（2）运输。运输工具要求卫生、干燥，严禁与有毒及有异味的物品混运。

（3）贮存。成品库房经清洗、干燥、通风、无鼠、无虫害，成品堆放要有垫木，离地面15cm，离墙面20cm以上，仓库内不准放有毒、有害和腐败物质，仓库管理员作好防火、防潮工作，入库、出库要做好记录。

（四）加工流程简图

原料——→筛选——→去石——→去杂——→风选——→成品——→精选——→包装——→入库。

四十、有机豇豆种植技术规程

（一）基地选择

基地应符合有机食品产地环境标准要求。选择地势平坦、土壤结构合理、理化性好、有机质含量高于1%地块种植。

（二）整地

要求秋翻秋挑合整地，深翻地20～25cm，及时耙压，以利保墒。

（三）品种选择

所用种子为自繁自育的农家种子，以大粒豇豆为主栽品种。

（四）播种

播种前将种子风选或水选，除秕粒、虫粒，种前在阳光下晒种3d，杀死种子所带病菌，提高种子发芽率，促进发芽势。

种植豇豆播期为5月中、下旬。亩播种量3～4kg，播种深度3.3～5cm。要适时抢墒播种，每亩地施用腐熟的农家肥700～1 000kg，即可满足豇豆生长发育需要。

（五）田间管理

适时间苗，一般在两叶一心时间苗，亩留苗应在1万～1.5万株，在豇豆生长发育中期，要进行铲地，疏松土壤，铲除地里的杂草，提高土壤的通透性，避免杂草与豇豆争夺水分、养分。后期要及时采摘收获。

（六）病虫草害防治

做到以预防为主，综合防治，选用抗病品种，采用农业、生物技术防治。豇豆种植面积较小，易于轮作倒茬，且多种在坡地，一般没有病虫害发生。没有伴生杂草，结合铲地去除杂草即可。

（七）收获、包装、运输

豇豆要适时采摘收获，一般在9月中旬收获，收获要及时，避免豆荚爆裂造成减产。收获时要求农户单收、单运、单晾、单打、单独存放。

按种豇豆合同统一收购，豇豆水分要达到国家标准的安全水分。采用符合国家标准的包装物包装，包装材料结实，不泄漏物料，要标明品种名称、产地、种植户编号、重量。由专用运输车辆运输。

（八）其他

有机豇豆的生产过程，要建立田间生产技术档案，全面记载农事活动并妥善保存，以备查阅。

四十一、有机豇豆加工操作规程

为保证产品质量，按照有机食品加工的质量要求，制定本操作规程，所有管理人员和工人必须遵照执行。

（一）加工原料检验

加工原料运入加工厂后，由检验室检验，待达到国家标准安全水分≤14%方可加工。要求每批产品必检，不准有漏检现象。

（二）加工过程

（1）准备。按照规程对加工设备维修，清洗并符合卫生管理的要求。

（2）启动机器。由电控师打开琴式电力操纵台，按顺序起动所有设备，待机械师检查所有设备正常运转后方可加工。

（3）投料。投料员仔细检查品种的标识后方可投料，投料要均匀，保证机器的正常运转。

（4）去石。豆类经第一道提升后进入筛选组合去石机，筛去豆类中的秕粒和石子等杂物，豆类达到颗粒整齐，再流入吹式比重去石机，去除谷物中的“并肩石”。

（5）磁选。启动永磁滚筒；检查豆类中不允许有螺丝螺母、铁钉铁丝等含铁物。

（三）包装、运输、贮存

（1）包装。采用符合国家标准包装物包装，包装材料结实，不泄漏物料，每小袋标明生产日期、批号，装箱后要查好数目，封箱要贴好标识。经检验合格后，进入合格区入库贮存或销售。

（2）运输。运输工具要求卫生、干燥，严禁与有毒及有异味的物品混运。

（3）贮存。成品库房经清洗、干燥、通风、无鼠、无虫害，成品堆放要有垫木，离地面15cm，离墙面20cm以上，仓库内不准放有毒、有害和腐败物质，仓库管理员作好防火、防潮工作，入库、出库要做好记录。

（四）加工流程简图

原料——→筛选——→去石——→脱壳——→去杂——→抛光——→风选——→成品——→入库。

四十二、有机糯稻种植技术规程

（一）产地选择

选择土壤耕层深厚、肥沃、通透性能好，土壤中性偏酸、有机质含量高，具有较好的保水保肥能力，有害物质控制在《有机食品产地环境质量现状评价技术导则》规定的范围内。

（二）品种选用

1. 品种选用的基本原则和要求

有机食品糯稻品种应尽量做到优质性、适应性、丰产性、抗逆性相统一。

2. 种子质量要求

为了保证有机食品糯稻生产的种子，应严格按照粮食种子质量标准GB 4044—84的糯稻二级以上良种标准执行，即种子纯度不低于98%、净度不低于97%。发芽率：粳稻不低于93%；含水量：14.5%以下。实行统一购种、统一发放。

（三）培育壮秧技术

壮秧是有机食品糯稻获得高产的前提，应抓好主要的技术环节。

1. 种子处理

（1）晒种。浸种前选晴朗、温暖天气，放在背风向阳处，每天上午8时至下午3时，连续晒种2～3d。

（2）选种。风选：用簸箕或风车吹，将空壳、草籽、草叶等杂物选出。

（3）浸种。稻种放在清水中泡种，水温30℃，泡种2～3d，20℃需3～4d，10℃则需8d，每天要上下翻动一次，一直到种子吸足水分为止。

2. 整地做床

(1) 秧田选择。选背风向阳、地势平坦、地力肥沃、灌排水方便的旱田或园田地，也可选通透性好田育苗。

(2) 整地。春季解冻后，用锹浅翻或手扶拖拉机旋耕后，除净残茬、找平。

(3) 做床。启闭式床宽 1.8m，床长 10～15m，步道沟 40cm，按规格做好床后，反复平整床面。

3. 营养土配制

营养土要根据土质肥沃程度进行配制，一般情况下用 60%～70% 的肥沃土（园田土）与 30%～40% 充分腐熟优质农家肥充分混合，过筛混拌均匀。

4. 播种

(1) 播种期。在塑料薄膜保温的情况下，气温稳定通过 5℃时，可适当延迟播种，目前推广的中晚熟品种在 4 月上旬播种为宜。

(2) 播量。钵盘苗，每孔播 3～5 粒种子，常规育苗每平方米播催芽种子 300～400g。

5. 苗田管理

(1) 温度管理。立针前以保温为主，保持膜内 30℃左右促进出苗，秧苗长到 1.5～2 叶期时，要注意降温炼苗，膜内温度控制在 25℃左右，超过 25℃应揭开两头通风降温，当秧苗长到三叶期时，好天昼揭夜盖炼好苗，气温稳定在 10℃左右时，即可揭除薄膜，提倡无纺布覆盖糯稻育苗技术可减轻通风炼苗用工，又能培育理想秧苗。

(2) 水分管理。在播种时浇足底水基础上，一般出苗前不用浇水，如发现水分不足，床面局部干燥变白，应及时浇水秧苗青头时，一般补浇一次水，1 叶 1 心时，结合通风炼苗浇水，以后酌情浇水，揭膜后，缺水时及时补水，插秧前 5～7d 进行晒床蹲苗。

(四) 本田管理技术

(1) 整地。适当提早翻地，提倡一年翻耕、二年旋耕，旋翻结合加深耕层，实行旱整地，适时泡田，耙后田面平整，寸水不露泥。

(2) 移栽。

①移栽期：当气温稳定达到 14℃时，秧苗达到 3.5～4.5 片叶时，即可移栽，适时移栽期为 5 月初至 5 月 25 日结束。

②插秧密度：在壮秧的基础上，常规移栽一般行穴距为 30cm×（15～20）cm，每穴 2～3 苗，大垄双行稀植栽培行穴距为（30～40）cm×（15～18）cm，每穴 2～3 苗。钵盘苗手插，每苗 25 盘左右，1 万～1.2 万穴/亩。

③插秧质量：要求无论大苗、小苗，插秧都要做到浅、稳、直、匀，不丢穴，不缺苗。

(3) 施肥。翻地前（4 月中旬）亩施腐熟农家肥（家畜圈粪）4 000kg，均匀撒施结合旋耕达到全层施肥。

(4) 合理灌溉。

①灌溉水质要求：应符合国家灌溉水质要求规定。

②管水原则：有机食品糯稻生产的科学管水应根据糯稻不同时期的需量采取浅灌和湿润管理及晒田，促进糯稻向健壮生长，形成高产群体方向发展。合理灌溉的一般原则是浅水缓苗、浅湿分蘖、够苗晒田、浅水孕穗，干湿壮粒，防止断水过早，干旱早衰。

③灌溉方法：插秧后保持浅湿管理有利缓苗促进分蘖，分蘖够苗时开始晒田，控上促下，减少无效分蘖，提高成穗率，缩短底节，增强抗倒能力，晒田复水后采用前水不见后水的灌溉方法，尽量减少灌水次数，伏雨频繁季节，挖开排水口，降低水层深度利于减轻纹枯病发生，灌浆至成熟阶

段要避免长时间断水，9 月 15 日左右灌一次透水保后熟提高米质和产量。

（5）综合防治病虫草害技术。杂草防除，以农业措施除草为主，适时延晚翻地，细致耙地防除已萌发的杂草，插后适当深水扶苗，控制杂草生长。控制杂草种源传播，有机食品糯稻田池埂、水渠上的杂草，采用种植豆科作物压草，用人工防除田埂、水渠上杂草，控制杂草种源传播危害。

（五）收获

10 月上旬适时收获，保证优质糯稻的适口性和食味，一般达到九成熟收获最佳，做好田间降水，应在收割时扎小捆，勤翻晒干后及时脱谷（单打单收），防霉变黄，影响食味品质，切忌在沥青公路上脱粒，以免造成污染。

（六）其他

有机糯稻的生产全过程，要建立田间生产技术档案，全面记载农事活动并妥善保存，以备查阅。

四十三、有机糯稻加工操作规程

为保证产品质量，按照有机食品加工的质量要求，制定本操作规程，所有管理人员和工人必须遵照执行。

（一）加工原料检验

加工原料运入加工厂后，由检验室检验，待达到国家标准安全水分≤14% 方可加工。要求每批产品必检，不准有漏检现象。

（二）加工过程

（1）准备。按照规程对加工设备维修，清洗并符合卫生管理的要求。

（2）起动机器。由电控师打开琴式电力操纵台，按顺序起动所有设备，待机械师检查所有设备正常运转后方可加工。

（3）投料。投料员仔细检查品种的标识后方可投料，投料要均匀，保证机器的正常运转。

（4）去石。谷物经第一道提升后进入筛选组合去石机，筛去谷物中的秕粒和石子等杂物，谷物达到颗粒整齐，再流入吹式比重去石机，去除谷物中的“并肩石”。

（5）去皮。谷物经第二道提升后，进入碾米机，技术员根据米的质量随时调整进料量的大小，经两道碾米后，检验员检查谷物脱皮率达到 100% 后方可进入下一道工序。

（6）抛光。经第三道提升后，进行抛光，进料后随时检查抛光效果，经过两次抛光，达到免淘。

（7）经碾米、擦米以后的有机米温度较高，且米中还含有少量的米糠，必须筛选和风选，经第四道提升后，进入振动筛，筛掉加工过程中产生的碎米，经风机风选后进入包装室，经检验员检验合格后进入包装。做到每批产品检验合格后包装出厂。

（三）包装、运输、贮存

（1）包装。采用符合国家标准包装物包装，包装材料结实，不泄漏物料，每小袋标明生产日期、批号，装箱后要查好数目，封箱要贴好标识。经检验合格后，进入合格区入库贮存或销售。

（2）运输。运输工具要求卫生、干燥，严禁与有毒及有异味的物品混运。

（3）贮存。成品库房经清扫、干燥、通风、无鼠、无虫害，成品堆放要有垫木，离地面 15cm，离墙面 20cm 以上，仓库内不准放有毒、有害和腐败物质，仓库管理员作好防火、防潮工作，入库、出库要做好记录。

（四）加工流程简图

原料──→筛选──→去石──→脱壳──→去杂──→抛光──→风选──→成品──→包装──→入库。

四十四、有机水稻种植技术规程

（一）产地选择

选择土壤耕层深厚、肥沃、通透性能好，土壤中性偏酸、有机质含量高，具有较好的保水保肥能力，有害物质控制在《有机食品产地环境质量现状评价技术导则》规定的范围内。

（二）品种选用

1. 品种选用的基本原则和要求

有机食品水稻品种应尽量做到优质性、适应性、丰产性、抗逆性相统一，本中心选用秋光为主栽品种。

2. 种子质量要求

为了保证有机食品水稻生产的种子，应严格按照粮食种子质量标准 GB 4044—84 的水稻二级以上良种标准执行，即种子纯度不低于98%、净度不低于97%。发芽率：粳稻不低于93%；含水量：14.5%以下。实行统一购种、统一发放。

（三）培育壮秧技术

壮秧是有机食品水稻获得高产的前提，应抓好主要的技术环节。

1. 种子处理

（1）晒种。浸种前选晴朗、温暖天气，放在背风向阳处，每天上午8时至下午3时，连续晒种2～3d。

（2）选种。风选：用簸箕或风车吹，将空壳、草籽、草叶等杂物选出。

（3）浸种。稻种放在清水中泡种，水温30℃，泡种2～3d，20℃需3～4d，10℃则需8d，每天要上下翻动一次，一直到种子吸足水分为止。

2. 整地做床

（1）秧田选择。选背风向阳、地势平坦、地力肥沃、灌排水方便的旱田或园田地，也可选通透性好田育苗。

（2）整地。春季解冻后，用锹浅翻或手扶拖拉机旋耕后，除净残茬、找平。

（3）做床。启闭式床宽1.8m，床长10～15m，步道沟40cm，按规格做好床后，反复平整床面。

3. 营养土配制

营养土要看土质肥沃程度进行配制，一般情况下用60%～70%的肥沃土（园田土）与30%～40%充分腐熟优质农家肥充分混合，过筛混拌均匀。

4. 播种

（1）播种期。在塑料薄膜保温的情况下，气温稳定通过5℃时，可适当延迟播种，目前推广的中晚熟品种在4月上旬播种为宜。

（2）播量。钵盘苗，每孔播3～5粒种子，常规育苗每平方米播催芽种子300～400g。

5. 苗田管理

（1）温度管理。立针前以保温为主，保持膜内30℃左右促进出苗，秧苗长到1.5～2叶期时，要注意降温炼苗，膜内温度控制在25℃左右，超过25℃应揭开两头通风降温，当秧苗长到三叶期时，好天昼揭夜盖炼好苗，气温稳定在10℃左右时，即可揭除薄膜，提倡无纺布覆盖水稻育苗技术可减轻通风炼苗用工，又能培育理想秧苗。

（2）水分管理。在播种时浇足底水基础上，一般出苗前不用浇水，如发现水分不足，床面局部干燥变白，应及时浇水秧苗青头时，一般补浇一次水，1叶1心时，结合通风炼苗浇水，以后酌情浇水，揭膜后，缺水时及时补水，插秧前5~7d进行晒床蹲苗。

（四）本田管理技术

1. 整地

适当提早翻地，提倡一年翻耕、二年旋耕，旋翻结合加深耕层，实行旱整地，适时泡田，耙后田面平整，寸水不露泥。

2. 移栽

（1）移栽期。当气温稳定达到14℃时，秧苗达到3.5~4.5片叶时，即可移栽，适时移栽期为5月初至5月25日结束。

（2）插秧密度。在壮秧的基础上，常规移栽一般行穴距为30cm×（15~20）cm，每穴2~3苗，大垄双行稀植栽培行穴距为（30~40）cm×（15~18）cm，每穴2~3苗。钵盘苗手插，每苗25盘左右，1万~1.2万穴/亩。

（3）插秧质量。要求无论大苗、小苗，插秧都要做到浅、稳、直、匀，不丢穴，不缺苗。

3. 施肥

翻地前（4月中旬）亩施腐熟农家肥（家畜圈粪）4 000kg，均匀撒施结合旋耕达到全层施肥。

4. 合理灌溉

（1）灌溉水质要求。应符合国家灌溉水质要求规定。

（2）管水原则。有机食品水稻生产的科学管水应根据水稻不同时期的需量采取浅灌和湿润管理及晒田，促进水稻向健壮生长，形成高产群体方向发展。合理灌溉的一般原则是浅水缓苗、浅湿分蘖、够苗晒田、浅水孕穗，干湿壮粒，防止断水过早，干旱早衰。

（3）灌溉方法。插秧后保持浅湿管理有利缓苗促进分蘖，分蘖够苗时开始晒田，控上促下，减少无效分蘖，提高成穗率，缩短底节，增强抗倒能力，晒田复水后采用前水不见后水的灌溉方法，尽量减少灌水次数，伏雨频繁季节，挖开排水口，降低水层深度利于减轻纹枯病发生，灌浆至成熟阶段要避免长时间断水，9月15日左右灌一次透水保后熟提高米质和产量。

5. 综合防治病虫草害技术

杂草防除，以农业措施除草为主，适时延晚翻地，细致耙地防除已萌发的杂草，插后适当深水扶苗，控制杂草生长。控制杂草种源传播，有机食品水稻田池埂、水渠上的杂草，采用种植豆科作物压草，用人工防除田埂、水渠上杂草，控制杂草种源传播危害。

（五）收获

10月上旬适时收获，保证优质水稻的适口性和食味，一般达到九成熟收获最佳，做好田间降水，应在收割时扎小捆，勤翻晒干后及时脱谷（单打单收），防霉变黄，影响食味品质，切忌在沥青公路上脱粒，以免造成污染。

（六）其他

有机水稻的生产全过程，要建立田间生产技术档案，全面记载农事活动并妥善保存，以备查阅。

四十五、有机大米加工操作规程

为保证产品质量，按照有机食品加工的质量要求，制定本操作规程，所有管理人员和工人必须遵照执行。

（一）加工原料检验

加工原料运入加工厂后，由检验室检验，待达到国家标准安全水分≤14%方可加工。要求每批产品必检，不准有漏检现象。

（二）加工过程

（1）准备。按照规程对加工设备维修，清洗并符合卫生管理的要求。

（2）起动机器。由电控师打开琴式电力操纵台，按顺序起动所有设备，待机械师检查所有设备正常运转后方可加工。

（3）投料。投料员仔细检查品种的标识后方可投料，投料要均匀，保证机器的正常运转。

（4）去石。谷物经第一道提升后进入筛选组合去石机，筛去谷物中的秕粒和石子等杂物，谷物达到颗粒整齐，再流入吹式比重去石机，去除谷物中的“并肩石”。

（5）去皮。谷物经第二道提升后，进入碾米机，技术员根据米的质量随时调整进料量的大小，经两道碾米后，检验员检查谷物脱皮率达到100%后方可进入下一道工序。

（6）抛光。经第三道提升后，进行抛光，进料后随时检查抛光效果，经过两次抛光，达到免淘。

（7）经碾米、擦米以后的有机米温度较高，且米中还含有少量的米糠，必须筛选和风选，经第四道提升后，进入振动筛，筛掉加工过程中产生的碎米，经风机风选后进入包装室，经检验员检验合格后进入包装。做到每批产品检验合格后包装出厂。

（三）包装、运输、贮存

（1）包装。采用符合国家标准包装物包装，包装材料结实，不泄漏物料，每小袋标明生产日期、批号，装箱后要查好数目，封箱要贴好标识。经检验合格后，进入合格区入库贮存或销售。

（2）运输。运输工具要求卫生、干燥，严禁与有毒及有异味的物品混运。

（3）贮存。成品库房经清洗、干燥、通风、无鼠、无虫害，成品堆放要有垫木，离地面15cm，离墙面20cm以上，仓库内不准放有毒、有害和腐败物质，仓库管理员作好防火、防潮工作，入库、出库要做好记录。

（四）加工流程简图

原料——→筛选——→去石——→脱壳——→去杂——→抛光——→风选——→成品——→入库。

四十六、有机香稻种植技术规程

（一）产地选择

选择土壤耕层深厚、肥沃、通透性能好，土壤中性偏酸、有机质含量高，具有较好的保水保肥能力，有害物质控制在《有机食品产地环境质量现状评价技术导则》规定的范围内。

（二）品种选用

1. 品种选用的基本原则和要求

有机食品香稻品种应尽量做到优质性、适应性、丰产性、抗逆性相统一。

2. 种子质量要求

为了保证有机食品香稻生产的种子，应严格按照粮食种子质量标准GB 4044—84的香稻二级以上良种标准执行，即种子纯度不低于98%、净度不低于97%。发芽率：粳稻不低于93%；含水量：14.5%以下。实行统一购种、统一发放。

（三）培育壮秧技术

壮秧是有机食品香稻获得高产的前提，应抓好主要的技术环节。

1. 种子处理

（1）晒种。浸种前选晴朗、温暖天气，放在背风向阳处，每天上午8时至下午3时，连续晒种2～3d。

（2）选种。风选：用簸箕或风车吹，将空壳、草籽、草叶等杂物选出。

（3）浸种。稻种放在清水中泡种，水温30℃，泡种2～3d，20℃需3～4d，10℃则需8d，每天要上下翻动一次，一直到种子吸足水分为止。

2. 整地做床

（1）秧田选择。选背风向阳、地势平坦、地力肥沃、灌排水方便的旱田或园田地，也可选通透性好田育苗。

（2）整地。春季解冻后，用锹浅翻或手扶拖拉机旋耕后，除净残茬、找平。

（3）做床。启闭式床宽1.8m，床长10～15m，步道沟40cm，按规格做好床后，反复平整床面。

3. 营养土配制：营养土要看土质肥沃程度进行配制，一般情况下用60%～70%的肥沃土（园田土）与30%～40%充分腐熟优质农家肥充分混合，过筛混拌均匀。

4. 播种

（1）播种期。在塑料薄膜保温的情况下，气温稳定通过5℃时，可适当延迟播种，目前推广的中晚熟品种在4月上旬播种为宜。

（2）播量。钵盘苗，每孔播3～5粒种子，常规育苗每平方米播催芽种子300～400g。

5. 苗田管理

（1）温度管理。立针前以保温为主，保持膜内30℃左右促进出苗，秧苗长到1.5～2叶期时，要注意降温炼苗，膜内温度控制在25℃左右，超过25℃应揭开两头通风降温，当秧苗长到三叶期时，好天昼揭夜盖炼好苗，气温稳定在10℃左右时，即可揭除薄膜，提倡无纺布覆盖香稻育苗技术可减轻通风炼苗用工，又能培育理想秧苗。

（2）水分管理。在播种时浇足底水基础上，一般出苗前不用浇水，如发现水分不足，床面局部干燥变白，应及时浇水秧苗青头时，一般补浇一次水，1叶1心时，结合通风炼苗浇水，以后酌情浇水，揭膜后，缺水时及时补水，插秧前5～7d进行晒床蹲苗。

（四）本田管理技术

1. 整地

适当提早翻地，提倡一年翻耕、二年旋耕，旋翻结合加深耕层，实行旱整地，适时泡田，耙后田面平整，寸水不露泥。

2. 移栽

（1）移栽期。当气温稳定达到14℃时，秧苗达到3.5～4.5片叶时，即可移栽，适时移栽期为5月初至5月25日结束。

（2）插秧密度。在壮秧的基础上，常规移栽一般行穴距为30cm×（15～20）cm，每穴2～3苗，大垄双行稀植栽培行穴距为（30～40）cm×（15～18）cm，每穴2～3苗。钵盘苗手插，每苗25盘左右，1万～1.2万穴/亩。

（3）插秧质量。要求无论大苗、小苗，插秧都要做到浅、稳、直、匀，不丢穴，不缺苗。

3. 施肥

翻地前（4月中旬）亩施腐熟农家肥（家畜圈粪）4 000kg，均匀撒施结合旋耕达到全层施肥。

4. 合理灌溉

（1）灌溉水质要求应符合国家灌溉水质要求规定。

（2）管水原则。有机食品香稻生产的科学管水应根据香稻不同时期的需量采取浅灌和湿润管理及晒田，促进香稻向健壮生长，形成高产群体方向发展。合理灌溉的一般原则是浅水缓苗、浅湿分蘖、够苗晒田、浅水孕穗，干湿壮粒，防止断水过早，干旱早衰。

（3）灌溉方法。插秧后保持浅湿管理有利缓苗促进分蘖，分蘖够苗时开始晒田，控上促下，减少无效分蘖，提高成穗率，缩短底节，增强抗倒能力，晒田复水后采用前水不见后水的灌溉方法，尽量减少灌水次数，伏雨频繁季节，挖开排水口，降低水层深度利于减轻纹枯病发生，灌浆至成熟阶段要避免长时间断水，9 月 15 日左右灌一次透水保后熟提高米质和产量。

5. 综合防治病虫草害技术

杂草防除，以农业措施除草为主，适时延晚翻地，细致耙地防除已萌发的杂草，插后适当深水扶苗，控制杂草生长。控制杂草种源传播，有机食品香稻田池埂、水渠上的杂草，采用种植豆科作物压草，用人工防除田埂、水渠上杂草，控制杂草种源传播危害。

（五）收获

10 月上旬适时收获，保证优质香稻的适口性和食味，一般达到九成熟收获最佳，做好田间降水，应在收割时扎小捆，勤翻晒干后及时脱谷（单打单收），防霉变黄，影响食味品质，切忌在沥青公路上脱粒，以免造成污染。

（六）其他

有机香稻的生产全过程，要建立田间生产技术档案，全面记载农事活动并妥善保存，以查阅。

四十七、有机香稻加工操作规程

为保证产品质量，按照有机食品加工的质量要求，制定本操作规程，所有管理人员和工人必须遵照执行。

（一）加工原料检验

加工原料运入加工厂后，由检验室检验，待达到国家标准安全水分≤14% 方可加工。要求每批产品必检，不准有漏检现象。

（二）加工过程

（1）准备。按照规程对加工设备维修，清扫并符合卫生管理的要求。

（2）起动机器。由电控师打开琴式电力操纵台，按顺序起动所有设备，待机械师检查所有设备正常运转后方可加工。

（3）投料。投料员仔细检查品种的标识后方可投料，投料要均匀，保证机器的正常运转。

（4）去石。谷物经第一道提升后进入筛选组合去石机，筛去谷物中的秕粒和石子等杂物，谷物达到颗粒整齐，再流入吹式比重去石机，去除谷物中的“并肩石”。

（5）去皮。谷物经第二道提升后，进入碾米机，技术员根据米的质量随时调整进料量的大小，经两道碾米后，检验员检查谷物脱皮率达到 100% 后方可进入下一道工序。

（6）抛光。经第三道提升后，进行抛光，进料后随时检查抛光效果，经过两次抛光，达到免淘。

（7）经碾米、擦米以后的有机米温度较高，且米中还含有少量的米糠，必须筛选和风选，经第四道提升后，进入振动筛，筛掉加工过程中产生的碎米，经风机风选后进入包装室，经检验员检验合格后进入包装。做到每批产品检验合格后包装出厂。

（三）包装、运输、贮存

（1）包装。采用符合国家标准包装物包装，包装材料结实，不泄漏物料，每小袋标明生产日期、批号，装箱后要查好数目，封箱要贴好标识。经检验合格后，进入合格区入库贮存或销售。

（2）运输。运输工具要求卫生、干燥，严禁与有毒及有异味的物品混运。

（3）贮存。成品库房经清扫、干燥、通风、无鼠、无虫害，成品堆放要有垫木，离地面 15cm，离墙面 20cm 以上，仓库内不准放有毒、有害和腐败物质，仓库管理员作好防火、防潮工作，入库、出库要做好记录。

（四）加工流程简图

原料⟶筛选⟶去石⟶脱壳⟶去杂⟶抛光⟶风选⟶成品⟶包装⟶入库。

四十八、有机小白豆种植技术规程

（一）基地选择

基地应符合有机食品产地环境标准要求。选择地势平坦、土壤结构合理、理化性好、有机质含量高于 1% 地块种植。

（二）整地

实行伏秋深松起垄。土壤水分适宜的条件下，可进行耙后直接起垄，耙深 12 ~ 15cm；采取深松整地的，深松 35cm；平翻整地的，深翻 18 ~ 20cm。做到耕层土壤细碎、疏松，地面平整，每平方米耕层内直径 3cm 的土块不超过 3 个，达到播种状态。

（三）品种选择

所用种子为优质小白豆品种为主栽品种。种子的纯度达到 99%、净度达到 98%、发芽率达到 98%，质量已达到国家种籽分级标准（二级）。

播种前晒种 3d，以提高种籽的发芽率，促进发芽势。

（四）施肥

施腐熟农家肥的。结合整地或播种将经过腐熟过的农家肥均匀施入垄内。亩用 700 ~ 1 000kg，小白豆需肥量较少，且有根瘤菌固氮。

（五）播种

本基地一般在 5 月下旬播种，亩用种子 5 ~ 7kg，垄距 45 ~ 50cm，一般采取穴播，即穴距 9 ~ 12cm，每穴 3 ~ 5 粒。播种深度一般为 3 ~ 5cm。

（六）田间管理

1. 铲趟管理

铲前垄沟深松或趟一犁，整个生育期做到三铲三趟。第一次趟深 15cm；第二次不晚于分枝期，趟深 10 ~ 12cm；第三次在封垄前，趟深 10cm，培土达到第一复叶节。

2. 除草

采用人工除草。小白豆真叶期至第一片复叶前，两次人工除草，第三次人工除草在始花期，秋后除一遍大草。

3. 防治病虫害

常见病害有豆类灰斑病等。以农业措施防治为主，进行综合防治。选育抗病优良品种，选用无病植株留种；科学轮作，减少菌源；加强田间管理，提高植株抗病能力。

常见虫害有大豆食心虫等。采取综合防治措施，及时深翻，消灭越冬虫源；8 月中旬，在田间一次或两次释放赤眼蜂，每公顷 30 万 ~ 45 万头，在幼虫脱壳期用白僵菌 7.5kg 细土 90kg 施地面；加强中后期田间管理；及时收获，及时脱粒。

（七）收获及后续管理

1. 收获时期

人工收获最佳时期在豆黄熟期，豆叶片脱落 80%，豆粒归圆，进行收获；植株叶柄全部脱落，种子变硬，有摇铃声，为机械收获的最佳时期。

2. 收获方法

采用人工收获和机械收获的方法。人工收获要求做到割茬低、不丢枝、不掉荚，放铺规整，及时拉打，综合损失率小于2%；机械收获要求综合损失率小于3%。

3. 质量要求

有机食品小白豆要做到对不同品种单独收割、单独运输、单独脱粒、单独贮藏、单独加工、单独包装，防止与普通豆混杂。脱粒后统一过筛，清除杂质、瘪豆，分级，过筛使粒度均一。产品质量符合有机食品小白豆质量标准，破碎率小于2%，杂质小于1%，虫蚀率小于1%，青豆率小于2%，含水量小于15%。

（八）其他

有机小白豆的生产过程，要建立田间生产技术档案，全面记载农事活动并妥善保存，以备查阅。

四十九、有机小白豆加工操作规程

为保证产品质量，按照有机食品加工的质量要求，制定本操作规程，所有管理人员和工人必须遵照执行。

（一）加工原料检验

加工原料运入加工厂后，由检验室检验，待达到国家标准安全水分≤14%方可加工。要求每批产品必检，不准有漏检现象。

（二）加工过程

（1）准备。按照规程对加工设备维修，清洗并符合卫生管理的要求。

（2）起动机器。按顺序起动所有设备，待机械师检查所有设备正常运转后方可加工。

（3）投料。投料员仔细检查品种的标识后方可投料，投料要均匀，保证机器的正常运转。

（4）去石。豆类经第一道提升后进入筛选组合去石机，筛去豆类中的秕粒和石子等杂物，豆类达到颗粒整齐，再流入吹式比重去石机，去除谷物中的“并肩石”。

（5）磁选。启动永磁滚筒；检查豆类中不允许有螺丝螺母、铁钉铁丝等含铁物。

（三）包装、运输、贮存

（1）包装。采用符合国家标准包装物包装，包装材料结实，不泄漏物料，每小袋标明生产日期、批号，装箱后要查好数目，封箱要贴好标识。经检验合格后，进入合格区入库贮存或销售。

（2）运输。运输工具要求卫生、干燥，严禁与有毒及有异味的物品混运。

（3）贮存。成品库房经清洗、干燥、通风、无鼠、无虫害，成品堆放要有垫木，离地面15cm，离墙面20cm以上，仓库内不准放有毒、有害和腐败物质，仓库管理员作好防火、防潮工作，入库、出库要做好记录。

（四）加工流程简图

原料──→筛选──→去石──→去杂──→风选──→精选──→包装──→入库。

五十、有机小麦种植技术规程

（一）基地选择

基地应符合有机食品产地环境标准要求。选择地势平坦、土壤结构合理、理化性好、有机质含量高于1%地块种植。前茬作物以豆类为主，严禁重茬。

(二) 整地

要求秋翻挑合整地，深翻地20～25cm，及时耙压，以利保墒。

(三) 品种选择

生产的有机面粉以自繁的本地小麦等为主栽品种。

(四) 播种

播种前将种子风选或水选，除去秕籽，种前在阳光下晒种2d，杀死种子所带病菌，提高种子发芽率，促进发芽势。

适宜种植小麦播期为3月下旬，亩播种量20～25kg。播种深度3～5cm。要避免重茬地，适时抢墒播种，每亩地施用腐熟的农家肥3 000kg。

(五) 田间管理

查苗补种，疏苗补缺，雨后松土破除板结。4月下旬到5月初适时早灌头水，5月20日前后灌好二水，6月20日前后灌三水。小麦后种的于6月底7月初灌四水。

(六) 病虫草害防治

从整体生态系统考虑，运用综合防治措施，创造不利于病虫草孳生和有利于各种天敌繁衍的环境条件，保持生态系统平衡和生物的多样化，以减少病虫害的发生。做好病虫害预测预报，有针对性采取各种预防措施。以物理和人工防治为主。

(七) 收获、包装、运输

以小麦腊熟末期收获为宜，小麦子粒晾干，收获时要求农户做到单割、单运、单晾、单打，单独存放。按种植谷子合同统一收购，即水分降到12.5%以下时，进行贮存包装。包装材料符合绿色食品标准，运输过程要避免有害物质污染。

(八) 其他

有机小麦的生产全过程，要建立田间生产技术档案，全面记载农事活动并妥善保存，以备查阅。

五十一、有机面粉加工操作规程

为保证产品质量，按照有机食品加工的质量要求，制定本操作规程，所有管理人员和工人必须遵照执行。

(一) 加工原料检验

加工原料运入加工厂后，由检验室检验，待达到国家标准安全水分≤14%方可加工。要求每批产品必检，不准有漏检现象。

(二) 加工过程

(1) 准备。按照规程对加工设备维修，清洗并符合卫生管理的要求。

(2) 起动机器。由电控师打开琴式电力操纵台，按顺序起动所有设备，待机械师检查所有设备正常运转后方可加工。

(3) 投料。投料员仔细检查品种的标识后方可投料，投料要均匀，保证机器的正常运转。

(4) 去石。麦类经第一道提升后进入筛选组合去石机，筛去麦类中的秕粒和石子等杂物，麦类达到颗粒整齐，再流入吹式比重去石机，去除谷物中的“并肩石”。

(5) 去皮。谷物经第二道提升后，进入碾米机，技术员根据米的质量随时调整进料量的大小，经两道碾米后，检验员检查谷物脱皮率达到100%后方可进入下一道工序。

（6）磨面。启动磨面机，待运转正常后填入去皮的麦子，磨出的面粉根据质量要求过筛、直至达到标准规格。

（三）包装、运输、贮存

（1）包装。采用符合国家标准包装物包装，包装材料结实，不泄漏物料，每小袋标明生产日期、批号，装箱后要查好数目，封箱要贴好标识。经检验合格后，进入合格区入库贮存或销售。

（2）运输。运输工具要求卫生、干燥，严禁与有毒及有异味的物品混运。

（3）贮存。成品库房经清洗、干燥、通风、无鼠、无虫害，成品堆放要有垫木，离地面 15cm，离墙面 20cm 以上，仓库内不准放有毒、有害和腐败物质，仓库管理员作好防火、防潮工作，入库、出库要做好记录。

（四）加工流程简图

投料──→提升──→筛选去石──→去石──→提升──→碾米 1 ──→碾米 2 ──→磨面──→筛选──→包装──→检验──→运输──→入库。

五十二、有机燕麦种植技术规程

（一）基地选择

基地应符合有机食品产地环境标准要求。选择地势平坦、土壤结构合理、理化性好、有机质含量高于 1% 地块种植。前茬作物以豆类为主，严禁重茬。

（二）整地

要求秋翻挑合整地，深翻地 20～25cm，及时耙压，以利保墒。

（三）品种选择

生产的有机燕麦以自繁的本地燕麦为主栽品种。

（四）播种

播种前将种子风选或水选，除去秕籽，种前在阳光下晒种 2d，杀死种子所带病菌，提高种子发芽率，促进发芽势。适宜种植燕麦播期为 3 月下旬，亩播种量 7kg，行距 15～20cm，播种深度 3～5cm，播后镇压保墒，以利于出苗。亩保苗 30 万株。避免重茬地，适时抢墒播种，每亩地施用腐熟的农家肥 4 000kg。

（五）田间管理

查苗补种，疏苗补缺，雨后松土破除板结。在 2 叶 1 心时压青苗一次。在分蘖期、拔节期、抽穗期各灌水一次。

（六）病虫草害防治

从整体生态系统考虑，运用综合防治措施，创造不利于病虫草孳生和有利于各种天敌繁衍的环境条件，保持生态系统平衡和生物的多样化，以减少病虫害的发生。做好病虫害预测预报，有针对性采取各种预防措施。以物理和人工防治为主。

（七）收获、包装、运输

以燕麦腊熟末期收获为宜，燕麦籽粒晾干，收获时要求农户做到单割、单运、单晾、单打，单独存放。按种植燕麦合同统一收购，即水分降到 14% 以下时，进行贮存包装。包装材料符合有机食品标准，运输过程避免有害物质污染。

（八）其他

有机燕麦的生产全过程，要建立田间生产技术档案，全面记载农事活动并妥善保存，以备查阅。

五十三、有机燕麦米加工操作规程

为保证产品质量，按照有机食品加工的质量要求，制定本操作规程，所有管理人员和工人必须遵照执行。

（一）加工原料检验

加工原料运入加工厂后，由检验室检验，待达到国家标准安全水分≤14%方可加工。要求每批产品必检，不准有漏检现象。

（二）加工过程

（1）准备。按照规程对加工设备维修，清扫并符合卫生管理的要求。

（2）起动机器。由电控师打开琴式电力操纵台，按顺序起动所有设备，待机械师检查所有设备正常运转后方可加工。

（3）投料。投料员仔细检查品种的标识后方可投料，投料要均匀，保证机器的正常运转。

（4）去石。谷物经第一道提升后进入筛选组合去石机，筛去燕麦中的秕粒和石子等杂物，谷物达到颗粒整齐，再流入吹式比重去石机，去除谷物中的“并肩石”。

（5）去皮。谷物经第二道提升后，进入碾米机，技术员根据米的质量随时调整进料量的大小，经两道碾米后，检验员检查谷物脱皮率达到100%后方可进入下一道工序。

（6）抛光。经第三道提升后，进行抛光，进料后随时检查抛光效果，经过两次抛光，达到免淘。

（7）经碾米、擦米以后的有机米温度较高，且米中还含有少量的米糠，必须筛选和风选，经第四道提升后，进入振动筛，筛掉加工过程中产生的碎米，经风机风选后进入包装室，经检验员检验合格后进入包装。做到每批产品检验合格后包装出厂。

（三）包装、运输、贮存

（1）包装。采用符合国家标准包装物包装，包装材料结实，不泄漏物料，每小袋标明生产日期、批号，装箱后要查好数目，封箱要贴好标识。经检验合格后，进入合格区入库贮存或销售。

（2）运输。运输工具要求卫生、干燥，严禁与有毒及有异味的物品混运。

（3）贮存。成品库房经清扫、干燥、通风、无鼠、无虫害，成品堆放要有垫木，离地面15cm，离墙面20cm以上，仓库内不准放有毒、有害和腐败物质，仓库管理员作好防火、防潮工作，入库、出库要做好记录。

（四）加工流程简图

原料⟶筛选⟶去石⟶脱壳⟶去杂⟶抛光⟶风选⟶成品⟶包装⟶入库。

五十四、有机薏苡（薏米）种植技术规程

（一）产地选择

选择土壤耕层深厚、肥沃、通透性能好，土壤中性、有机质含量高，具有较好的保水保肥能力，有害物质控制在《有机食品产地环境质量现状评价技术导则》规定的范围内。

（二）品种选用

（1）品种选用的基本原则和要求。有机食品薏苡品种应尽量做到优质性、适应性、丰产性、抗逆性相统一。

（2）种子质量要求。为了保证有机食品薏苡生产的种子，严格按照粮食种子质量标准GB

4044—84 的薏苡二级以上良种标准执行，即种子纯度不低于 98%、净度不低于 97%。发芽率：不低于 93%；含水量：14.5% 以下。实行统一购种、统一发放。

（三）选地、轮作

薏苡适应性强，对土壤的选择不严格，多种土壤都可以种植。因其吸肥能力强，要避免重茬地，适时抢墒播种，可与豆类、玉米、高粱等作物轮作。

（四）播种

播种前将种子在阳光下晒种 2d，杀死种子所带病菌，提高种子发芽率，促进发芽势。辽宁朝阳地区以 4 月下旬至 5 月上旬播种为宜。条播 45～50cm，播种量 5kg/亩左右。穴播 40cm×20cm 或 50cm×15cm，每穴 4～5 粒，播种深度 3～5cm。随播种施腐熟农家有机肥 3 000kg/亩以上。

（五）田间管理

幼苗长出 5～6 片真叶时定苗，条播的按株距 12～15cm 留苗；穴播的每穴留 1 株壮苗。中耕 2～3 次，及时清除杂草。

（六）病虫草害防治

从整体生态系统考虑，运用综合防治措施，创造不利于病虫草孳生和有利于各种天敌繁衍的环境条件，保持生态系统平衡和生物的多样化，以减少病虫害的发生。做好病虫害预测预报，有针对性的采取各种预防措施。以物理和人工防治为主。

（七）收获、包装、运输

当植株基部叶片呈现黄色、顶部尚带绿色时，籽粒已经饱满，及时收获。籽粒晾干，收获时要求农户做到单割、单运、单晾、单打，单独存放。按种植合同统一收购，即水分降到 14% 以下时，进行贮存包装。包装材料符合有机食品标准，运输过程要避免有害物质污染。

（八）其他

有机薏苡的生产全过程，要建立田间生产技术档案，全面记载农事活动并妥善保存，以备查阅。

五十五、有机薏米加工操作规程

为保证产品质量，按照有机食品加工的质量要求，制定本操作规程，所有管理人员和工人必须遵照执行。

（一）加工原料检验

加工原料运入加工厂后，由检验室检验，待达到国家标准安全水分≤14% 方可加工。要求每批产品必检，不准有漏检现象。

（二）加工过程

（1）准备。按照规程对加工设备维修，清扫并符合卫生管理的要求。

（2）起动机器。由电控师打开琴式电力操纵台，按顺序起动所有设备，待机械师检查所有设备正常运转后方可加工。

（3）投料。投料员仔细检查品种的标识后方可投料，投料要均匀，保证机器的正常运转。

（4）去石。薏苡经第一道提升后进入筛选组合去石机，筛去薏苡中的秕粒和石子等杂物，薏苡达到颗粒整齐，再流入吹式比重去石机，去除薏苡中的“并肩石”。

（5）去皮。薏苡经第二道提升后，进入碾米机，技术员根据米的质量随时调整进料量的大小，经两道碾米后，检验员检查薏米脱皮率达到 100% 后方可进入下一道工序。

（6）抛光。经第三道提升后，进行抛光，进料后随时检查抛光效果，经过两次抛光，达到免淘。

（7）经碾米、擦米以后的有机米温度较高，且米中还含有少量的米糠、杂质必须筛选和风选，经第四道提升后，进入振动筛，筛掉加工过程中产生的碎米，经风机风选后进入包装室，经检验员检验合格后进入包装。做到每批产品检验合格后包装出厂。

（三）包装、运输、贮存

（1）包装。采用符合国家标准包装物包装，包装材料结实，不泄漏物料，每小袋标明生产日期、批号，装箱后要查好数目，封箱要贴好标识。经检验合格后，进入合格区入库贮存或销售。

（2）运输。运输工具要求卫生、干燥，严禁与有毒及有异味的物品混运。

（3）贮存。成品库房经清扫、干燥、通风、无鼠、无虫害，成品堆放要有垫木，离地面 15cm，离墙面 20cm 以上，仓库内不准放有毒、有害和腐败物质，仓库管理员作好防火、防潮工作，入库、出库要做好记录。

（四）加工流程简图

原料──→筛选──→去石──→脱壳──→去杂──→抛光──→风选──→成品──→包装──→入库。

五十六、有机紫皮花生种植技术规程

（一）基地选择

基地应符合有机食品产地环境标准要求。选择地势平坦、土壤结构合理、理化性好、有机质含量高于 1% 地块种植。

（二）整地

要求秋翻秋挑合整地，深翻地 20～25cm，及时耙压，以利保墒。

（三）品种选择

播种前精选种子，选色泽新鲜、粒大饱满、无毒变伤残的籽仁做种用。

（四）播种

5cm 地温稳定 15℃以上，即可播种，而以地温稳定在 16～18℃时，出苗快而整齐。辽宁省种植紫皮花生播期为 4 月下旬。亩播种量 8kg 左右，播种深度 4～5cm。要适时抢墒播种，每亩地施用腐熟的农家肥 1 500kg 左右，即可满足紫皮花生生长发育需要。

（五）田间管理

（1）清棵。清棵是指花生基本齐苗进行第一次中耕时，将幼苗周围的表土扒开，使子叶直接曝光的一种田间操作方法。

（2）中耕除草。花生株丛矮，又有阴雨天小叶闭合的习性，因此与杂草竞争能力不强，常形成“荒草”。花生生长期间中耕 3～4 次：第一次在齐苗后结合清棵进行：第二次在团棵时进行；最后一次应在下针、封垄前不久进行。

（六）病虫草害防治

做到以预防为主，综合防治，选用抗病品种，采用农业、生物技术防治。花生种植面积较小，易于轮作倒茬，且多种在坡地，一般没有大的病虫害发生。

（七）收获与贮藏

紫皮花生要适时采摘收获，一般在 9 月中旬收获，收获要及时。新收获的花生荚果含水 45%～65%，呼吸强度大，易发热，极易受霉菌和细菌侵染，霉烂变质，种子劣变，活力下降。所以必须使荚果尽快晒干，防止发热、霉变。

荚果的安全贮藏含水量是10%。北方地区相对湿度小，气温又低，只要入仓时晒干到10%的含水量，注意贮藏场所的通风，便能安全贮藏。

（八）其他

有机紫皮花生的生产过程，要建立田间生产技术档案，全面记载农事活动并妥善保存，以备查阅。

五十七、有机紫皮花生米加工操作规程

为保证产品质量，按照有机食品加工的质量要求，制定本操作规程，所有管理人员和工人必须遵照执行。

（一）加工原料检验

加工原料运入加工厂后，由检验室检验，待达到国家标准安全水分≤14%方可加工。要求每批产品必检，不准有漏检现象。

（二）加工过程

（1）准备。按照规程对加工设备维修，清洗并符合卫生管理的要求。

（2）起动机器。由电控师打开琴式电力操纵台，按顺序起动所有设备，待机械师检查所有设备正常运转后方可加工。

（3）投料。投料员仔细检查品种的标识后方可投料，投料要均匀，保证机器的正常运转。

（4）去石。豆类经第一道提升后进入筛选组合去石机，筛去豆类中的秕粒和石子等杂物，豆类达到颗粒整齐，再流入吹式比重去石机，去除谷物中的“并肩石”。

（5）磁选。启动永磁滚筒；检查豆类中不允许有螺丝螺母、铁钉铁丝等含铁物。

（三）包装、运输、贮存

（1）包装。采用符合国家标准包装物包装，包装材料结实，不泄漏物料，每小袋标明生产日期、批号，装箱后要查好数目，封箱要贴好标识。经检验合格后，进入合格区入库贮存或销售。

（2）运输。运输工具要求卫生、干燥，严禁与有毒及有异味的物品混运。

（3）贮存。成品库房经清洗、干燥、通风、无鼠、无虫害，成品堆放要有垫木，离地面15cm，离墙面20cm以上，仓库内不准放有毒、有害和腐败物质，仓库管理员作好防火、防潮工作，入库、出库要做好记录。

（四）加工流程简图

原料⟶筛选⟶去石⟶去杂⟶抛光⟶风选⟶成品⟶入库。

五十八、有机杂粮粉加工操作规程

为保证产品质量，按照有机食品加工的质量要求，制定本操作规程，所有管理人员和工人必须遵照执行。

（一）加工原料检验

加工原料运入车间后，由检验员通过随机取样的方法对原料进行验收，首先用肉眼观察确定无蛀虫、无霉变、无杂质后进行安全水分检测，待达到国家标准安全水分≤14%方可加工。要求每批产品必检，不准有漏检现象。检查后发现不合格原料不得加工。合格原料送入原料库储存，待加工。

（二）加工过程

（1）准备。加工人员更衣、消毒、洗手进入车间，按照规程对加工设备检查、清洗并符合卫生管理的要求。

（2）启动机器。由电控师打开柜式电力操作台，按顺序启动所有设备，待机械师检查所有设备正常运转后方可加工。

（3）投料。投料员仔细检查原料的质量和标识后方可投料，投料要均匀，保证机器的正常运转。

（4）磁选。原料经第一道提升后进入磁选机，选去原料中的金属物，使面粉里的磁性金属物不超标。

（5）磨粉。原料经磁选后进入磨粉机技术员根据面粉的质量调整进料量的大小，经八道磨粉后，进入下一道工序。

（6）风提。经中央风机把碾磨好的面粉提到包装室的闭风器后，经检验员检验合格后进入包装。做到每批产品检验合格后包装出厂。

（三）包装、运输、贮存及保管方法

（1）包装。采用符合国家标准包装物包装，包装材料结实，不泄漏物料，每袋标明生产日期、批号，装箱后要查好数目，封箱要贴好标识。经检验合格后，进入合格区入库贮存或销售。

（2）运输。运输工具要求卫生、干燥，严禁与有毒及有异味的物品混运。

（3）贮存及保管方法。成品库房要经常清洗，要干燥、通风、无鼠、无虫害，成品堆放要有铺垫物，距离地面 15cm，离墙面 20cm 以上仓库内不准存放有毒、有害和腐败物质，仓库管理员作好防火、防潮工作。

（4）产品入库、出库要作好记录。

（四）加工工艺流程图

原料──→提升──→磁选──→磨粉──→风提──→包装──→检验──→入库。

五十九、有机杂粮面条加工操作规程

为保证产品质量，按照有机食品加工的质量要求，制定本操作规程，所有管理人员和工人必须遵照执行。

（一）加工原料检验

加工原料（杂粮粉）运入车间后，由检验员通过随机取样的方法对原料进行验收，首先用肉眼观察确定无蛀虫、无霉变后方可加工。要求每批产品必检，不准有漏检现象。检查后发现不合格原料不得加工。合格原料送入原料库贮存，待加工。

（二）加工过程

（1）准备。加工人员更衣、消毒、洗手进入车间，按照规程对加工设备检查、清洗并符合卫生管理的要求。

（2）启动机器。由电控师打开柜式电力操作台，按顺序启动所有设备，待机械师检查所有设备正常运转后方可加工。

（3）杂粮粉搅拌。按比例把杂粮粉和水投入搅拌机，使物料的水分在 30% ~35% 。

（4）投料。投料要均匀，保证机器的正常运转。

（5）一次挤压。搅拌好的物料进入高温挤压机，达到物料的初次膨化。

（6）二次挤压。初次膨化的物料进入高温挤压机，达到物料的完全膨化。

（7）成型。通过模具的更换，挤压出圆形或方形的面条。

（8）干燥。成型的面条进入干燥室进行干燥，并进行紫外线杀菌消毒，最后进行安全水分检测，达到国家标准安全水分≤14%方可包装。经检验员检验合格后进入包装。做到每批产品检验合格后包装出厂。

（三）包装、运输、贮存及保管方法

（1）包装。采用符合国家标准包装物包装，包装材料结实，不泄漏物料，每袋标明生产日期、批号，装箱后要查好数目，封箱要贴好标识。经检验合格后，进入合格区入库贮存或销售。

（2）运输。运输工具要求卫生、干燥，严禁与有毒及有异味的物品混运。

（3）贮存及保管方法。成品库房要经常清洗，要干燥、通风、无鼠、无虫害，成品堆放要有铺垫物，距离地面15cm，离墙面20cm以上，仓库内不准存放有毒、有害和腐败物质，仓库管理员作好防火、防潮工作。

（4）产品入库、出库要作好记录。

（四）加工工艺流程图

原料（杂粮粉）──→搅拌──→一次挤压──→二次挤压──→成型──→干燥──→紫外线杀菌消毒──→检验──→包装──→入库。

六十、有机杂粮速食米加工操作规程

为保证产品质量，按照有机食品加工的质量要求，制定本操作规程，所有管理人员和工人必须遵照执行。

（一）加工原料检验

加工原料（杂粮粉）运入车间后，由检验员通过随机取样的方法对原料进行验收，首先用肉眼观察确定无蛀虫、无霉变后方可加工。要求每批产品必检，不准有漏检现象。检查后发现不合格原料不得加工。合格原料送入原料库储存，待加工。

（二）加工过程

（1）准备。加工人员更衣、消毒、洗手进入车间，按照规程对加工设备检查、清洗并符合卫生管理的要求。

（2）启动机器。由电控师打开柜式电力操作台，按顺序启动所有设备，待机械师检查所有设备正常运转后方可加工。

（3）杂粮粉搅拌。按比例把杂粮粉和水投入搅拌机，使物料的水分在30%～35%。

（4）投料。投料要均匀，保证机器的正常运转。

（5）一次挤压。搅拌好的物料进入高温挤压机，达到物料的初次膨化。

（6）二次挤压。初次膨化的物料进入高温挤压机，达到物料的完全膨化。

（7）造粒。更换模具切刀，挤压模切出长圆形的颗粒米。

（8）冷却干燥。颗粒米进入冷却机，冷却后的颗粒米进入干燥室进行干燥，并进行紫外线杀菌消毒，最后进行安全水分检测，达到国家标准安全水分≤14%方可包装。经检验员检验合格后进入包装。做到每批产品检验合格后包装出厂。

（三）包装、运输、贮存及保管方法

（1）包装。采用符合国家标准包装物包装，包装材料结实，不泄漏物料，每袋标明生产日期、批号，装箱后要查好数目，封箱要贴好标识。经检验合格后，进入合格区入库贮存或销售。

（2）运输。运输工具要求卫生、干燥，严禁与有毒及有异味的物品混运。

（3）贮存及保管方法。成品库房要经常清洗，要干燥、通风、无鼠、无虫害，成品堆放要有铺垫物，距离地面15cm，离墙面20cm以上，仓库内不准存放有毒、有害和腐败物质，仓库管理员作好防火、防潮工作。

（4）产品入库、出库要作好记录。

（四）加工工艺流程图

原料（杂粮粉）⟶搅拌⟶一次挤压⟶二次挤压⟶造粒成型⟶冷却⟶干燥⟶紫外线杀菌消毒⟶检验⟶包装⟶入库。

附　　录

附录一　常用标准

绿色食品食品添加剂使用准则
绿色食品兽药使用准则
绿色食品农药使用准则
绿色食品肥料使用准则
绿色食品产地环境质量
绿色食品产地环境调查、监测与评价规范

下载网址：http：//www. greenfood. agri. cn/zl/bztx/yggd/

附录二 绿色食品产品适用目录（2015 版）

中绿科〔2015〕6 号

中国绿色食品发展中心关于印发《绿色食品产品适用标准目录》（2015 版）的通知

各地绿办（中心）、各绿色食品定点检测机构：

近期，中心根据国家食品安全管理的有关规定以及国家标准、绿色食品标准的变化，重新修订编制了《绿色食品产品适用标准目录》（2015 版）（以下简称“产品目录”），现印发给你们，请遵照执行。

新版“产品目录”进一步明确了绿色食品产品标准的涵盖产品范围，并根据有关规定和标准对具体适用产品做了增减调整。请各有关单位严格按照《关于绿色食品产品标准执行问题的有关规定》（中绿科〔2014〕153 号）对照“产品目录”开展有关绿色食品标志许可工作。

特此通知。

附件：《绿色食品产品适用标准目录》（2015 版）

中国绿色食品发展中心
2015 年 1 月 14 日

中国绿色食品发展中心办公室 2015 年 1 月 14 日印

附件：

绿色食品产品适用标准目录（2015版）

一、种植业产品标准

序号	标准名称	适用产品名称	适用产品别名及说明
1	绿色食品　豆类 NY/T 285—2012	大豆	
		蚕豆	
		豌豆	
		红小豆	赤豆、赤小豆、红豆、小豆
		绿豆	
		菜豆（芸豆）	
		豇豆	
		黑豆	
		饭豆	
		鹰嘴豆	桃豆、鸡豆、鸡头豆、鸡豌豆
		木豆	豆蓉、山豆根、扭豆、三叶豆、野黄豆
		扁豆	蛾眉豆、眉豆
		羽扇豆	
2	绿色食品　茶叶 NY/T 288—2012	绿茶	包括各种绿茶及以绿茶为原料的窨制花茶
		红茶	
		青茶（乌龙茶）	
		黄茶	
		白茶	
		黑茶	普洱茶、紧压茶
3	绿色食品　代用茶 NY/T 2140—2012	代用茶	选用可饮用植物的花、叶、果（实）、根茎为原料加工制作的，采用类似茶叶冲泡（浸泡或煮）方式，供人们饮用的产品，分为花类、叶类、果类、根茎类和混合类。注：代用茶主要成分如属于国家卫计委发布的“可用于保健食品的物品名单”中（卫法监发〔2002〕51号）的物品，申报企业应取得保健食品生产许可证
4	绿色食品　咖啡 NY/T 289—2012	生咖啡	咖啡鲜果经干燥脱壳处理所得产品
		焙炒咖啡豆	生咖啡经焙炒所得产品
		咖啡粉	焙炒咖啡豆磨碎后的产品
			注：不适用于脱咖啡因咖啡和速溶型咖啡
5	绿色食品　玉米及玉米粉　NY/T 418—2014	玉米	玉蜀黍、大蜀黍、棒子、苞米、苞谷、玉茭、玉麦、六谷、芦黍和珍珠米
		鲜食玉米	包括甜玉米、糯玉米。同时适用于生、熟产品
		速冻玉米	包括速冻甜玉米、速冻糯玉米。同时适用于生、熟产品
		玉米碴子	玉米粒经脱皮、破碎加工而成的颗粒物，包括玉米仁、玉米糁等
		玉米粉	包括脱胚玉米粉和全玉米粉

（续表）

序号	标准名称	适用产品名称	适用产品别名及说明
6	绿色食品　稻米 NY/T 419—2014	大米	
		糙米	稻谷脱壳后保留着皮层和胚芽的米
		胚芽米	胚芽保留率达75%以上，加工精度符合GB 1354规定的三等或三等以上的精米
		蒸谷米	稻谷经清理、浸泡、蒸煮、干燥等处理后，再按常规稻谷碾米加工方法生产的稻米
		黑米	
		红米	糙米天然色泽为棕红色的稻米
7	绿色食品　花生及制品 NY/T 420—2009	食用花生（果、仁）	
		油用花生（果、仁）	
		煮花生（果、仁）	
		烤花生（果、仁）	
		油炸花生仁	
		咸干花生（果、仁）	
		裹衣花生	包括淀粉型、糖衣型、混合型
		花生类糖制品	以花生仁、糖为主要原料，添加适量果仁或其他辅料制成的花生类糖制品，包括酥松型、酥脆型、半软质型和蛋酥型
		花生蛋白粉	
		花生组织蛋白	
		花生酱	包括纯花生酱、稳定型花生酱、颗粒型花生酱
8	绿色食品　柑橘类水果 NY/T 426—2012	宽皮柑橘类鲜果	
		甜橙类鲜果	
		柚类鲜果	
		柠檬类鲜果	
		金柑类鲜果	
		杂交柑橘类鲜果	
9	绿色食品　西甜瓜 NY/T 427—2007	薄皮甜瓜	普通甜瓜、中国甜瓜，包括白皮、黄皮、红皮、绿皮、黑皮甜瓜等
		厚皮甜瓜	包括光皮甜瓜和网纹甜瓜，如白兰瓜、哈密瓜等
		西瓜	包括普通西瓜、籽用西瓜（打瓜）、无籽西瓜及用于腌制或育种的小西瓜等
10	绿色食品　白菜类蔬菜 NY/T 654—2012	结球白菜	大白菜、黄芽菜
		普通白菜（小白菜）	青菜、小油菜
		乌塌菜	黑菜、塌棵菜、太古菜、瓢儿菜、乌金白
		紫菜薹	红菜薹、红油菜薹
		菜薹（心）	菜心、薹心菜、绿菜薹
		薹菜	青菜
11	绿色食品　茄果类蔬菜 NY/T 655—2012	番茄	西红柿、洋柿子、番柿、柿子、火柿子
		樱桃番茄	洋小柿子、小西红柿
		茄子	古名伽、落苏、酪酥、昆仑瓜、小菰、紫膨亨
		辣椒	番椒、海椒、秦椒、辣茄、辣子
		甜椒	青椒、菜椒

（续表）

序号	标准名称	适用产品名称	适用产品别名及说明
11	绿色食品　茄果类蔬菜 NY/T 655—2012	酸浆	红姑娘、灯笼草、洛神珠、洋姑娘、酸浆番茄
		香瓜茄	南美香瓜梨、人参果、香艳茄
		树番茄	木番茄、木立番茄
		少花龙葵	天茄子、老鸦酸浆草、光果龙葵、乌子菜、乌茄子
12	绿色食品　绿叶类蔬菜 NY/T 743—2012	菠菜	波斯草、赤根菜、角菜、红根菜
		芹菜	芹、旱芹、药芹、野圆荽、塘蒿、苦堇
		落葵	木耳菜、软浆叶、胭脂菜、藤菜
		莴苣	生菜、千斤菜
		莴笋	莴苣笋、青笋、莴菜
		油麦菜	
		蕹菜	竹叶菜、空心菜、通菜
		小茴香	土茴香、洋茴香
		球茎茴香	结球茴香、意大利茴香、甜茴香
		苋菜	苋、米苋
		青葙	土鸡冠、青箱子、野鸡冠
		芫荽	香菜、胡荽、香荽
		叶恭菜	莙荙菜、厚皮菜、牛皮菜、火焰菜
		大叶茼蒿	板叶茼蒿、菊花菜、大花茼蒿、大叶蓬蒿
		茼蒿	蒿子杆、蓬蒿、春菊
		荠菜	护生草、菱角草、地米菜
		冬寒菜	冬葵、葵菜、滑肠菜、葵、滑菜、冬苋菜、露葵
		番杏	新西兰菠菜、洋菠菜、夏菠菜、毛菠菜
		莱苜蓿	黄花苜蓿、南苜蓿、刺苜蓿、草头、菜苜蓿
		紫背天葵	血皮菜、观音苋、红凤菜
		榆钱菠菜	食用滨藜、洋菠菜、山菠菜、法国菠菜
		鸭儿芹	三叶芹、野蜀葵、山芹菜
		芽球菊苣	欧洲菊苣、苞菜
		苦苣	花叶生菜、花苣、菊苣菜
		苦荬菜	取麻菜、苦苣菜
		苦苣菜	秋苦苣菜、盘儿菜
		菊花脑	路边黄、菊花叶、黄菊仔、菊花菜
		酸模	山菠菜、野菠菜、酸溜溜
		独行菜	家独行菜、胡椒菜、麦秸菜、英菜、辣椒菜
		珍珠菜	野七里香、角菜、白苞菜、珍珠花
		芝麻菜	火箭生菜、臭菜
		白花菜	羊角菜、凤蝶菜
		菜用黄麻	斗鹿、莫洛海芽、甜麻、埃及野麻婴、埃及锦葵
		土人参	假人参、参仔叶、珊瑚花、土高丽参、土洋参
		藤三七	落葵薯、类藤菜、马地拉落葵、川七、洋落葵、云南白菜
		香芹菜	洋芫荽、旱芹菜、荷兰芹、欧洲没药
		根香芹菜	根用香芹
		罗勒	九层塔、光明子、寒陵香、零陵香
		薄荷	番荷菜、接骨菜、苏薄荷、仁丹草
		荆芥	猫食草

（续表）

序号	标准名称	适用产品名称	适用产品别名及说明
12	绿色食品　绿叶类蔬菜 NY/T 743—2012	薰衣草	腊芬菜、拉文达香草
		迷迭香	万年志、艾菊
		鼠尾草	来路花、乌草、秋丹参、消炎草
		百里香	麝香草、麝香菜
		牛至	五香草、马脚兰、滇香薷、白花茵陈、花薄荷
		香蜂花	香美利
		香茅	柠檬草、柠檬茅、芳香草、大风草
		琉璃苣	滨来香菜
		藿香	合香、山茴香、山薄荷、土藿香
		紫苏	荏、赤苏、白苏、回回苏
		芸香	香草
		莳萝	土茴香、洋茴香、茴香草
		马齿苋	五行草、瓜子菜、长命菜
		蒌蒿	蒌蒿薹、芦蒿、水蒿、香艾蒿、小艾、水艾
		蕺菜	蕺儿菜、菹菜、鱼腥草、鱼鳞草
		食用甘薯叶	
13	绿色食品　葱蒜类蔬菜 NY/T 744—2012	韭菜	草钟乳、起阳草、懒人草
		大葱	水葱、青葱、木葱、汉葱
		洋葱	葱头、洋葱
		分蘖洋葱	株葱、分蘖葱头、冬葱
		顶球洋葱	顶葱头、橹葱、埃及葱头
		大蒜	蒜、胡蒜、蒜子
		蒜苗	
		蒜黄	
		薤	藠头、藠子、荞头
		韭葱	扁葱、扁叶葱、洋蒜苗、洋大蒜
		细香葱	四季葱、香葱、细葱
		分葱	四季葱、菜葱、冬葱、红葱头
		胡葱	火葱、蒜头葱、瓣子葱
		楼葱	龙爪葱、龙角葱
14	绿色食品　根菜类蔬菜 NY/T 745—2012	萝卜	莱菔、芦菔、葖、地苏、萝卜
		四季萝卜	小萝卜
		胡萝卜	红萝卜、黄萝卜、番萝卜、丁香萝卜、赤珊瑚、黄根
		芜菁	蔓菁、圆根、盘菜、九英菘
		芜菁甘蓝	洋蔓菁、洋大头菜、洋疙瘩、根用甘蓝、瑞典芜菁
		美洲防风	芹菜萝卜、蒲芹萝卜
		根甜菜	红菜头、紫菜头、火焰菜
		婆罗门参	西洋牛蒡、西洋白牛蒡
		黑婆罗门参	鸦葱、菊牛蒡、黑皮牡蛎菜
		牛蒡	大力子、蝙蝠刺、东洋萝卜
		桔梗	道拉基、和尚头、铃铛花
		山葵	瓦萨比、山姜、泽葵、山嵛菜
		根芹菜	根用芹菜、根芹、根用塘蒿、旱芹菜根

（续表）

序号	标准名称	适用产品名称	适用产品别名及说明
15	绿色食品　甘蓝类蔬菜 NY/T 746—2012	结球甘蓝	洋白菜、包菜、圆白菜、卷心菜、椰菜、包心菜、茴子菜、莲花白、高丽菜
		赤球甘蓝	红玉菜、紫甘蓝、红色高丽菜
		抱子甘蓝	芽甘蓝、子持甘蓝
		皱叶甘蓝	缩叶甘蓝
		羽衣甘蓝	绿叶甘蓝、叶牡丹、花苞菜
		花椰菜	花菜、菜花
		青花菜	绿菜花、意大利芥蓝、木立花椰菜、西兰花、嫩茎花椰菜
		球茎甘蓝	苤蓝、擘蓝、松根、玉蔓箐、芥蓝头
		芥蓝	白花芥蓝
16	绿色食品　瓜类蔬菜 NY/T 747—2012	黄瓜	胡瓜、王瓜、青瓜、刺瓜
		冬瓜	枕瓜、水芝、东瓜
		节瓜	节冬瓜、毛瓜
		南瓜	倭瓜、番瓜、饭瓜、中国南瓜、窝瓜
		笋瓜	印度南瓜、玉瓜、北瓜
		西葫芦	美洲南瓜、角瓜、西洋南瓜、白瓜
		飞碟瓜	碟形西葫芦
		越瓜	梢瓜、脆瓜、酥瓜
		菜瓜	蛇甜瓜、酱瓜、老羊瓜
		普通丝瓜	水瓜、蛮瓜、布瓜
		有棱丝瓜	棱角丝瓜
		苦瓜	凉瓜、锦荔枝
		癞苦瓜	癞荔枝、癞葡萄、癞蛤蟆
		瓠瓜	扁蒲、蒲瓜、葫芦、夜开花
		蛇瓜	蛇丝瓜、蛇王瓜、蛇豆
		佛手瓜	瓦瓜、拳手瓜、万年瓜、隼人瓜、洋丝瓜、合掌瓜、菜肴梨
17	绿色食品　豆类蔬菜 NY/T 748—2012	菜豆	四季豆、芸豆、玉豆、豆角、芸扁豆、京豆、敏豆
		多花菜豆	龙爪豆、大白芸豆、荷包豆、红花菜豆
		长豇豆	豆角、长豆角、带豆、筷豆、长荚豇豆、
		扁豆	峨眉豆、眉豆、沿篱豆、鹊豆、龙爪豆
		莱豆	利马豆、雪豆、金甲豆、棉豆、荷包豆、白豆、观音豆
		蚕豆	胡豆、罗汉豆、佛豆、寒豆
		刀豆	大刀豆、关刀豆、菜刀豆
		豌豆	回回豆、荷兰豆、麦豆、青斑豆、麻豆、青小豆
		食荚豌豆	荷兰豆
		四棱豆	翼豆、四稔豆、杨桃豆、四角豆、热带大豆
		菜用大豆	毛豆、枝豆
		藜豆	狸豆、虎豆、狗爪豆、八升豆、毛毛豆、毛胡豆
18	绿色食品　食用菌 NY/T 749—2012	香菇	香蕈、冬菇、香菌
		草菇	美味苞脚菇、兰花菇、秆菇、麻菇
		平菇	青蘑、北风菌、桐子菌

（续表）

序号	标准名称	适用产品名称	适用产品别名及说明
18	绿色食品　食用菌 NY/T 749—2012	杏鲍菇	干贝菇、杏仁鲍鱼菇
		白灵菇	阿魏菇、百灵侧耳、翅鲍菇
		双孢蘑菇	洋蘑菇、白蘑菇、蘑菇、洋菇、双孢菇
		杨树菇	柱状田头菇、茶树菇、茶薪菇、柳松蘑、柳环菌
		松茸	松蘑、松蕈、鸡丝菌
		金针菇	冬菇、毛柄金钱菇、朴菇、朴菰
		黑木耳	光木耳、云耳、粗木耳、白背木耳、黄背木耳
		银耳	白木耳、雪耳
		金耳	称黄木耳、金黄银耳、黄耳、脑耳
		猴头菇	刺猬菌、猴头蘑、猴头菌
		灰树花	贝叶多孔菌、莲花菌、云蕈、栗蕈、千佛菌、舞茸
		竹荪	僧竺蕈、竹参、竹笙、网纱菌
		口蘑	白蘑、蒙古口蘑
		羊肚菌	羊肚子、羊肚菜、美味羊肚菌
		鸡腿菇	毛头鬼伞
		毛木耳	
		榛蘑	蜜环菌、蜜色环蕈、蜜蘑、栎蘑、根索蕈、根腐蕈
		鸡油菌	鸡蛋黄菌、杏菌
		虫草	应为经国家卫计委批准列入新食品原料名单中的品种
		灵芝	应为经国家卫计委批准列入“可用于保健食品的真菌菌种名单”中的品种，申报企业应取得保健食品生产许可证
		食用菌粉	人工培养的食用菌菌丝体及其菌丝粉
			注：干品包括压缩食用菌、颗粒食用菌，标准中“干湿比”指标仅适用于压缩食用菌产品
19	绿色食品　薯芋类蔬菜 NY/T 1049—2006	马铃薯	土豆、山药蛋、洋芋、地蛋、荷兰薯
		生姜	姜、黄姜
		魔芋	蒟蒻、蒟芋、蒟头、磨芋、蛇头草、花杆莲、麻芋子
		山药	大薯、薯蓣、佛手薯
		豆薯	沙葛、凉薯、新罗葛、土瓜
		菊芋	洋姜、鬼子姜
		草食蚕	螺丝菜、宝塔菜、甘露儿、地蚕
		蕉芋	蕉藕、姜芋
		葛	葛根、粉葛
		菜用土圞儿	美洲土圞儿、香芋
		甘薯	山芋、地瓜、蕃薯、红苕
		木薯	
		菊薯	雪莲果、雪莲薯、地参果
20	绿色食品　芥菜类蔬菜 NY/T 1324—2007	根芥菜	大头菜、疙瘩菜、芥菜头、春头、生芥
		叶芥菜	包心芥、辣菜、苦菜、石榴红，不包括雪里蕻，包括散叶芥菜和结球芥菜
		茎芥菜	青菜头、羊角菜

（续表）

序号	标准名称	适用产品名称	适用产品别名及说明
20	绿色食品　芥菜类蔬菜 NY/T 1324—2007	薹芥菜	
		子芥菜	蚕油菜、辣油菜、大油菜
		分蘖芥	雪里蕻、雪菜、毛芥菜、紫菜英
		抱子芥	四川儿菜、芽芥菜
21	绿色食品　芽苗类蔬菜 NY/T 1325—2007	绿豆芽	
		黄豆芽	
		黑豆芽	
		蚕豆芽	
		红小豆芽	
		豌豆芽	
		花生芽	
		苜蓿芽	
		小扁豆芽	
		萝卜芽	
		菘蓝芽	
		沙芥芽	
		芥菜芽	
		芥兰芽	
		白菜芽	
		独行菜芽	
		香椿种芽	
		向日葵芽	
		荞麦芽	
		胡椒芽	
		胡麻芽	
		蕹菜芽	
		芝麻芽	
22	绿色食品　多年生蔬菜 NY/T 1326—2007	鲜百合	指供食用鳞茎
		枸杞尖	枸杞头
		石刁柏	芦笋、龙须菜
		辣根	马萝卜
		朝鲜蓟	法国百合、荷花百合、洋蓟、洋百合、菜蓟
		襄荷	
		食用菊	甘菊、臭菊
		黄花菜	金针菜、黄花、萱草
		霸王花	剑花、量天尺
		食用大黄	丸叶大黄、大黄、酸菜
		黄秋葵	黄葵、食香槿、秋葵、黄蜀葵、假三念、美国豆、羊角豆、阿华田
		款冬	冬花
		蕨菜	龙头菜、蕨儿菜
			注：不适用于树芽香椿

（续表）

序号	标准名称	适用产品名称	适用产品别名及说明
23	绿色食品　水生蔬菜 NY/T 1405—2007	茭白	茭瓜、茭笋、菰手
		慈菇	茨菰、慈菰
		菱	
		荸荠	
		芡实	
		水蕹菜	
		豆瓣菜	西洋菜、水蔊菜、水田芥、水芥菜
		水芹	楚葵
		莼菜	马蹄草、水莲叶
		蒲菜	香蒲、蒲草、蒲儿菜；包括草芽
		莲子米	
		水芋	
24	绿色食品　食用花卉 NY/T 1506—2007	茉莉花	
		玫瑰花	
		菊花	
		金雀花	
		代代花	
		金银花	
		其他国家批准的可食用花卉	包括鲜品和干品，用作代用茶的花卉产品执行《绿色食品　代用茶》标准
25	绿色食品 热带、亚热带水果 NY/T 750—2011	荔枝	
		龙眼	
		香蕉	
		菠萝	
		芒果	
		枇杷	
		黄皮	
		番木瓜	木瓜、番瓜、万寿果、乳瓜、石瓜
		番石榴	
		杨梅	
		杨桃	
		橄榄	
		红毛丹	
		毛叶枣	印度枣、台湾青枣
		莲雾	天桃、水蒲桃、洋蒲桃
		人心果	吴凤柿、赤铁果、奇果
		西番莲	鸡蛋果、受难果、巴西果、百香果、藤桃
		山竹	
		火龙果	
		菠萝蜜	
		番荔枝	洋波罗、佛头果
		青梅	

（续表）

序号	标准名称	适用产品名称	适用产品别名及说明
26	绿色食品　温带水果 NY/T 844—2010	苹果	
		梨	
		桃	
		草莓	
		山楂	
		柰子	俗称沙果，别名文林果、花红果、林擒、五色来、联珠果
		蓝莓	别名笃斯、都柿、甸果等
		无花果	映日果、奶浆果、蜜果等
		树莓	覆盆子、悬钩子、野莓、乌藨（biao）子
		桑葚	桑果、桑枣
		猕猴桃	
		葡萄	
		樱桃	
		枣	
		杏	
		李	
		柿	
		石榴	
27	绿色食品　大麦及大麦粉 NY/T 891—2014	啤酒大麦	
		食用大麦	用于食用的皮大麦（带壳大麦）和裸大麦
		大麦粉	大麦加工成的用于食用的粉状产品
28	绿色食品　燕麦及燕麦粉 NY/T 892—2014	燕麦	裸燕麦、莜麦
		燕麦粉	以裸燕麦为原料，经初级加工制成的粉状产品
		燕麦米	以裸燕麦为原料，经去杂、打毛、湿热处理和烘干等加工工序制得的粒状产品
29	绿色食品　粟米及粟米粉 NY/T 893—2014	粟米	小米、稞子
		黍米	亦称大黄米、软黄米，是由黍经碾磨加工除去皮层的粒状产品
		稷米	亦称稷子米，糜子米，是稷经碾磨加工除去皮层的粒状产品
		粟米粉	由小米、黍米、稷米等经加工制成的粉状产品
30	绿色食品　荞麦及荞麦粉 NY/T 894—2014	荞麦	乌麦、花荞、甜荞、荞子、胡荞麦
		荞麦米	荞麦果实脱去外壳后得到的含种皮或不含种皮的籽粒
		荞麦粉	荞麦经清理除杂去壳后直接碾磨成的粉状产品
			注：本标准适用于甜荞麦和苦荞麦
31	绿色食品　高粱 NY/T 895—2004	食用高粱	蜀黍、秫秫、芦粟、茭子
		酿造用高粱	
		高粱米	
32	绿色食品　香辛料及其制品 NY/T 901—2011	菖蒲	使用部分：根茎
		蒜	使用部分：鳞茎
		高良姜	使用部分：根、茎

（续表）

序号	标准名称	适用产品名称	适用产品别名及说明
32	绿色食品 香辛料及其制品 NY/T 901—2011	豆蔻	使用部分：果实、种子
		香豆蔻	使用部分：果实、种子
		香草	使用部分：果实
		砂仁	使用部分：果实
		莳萝、土茴香	使用部分：果实、种子
		圆叶当归	使用部分：果、嫩枝、根
		辣根	使用部分：根
		黑芥籽	使用部分：果实
		龙蒿	使用部分：叶、花序
		刺山柑	使用部分：花蕾
		葛缕子	使用部分：果实
		桂皮、肉桂	使用部分：树皮
		阴香	使用部分：树皮
		大清桂	使用部分：树皮
		芫荽	使用部分：种子、叶
		枯茗	俗称：孜然，使用部分：果实
		姜黄	使用部分：根、茎
		香茅	使用部分：叶
		枫茅	使用部分：叶
		小豆蔻	使用部分：果实
		阿魏	使用部分：根、茎
		小茴香	使用部分：果实、梗、叶
		甘草	使用部分：根
		八角	大料、大茴香、五香八角，使用部分：果实
		刺柏	使用部分：果实
		山奈	使用部分：根、茎
		木姜子	使用部分：果实
		月桂	使用部分：叶
		薄荷	使用部分：叶、嫩芽
		椒样薄荷	使用部分：叶、嫩芽
		留兰香	使用部分：叶、嫩芽
		调料九里香	使用部分：叶
		肉豆蔻	使用部分：假种皮、种仁
		甜罗勒	使用部分：叶、嫩芽
		甘牛至	使用部分：叶、花序
		牛至	使用部分：叶、花
		欧芹	使用部分：叶、种子
		多香果	使用部分：果实、叶
		筚拨	使用部分：果实
		黑胡椒、白胡椒	使用部分：果实
		迷迭香	使用部分：叶、嫩芽

（续表）

序号	标准名称	适用产品名称	适用产品别名及说明
32	绿色食品 香辛料及其制品 NY/T 901—2011	白欧芥	使用部分：种子
		丁香	使用部分：花蕾
		罗晃子	使用部分：果实
		蒙百里香	使用部分：嫩芽、叶
		百里香	使用部分：嫩芽、叶
		香旱芹	使用部分：果实
		葫芦巴	使用部分：果实
		香荚兰	使用部分：果荚
		花椒	使用部分：果实，适用于保鲜花椒产品，水分指标不作为判定依据
		姜	使用部分：根、茎
		即食香辛料调味粉	干制香辛料经研磨和灭菌等工艺过程加工而成的，可供即食的粉末状产品
			注：上述香辛料产品除特殊说明外，均只适用于干制品；本标准不适用于辣椒及其制品
33	绿色食品　黑打瓜籽 NY/T 429—2000	黑打瓜籽	
34	绿色食品　瓜子 NY/T 902—2004	黑瓜子	
		白瓜子	南瓜子
		葵花子	
		红瓜子	
35	绿色食品　坚果 NY/T 1042—2014	核桃	胡桃
		山核桃	
		榛子	
		香榧	
		腰果	鸡腰果、介寿果、槚如树
		松籽	
		杏仁	
		开心果	阿月浑子、无名子
		扁桃	巴旦木
		澳洲坚果	夏威夷果
		鲍鱼果	
		板栗	栗子、毛栗
		橡子	
		银杏	白果
		芡实（米）	鸡头米、鸡头苞、鸡头莲、刺莲藕
		莲子	莲肉、莲米
		菱角	芰、水栗子
			注：本标准适用于上述鲜或干的坚果及其果仁，也适用于以坚果为主要原料，不添加辅料，经水煮、蒸煮等工艺制成的原味坚果制品。本标准微生物限量仅适用于原味坚果制品
36	绿色食品 人参和西洋参 NY/T 1043—2006	人参粉	
		人参片	
		红参	

（续表）

序号	标准名称	适用产品名称	适用产品别名及说明
36	绿色食品 人参和西洋参 NY/T 1043—2006	生晒参	
		人参须	
		活性参	
		人参茎叶	
		保鲜参	
		人参蜜片	
		西洋参	
		西洋参片	由原皮西洋参直接切制，不添加任何辅料
			注：申报西洋参相关产品的企业应取得保健食品生产许可证
37	绿色食品 枸杞及枸杞制品 NY/T 1051—2014	枸杞鲜果	野生或人工栽培，经过挑选、预冷、冷藏和包装的新鲜枸杞产品
		枸杞干果	以枸杞鲜果为原料，经预处理后，自然晾晒、热风干燥、冷冻干燥等工艺加工而成的枸杞产品
		枸杞原汁	以枸杞鲜果为原料，经过表面清洗、破碎、均质、杀菌、灌装等工艺加工而成的枸杞产品
		枸杞原粉	以枸杞干果为原料，经研磨、粉碎等工艺加工而成的粉状枸杞产品
二、畜禽产品标准			
38	绿色食品　乳制品 NY/T 657—2012	液态乳	包括生乳、巴氏杀菌乳、灭菌乳、调制乳
		发酵乳	包括发酵乳和风味发酵乳
		炼乳	包括淡炼乳、加糖炼乳和调制炼乳
		乳粉	包括乳粉和调制乳粉
		干酪	包括软质干酪、半软质干酪、硬质干酪、特硬质干酪
		再制干酪	
		奶油	包括稀奶油、奶油和无水奶油
			注：不适用于乳清制品、婴幼儿配方奶粉和人造奶油
39	绿色食品　蜂产品 NY/T 752—2012	蜂蜜	
		蜂王浆	
		蜂王浆冻干粉	
		蜂花粉	
			注：本标准不适用于蜂胶、蜂蜡及其制品
40	绿色食品　禽肉 NY/T 753—2012	鲜、冷却或冻胴体禽	
		鲜、冷却或冻分割禽	不包括禽内脏、禽骨架
41	绿色食品　蛋及蛋制品 NY/T 754—2011	鲜蛋	
		皮蛋	
		卤蛋	
		咸蛋	包括生、熟咸蛋制品
		咸蛋黄	
		糟蛋	
		巴氏杀菌冰全蛋	
		冰蛋黄	
		冰蛋白	
		巴氏杀菌全蛋粉	

（续表）

序号	标准名称	适用产品名称	适用产品别名及说明
41	绿色食品　蛋及蛋制品 NY/T 754—2011	蛋黄粉	
		蛋白片	
		巴氏杀菌全蛋液	
		巴氏杀菌蛋白液	
		巴氏杀菌蛋黄液	
		鲜全蛋液	
		鲜蛋白液	
		鲜蛋黄液	
42	绿色食品　肉及肉制品 NY/T 843—2009	生鲜、冷却或冷冻胴体畜肉	不包括辐照畜禽肉、畜禽内脏及制品
		生鲜、冷却或冷冻分割畜肉	
		腌腊肉制品——咸肉类	包括腌咸肉、酱封肉、板鸭等
		腌腊肉制品——腊肉类	包括腊猪肉、腊牛肉、腊羊肉、腊鸡、腊鸭、腊兔、腊乳猪等
		腌腊肉制品——腊肠类	包括腊肠、风干肠、枣肠、南肠、香肚、发酵香肠等
		腌腊肉制品——风干肉类	包括风干牛肉、风干羊肉、风干鸡等
		酱卤肉制品——卤肉类	包括盐水鸭、嫩卤鸡、白煮羊头、肴肉等。熏烤肉（培根、熏鸡）、烧烤肉制品（烤鸭、烤乳猪、烧鸡、叫花鸡、叉烧鸡、烤羊肉串、烧羊肉）等
		酱卤肉制品——酱肉类	包括酱肘子、酱牛肉、酱鸭、扒鸡等
		熏烧烤肉制品——熏烤肉类	包括烤鸭、烤乳猪、熏鸡、烤羊肉等
		熏烧烤肉制品——熟培根类	包括五花培根、通脊培根等
		熏煮香肠火腿制品	包括烤肠、红肠、通脊烤肉、澳洲烤肉等
		肉干制品——肉干	包括牛肉干、猪肉干、灯影牛肉等
		肉干制品——肉松	包括猪肉松、牛肉松、鸡肉松等
		肉干制品——肉脯	包括猪肉脯、牛肉脯、肉糜脯等
		肉类罐头	不包括内脏类肉罐头
43	绿色食品 畜禽可食用副产品 NY/T 1513—2007	畜禽可食用的生鲜副产品	畜（猪、牛、羊、兔等）禽（鸡、鸭、鹅、鸽、雀等）的舌、肾、肝、肚、肠、心、肺、肫等可食用的生鲜食品
		畜禽可食用的熟副产品	以生鲜畜禽副产品经酱、卤、熏、烤、腌、蒸、煮等任何一种或多种加工方法制成的直接可食用的制品
三、渔业产品标准			
44	绿色食品　虾 NY/T 840—2012	活虾	
		鲜虾	
		速冻生虾	包括冻全虾、去头虾、带尾虾和虾仁
		速冻熟虾	
45	绿色食品　蟹 NY/T 841—2012	淡水蟹活品	
		海水蟹活品	
		海水蟹冻品	包括冻梭子蟹、冻切蟹、冻蟹肉

（续表）

序号	标准名称	适用产品名称	适用产品别名及说明
46	绿色食品　鱼 NY/T 842—2012	活鱼	包括淡水、海水产品
		鲜鱼	包括淡水、海水产品
		去内脏冷冻的初加工鱼产品	包括淡水、海水产品
47	绿色食品　龟鳖类 NY/T 1050—2006	中华鳖	甲鱼、团鱼、王八、元鱼
		黄喉拟水龟	
		三线闭壳龟	金钱龟、金头龟、红肚龟
		红耳龟	巴西龟、巴西彩龟、秀丽锦龟、彩龟
		鳄龟	肉龟、小鳄龟、小鳄鱼龟
		其他淡水养殖的食用龟鳖	不包括非人工养殖的野生龟鳖
48	绿色食品　海水贝 NY/T 1329—2007	牡蛎活体和冻品	
		扇贝活体和冻品	
		贻贝活体和冻品	
		蛤活体和冻品	
		蛏活体和冻品	
		蚶活体和冻品	
		鲍活体和冻品	
		螺活体和冻品	
		蚬活体和冻品	
			注：冻品包括煮熟冻品
49	绿色食品　海参及制品 NY/T 1514—2007	活海参	
		盐渍海参	
		干海参	
		即食海参	
		海参液	
50	绿色食品　海蜇及制品 NY/T 1515—2007	盐渍海蜇皮	
		盐渍海蜇头	
		即食海蜇	
51	绿色食品　蛙类及制品 NY/T 1516—2007	活蛙	包括牛蛙、虎纹蛙、棘胸蛙、林蛙、美蛙等可供人们安全食用的养殖蛙类
		鲜蛙体	
		蛙类干产品	
		蛙类冷冻产品	
		林蛙油	
52	绿色食品　藻类及其制品 NY/T 1709—2011	干海带	
		盐渍海带	
		即食海带	
		干紫菜	
		即食紫菜	
		干裙带菜	
		盐渍裙带菜	
		即食裙带菜	
		螺旋藻粉	

（续表）

序号	标准名称	适用产品名称	适用产品别名及说明
52	绿色食品　藻类及其制品 NY/T 1709—2011	螺旋藻片	
		螺旋藻胶囊	
四、加工产品标准			
53	绿色食品　啤酒 NY/T 273—2012	淡色啤酒	色度 2EBC～14EBC 的啤酒
		浓色啤酒	色度 15EBC～40EBC 的啤酒
		黑色啤酒	色度大于等于 41EBC 的啤酒
		特种啤酒	包括干啤酒、低醇啤酒、小麦啤酒、浑浊啤酒、冰啤酒。特种啤酒的理化指标除特征指标外，其他理化指标应符合相应啤酒（淡色、浓色、黑色啤酒）要求
54	绿色食品　葡萄酒 NY/T 274—2014	平静葡萄酒	20℃时，二氧化碳压力小于 0.05MPa 的葡萄酒，按含糖量分为干、半干、半甜、甜四种类型
		低泡葡萄酒	按含糖量分为干、半干、半甜、甜四种类型
		高泡葡萄酒	按含糖量分为天然、绝干、干、半干、甜五种类型
55	绿色食品　小麦及小麦粉 NY/T 421—2012	小麦	
		小麦粉	亦称面粉。小麦加工成的粉状产品。按其品质特性，可分为强筋小麦粉、中筋小麦粉、弱筋小麦粉和普通小麦粉等
		全麦粉	保留全部或部分麦皮的小麦粉
56	绿色食品　食用糖 NY/T 422—2006	白砂糖	
		绵白糖	
		单晶体冰糖	
		多晶体冰糖	
		方糖	
57	绿色食品果（蔬）酱 NY/T 431—2009	果酱	包括块状和泥状，如草莓酱、桃子酱等
		番茄酱	
58	绿色食品　白酒 NY/T 432—2014	白酒	
59	绿色食品　植物蛋白饮料 NY/T 433—2014	豆乳类饮料	以大豆等豆类为主要原料，经磨碎、提浆、脱醒等工艺制得的浆液中加入水、糖液等调制而成的乳状饮料，如纯豆乳、调制豆乳、豆乳饮料
		椰子乳（汁）饮料	以新鲜、成熟适度的椰子为原料，取其果肉加工制得的椰子浆液中加入水、糖液等调制而成的饮料
		杏仁乳（露）饮料	以杏仁为原料，经浸泡、磨碎等工艺制得的浆液中加入水、糖液等调制而成的饮料
		核桃乳（露）饮料	以核桃仁为主要原料，经磨碎、提浆等工艺制得的浆液中加入水、糖液等调制而成的乳状饮料
		花生乳（露）饮料	以花生仁为主要原料，经磨碎、提浆等工艺制得的浆液中加入水、糖液等调制而成的乳状饮料
		其他植物蛋白饮料	以玉米胚芽、云麻、腰果、榛子、南瓜籽、葵花籽、松籽等为原料，经磨碎等工艺制得的浆液中加入水、糖液等调制而成的乳状饮料
		复合蛋白饮料	以乳或乳制品，和不同植物蛋白为主要原料，经加工或发酵制成的乳状饮料

（续表）

序号	标准名称	适用产品名称	适用产品别名及说明
60	绿色食品　果蔬汁饮料 NY/T 434—2007	果汁	由完好的、成熟适度的新鲜水果或适当物理方法保存的水果的可食部分制得的可发酵但未发酵的汁体。包括果汁、果浆
		蔬菜汁	由完好的、成熟适度的新鲜蔬菜或适当物理方法保存的蔬菜的可食部分制得的可发酵但未发酵的汁体
		浓缩果汁	由果汁经物理脱水制得的可溶性固形物提高 50% 以上的浓稠液体。包括浓缩果汁、浓缩果浆
		浓缩蔬菜汁	由蔬菜汁经物理脱水制得的可溶性固形物提高 50% 以上的浓稠液体
		果汁饮料	由果汁或浓缩果汁加水，还可加糖、蜂蜜、糖浆和甜味剂制得的稀释液体。包括果肉饮料、果汁饮料、果粒果汁饮料、水果饮料、水果饮料浓浆
		蔬菜汁饮料	由蔬菜汁或浓缩蔬菜汁加水，还可加糖、蜂蜜、糖浆和甜味剂制得的稀释液体。包括蔬菜汁饮料、复合果蔬汁、发酵蔬菜汁饮料、食用菌饮料、藻类饮料、蕨类饮料等
61	绿色食品 水果、蔬菜脆片 NY/T 435—2012	水果、蔬菜脆片	以水果、蔬菜为主要原料，经或不经切片（条、块），采用真空油炸脱水或非油炸脱水工艺，添加或不添加其他辅料制成的口感酥脆的水果、蔬菜干制品
62	绿色食品　蜜饯 NY/T 436—2009	糖渍类	原料经糖熬煮或浸渍、干燥（或不干燥）等工艺制成的带有湿润糖液或浸渍在浓糖液中的制品
		糖霜类	原料经加糖熬煮干燥等工艺制成的表面附有白色糖霜的制品
		果脯类	原料经糖渍、干燥等工艺制成的略有透明干，表面无糖析出的制品
		凉果类	原料经盐渍、糖渍、干燥等工艺制成的半干态制品
		话化类	原料经盐渍、糖渍（或不糖渍）、干燥（或干燥后磨碎制成各种形态的干态制品）等工艺制成的制品
		果糕类	原料加工成酱状，经加工成型、浓缩干燥等工艺制成的制品，分为糕类、条（果丹皮）类和片类
63	绿色食品　酱腌菜 NY/T 437—2012	酱渍菜	蔬菜咸坯经脱盐脱水后，再经甜酱、黄酱酱渍而成的制品。如扬州酱菜、镇江酱菜等
		糖醋渍菜	蔬菜咸坯经脱盐脱水后，再用糖渍、醋渍或糖醋渍制作而成的制品。如白糖蒜、蜂蜜蒜米、甜酸藠头、糖醋萝卜等
		酱油渍菜	蔬菜咸坯经脱盐脱水后，用酱油与调味料、香辛料混合浸渍而成的制品。如五香大头菜、榨菜萝卜、辣油萝卜丝、酱海带丝等
		虾油渍菜	新鲜蔬菜先经盐渍或不经盐渍，再用新鲜虾油浸渍而成的制品。如锦州虾油小菜、虾油小黄瓜等
		盐水渍菜	以新鲜蔬菜为原料，用盐水及香辛料混合腌制，经发酵或非发酵而成的制品。如泡菜、酸黄瓜、盐水笋等
		盐渍菜	以新鲜蔬菜为原料，用食盐盐渍而成的湿态、半干态、干态制品。如咸大头菜、榨菜、萝卜干等
		糟渍菜	蔬菜咸坯用酒糟或醪糟糟渍而成的制品。如糟瓜等
		其他类	除以上分类以外，其他以蔬菜为原料制作而成的制品。如糖冰姜、藕脯、酸甘蓝、米糠萝卜等

（续表）

序号	标准名称	适用产品名称	适用产品别名及说明
64	绿色食品　食用植物油 NY/T 751—2011	菜籽油	
		低芥酸菜籽油	
		大豆油	
		花生油	
		棉籽油	
		芝麻油	
		亚麻籽油	胡麻油
		葵花籽油	
		玉米油	
		油茶籽油	
		米糠油	
		核桃油	
		红花籽油	
		葡萄籽油	
		橄榄油	
		食用调和油	
65	绿色食品　黄酒 NY/T 897—2004	传统型干黄酒	
		传统型半干黄酒	
		传统型半甜黄酒	
		传统型甜黄酒	
		清爽型干黄酒	感官、理化要求执行《黄酒》（GB/T 13662—2008）
		清爽型半干黄酒	感官、理化要求执行《黄酒》（GB/T 13662—2008）
		清爽型半甜黄酒	感官、理化要求执行《黄酒》（GB/T 13662—2008）
		清爽型甜黄酒	感官、理化要求执行《黄酒》（GB/T 13662—2008）
		特型黄酒	感官、理化要求执行《黄酒》（GB/T 13662—2008）
66	绿色食品　含乳饮料 NY/T 898—2004	配制型含乳饮料	以乳或乳制品为原料，加入水，以及食糖和（或）甜味剂、酸味剂、果汁、茶、咖啡、植物提取液等的一种或几种调制而成的饮料
		发酵型含乳饮料	以乳或乳制品为原料，经乳酸菌等有益菌培养发酵制得的乳液中加入水，以及食糖和（或）甜味剂、酸味剂、果汁、茶、咖啡、植物提取液等的一种或几种调制而成的饮料。按杀菌方式分为杀菌型和非杀菌型
67	绿色食品　冷冻饮品 NY/T 899—2004	冰淇淋	
		雪泥	
		雪糕	
		冰棍	
		甜味冰	
		食用冰	

（续表）

序号	标准名称	适用产品名称	适用产品别名及说明
68	绿色食品　发酵调味品 NY/T 900—2007	高盐稀态发酵酱油	包括固稀发酵酱油
		低盐固态发酵酱油	
		其他酿造酱油	
		固态发酵食醋	
		液态发酵食醋	
		其他酿造食醋	
		豆酱	包括黄豆酱、蚕豆酱、杂豆酱等
		面酱	包括小麦面酱、杂面酱等
		红腐乳	
		白腐乳	
		青腐乳	
		酱腐乳	
		豆豉	
69	绿色食品 淀粉及淀粉制品 NY/T 1039—2014	米淀粉	包括糯米淀粉、粳米淀粉和籼米淀粉
		玉米淀粉	包括白玉米淀粉、黄玉米淀粉
		高粱淀粉	
		麦淀粉	包括小麦淀粉、大麦淀粉和黑麦淀粉
		绿豆淀粉	
		蚕豆淀粉	
		豌豆淀粉	
		豇豆淀粉	
		混合豆淀粉	
		菱角淀粉	
		荸荠淀粉	
		橡子淀粉	
		百合淀粉	
		慈姑淀粉	
		西米淀粉	
		木薯淀粉	
		甘薯淀粉	
		马铃薯淀粉	
		豆薯淀粉	
		竹芋淀粉	
		山药淀粉	
		蕉芋淀粉	
		葛淀粉	
		淀粉制成的粉丝、粉条、粉皮等产品	
70	绿色食品　食用盐 NY/T 1040—2012	精制盐	
		粉碎洗涤盐	

（续表）

序号	标准名称	适用产品名称	适用产品别名及说明
70	绿色食品　食用盐 NY/T 1040—2012	日晒盐	
		低钠盐	包括天然低钠的食盐（如雪花盐等）和以食盐为主体，配比一定量钾盐的食盐
71	绿色食品　干果 NY/T 1041—2010	荔枝干	
		桂圆干（桂圆肉）	
		葡萄干	
		柿饼	
		干枣	
		杏干	包括包仁杏干
		香蕉片	
		无花果干	
		酸梅（乌梅）干	
		山楂干	
		苹果干	
		菠萝干	
		芒果干	
		梅干	
		桃干	
		猕猴桃干	
		草莓干	
72	绿色食品　藕及其制品 NY/T 1044—2007	鲜藕	
		藕粉	
73	绿色食品　脱水蔬菜 NY/T 1045—2014	脱水蔬菜	经洗刷、清洗、切型、漂烫或不漂烫等预处理，采用热风干燥或低温冷冻干燥等工艺制成的蔬菜制品
			注：本标准也适用干制蔬菜，不适用于干制食用菌、竹笋干和蔬菜粉
74	绿色食品　焙烤食品 NY/T 1046—2006	面包	
		面包干	
		烤馍片	
		土司	
		饼干	
		蛋卷	
		华夫饼干	威化饼干
		薄酥饼	
		月饼	
		煎饼	
		烤制糕点	包括烤油酥类、烤松酥类、烤酥皮包馅类、浆酥皮包馅类、松酥包馅类、烤制蛋糕（包括松脆类、烘糕类）
75	绿色食品 水果、蔬菜罐头 NY/T 1047—2014	清渍类蔬菜罐头	
		醋渍类蔬菜罐头	
		调味类蔬菜罐头	

（续表）

序号	标准名称	适用产品名称	适用产品别名及说明
75	绿色食品 水果、蔬菜罐头 NY/T 1047—2014	糖水类水果罐头	
		糖浆类水果罐头	
			注：本标准不适用于果酱类、果汁类、蔬菜汁（酱）类罐头和盐渍（酱渍）蔬菜罐头
76	绿色食品　笋及笋制品 NY/T 1048—2012	鲜竹笋	
		保鲜竹笋	以新鲜竹笋为原料，经去壳、漂洗、煮制等初级加工处理后，再经包装、密封、杀菌制成的竹笋制品
		方便竹笋	以竹笋为主要原料经漂洗、切制、配料、发酵或不发酵、调味、包装等加工制作工艺，可直接食用或稍事烹调即可食用的除保鲜竹笋以外的竹笋制品
		竹笋干	以新鲜竹笋为原料，经预处理、盐腌发酵后干燥或非发酵直接干燥而成的竹笋干制品
77	绿色食品 豆制品 NY/T 1052—2014	熟制豆类	包括煮大豆、烘焙大豆
		豆腐	包括豆腐脑、内酯豆腐、南豆腐、北豆腐、冻豆腐、脱水豆腐、油炸豆腐和其他豆腐
		豆腐干	包括白豆腐干、豆腐皮、豆腐丝、蒸煮豆腐干、油炸豆腐干、炸卤豆腐干、卤制豆腐干、熏制豆腐干和其他豆腐干
		腐竹	从熟豆浆静止表面揭起的凝结厚膜折叠成条状，经干燥而成的产品
		腐皮	从熟豆浆静止表面揭起的凝结薄膜，经干燥而成的产品
		干燥豆制品	包括食用豆粕、大豆膳食纤维粉和其他干燥豆制品
		豆粉	包括速溶豆粉和其他豆粉
		大豆蛋白	包括大豆蛋白粉、大豆浓缩蛋白、大豆分离蛋白和大豆肽粉
78	绿色食品　味精 NY/T 1053—2006	味精	包括含谷氨酸钠 99%、95%、90%、80% 的味精
79	绿色食品　固体饮料 NY/T 1323—2007	果汁粉	
		茶粉	
		姜汁粉	
		果味型固体饮料	
		咖啡粉	不包括烧煮型
		杏仁露粉	
		固体汽水（泡腾片）	
		麦乳精	
		其他普通型固体饮料	以糖、果汁或经烘烤的咖啡、茶叶、菊花、茅根等植物抽提物为主要原料，添加或不添加其他辅料制成的、蛋白质含量低于 7% 的制品
		其他蛋白型固体饮料	以乳及乳制品、蛋及蛋制品、其他植物蛋白为主要原料，添加或不添加其他辅料制成的蛋白质含量大于或等于 7% 的制品
80	绿色食品　鱼糜制品 NY/T 1327—2007	鱼丸	
		鱼糕	
		鱼饼	
		烤鱼卷	
		虾丸	
		虾饼	

（续表）

序号	标准名称	适用产品名称	适用产品别名及说明
80	绿色食品　鱼糜制品 NY/T 1327—2007	墨鱼丸	
		贝肉丸	
		模拟扇贝柱	
		模拟蟹肉	
		鱼肉香肠	
		其他鱼糜制品	
81	绿色食品　鱼罐头 NY/T 1328—2007	油浸（熏制）类鱼罐头	
		调味类鱼罐头	包括红烧、茄汁、葱烤、鲜炸、五香、豆豉、酱油等
		清蒸类鱼罐头	
82	绿色食品　方便主食品 NY/T 1330—2007	非油炸方便面	
		方便米线（粉）	
		方便米饭	
		方便粥	
		方便粉丝	
83	绿色食品　速冻蔬菜 NY/T 1406—2007	速冻蔬菜	未煮过的或用蒸汽或开水蒸煮过的冷冻蔬菜
84	绿色食品 速冻预包装面米食品 NY/T 1407—2007	速冻饺子	
		速冻馄饨	
		速冻包子	
		速冻烧卖	
		速冻汤圆	
		速冻元宵	
		速冻馒头	
		速冻花卷	
		速冻粽子	
		速冻春卷	
		速冻南瓜饼	
		其他速冻预包装面米食品	
85	绿色食品　山野菜 NY/T 1507—2007	干制、保鲜或腌制的蕨菜制品	蕨菜别名：蕨薹、龙头菜、鹿蕨菜、蕨儿菜
		干制、保鲜或腌制的薇菜制品	薇菜别名：大巢菜、扫帚菜、野绿豆、野召子、高脚贯仲、紫鸡
		干制、保鲜或腌制的完达蜂斗菜制品	完达蜂斗菜别名：黑瞎子菜、掌叶蜂斗菜
		干制、保鲜的马齿苋制品	马齿苋别名：长命菜、五行草、马蛇子菜、瓜子菜、酸米菜、浆瓣菜
		干制、保鲜的蔊菜制品	蔊菜别名：野油菜
		干制、保鲜的车前草制品	车前草别名：车轮菜、牛舌菜、蛤蟆衣
		干制、保鲜的蒌蒿制品	蒌蒿别名：蒌蒿薹、芦蒿、水蒿、香艾蒿、小艾、水艾

（续表）

序号	标准名称	适用产品名称	适用产品别名及说明
85	绿色食品　山野菜 NY/T 1507—2007	干制、保鲜或腌制的沙芥制品	沙芥别名：山萝卜
		干制、保鲜或腌制的马兰制品	马兰别名：马兰头、鸡儿肠
		干制、保鲜的蕺菜制品	蕺菜别名：蕺儿菜、菹菜、鱼腥草、鱼鳞草
		干制、保鲜的苦苣菜制品	
			注：不适用于叶菜类山野菜的腌制产品
86	绿色食品　果酒 NY/T 1508—2007	干型果酒	以新鲜水果或果汁为原料，经全部或部分发酵酿制成的、酒精度为7%～18%（体积分数）的发酵酒
		半干型果酒	
		半甜型果酒	
		甜型果酒	
87	绿色食品 芝麻及其制品 NY/T 1509—2007	白芝麻	
		黑芝麻	
		其他纯色芝麻	
		其他杂色芝麻	
		脱皮芝麻	
		芝麻酱	
		芝麻糊（粉）	
		芝麻糖	
88	绿色食品　麦类制品 NY/T 1510—2007	麦类饼干	
		麦类面包	
		麦类糕点	
		烤制荞麦	
		燕麦片（糊）	
		大麦片（糊）	
		荞麦片（糊）	
		大麦茶	
		苦荞茶	
		大麦麦芽	
		发芽麦粒	
		麦芽糊精	
89	绿色食品　膨化食品 NY/T 1511—2007	玉米花	
		大米花	
		大米饼	
		米花糖	
		米果	
		锅巴	
		膨化麦仁	
		虾条	
		蛋卷	

（续表）

序号	标准名称	适用产品名称	适用产品别名及说明
89	绿色食品　膨化食品 NY/T 1511—2007	膨化土豆片（条）	
		其他膨化食品	以谷类、豆类、薯类等为主要原料，经焙烤、挤压膨化而成的食品。(不包括油炸型)
90	绿色食品 生面食、米粉制品 NY/T 1512—2014	生面食制品	以麦类、杂粮等为主要原料，通过和面、制条、制片等多道工序，经（或不经）干燥处理制成的制品，包括挂面、切面、线面、通心粉、饺子皮、馄饨皮等
		米粉制品	以大米为主要原料，加水浸泡、压条等加工工序制成的条状、丝状、块状、片状米粉制品（包括大米仅经粉碎的加工工序制成的米粉）
91	绿色食品　水产调味品 NY/T 1710—2009	蚝油	
		鱼露	
		虾酱	
		虾油	
		海鲜粉调味料	以海产鱼、虾、贝类酶解物或其浓缩抽提物为主原料，以味精、食用盐等为辅料，经加工而成具有海鲜味的复合调味料
92	绿色食品　辣椒制品 NY/T 1711—2009	干辣椒制品	包括辣椒干、辣椒圈、辣椒粉、辣椒条等产品
		油辣椒	可供佐餐或复合调味的熟制食用油和辣椒的混合体
		发酵辣椒制品	以鲜辣椒或干辣椒为主要原料，可加或不加辅料，经破碎、发酵等特定工艺加工而制成的酱状或碎状产品，如豆瓣辣酱、辣椒酱等
		其他辣椒制品	以鲜辣椒或干辣椒为主要原料，经破碎或不破碎、非发酵等工艺加工而制成除去干辣椒和油辣椒的产品，如油炸辣椒，拌有佐料辣椒片、辣椒条等
93	绿色食品　干制水产品 NY/T 1712—2009	鱼类干制品	包括生干品（如鱼肚、鳗鲞、银鱼干等）、煮干品、盐干品（如大黄鱼鲞、鳕鱼干等）、调味干制品（如五香烤鱼、鱼松、烤鱼片、调味烤鳗等）
		虾类干制品	包括生干品（如虾干）、煮干品（如虾米、虾皮等）、盐干虾制品和调味干虾制品等
		贝类干制品	包括生干品、煮干品、盐干品和调味干制品，如干贝、鲍鱼干、贻贝干、海螺干、牡蛎干等
		其他类干制水产品	包括鱼翅、鱼肚、鱼唇、墨鱼干、鱿鱼干、章鱼干等(不包括海参和藻类干制品)
94	绿色食品　茶饮料 NY/T 1713—2009	红茶饮料	
		绿茶饮料	
		花茶饮料	
		乌龙茶饮料	
		其他茶饮料	
		奶茶饮料	
		奶味茶饮料	
		其他调味茶饮料	包括果汁茶饮料、果味茶饮料、碳酸茶饮料等
		复（混）合茶饮料	以茶叶和植（谷）物的水提取液或其干燥粉为原料，加工制成的具有茶与植（谷）物混合风味的液体饮料

（续表）

序号	标准名称	适用产品名称	适用产品别名及说明
95	绿色食品　婴幼儿谷粉 NY/T 1714—2009	婴幼儿谷粉	以一种或几种谷类为主要原料，可以用水果、蔬菜、蛋类、肉类、豆类等，作为辅料，为适应婴幼儿这种特殊适用人群的快速生长的需要，通常要添加适量的维生素和微量元素等营养强化剂。外观有粉状、片状，分为即食类（产品已经热加工熟化，用温开水或牛奶等冲调即可食用），非即食类（产品未经熟化，应煮熟方可食用）
96	绿色食品　果蔬粉 NY/T 1884—2010	原料型果蔬粉	以水果、蔬菜或坚果为单一原料，经筛选（去壳）、清洗、打浆、均质、杀菌、干燥等工艺生产，提供食品工业作为配料使用的粉状果蔬产品
		即食型果蔬粉	以一种或一种以上原料型果蔬粉为主要配料，添加或不添加食糖等辅料加工而成的可供直接食用的粉状冲调果蔬食品
97	绿色食品　米酒 NY/T 1885—2010	糟米型米酒	所含的酒糟为米粒状糟米的米酒。包括普通米酒（酒精度 0.5% mass 以上）和无醇米酒（酒精度 0.1% ~0.5% mass）
		均质型米酒	经胶磨和均质处理后，呈糊状均质的米酒。包括普通米酒（酒精度 0.5% mass 以上）和无醇米酒（酒精度 0.1% ~0.5% mass）
		清汁型米酒	经过滤去除酒糟后的米酒。包括普通米酒（酒精度 0.5% mass 以上）和无醇米酒（酒精度 0.1% ~0.5% mass）
		花色型米酒	糟米型米酒添加各种果粒或粮谷、薯类、食用菌、中药材等的一种或多种辅料制成的不同特色风味的米酒。包括普通米酒（酒精度 0.5% mass 以上）和无醇米酒（酒精度 0.1% ~0.5% mass）
98	绿色食品　复合调味料 NY/T 1886—2010	固态复合调味料	以两种或两种以上调味品为主要原料，添加或不添加辅料，加工而成的呈固态的复合调味料。包括鸡精调味料、鸡粉调味料、牛肉粉调味料、排骨粉调味料、其他固态调味料，不包括海鲜粉调味料
		液态复合调味料	以两种或两种以上调味品为主要原料，添加或不添加辅料，加工而成的呈液态的复合调味料。包括鸡汁调味料等
		复合调味酱	以两种或两种以上的调味品为主要原料，添加或不添加其他辅料，加工而成的呈酱状的复合调味酱。包括风味酱（以肉类、鱼类、贝类、果蔬、植物油、香辛调味料、食品添加剂和其他辅料配合制成的具有某种风味的调味酱）、沙拉酱、蛋黄酱等
99	绿色食品　乳清制品 NY/T 1887—2010	乳清粉	包括脱盐乳清粉、非脱盐乳清粉
		乳清蛋白粉	包括乳清浓缩蛋白粉、乳清分离蛋白粉
100	绿色食品软体动物休闲食品 NY/T 1888—2010	头足类休闲食品	鱿鱼丝、墨鱼丝、鱿鱼片、即食小章鱼等，不适用于熏制产品
		贝类休闲食品	即食扇贝、多味贻贝、即食牡蛎等，不适用于熏制产品
101	绿色食品　烘炒食品 NY/T 1889—2010	烘炒食品	以果蔬籽、果仁、坚果等为主要原料，添加或不添加辅料，经烘烤或炒制而成的食品，不包括以花生和芝麻为主要原料的烘炒食品
102	绿色食品　蒸制类糕点 NY/T 1890—2010	蒸蛋糕类	以鸡蛋为主要原料，经打蛋、调糊、注模、蒸制而成的组织松软的制品
		印模糕类	以熟或生的原辅料，经拌合、印模成型、熟制或不熟制而成的口感松软的糕类制品
		韧糕类	以糯米粉、糖为主要原料，经蒸制、成形而成的韧性糕类制品

（续表）

序号	标准名称	适用产品名称	适用产品别名及说明
102	绿色食品 蒸制类糕点 NY/T 1890—2010	发糕类	以小麦粉或米粉为主要原料调制成面团，经发酵、蒸制、成形而成的带有蜂窝状组织的松软糕类制品
		松糕类	以粳米粉、糯米粉为主要原料调制成面团，经成形、蒸制而成的口感松软的糕类制品
		其他蒸制类糕点	包括馒头、花卷产品
103	绿色食品 配制酒 NY/T 2104—2011	植物类配制酒	利用植物的花、叶、根、茎、果为香源及营养源，经再加工制成的、具有明显植物香及有效成分的配制酒
		动物类配制酒	利用食用动物及其制品为香源及营养源，经再加工制成的、具有明显动物脂香及有效成分的配制酒
		动植物类配制酒	同时利用动物、植物有效成分制成的配制酒
		其他类配制酒	
104	绿色食品 汤类罐头 NY/T 2105—2011	汤类罐头	以符合要求的畜禽产品、水产品和蔬菜类等为原料，经加水烹调等加工后装罐而制成的罐头产品
105	绿色食品 谷物类罐头 NY/T 2106—2011	面食罐头	以谷物面粉为原料制成面条，经蒸煮或油炸、调配，配或不配蔬菜、肉类等配菜罐装制成的罐头产品。如茄汁肉沫面、鸡丝炒面、刀削面、面筋等罐头
		米饭罐头	以大米为原料经蒸煮成熟，配以蔬菜、肉类等配菜调配罐装成的罐头产品，以及经过处理后的谷物、干果及其他原料（桂圆、枸杞等）装罐制成的罐头产品。如米饭罐头、八宝饭罐头等
		粥类罐头	以谷物为主要原料配以豆类、干果、蔬菜、水果中的一种或几种原料经处理后装罐制成的内容物为粥状的罐头产品。如八宝粥罐头、水果粥罐头、蔬菜粥罐头等
106	绿色食品 食品馅料 NY/T 2107—2011	食品馅料	以植物的果实或块茎、肉与肉制品、蛋及蛋制品、水产制品、油等为原料，加糖或不加糖，添加或不添加其他辅料，经工业化生产用于食品行业的产品。包括焙烤食品用馅料、冷冻食品用馅料和速冻食品用馅料
107	绿色食品 熟粉及熟米制糕点 NY/T 2108—2011	熟粉糕点	将谷物粉或豆粉预先熟制，然后与其他原辅料混合而成的一类糕点
		熟米制糕点	将米预先熟制，添加（或不添加）适量辅料，加工（黏合）成型的一类糕点
108	绿色食品 鱼类休闲食品 NY/T 2109—2011	鱼类休闲食品	以鲜或冻鱼及鱼肉为主要原料直接或经过腌制、熟制、干制、调味等工艺加工制成的开袋即食产品。不适用于鱼类罐头制品、鱼类膨化食品、鱼骨制品
109	绿色食品 淀粉糖和糖浆 NY/T 2110—2011	食用葡萄糖	包括结晶葡萄糖
		低聚异麦芽糖	包括粉状和糖浆状
		麦芽糖	包括粉状和糖浆状
		果葡糖浆	
		麦芽糊精	适用于以玉米为原料生产的麦芽糊精产品
		葡萄糖浆	
110	绿色食品 调味油 NY/T 2111—2011	调味植物油	按照食用植物油加工工艺，经压榨或萃取植物果实或籽粒中的呈味成分的植物油。如花椒籽油等

（续表）

序号	标准名称	适用产品名称	适用产品别名及说明
110	绿色食品　调味油 NY/T 2111—2011	香辛料调味油	以食用植物油为主要原料，萃取或添加香辛料植物或籽粒中呈味成分于植物油中，制成的植物油。如蒜油、姜油、辣椒油、花椒油、藤椒油、芥末油、草果油、麻辣油等
五、参照执行的国家标准和行业标准			
111	饮用天然矿泉水 GB 8537—2008	矿泉水	
112	啤酒花制品 GB 20369—2006	适用于烘烤加工压缩成包的压缩啤酒花、经粉碎压缩成型的颗粒啤酒花和经萃取而成的二氧化碳酒花浸膏	
113	食品安全国家标准 包装饮用水 GB 19298—2014	适用于经过滤、灭菌等工艺处理并装在密封的容器中可直接饮用的水	不适用于饮用天然矿泉水和瓶（桶）装饮用纯净水
114	糖果卫生标准 GB 9678. 1—2003	适用于以白砂糖、淀粉糖浆、乳制品、凝胶剂等为原料，按照一定工艺加工而成的糖果	
115	鲜、冻动物性水产品 卫生标准 GB 2733—2005	除鱼、虾、蟹、贝、海参、藻类和海蜇等产品外的鲜、冻水产品	
116	稻谷 GB/T 1350—2009	稻谷	

附录三 化肥、农药、种子真假鉴别手册

一、化肥鉴别法

（一）常见化肥性状

1. 尿素

尿素外观为白色，球状颗粒，总氮含量≥46.0%，容易吸湿，吸湿性介于硫酸铵与硝酸铵之间。尿素易溶于水和液氨中，纯尿素在常压下加热到接近熔点时，开始显现不稳定性，产生缩合反应，生成缩二脲，对作物失去肥效。如在炉子上放一块干净的铁片，将尿素颗粒放在上面，可见尿素很快熔化并挥发掉，同时冒有少量白烟，可闻到氨味。

2. 硫酸铵

农业用硫酸铵为白色或浅色之结晶，氮含量≥20.8%（二级品）。硫酸铵易吸潮，易溶于水，水溶液显酸性，与碱类作用放出氨气，当硫酸铵在火上加热时，可见到缓慢地熔化，并伴有氨味放出。

3. 硝酸铵

硝酸铵外观为白色，无肉眼可见的杂质，农业品允许带微黄色。总氮含量≥34.4%（Ⅱ级）。硝酸铵具有很强的吸湿性和结块性，其水溶液在温度发生变化时，会发生重结晶现象，对热的作用十分敏感，大量的硝酸铵受热易分解，可发生燃烧现象，以致于爆炸，并伴有白烟产生，可闻到氨气味，水溶液呈酸性。

4. 氯化铵

氯化铵为白色晶体，农业品允许带微黄色，氮含量≥25.39%，易溶于水，在水中溶解度随温度升高而显著提高，水溶液呈酸性。氯化铵吸水性强，易结块，将少量氯化铵放在火上加热，可闻到强烈的刺激性气味，并伴有白色烟雾，氯化铵会迅速熔化并全部消失，在熔化的过程中可见到未熔部分呈黄色。

5. 农业用碳酸氢铵

外观为白色或微灰色结晶，有氨气味，氮含量≥16.80%（二级）。吸湿性强，易溶于水，水溶液呈弱酸性。简易鉴别碳酸氢铵时，可用手指拿少量样品进行摩擦，即可闻到较强的氨气味。

6. 过磷酸钙

外观为深灰色、灰白色、浅黄色等疏松粉状物，块状物中有许多细小的气孔，俗称“蜂窝眼”。有效五氧化二磷含量≥12.0%（合格品Ⅱ）。稍带酸味，是一种酸性化学肥料，对碱的作用敏感，易失去肥效。一部分能溶于水，水溶液呈酸性。一般情况下吸湿性较小，如空气湿度达到80%以上时有吸湿现象，结成硬块。加热时不稳定，可见其微冒烟，并有酸味，当温度高于120℃时，一水磷酸二氢钙就失去结晶水转变为无水磷酸二氢钙，水溶性五氧化二磷逐渐减少，当温度高于150℃时，无水磷酸二氢钙又失去水，转化为对作物没有肥效的焦磷酸钙，温度再高，焦磷酸钙又转变为枸溶性的偏磷酸钙。

7. 钙镁磷肥

外观为灰白色、灰绿色或灰黑色粉末，看起来极细，在阳光的照射下，一般可见到粉碎的、类似玻璃体的物体存在，闪闪发光。有效五氧化二磷含量≥12.0%（合格品）。不溶于水，不易流失，不吸潮，无毒性，无腐蚀性，在火上加热时，看不出变化。

8. 复混肥料

外观应是灰褐色或灰白色颗粒状产品，无可见机械杂质存在。有的复混肥料中伴有粉碎不完全的尿素的白色颗粒结晶，或在复混肥料中尿素以整粒的结晶单独存在。低浓度复混肥总养分≥25%；中浓度复混肥总养分≥30%、高浓度复混肥总养分≥40%，其中单一养分含量不得低于4%。复混肥稍有吸湿性，吸潮后复混肥颗粒易粉碎，无毒、无味、无腐蚀性，仅能部分溶于水。复混肥料在火焰上加热时，可见到白烟产生，并可闻到氨的气味，不能全部熔化。

9. 农业用硫酸锌

外观为白色或微带颜色的针状结晶。七水硫酸锌的锌含量应≥21.8%。硫酸锌易溶于水，其水溶液显酸性。

10. 磷酸二氢钾

外观为白色结晶。农业用磷酸二氢钾含量应≥92.0%（以干基计）。磷酸二氢钾易溶于水，水溶液呈酸性。

（二）化肥鉴别法

1. 包装鉴别法

（1）检查标志。国家有关部门规定，化肥包装袋上必须注明产品名称、养分含量、等级、商标、净重、标准代号、厂名、厂址、生产许可证号标志。如果没有上述标志或标志不完整，则可能是假冒或劣质化肥。

（2）检查包装袋封口。对包装封口有明显拆封痕迹的化肥要特别注意，这种现象有可能掺假。

2. 形状、颜色鉴别法

尿素：为白色或淡黄色，呈颗粒状、针状或棱柱状结晶体，无粉末或少有粉末。硫酸铵：为白色晶体。氯化铵：为白色或淡黄色结晶。碳酸氢铵：呈白色或其他染色粉末状或颗粒状结晶。也有个别厂家生产大颗粒扁球状碳酸氢铵。过磷酸钙：为灰白色或浅灰色粉末。重过磷酸钙：为深灰色、灰白色颗粒或粉末。硫酸钾：为白色晶体或粉末。氯化钾：为白色或淡红色颗粒。

3. 气味鉴别法

如果有强烈刺鼻氨味的液体是氨水；有明显刺鼻氨味的颗粒是碳酸氢铵；有酸味的细粉是重过磷酸钙。如果过磷酸钙有很刺鼻的酸味，则说明生产过程中很可能使用了废硫酸。这种化肥有很大的毒性，极易损伤或烧死作物，尤其是水稻秧池不能用。

4. 溶解情况

复合肥溶解性能良好。将几粒复合肥放入容器中，加少量水后迅速搅动，颗粒会迅速消失，消失越快，复合肥的质量越好。假冒的复合肥溶解性差，放入水中搅动后不溶解或溶解少许，留下大量不溶的残渣。

5. 灼烧试验

将复合肥放在烧红的木炭上或燃烧的香烟头上，化肥会马上熔化并有泡沫沸腾状，同时有氨气放出。假的复合肥不会熔化或熔化极少的一部分。

需要提醒的是，有些化肥虽是真的，但含量很低，如劣质过磷酸钙，有效磷含量低于8%（最低标准应达12%）。这些化肥属劣质化肥，肥效不大，购买时应请专业人员鉴定。

二、农药鉴别法

（一）乳制农药鉴别方法

1. 观察法

发现农药里有沉淀、分层絮结现象，可将此药瓶放在热水中，静置1h，若沉淀物分解，絮状消失，说明农药有效，否则不能再使用。

2. 摇荡法

农药瓶内出现分层现象，上层浮油下层沉淀，可用力摇动药瓶，使农药均匀，静置1h，若还是分层，证明农药变质失效，如分层消失，说明尚未失效，可继续使用。

（二）粉剂农药鉴别方法

1. 悬浮法

取粉剂农药50g，放在玻璃瓶内，加少许水调成糊状，再加适量的清水搅拌均匀，放置10～20min，好的农药粉粒细、少且沉淀缓慢；失效农药粉粒沉淀快且多。

2. 烧灼法

取粉剂农药10～20g，放在金属片上置于火上烧，若冒白烟，证明农药未失效，否则说明已失效，鉴定5%的多菌灵粉剂通常用此法。

3. 观察法

如粉剂农药已结块，不容易破碎，证明失效，不能再使用。

（三）可湿性粉剂农药鉴别方法

取消水一杯，将一点农药轻轻地撒在水面上，1min后，如果农药还不能溶解在水里，说明已经变质失效。另外，将1g农药撒入一杯水中，充分搅拌，如果很快发生沉淀，液面出现半透明状，也说明农药已经失效，不能使用。

农药是重要的农资，是特殊商品，国家《农药管理条例》规定，国家实行农药登记制度；国家实行农药生产许可制度；农药生产企业应当按照农药产品质量标准，技术规程进行生产的农药产品出厂前，应当经过质量检验并附具有产品质量检验合格证。这就是我们通常所讲的农药三证，缺一不可。应该如何识别农药三证，以防假劣农药呢？

（1）农药登记证是否正确。临时登记证是以LS或WL打头。正式（品种）登记证号以PD、PDN或WP、WPN打头。分装农药的尚需办理分装登记证号。

（2）生产许可证号是否正确。农药生产许可证号格式如XK13－×××－×××××(40%水胺硫磷乳油)。

（3）质量标准证。我国农药质量标准分为国家标准，行业标准、企业标准三种，其证号分别以GB或Q等打头。

凡是不以上述LS、PD、XK、Q等英文字母打头的三证号，往往是自己编写的，不受法律保护，其质量值得怀疑，凡是在农药助手查询不到的登记证号，基本可以断定是假农药。

三、种子鉴别法

种子的新陈对农业生产影响很大，农民朋友在购种时可采用眼看、挤压、牙咬、尝味等方法判断种子的新陈。新种子一般表皮光滑、有光泽，鼻闻有其植物本身固有的味道，陈种子则相反。其具体鉴别方法如下。

（1）大葱、洋葱、韭菜等葱类蔬菜种子。大葱、洋葱新种子表皮有光泽，呈深黑色，具有原品种的辛辣味，陈种子相反。韭菜新种子表皮有褶皱，有光泽，种皮有白点。陈种子没有光泽，种皮外部附有“白霜”，种脐由白色变为黄色。

（2）甘蓝、萝卜等十字花科蔬菜种子。新种子表皮光滑，富有清香气味，用指甲重压有油分溢出，碎籽成片状，种皮呈浅黄绿色或黄绿色。陈种子表皮无光泽，有时表皮像有盐霜，用指甲重压易碎，油分少，种皮易脱离，子叶呈黄色。

（3）菠菜种子。新种子呈黄绿色，有清香气味，内部淀粉为白色。陈种子呈土黄色或灰黄色，有霉味，种子内部淀粉为灰色。

（4）胡萝卜种子。新种子呈黄绿色，有清香气味，种仁白色。陈种子呈黄色或深黄色，失去胡萝卜固有的香味。

各类种子有各自的特点，颜色、气味、形状等有质量要求，但往往不易判断，购买时，尽量到正规农资店购买。

附录四　作物营养元素缺乏症检索表

蔬菜作物所必需的营养元素包括氮 N、磷 P、钾 K、钙 Ca、镁 Mg、铁 Fe、硫 S、硼 B、锰 Mn、锌 Zn、钼 Mo、铜 Cu 等。现将这些营养元素缺乏症检索归纳于下表，供广大菜农朋友判断蔬菜作物缺素症时参考。

1. 老组织先出现，氮 N、磷 P、钾 K、镁 Mg、锌 Zn

斑点出现情况：

1.1 不易出现：

1.1.1 氮（N）：新叶淡绿老叶黄化枯焦、早衰 …………………………………………… 缺 N

1.1.2 磷（P）：茎叶暗绿或呈紫红色，生育期延迟 ……………………………………… 缺 P

1.2 易出现：

1.2.1 钾（K）：叶尖及边缘先焦枯，并出现斑点，症状随生育期而加重，早衰 ………… 缺 K

1.2.2 锌（Zn）：叶小簇生，叶面斑点可能在主脉两侧先出现，生育期推迟 …………… 缺 Zn

1.2.3 镁（Mg）：叶脉间失绿，主脉间明显失绿，有多种色泽斑点或斑块 ……………… 缺 Mg

2. 新生组织先出现，硼 B、钙 Ca、铁 Fe、硫 S、锰 Mn、钼 Mo、铜 Cu

顶芽是否易枯死：

2.1 易枯死：

2.1.1 钙（Ca）：叶尖弯钩状，并相互粘连，不易伸展 ……………………………………… 缺 Ca

2.1.2 硼（B）：茎叶柄变粗，脆，易开裂，花器官发育不正常，生育期延长 …………… 缺 B

2.2 不易枯死：

2.2.1 硫（S）：嫩叶不萎蔫，新叶黄化，叶肉、叶脉失绿，失绿均一，生育期延迟……… 缺 S

2.2.2 锰（Mn）：幼叶不萎蔫，脉间失绿，叶脉仍绿，出现细小棕色斑点，组织易枯死………
……………………………………………………………………………………………………… 缺 Mn

2.2.3 铜（Cu）：幼叶萎蔫，出现白色叶斑，果发育不正常，茎尖弱 ……………………… 缺 Cu

2.2.4 铁（Fe）：嫩叶不萎蔫，脉间失绿，叶脉仍绿，发展至整片叶淡黄或发白………… 缺 Fe

2.2.5 钼（Mo）：叶片生长畸形，斑点散布在整个叶片 ……………………………………… 缺 Mo

顶芽：易缺硼、钙
新叶：易缺铜、铁、锰、锌、硫
老叶：易缺氮、磷、钾、镁、钼

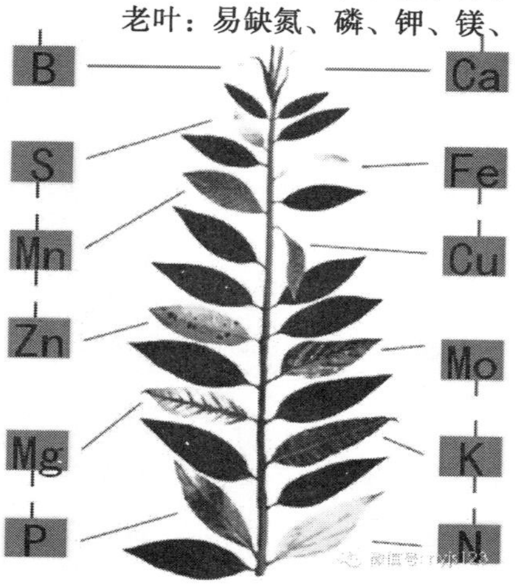

作物缺素特点

1.顶芽：易缺硼、钙

2.新叶：易缺铜、铁、锰、锌、硫

3.老叶：易缺氮、磷、钾、镁、钼

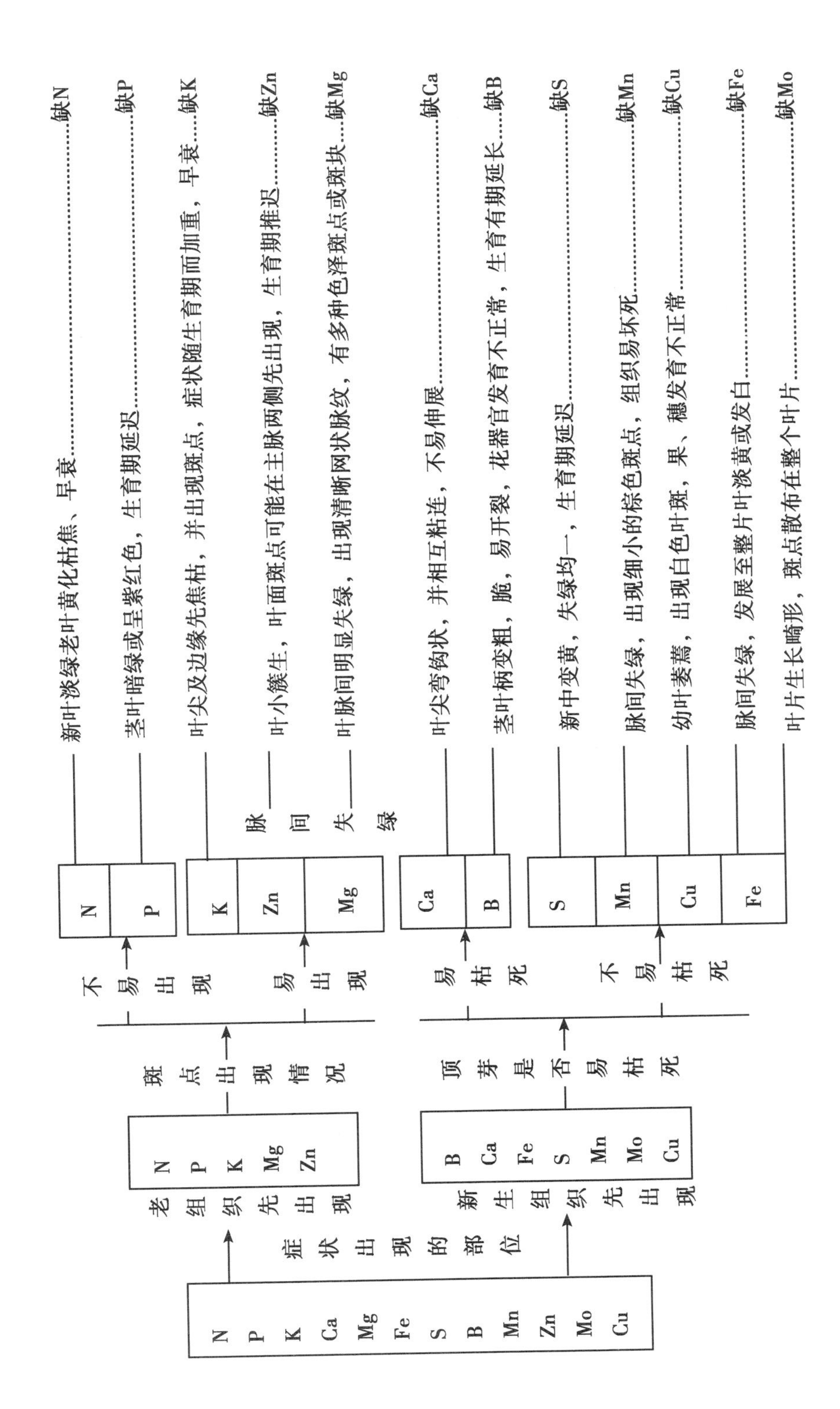
N P K Ca Mg Fe S B Mn Zn Mo Cu
症状出现的部位
老组织先出现
N P K Mg Zn
斑点出现情况
不易出现
N P
易出现
K Zn Mg
脉间失绿
新生组织先出现
B Ca Fe S Mn Mo Cu
顶芽是否易枯死
易枯死
Ca B
不易枯死
S Mn Cu Fe
新叶淡绿老叶黄化枯焦、早衰……缺N
茎叶暗绿或呈紫红色，生育期延迟……缺P
叶尖及边缘先焦枯，并出现斑点，症状随生育期而加重，早衰……缺K
叶小簇生，叶面斑点可能在主脉两侧先出现，生育期推迟……缺Zn
叶脉间明显失绿，出现清晰网状脉纹，有多种色泽斑点或斑块……缺Mg
叶尖弯钩状，并相互粘连，不易伸展……缺Ca
茎叶柄变粗，脆，易开裂，花器官发育不正常，生育有期延长……缺B
新中变黄，失绿均一，生育期延迟……缺S
脉间失绿，出现细小的棕色斑点，组织易坏死……缺Mn
幼叶萎蔫，出现白色叶斑，果、穗发育不正常……缺Cu
脉间失绿，发展至整片叶淡黄或发白……缺Fe
叶片生长畸形，斑点散布在整个叶片……缺Mo

作物缺素歌

作物生态有特征，吸肥规律皆固定，
供其营养要平衡，营养失衡把病生，
病症发生早诊断，准确判断好矫正。
缺素判断并不难，根茎叶花细观看，
缺氮抑制苗生长，新叶薄来老叶黄，
根小茎细多木质，花迟果落不正常。
缺磷株小分蘖少，新叶暗绿老叶紫，
主根软弱侧根稀，花少粒小果也迟。
缺钾株矮生长慢，老叶尖缘卷枯焦，
根系易烂茎纤细，果畸叶枯如火烧。
缺钙未老株先衰，幼叶边黄卷枯粘，
根尖细脆腐烂死，茄果烂脐株萎蔫。
缺镁后期植株黄，老叶脉间变褐亡，
花色苍白受抑制，根茎生长不正常。
缺硫幼叶先变黄，叶尖焦枯茎基红，
根系暗褐白根少，成熟迟缓结实稀。
缺锌节短株矮小，新叶黄白肉变薄，
簇叶多来叶也小，细看叶缘上起翘。
缺硼顶叶绉缩卷，腋芽丛生花蕾落，
块根空心根尖死，花而不实缺硼多。
缺锰失绿株变形，幼叶黄白褐斑生，
茎弱黄老多木质，花果稀少重量轻。
缺铁失绿先顶端，果树林木最严重，
幼叶脉间先黄化，全叶变白难矫正。
缺铜变形株发黄，禾谷叶黄幼尖蔫，
根茎不良树冒胶，谷难抽穗芒不全。
缺钼株矮幼叶黄，老叶肉厚卷下方，
豆类枝稀根瘤少，小麦迟迟不灌浆。